建设工程质量检测人员岗位培训教材

建筑主体结构工程检测

江苏省建设工程质量监督总站 编

中国建筑工业出版社

图书在版编目（CIP）数据

建筑主体结构工程检测/江苏省建设工程质量监督总站编. —北京：中国建筑工业出版社，2009
（建设工程质量检测人员岗位培训教材）
ISBN 978-7-112-11157-2

Ⅰ. 建… Ⅱ. 江… Ⅲ. 结构工程—质量检测—技术培训—教材 Ⅳ. TU712

中国版本图书馆 CIP 数据核字（2009）第124667号

本书是《建设工程质量检测人员岗位培训教材》之一，内容包括：主体结构工程检测，钢结构工程检测，粘钢、钢纤维、碳纤维加固检测，木结构，基坑监测等。

本书既是建设工程质量检测人员的培训教材，也是建设、监理单位的工程质量检测见证人员、施工单位的技术人员和现场取样人员学习用书。

责任编辑：郦锁林
责任设计：郑秋菊
责任校对：赵 颖 刘 钰

建设工程质量检测人员岗位培训教材
建筑主体结构工程检测
江苏省建设工程质量监督总站 编

*

中国建筑工业出版社出版、发行（北京西郊百万庄）
各地新华书店、建筑书店经销
南京碧峰印务有限公司制版
廊坊市海涛印刷有限公司印刷

*

开本：850×1168毫米 1/16 印张：18¾ 字数：540千字
2010年4月第一版 2015年12月第三次印刷
定价：47.00元
ISBN 978-7-112-11157-2
（18403）

版权所有 翻印必究
如有印装质量问题，可寄本社退换
（邮政编码100037）

《建设工程质量检测人员岗位培训教材》编写单位

主编单位：江苏省建设工程质量监督总站
参编单位：江苏省建筑工程质量检测中心有限公司
　　　　　　东南大学
　　　　　　南京市建筑安装工程质量检测中心
　　　　　　南京工业大学
　　　　　　江苏方建工程质量鉴定检测有限公司
　　　　　　昆山市建设工程质量检测中心
　　　　　　扬州市建伟建设工程检测中心有限公司
　　　　　　南通市建筑工程质量检测中心
　　　　　　常州市建筑科学研究院有限公司
　　　　　　南京市政公用工程质量检测中心站
　　　　　　镇江市建科工程质量检测中心
　　　　　　吴江市交通局
　　　　　　解放军理工大学
　　　　　　无锡市市政工程质量检测中心
　　　　　　南京科杰建设工程质量检测有限公司
　　　　　　徐州市建设工程检测中心
　　　　　　苏州市中信节能与环境检测研究发展中心有限公司
　　　　　　江苏祥瑞工程检测有限公司
　　　　　　苏州市建设工程质量检测中心有限公司
　　　　　　连云港市建设工程质量检测中心有限公司
　　　　　　江苏科永和检测中心
　　　　　　南京华建工业设备安装检测调试有限公司

《建设工程质量检测人员岗位培训教材》
编写委员会

主 任：张大春
副主任：蔡 杰　　金孝权　　顾 颖
委 员：周明华　　庄明耿　　唐国才　　牟晓芳　　陆伟东
　　　　谭跃虎　　王 源　　韩晓健　　吴小翔　　唐祖萍
　　　　季玲龙　　杨晓虹　　方 平　　韩 勤　　周冬林
　　　　丁素兰　　褚 炎　　梅 菁　　蒋其刚　　胡建安
　　　　陈 波　　朱晓旻　　徐莅春　　黄跃平　　邰扣霞
　　　　邱草熙　　张亚挺　　沈东明　　黄锡明　　陆震宇
　　　　石平府　　陆建民　　张永乐　　唐德高　　季 鹏
　　　　许 斌　　陈新杰　　孙正华　　汤东婴　　王 瑞
　　　　胥 明　　秦鸿根　　杨会峰　　金 元　　史春乐
　　　　王小军　　王鹏飞　　张 蓓　　詹 谦　　钱培舒
　　　　王 伦　　李 伟　　徐向荣　　张 慧　　李天艳
　　　　姜美琴　　陈福霞　　钱奕技　　陈新虎　　杨新成
　　　　许 鸣　　周剑峰　　程 尧　　赵雪磊　　吴 尧
　　　　李书恒　　吴成启　　杜立春　　朱 坚　　董国强
　　　　刘咏梅　　唐笋翀　　龚延风　　李正美　　卜青青
　　　　李勇智

《建设工程质量检测人员岗位培训教材》
审定委员会

主 任：刘伟庆
委 员：缪雪荣　　毕 佳　　伊 立　　赵永利　　姜永基
　　　　殷成波　　田 新　　陈 春　　缪汉良　　刘亚文
　　　　徐 宏　　张培新　　樊 军　　罗 韧　　董 军
　　　　陈新民　　郑廷银　　韩爱民

前 言

随着我国建设工程领域内各项法律、法规的不断完善与工程质量意识的普遍提高,作为其中一个不可或缺的组成部分,建设工程质量检测受到了全社会日益广泛的关注。建设工程质量检测的首要任务,是为工程材料及工程实体提供科学、准确、公正的检测报告,检测报告的重要性体现在它是工程竣工验收的重要依据,也是工程质量可追溯性的重要依据,宏观上讲,检测报告的科学性、公正性、准确性关乎国计民生,容不得丝毫轻忽。

《建设工程质量检测管理办法》(建设部第141号令)、《江苏省建设工程质量检测管理实施细则》、江苏省地方标准《建设工程质量检测规程》(DGJ 32/J21-2009)等的相继颁布实施,为规范建设工程质量检测行为提供了法律依据;对工程质量检测人员的技术素质提出了明确要求。在此基础上,江苏省建设工程质量监督总站组织编写了本套教材。

本套教材较全面系统地阐述了建设工程所使用的各种原材料、半成品、构配件及工程实体的检测要求、注意事项等。教材的编写以上述规范性文件为基本框架,依据相应的检测标准、规范、规程及相关的施工质量验收规范等,结合检测行业的特点,力求使读者通过本教材的学习,提高对工程质量检测特殊性的认识,掌握工程质量检测的基本理论、基本知识和基本方法。

本套教材以实用为原则,它既是工程质量检测人员的培训教材,也是建设、监理单位的工程质量见证人员、施工单位的技术人员和现场取样人员的工具书。本套教材共分九册,分别是《检测基础知识》、《建筑材料检测》、《建筑地基与基础检测》、《建筑主体结构工程检测》、《市政基础设施检测》、《建筑节能与环境检测》、《建筑安装工程与建筑智能检测》、《建设工程质量检测人员岗位培训考核大纲》、《建设工程质量检测人员岗位培训教材习题集》。

本套教材在编写过程中广泛征求了检测机构、科研院所和高等院校等方面有关专家的意见,经多次研讨和反复修改,最后审查定稿。

所有标准、规范、规程及相关法律、法规都有被修订的可能,使用本套教材时应关注所引用标准、规范、规程等的发布、变更,应使用现行有效版本。

本套教材的编写尽管参阅、学习了许多文献和有关资料,但错漏之处在所难免,敬请谅解。为不断完善本套教材,请读者随时将意见和建议反馈至江苏省建设工程质量监督总站(南京市鼓楼区草场门大街88号,邮编210036),以供今后修订时参考。

目 录

第一章 主体结构工程检测 ... 1
- 第一节 混凝土结构及构件实体的非破损检测 ... 1
- 第二节 后置埋件 ... 34
- 第三节 混凝土构件结构性能 ... 48
- 第四节 砌体结构 ... 62
- 第五节 沉降观测 ... 76

第二章 钢结构工程检测 ... 92
- 第一节 钢结构工程用钢材 ... 92
- 第二节 钢结构节点连接及高强螺栓 ... 96
- 第三节 钢结构焊缝质量 ... 113
- 第四节 钢结构防腐防火涂装 ... 132
- 第五节 钢结构与钢网架变形检测 ... 148

第三章 粘钢、钢纤维、碳纤维加固检测 ... 158
- 第一节 碳纤维布力学性能检测 ... 158
- 第二节 粘钢、碳纤维粘结力现场检测 ... 163
- 第三节 钢纤维 ... 166

第四章 木结构检测 ... 172
- 第一节 木材物理性能检测 ... 172
- 第二节 木材力学性能检测 ... 182
- 第三节 梁弯曲试验方法 ... 192
- 第四节 木结构连接节点性能检测 ... 195
- 第五节 木结构屋架承载力试验 ... 205
- 第六节 木基结构板材检测 ... 210

第五章 基坑监测 ... 217
- 第一节 概述 ... 217
- 第二节 基坑工程基本知识 ... 219
- 第三节 监测方案的编制 ... 230
- 第四节 位移监测 ... 237
- 第五节 内力监测 ... 263
- 第六节 地下水位监测 ... 274
- 第七节 数据处理与信息反馈 ... 276
- 第八节 工程实例 ... 285

参考文献 ... 294

第一章 主体结构工程检测

第一节 混凝土结构及构件实体的非破损检测

混凝土结构及构件实体检测主要包括现场结构混凝土强度检测、混凝土缺陷检测和构件钢筋检测以及钢筋保护层检测。

混凝土的强度是指混凝土受力达到破坏极限时的应力值,现场结构混凝土强度检测通常采用的是非破损或微破损检测方法,就是要在不破坏结构或构件的情况下,取得破坏应力值,因此只能寻找一个或几个与混凝土强度具有相关性的物理量作为混凝土强度的推算依据。本章介绍了混凝土强度检测中常用的回弹法、钻芯法、超声法和超声回弹法等非破损方法。

混凝土是一种复合材料,施工时受原材料、配合比、拌合、浇捣等多种因素影响,而产生表面和内部缺陷;还有为了改变使用功能、需要改扩建和抗震加固的工程,或因为使用已久,受力及腐蚀性破坏所造成的损伤缺陷是现场检测的主要内容,这类缺陷包括蜂窝、孔洞、裂缝、不密实区、腐蚀破坏层及其他损伤部位等。有缺陷的结构往往对承载力和结构的耐久性造成影响,现场混凝土缺陷主要采用非破损的超声波检测方法进行。

混凝土结构及构件中的钢筋检测主要是对钢筋的公称直径、间距和保护层厚度进行检测,通常采用的是非破损并结合微破损验证的检测方法。

一、回弹法检测结构混凝土强度

1. 检测原理

回弹法是利用混凝土表面硬度与强度之间的相关关系来推定混凝土强度的一种方法,即 $f_{cu} = f(R \cdot 1)$。其基本原理是:用一弹簧驱动的重锤,通过弹击杆(传力杆),弹击混凝土表面,并测出重锤被反弹回来的距离,即回弹值(反弹距离与弹簧初始长度之比)作为与强度相关的指标,同时考虑混凝土表面碳化后硬度变化的影响,来推定混凝土强度的一种方法。由于测量在混凝土表面进行,所以应属于表面硬度法的一种。

图 1-1 为回弹法的原理示意图。当重锤被拉到冲击前的起始状态时,若重锤的质量等于 1,则这时重锤所具有的势能 e 为:

$$e = \frac{1}{2}E_s l^2 \tag{1-1}$$

式中　E_s——拉力弹簧的刚度系数;

　　　l——拉力弹簧起始拉伸长度。

混凝土受冲击后产生瞬时弹性变形,其恢复力使重锤弹回,当重锤被弹回到 x 位置时所具有的势能 e_x 为:

$$e_x = \frac{1}{2}E_s x^2 \tag{1-2}$$

式中　x——重锤反弹位置或重锤弹回时弹簧的拉伸长度。

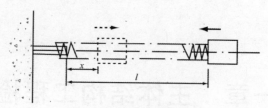

图1-1 回弹法原理示意

所以重锤在弹击过程中,所消耗的能量 Δe 为:

$$\Delta e = e - e_x \tag{1-3}$$

将式(1-1)、式(1-2)代入式(1-3)得到:

$$\Delta e = \frac{E_s l^2}{2} - \frac{E_s x^2}{2} = e\left[1 - \left(\frac{x}{l}\right)^2\right] \tag{1-4}$$

令

$$R = \frac{x}{l} \tag{1-5}$$

在回弹仪中,l 为定值,所以 R 与 x 成正比,称为回弹值。将 R 代入式(1-4)得

$$R = \sqrt{1 - \frac{\Delta e}{e}} = \sqrt{\frac{e_x}{e}} \tag{1-6}$$

从式(1-6)式可知,回弹值 R 等于重锤冲击混凝土表面后剩余的势能与原有势能之比的平方根。简而言之,回弹值 R 是重锤冲击过程中能量损失的反映。能量损失包括以下3方面:

(1)混凝土受冲击后产生塑性变形所吸收的能量;
(2)混凝土受冲击后产生振动所消耗的能量;
(3)回弹仪各机构之间的摩擦所消耗的能量。

在具体的试验中,上述(2)、(3)两项应尽可能使其固定于某一统一的条件,例如,试体应有足够的厚度,或对较薄的试体予以加固,以减少振动,回弹仪应进行统一的计量率定,使冲击能量与仪器内摩擦损耗尽量保持统一等。因此,能量损失主要是由第(1)项引起。

根据以上分析可以认为,回弹值通过重锤在弹击混凝土前后的能量变化,既反映了混凝土的弹性性能,也反映了混凝土的塑性性能。若联系式(1-1)来思考,回弹值 R 反映了该式中的 E_s 和 l 两项,当然与强度 f_{cu}^c 有着必然联系,但由于影响因素较多,R 与 E_s、l 的理论关系尚难推导。因此,目前均采用试验归纳法,建立混凝土强度 f_{cu}^c 与回弹值 R 及主要影响因素(例如碳化深度 L)之间的二元回归公式。这些回归的公式可采用各种不同的函数方程形式,根据大量试验数据进行回归拟合,将其相关系数较大者作为实用经验公式。目前常见的形式主要有以下几种:

直线方程 $$f_{cu}^c = A + BR \tag{1-7}$$

幂函数方程 $$f_{cu}^c = AR^B \tag{1-8}$$

抛物线方程 $$f_{cu}^c = A + BR + CR^2 \tag{1-9}$$

二元方程 $$f_{cu}^c = AR^B \cdot 10^{cL} \tag{1-10}$$

式中 f_{cu}^c——混凝土测区的推算强度;
R——测区平均回弹值;
L——测区平均碳化深度值;
A、B、C——常数项,视原材料条件等因素不同而不同。

2. 检测依据

《回弹法检测混凝土抗压强度技术规程》(JGJ/T23-2001)。

3. 仪器设备及检测环境

(1)测定回弹值的仪器,宜采用示值系统为指针直读式的混凝土回弹仪。

(2)回弹仪必须具有制造厂的产品合格证及检定单位的检定合格证,并应在回弹仪的明显位置具有下列标志:名称、型号、制造厂名(或商标)、出厂编号、出厂日期和中国计量器具制造许可证标志 CMC 及许可证证号等。

(3)水平弹击时,弹击锤脱钩的瞬间,回弹仪的标准能量应为:小型,0.735J;中型,2.207J;大型,29.40J。普通混凝土一般使用中型回弹仪进行检测。

(4)弹击锤与弹击杆碰撞的瞬间,弹击拉簧应处于自由状态,此时弹击锤起跳点应为指针指示刻度尺上"0"处。

(5)在洛氏硬度 HRC 为 60 ± 2 的钢砧上,回弹仪的率定值应为 80 ± 2。

(6)回弹仪使用时的环境温度应为 − 4 ~ 40℃。

(7)回弹仪具有下列情况之一时应送检定单位检定:

1)新回弹仪启用前;

2)超过检定有效期限(有效期为半年);

3)累计弹击次数超过 6000 次;

4)经常规保养后钢砧率定值不合格;

5)遭受严重撞击或其他损害。

(8)回弹仪具有下列情况之一时,应进行常规保养:

1)弹击超过 2000 次;

2)对检测值有怀疑时;

3)在钢砧上的率定值不合格。

保养后应按要求进行率定试验。

(9)回弹仪使用完毕后应使弹击杆伸出机壳,清除弹击杆、杆前端球面以及刻度尺表面和外壳上的污垢、尘土。回弹仪不用时,应将弹击杆压入仪器内,经弹击后方可按下按钮锁住机芯,将回弹仪装入仪器箱,平放在干燥阴凉处。

4. 强度检测取样部位和取样要求

(1)结构或构件混凝土强度检测宜具有下列资料:

1)工程名称及设计、施工、监理(或监督)和建设单位名称;

2)结构或构件名称、外形尺寸、数量及混凝土强度等级;

3)水泥品种、强度等级、安定性、厂名;砂、石种类、粒径;外加剂或掺合料品种、掺量;混凝土配合比等;

4)施工时材料计量情况,模板、浇筑、养护情况及成型日期等;

5)必要的设计图纸和施工记录;

6)检测原因。

(2)结构或构件取样数量应符合下列规定:

1)单个检测:适用于单个结构或构件的检测;

2)批量检测:适用于在相同的生产工艺条件下,混凝土强度等级相同,原材料、配合比、成型工艺、养护条件基本一致且龄期相近的同类结构或构件。按批进行检测的构件,抽检数量不得少于同批构件总数的 30% 且构件数量不得少于 10 件。抽检构件时,应随机抽取并使所选构件具有代表性。

(3)每一结构或构件的测区应符合下列规定:

1)每一结构或构件测区数不应少于 10 个,对某一方向尺寸小于 4.5m 且另一方向尺寸小于 0.3m 的构件,其测区数量可适当减少,但不应少于 5 个;

2)相邻两测区的间距应控制在 2m 以内,测区离构件端部或施工缝边缘的距离不宜大于 0.5m,且不宜小于 0.2m;

3)测区应选在使回弹仪处于水平方向来检测混凝土浇筑侧面。当不能满足这一要求时,可使回弹仪处于非水平方向检测混凝土浇筑侧面、表面或底面;

4)测区宜选在构件的两个对称可测面上,也可选在一个可测面上,且应均匀分布。在构件的重要部位及薄弱部位必须布置测区,并应避开预埋件;

5)测区的面积不宜大于 $0.04m^2$;

6)检测面应为混凝土表面,并应清洁、平整,不应有疏松层、浮浆、油垢、涂层以及蜂窝、麻面,必要时可用砂轮清除疏松层和杂物,且不应有残留的粉末或碎屑;

7)对弹击时产生颤动的薄壁、小型构件应进行固定。

(4)结构或构件的测区应标有清晰的编号,必要时应在记录纸上描述测区布置示意图和外观质量情况。

(5)当检测条件与测强曲线的适用条件有较大差异时,可采用同条件试件或钻取混凝土芯样进行修正,试件或钻取芯样数量不应少于6个。钻取芯样时每个部位应钻取一个芯样,计算时,测区混凝土强度换算值应乘以修正系数。

5. 检测操作步骤

(1)回弹值测量

1)检测时,回弹仪的轴线应始终垂直于结构或构件的混凝土检测面,缓慢施压,准确读数,快速复位。

2)测点宜在测区范围内均匀分布,相邻两测点的净距不宜小于20mm;测点距外露钢筋、预埋件的距离不宜小于30mm。测点不应在气孔或外露石子上,同一测点只应弹击一次。每一测区应记取16个回弹值,每一测点的回弹值读数估读至1。

(2)碳化深度值测量

1)碳化深度值测量,可采用适当的工具如铁锤和尖头铁凿在测区表面形成直径约15mm的孔洞,其深度应大于混凝土的碳化深度。应除净孔洞中的粉末和碎屑,并不得用水擦洗,再采用浓度为1%的酚酞酒精溶液滴在孔洞内壁的边缘处,当已碳化与未碳化界线清楚时,再用深度测量工具(如用碳化尺测量已碳化与未碳化混凝土交界面到混凝土表面的垂直距离),测量不应少于3次,取其平均值作为该测区的碳化深度值。每次读数精确至0.5mm。

2)碳化深度值测量应在有代表性的位置上测量,测点数不应少于构件测区数的30%,取其平均值为该构件每测区的碳化深度值。当各测点间的碳化深度值相差大于2.0mm时,应在每一回弹测区测量碳化深度值。

6. 数据处理与结果判定

(1)回弹值计算

1)计算测区平均回弹值,应从该测区的16个回弹值中剔除3个最大值和3个最小值,余下的10个回弹值应按下式计算:

$$R_m = \frac{\sum_{i=1}^{10} R_i}{10} \qquad (1-11)$$

式中 R_m——测区平均回弹值,精确至0.1;

R_i——第i个测点的回弹值。

2)非水平方向检测混凝土浇筑侧面时,应按下式修正:

$$R_m = R_{m\alpha} + R_{a\alpha} \qquad (1-12)$$

式中 $R_{m\alpha}$——非水平状态检测时测区的平均回弹值,精确至0.1;

$R_{a\alpha}$——非水平状态检测时回弹值修正值,可按表1-1采用。

3）水平方向检测混凝土浇筑顶面或底面时，应按下式修正：

$$R_m = R_m^t + R_a^t \tag{1-13}$$

$$R_m = R_m^b + R_a^b \tag{1-14}$$

式中　　R_m^t、R_m^b——水平方向检测混凝土浇筑表面、底面时，测区的平均回弹值，精确至0.1；

　　　　R_a^t、R_a^b——混凝土浇筑表面、底面回弹值的修正值，应按表1-2采用。

4）当检测时回弹仪为非水平方向且测试面为非混凝土的浇筑侧面时，应先按表1-1对回弹值进行角度修正，再按表1-2对修正后的值进行浇筑面修正。

5）符合下列条件的混凝土应采用《回弹法检测混凝土抗压强度技术规程》JGJ/T23-2001附录A进行测区混凝土强度换算：

① 普通混凝土采用的材料、拌合用水符合现行国家有关标准；

② 不掺外加剂或仅掺非引气型外加剂；

③ 采用普通成型工艺；

④ 采用符合现行国家标准《混凝土结构工程施工质量验收规范》GB50204-2002规定的钢模、木模及其他材料制作的模板；

⑤ 自然养护或蒸汽养护出池后经自然养护7d以上，且混凝土表层为干燥状态；

⑥ 龄期为14～1000d；

⑦ 抗压强度为10～60MPa。

6）当有下列情况之一时，测区混凝土强度值不得按《回弹法检测混凝土抗压强度技术规程》JGJ/T23-2001附录A换算：

① 粗骨料最大粒径大于60mm；

② 特种成型工艺制作的混凝土；

③ 检测部位曲率半径小于250mm；

④ 潮湿或浸水混凝土。

7）当构件混凝土抗压强度大于60MPa时，可采用标准能量大于2.207J的混凝土回弹仪，并应另行制定检测方法及专用测强曲线进行检测。

非水平状态检测时的回弹值修正值　　　　表1-1

R_{ma}	检测角度							
	向上				向下			
	90°	60°	45°	30°	-30°	-45°	-60°	-90°
20	-6.0	-5.0	-4.0	-3.0	+2.5	+3.0	+3.5	+4.0
21	-5.9	-4.9	-4.0	-3.0	+2.5	+3.0	+3.5	+4.0
22	-5.8	-4.8	-3.9	-2.9	+2.4	+2.9	+3.4	+3.9
23	-5.7	-4.7	-3.9	-2.9	+2.4	+2.9	+3.4	+3.9
24	-5.6	-4.6	-3.8	-2.8	+2.3	+2.8	+3.3	+3.8
25	-5.5	-4.5	-3.8	-2.8	+2.3	+2.8	+3.3	+3.8
26	-5.4	-4.4	-3.7	-2.7	+2.2	+2.7	+3.2	+3.7
27	-5.3	-4.3	-3.7	-2.7	+2.2	+2.7	+3.2	+3.7
28	-5.2	-4.2	-3.6	-2.6	+2.1	+2.6	+3.1	+3.6
29	-5.1	-4.1	-3.6	-2.6	+2.1	+2.6	+3.1	+3.6
30	-5.0	-4.0	-3.5	-2.5	+2.0	+2.5	+3.0	+3.5

续表

R_{ma}	检测角度							
	向上				向下			
	90°	60°	45°	30°	-30°	-45°	-60°	-90°
31	-4.9	-4.0	-3.5	-2.5	+2.0	+2.5	+3.0	+3.5
32	-4.8	-3.9	-3.4	-2.4	+1.9	+2.4	+2.9	+3.4
33	-4.7	-3.9	-3.4	-2.4	+1.9	+2.4	+2.9	+3.4
34	-4.6	-3.8	-3.3	-2.3	+1.8	+2.3	+2.8	+3.3
35	-4.5	-3.8	-3.3	-2.3	+1.8	+2.3	+2.8	+3.3
36	-4.4	-3.7	-3.2	-2.2	+1.7	+2.2	+2.7	+3.2
37	-4.3	-3.7	-3.2	-2.2	+1.7	+2.2	+2.7	+3.2
38	-4.2	-3.6	-3.1	-2.1	+1.6	+2.1	+2.6	+3.1
39	-4.1	-3.6	-3.1	-2.1	+1.6	+2.1	+2.6	+3.1
40	-4.0	-3.5	-3.0	-2.0	+1.5	+2.0	+2.5	+3.0
41	-4.0	-3.5	-3.0	-2.0	+1.5	+2.0	+2.5	+3.0
42	-3.9	-3.4	-2.9	-1.9	+1.4	+1.9	+2.4	+2.9
43	-3.9	-3.4	-2.9	-1.9	+1.4	+1.9	+2.4	+2.9
44	-3.8	-3.3	-2.8	-1.8	+1.3	+1.8	+2.3	+2.8
45	-3.8	-3.3	-2.8	-1.8	+1.3	+1.8	+2.3	+2.8
46	-3.7	-3.2	-2.7	-1.7	+1.2	+1.7	+2.2	+2.7
47	-3.7	-3.2	-2.7	-1.7	+1.2	+1.7	+2.2	+2.7
48	-3.6	-3.1	-2.6	-1.6	+1.1	+1.6	+2.1	+2.6
49	-3.6	-3.1	-2.6	-1.6	+1.1	+1.6	+2.1	+2.6
50	-3.5	-3.0	-2.5	-1.5	+1.0	+1.5	+2.0	+2.5

注：1. R_{ma} 小于 20 或大于 50 时，均分别按 20 或 50 查表；
  2. 表中未列入的相应于 R_{ma} 的修正值 R_{ma}，可用内插法求得，精确至 0.1。

8）混凝土强度的计算

①结构或构件第 i 个测区混凝土强度换算值，可将所求得的平均回弹值（R_m）及平均碳化深度值（d_m）查表 1-3 得出。

②泵送混凝土制作的结构或构件的混凝土强度的检测应符合下列规定：

a. 当碳化深度值不大于 2.0mm 时，每一测区混凝土强度换算值应按表 1-4 修正。

b. 当碳化深度值大于 2.0mm 时，可进行钻芯修正。

不同浇筑面的回弹值修正值   表 1-2

R_m^t 或 R_m^b	表面修正值（R_a^t）	底面修正值（R_a^b）	R_m^t 或 R_m^b	表面修正值（R_a^t）	底面修正值（R_a^b）
20	+2.5	-3.0	36	+0.9	-1.4
21	+2.4	-2.9	37	+0.8	-1.3
22	+2.3	-2.8	38	+0.7	-1.2
23	+2.2	-2.7	39	+0.6	-1.1
24	+2.1	-2.6	40	+0.5	-1.0

续表

R_m^t 或 R_m^b	表面修正值 (R_a^t)	底面修正值 (R_a^b)	R_m^t 或 R_m^b	表面修正值 (R_a^t)	底面修正值 (R_a^b)
25	+2.0	-2.5	41	+0.4	-0.9
26	+1.9	-2.4	42	+0.3	-0.8
27	+1.8	-2.3	43	+0.2	-0.7
28	+1.7	-2.2	44	+0.1	-0.6
29	+1.6	-2.1	45	0	-0.5
30	+1.5	-2.0	46	0	-0.4
31	+1.4	-1.9	47	0	-0.3
32	+1.3	-1.8	48	0	-0.2
33	+1.2	-1.7	49	0	-0.1
34	+1.1	-1.6	50	0	0
35	+1.0	-1.5			

注：1. R_m^t 或 R_m^b 小于20或大于50时，均分别按20或50查表；表中未列入的相应于 R_m^t 或 R_m^b 的 R_a^t 和 R_a^b 值，可用内插法求得，精确至0.1。

2. 表中有关混凝土浇筑表面的修正系数，是指一般原浆抹面的修正值。

3. 表中有关混凝土浇筑底面的修正系数，是指构件底面与侧面采用同一类模板在正常浇筑情况下的修正值。

(2) 混凝土强度换算值的平均值

结构或构件的测区混凝土强度平均值可根据各测区的混凝土强度换算值计算。当测区数为10个及以上时，应计算强度标准差。平均值及标准差应按下式计算：

$$m_{f_{cu}^c} = \frac{\sum_{i=1}^{n} f_{cu,i}^c}{n} \tag{1-15}$$

$$s_{f_{cu}^c} = \sqrt{\frac{\sum_{i=1}^{n}(f_{cu,i}^c)^2 - n(m_{f_{cu}^c})^2}{n-1}} \tag{1-16}$$

式中 $m_{f_{cu}^c}$——结构或构件测区混凝土强度换算值的平均值(MPa)，精确至0.1MPa；

n——对于单个检测的构件，取一个构件的测区数；对批量检测的构件，取被抽检构件测区数之和；

$s_{f_{cu}^c}$——结构或构件测区混凝土强度换算值的标准差(MPa)，精确至0.01MPa。

如构件采取钻芯法进行修正时，测区混凝土强度换算值应乘以修正系数。

修正系数应按下式计算：

$$\eta = \frac{1}{n}\sum_{i=1}^{n} f_{cu,i} / f_{cu,i}^c \tag{1-17}$$

或

$$\eta = \frac{1}{n}\sum_{i=1}^{n} f_{cor,i} / f_{cu,i}^c \tag{1-18}$$

式中 η——修正系数，精确到0.01；

$f_{cu,i}$——第 i 个混凝土立方体试件(边长为150mm)的抗压强度值，精确到0.1MPa；

$f_{cor,i}$——第 i 个混凝土芯样试件的抗压强度值，精确到0.1MPa；

$f_{cu,i}^c$——对应于第 i 个试件或芯样部位回弹值和碳化深度值的混凝土强度换算值。

(3)结构或构件的混凝土强度推定值($f_{cu,e}$)

1)当该结构或构件测区数少于10个时:

$$f_{cu,e} = f_{cu,min}^c \quad (1-19)$$

式中 $f_{cu,min}^c$——构件中最小的测区混凝土强度换算值。

2)当该结构或构件的测区强度值中出现小于10.0 MPa时:

$$f_{cu,e} < 10.0 \text{MPa} \quad (1-20)$$

3)当该结构或构件测区数不少于10个或按批量检测时,应按下式计算:

$$f_{cu,e} = m_{f_{cu}^c} - 1.645 s_{f_{cu}^c} \quad (1-21)$$

注:结构或构件的混凝土强度推定值是指相应于强度换算值总体分布中,保证率不低于95%的结构或构件中的混凝土抗压强度值。

测区混凝土强度换算表　　　　　表1-3

平均回弹值 R_m	测区混凝土强度换算值 $f_{cu,i}^c$ (MPa)												
	平均碳化深度值 d_m (mm)												
	0	0.5	1.0	1.5	2.0	2.5	3.0	3.5	4.0	4.5	5.0	5.5	≥6.0
20.0	10.3	10.1	—	—	—	—	—	—	—	—	—	—	—
20.2	10.5	10.3	10.0	—	—	—	—	—	—	—	—	—	—
20.4	10.7	10.5	10.2	—	—	—	—	—	—	—	—	—	—
20.6	11.0	10.8	10.4	10.1	—	—	—	—	—	—	—	—	—
20.8	11.2	11.0	10.6	10.3	—	—	—	—	—	—	—	—	—
21.0	11.4	11.2	10.8	10.5	10.0	—	—	—	—	—	—	—	—
21.2	11.6	11.4	11.0	10.7	10.2	—	—	—	—	—	—	—	—
21.4	11.8	11.6	11.2	10.9	10.4	10.0	—	—	—	—	—	—	—
21.6	12.0	11.8	11.4	11.0	10.6	10.2	—	—	—	—	—	—	—
21.8	12.3	12.1	11.7	11.3	10.8	10.5	10.1	—	—	—	—	—	—
22.0	12.5	12.2	11.9	11.5	11.0	10.6	10.2	—	—	—	—	—	—
22.2	12.7	12.4	12.1	11.7	11.2	10.8	10.4	10.0	—	—	—	—	—
22.4	13.0	12.7	12.4	12.0	11.4	11.0	10.7	10.3	10.0	—	—	—	—
22.6	13.2	12.9	12.5	12.1	11.6	11.2	10.8	10.4	10.2	—	—	—	—
22.8	13.4	13.1	12.7	12.3	11.8	11.4	11.0	10.6	10.3	—	—	—	—
23.0	13.7	13.4	13.0	12.6	12.1	11.7	11.2	10.8	10.5	10.1	—	—	—
23.2	13.9	13.6	13.2	12.8	12.2	11.8	11.4	11.0	10.7	10.3	10.0	—	—
23.4	14.1	13.8	13.4	13.0	12.4	12.0	11.6	11.2	10.9	10.4	10.2	—	—
23.6	14.4	14.1	13.7	13.2	12.7	12.2	11.8	11.4	11.1	10.7	10.4	10.1	—
23.8	14.6	14.3	13.9	13.4	12.8	12.4	12.0	11.5	11.2	10.8	10.5	10.2	—
24.0	14.9	14.6	14.2	13.7	13.1	12.7	12.2	11.8	11.5	11.0	10.7	10.4	10.1
24.2	15.1	14.8	14.3	13.9	13.3	12.8	12.4	11.9	11.6	11.2	10.9	10.6	10.3
24.4	15.4	15.1	14.6	14.2	13.6	13.1	12.6	12.2	11.9	11.4	11.1	10.8	10.4
24.6	15.6	15.3	14.8	14.4	13.7	13.3	12.8	12.3	12.0	11.5	11.2	10.9	10.6
24.8	15.9	15.6	15.1	14.6	14.0	13.5	13.0	12.6	12.2	11.8	11.4	11.1	10.7
25.0	16.2	15.9	15.4	14.9	14.3	13.8	13.3	12.8	12.5	12.0	11.7	11.3	10.9
25.2	16.4	16.1	15.6	15.1	14.4	13.9	13.4	13.0	12.6	12.1	11.8	11.5	11.0

续表

平均回弹值 R_m	测区混凝土强度换算值 $f_{cu,i}^c$ (MPa) 平均碳化深度值 d_m (mm)												
	0	0.5	1.0	1.5	2.0	2.5	3.0	3.5	4.0	4.5	5.0	5.5	≥6.0
25.4	16.7	16.4	15.9	15.4	14.7	14.2	13.7	13.2	12.9	12.4	12.0	11.7	11.2
25.6	16.9	16.6	16.1	15.7	14.9	14.4	13.9	13.4	13.0	12.5	12.2	11.8	11.3
25.8	17.2	16.9	16.3	15.8	15.1	14.6	14.1	13.6	13.2	12.7	12.4	12.0	11.5
26.0	17.5	17.2	16.6	16.1	15.4	14.9	14.4	13.8	13.5	13.0	12.6	12.2	11.6
26.2	17.8	17.4	16.9	16.4	15.7	15.1	14.6	14.0	13.7	13.2	12.8	12.4	11.8
26.4	18.0	17.6	17.1	16.6	15.8	15.3	14.8	14.2	13.9	13.3	13.0	12.6	12.0
26.6	18.3	17.9	17.4	16.8	16.1	15.6	15.0	14.4	14.1	13.5	13.2	12.8	12.1
26.8	18.6	18.2	17.7	17.1	16.4	15.8	15.3	14.6	14.3	13.8	13.4	12.9	12.3
27.0	18.9	18.5	18.0	17.4	16.6	16.1	15.5	14.8	14.6	14.0	13.6	13.1	12.4
27.2	19.1	18.7	18.1	17.6	16.8	16.2	15.7	15.0	14.7	14.1	13.8	13.3	12.6
27.4	19.4	19.0	18.4	17.8	17.0	16.4	15.9	15.2	14.9	14.3	14.0	13.4	12.7
27.6	19.7	19.3	18.7	18.0	17.2	16.6	16.1	15.4	15.1	14.5	14.1	13.6	12.9
27.8	20.0	19.6	19.0	18.2	17.4	16.8	16.3	15.6	15.3	14.7	14.2	13.7	13.0
28.0	20.3	19.7	19.2	18.4	17.0	16.5	15.8	14.8	14.4	13.9	13.2		
28.2	20.6	20.0	19.5	18.6	17.8	17.2	16.7	16.0	15.6	15.0	14.6	14.0	13.3
28.4	20.9	20.3	19.7	18.8	18.0	17.4	16.9	16.2	15.8	15.2	14.8	14.2	13.5
28.6	21.2	20.6	20.0	19.1	18.2	17.6	17.1	16.4	16.0	15.4	15.0	14.3	13.6
28.8	21.5	20.9	20.2	19.4	18.5	17.8	17.3	16.6	16.2	15.6	15.2	14.5	13.8
29.0	21.8	21.1	20.5	19.6	18.7	18.1	17.5	16.8	16.4	15.8	15.4	14.6	13.9
29.2	22.1	21.4	20.8	19.9	19.0	18.3	17.7	17.0	16.6	16.0	15.6	14.8	14.1
29.4	22.4	21.7	21.1	20.2	19.3	18.6	17.9	17.2	16.8	16.2	15.8	15.0	14.2
29.6	22.7	22.0	21.3	20.4	19.5	18.8	18.2	17.5	17.0	16.4	16.0	15.1	14.4
29.8	23.0	22.3	21.6	20.7	19.8	19.1	18.4	17.7	17.2	16.6	16.2	15.3	14.5
30.0	23.3	22.6	21.9	21.0	20.0	19.3	18.6	17.9	17.4	16.8	16.4	15.4	14.7
30.2	23.6	22.9	22.2	21.2	20.3	19.6	18.9	18.2	17.6	17.0	16.6	15.6	14.9
30.4	23.9	23.2	22.5	21.5	20.6	19.8	19.1	18.4	17.8	17.2	16.8	15.8	15.1
30.6	24.3	23.6	22.8	21.9	20.9	20.2	19.4	18.7	18.0	17.5	17.0	16.0	15.2
30.8	24.6	23.9	23.1	22.1	21.2	20.4	19.7	18.9	18.2	17.7	17.2	16.2	15.4
31.0	24.9	24.2	23.4	22.4	21.4	20.7	19.9	19.2	18.4	17.9	17.4	16.4	15.5
31.2	25.2	24.4	23.7	22.7	21.7	20.9	20.2	19.4	18.6	18.1	17.6	16.6	15.7
31.4	25.6	24.8	24.1	23.0	22.0	21.2	20.5	19.7	18.9	18.4	17.8	16.9	15.8
31.6	25.9	25.1	24.3	23.3	22.3	21.5	20.7	19.9	19.2	18.6	18.0	17.1	16.0
31.8	26.2	25.4	24.6	23.6	22.5	21.7	21.0	20.2	19.4	18.9	18.2	17.3	16.2
32.0	26.5	25.7	24.9	23.9	22.8	22.0	21.2	20.4	19.6	19.1	18.4	17.5	16.4
32.2	26.9	26.1	25.3	24.2	23.1	22.3	21.5	20.7	19.9	19.4	18.6	17.7	16.6

续表

平均回弹值 R_m	测区混凝土强度换算值 $f_{cu,i}^c$ (MPa) 平均碳化深度值 d_m (mm)												
	0	0.5	1.0	1.5	2.0	2.5	3.0	3.5	4.0	4.5	5.0	5.5	≥6.0
32.4	27.2	26.4	25.6	24.5	23.4	22.6	21.8	20.9	20.1	19.6	18.8	17.9	16.8
32.6	27.6	26.8	25.9	24.8	23.7	22.9	22.1	21.3	20.4	19.9	19.0	18.1	17.0
32.8	27.9	27.1	26.2	25.1	24.0	23.2	22.3	21.5	20.6	20.1	19.2	18.3	17.2
33.0	28.2	27.4	26.5	25.4	24.3	23.4	22.6	21.7	20.9	20.3	19.4	18.5	17.4
33.2	28.6	27.7	26.8	25.7	24.6	23.7	22.9	22.0	21.2	20.5	19.6	18.7	17.6
33.4	28.9	28.0	27.1	26.0	24.9	24.0	23.1	22.3	21.4	20.7	19.8	18.9	17.8
33.6	29.3	28.4	27.4	26.4	25.2	24.2	23.3	22.6	21.7	20.9	20.0	19.1	18.0
33.8	29.6	28.7	27.7	26.6	25.4	24.4	23.5	22.8	21.9	21.1	20.2	19.3	18.2
34.0	30.0	29.1	28.0	26.8	25.6	24.6	23.7	23.0	22.1	21.3	20.4	19.5	18.3
34.2	30.3	29.4	28.3	27.0	25.8	24.8	23.9	23.2	22.3	21.5	20.6	19.7	18.4
34.4	30.7	29.8	28.6	27.2	26.0	25.0	24.1	23.4	22.5	21.7	20.8	19.8	18.6
34.6	31.1	30.2	28.9	27.4	26.2	25.2	24.3	23.6	22.7	21.9	21.0	20.0	18.8
34.8	31.4	30.5	29.2	27.6	26.4	25.4	24.5	23.8	22.9	22.1	21.2	20.2	19.0
35.0	31.8	30.8	29.6	28.0	26.7	25.8	24.8	24.0	23.2	22.3	21.4	20.4	19.2
35.2	32.1	31.1	29.9	28.2	27.0	26.0	25.0	24.2	23.4	22.5	21.6	20.6	19.4
35.4	32.5	31.5	30.2	28.6	27.3	26.3	25.4	24.4	23.7	22.8	21.8	20.8	19.6
35.6	32.9	31.9	30.6	29.0	27.6	26.6	25.7	24.7	24.0	23.0	22.0	21.0	19.8
35.8	33.3	32.3	31.0	29.3	28.0	27.0	26.0	25.0	24.3	23.3	22.2	21.2	20.0
36.0	33.6	32.6	31.2	29.6	28.2	27.2	26.2	25.2	24.5	23.5	22.4	21.4	20.2
36.2	34.0	33.0	31.6	29.9	28.6	27.5	26.5	25.5	24.8	23.8	22.6	21.6	20.4
36.4	34.4	33.4	32.0	30.3	28.9	27.9	26.8	25.8	25.1	24.1	22.8	21.8	20.6
36.6	34.8	33.8	32.4	30.6	29.2	28.2	27.1	26.1	25.4	24.4	23.0	22.0	20.9
36.8	35.2	34.1	32.7	31.0	29.6	28.5	27.5	26.4	25.7	24.6	23.2	22.2	21.1
37.0	35.5	34.4	33.0	31.2	29.8	28.8	27.7	26.6	25.9	24.8	23.4	22.4	21.3
37.2	35.9	34.8	33.4	31.6	30.2	29.1	28.0	26.9	26.2	25.1	23.7	22.6	21.5
37.4	36.3	35.2	33.8	31.9	30.5	29.4	28.3	27.2	26.5	25.4	24.0	22.9	21.8
37.6	36.7	35.6	34.1	32.3	30.8	29.7	28.6	27.5	26.8	25.7	24.2	23.1	22.0
37.8	37.1	36.0	34.5	32.6	31.2	30.0	28.9	27.8	27.1	26.0	24.5	23.4	22.3
38.0	37.5	36.4	34.9	33.0	31.5	30.3	29.2	28.1	27.4	26.2	24.8	23.6	22.5
38.2	37.9	36.8	35.2	33.4	31.8	30.6	29.5	28.4	27.7	26.5	25.0	23.9	22.7
38.4	38.3	37.2	35.6	33.7	32.1	30.9	29.8	28.7	28.0	26.8	25.3	24.1	23.0
38.6	38.7	37.5	36.0	34.1	32.4	31.2	30.1	29.0	28.3	27.0	25.5	24.4	23.2
38.8	39.1	37.9	36.4	34.4	32.7	31.5	30.4	29.3	28.5	27.2	25.8	24.6	23.5
39.0	39.5	38.2	36.7	34.7	33.0	31.8	30.6	29.6	28.8	27.4	26.0	24.8	23.7
39.2	39.9	38.5	37.0	35.0	33.3	32.1	30.8	29.8	29.0	27.6	26.2	25.0	24.0

续表

| 平均回弹值 R_m | 测区混凝土强度换算值 $f_{cu,i}^c$ (MPa) |||||||||||||
| | 平均碳化深度值 d_m (mm) |||||||||||||
	0	0.5	1.0	1.5	2.0	2.5	3.0	3.5	4.0	4.5	5.0	5.5	≥6.0
39.4	40.3	38.8	37.3	35.3	33.6	32.4	31.0	30.0	29.2	27.8	26.4	25.2	24.2
39.6	40.7	39.1	37.6	35.6	33.9	32.7	31.2	30.2	29.4	28.0	26.6	25.4	24.4
39.8	41.2	39.6	38.0	35.9	34.2	33.0	31.4	30.5	29.7	28.2	26.8	25.6	24.7
40.0	41.6	39.9	38.3	36.2	34.5	33.3	31.7	30.8	30.0	28.4	27.0	25.8	25.0
40.2	42.0	40.3	38.6	36.5	34.8	33.6	32.0	31.1	30.2	28.6	27.3	26.0	25.2
40.4	42.4	40.7	39.0	36.9	35.1	33.9	32.3	31.4	30.5	28.8	27.6	26.2	25.4
40.6	42.8	41.1	39.4	37.2	35.4	34.2	32.6	31.7	30.8	29.1	27.8	26.5	25.7
40.8	43.3	41.6	39.8	37.7	35.7	34.5	32.9	32.0	31.2	29.4	28.1	26.8	26.0
41.0	43.7	42.0	40.2	38.0	36.0	34.8	33.2	32.3	31.5	29.7	28.4	27.1	26.2
41.2	44.1	42.3	40.6	38.4	36.3	35.1	33.5	32.6	31.8	30.0	28.7	27.3	26.5
41.4	44.5	42.7	40.9	38.7	36.6	35.4	33.8	32.9	32.0	30.3	28.9	27.6	26.7
41.6	45.0	43.2	41.4	39.2	36.9	35.7	34.2	33.3	32.4	30.6	29.2	27.9	27.0
41.8	45.4	43.6	41.8	39.5	37.2	36.0	34.5	33.6	32.7	30.9	29.5	28.1	27.2
42.0	45.9	44.1	42.2	39.9	37.6	36.3	34.9	34.0	33.0	31.2	29.8	28.5	27.5
42.2	46.3	44.4	42.6	40.3	38.0	36.6	35.2	34.3	33.3	31.5	30.1	28.7	27.8
42.4	46.7	44.8	43.0	40.6	38.3	36.9	35.5	34.6	33.6	31.8	30.4	29.0	28.0
42.6	47.2	45.3	43.4	41.1	38.7	37.3	35.9	34.9	34.0	32.1	30.7	29.3	28.3
42.8	47.6	45.7	43.8	41.4	39.0	37.6	36.2	35.2	34.3	32.4	30.9	29.5	28.6
43.0	48.1	46.2	44.2	41.8	39.4	38.0	36.6	35.6	34.6	32.7	31.3	29.8	28.9
43.2	48.5	46.6	44.6	42.2	39.8	38.3	36.9	35.9	34.9	33.0	31.5	30.1	29.1
43.4	49.0	47.0	45.1	42.6	40.2	38.7	37.2	36.3	35.3	33.3	31.9	30.4	29.4
43.6	49.4	47.4	45.4	43.0	40.5	39.0	37.5	36.6	35.6	33.6	32.1	30.6	29.6
43.8	49.9	47.9	45.9	43.4	40.9	39.4	37.9	36.9	35.9	33.9	32.4	30.9	29.9
44.0	50.4	48.4	46.4	43.8	41.3	39.8	38.3	37.3	36.3	34.3	32.8	31.2	30.2
44.2	50.8	48.8	46.7	44.2	41.7	40.1	38.6	37.6	36.6	34.5	33.0	31.5	30.5
44.4	51.3	49.2	47.2	44.6	42.1	40.5	39.0	38.0	36.9	34.9	33.3	31.8	30.8
44.6	51.7	49.6	47.6	45.0	42.4	40.8	39.3	38.3	37.2	35.2	33.6	32.1	31.0
44.8	52.2	50.1	48.0	45.4	42.8	41.2	39.7	38.6	37.6	35.5	33.9	32.4	31.3
45.0	52.7	50.6	48.5	45.8	43.2	41.6	40.1	39.0	37.9	35.8	34.3	32.7	31.6
45.2	53.2	51.1	48.9	46.3	43.6	42.0	40.4	39.4	38.3	36.2	34.6	33.0	31.9
45.4	53.6	51.5	49.4	46.6	44.0	42.3	40.7	39.7	38.6	36.4	34.8	33.2	32.2
45.6	54.1	51.9	49.8	47.1	44.4	42.7	41.1	40.0	39.0	36.8	35.2	33.5	32.5
45.8	54.6	52.4	50.2	47.5	44.8	43.1	41.5	40.4	39.3	37.1	35.5	33.9	32.8
46.0	55.0	52.8	50.6	47.9	45.2	43.5	41.9	40.8	39.7	37.5	35.8	34.2	33.1
46.2	55.5	53.3	51.1	48.3	45.5	43.8	42.2	41.1	40.0	37.7	36.1	34.4	33.3

续表

平均回弹值 R_m	测区混凝土强度换算值 $f_{cu,i}^c$ (MPa)											
	平均碳化深度值 d_m (mm)											
	0	0.5	1.0	1.5	2.0	2.5	3.0	3.5	4.0	4.5	5.0	5.5	≥6.0
46.4	56.0	53.8	51.5	48.7	45.9	44.2	42.6	41.4	40.3	38.1	36.4	34.7	33.6
46.6	56.5	54.2	52.0	49.2	46.3	44.6	42.9	41.8	40.7	38.4	36.7	35.0	33.9
46.8	57.0	54.7	52.4	49.6	46.7	45.0	43.3	42.2	41.0	38.8	37.0	35.3	34.2
47.0	57.5	55.2	52.9	50.0	47.2	45.2	43.7	42.6	41.4	39.1	37.4	35.6	34.5
47.2	58.0	55.7	53.4	50.5	47.6	45.8	44.1	42.9	41.8	39.4	37.7	36.0	34.8
47.4	58.5	56.2	53.8	50.9	48.0	46.2	44.5	43.3	42.1	39.8	38.0	36.3	35.1
47.6	59.0	56.6	54.3	51.3	48.4	46.6	44.8	43.7	42.5	40.1	38.4	36.6	35.4
47.8	59.5	57.1	54.7	51.8	48.8	47.0	45.2	44.0	42.8	40.5	38.7	36.9	35.7
48.0	60.0	57.6	55.2	52.2	49.2	47.4	45.6	44.4	43.2	40.8	39.0	37.2	36.0
48.2	—	58.0	55.7	52.6	49.6	47.8	46.0	44.8	43.6	41.1	39.3	37.5	36.3
48.4	—	58.6	56.1	53.1	50.0	48.2	46.4	45.1	43.9	41.5	39.6	37.8	36.6
48.6	—	59.0	56.6	53.5	50.4	48.6	46.7	45.5	44.3	41.8	40.0	38.1	36.9
48.8	—	59.5	57.1	54.0	50.9	49.0	47.1	45.9	44.6	42.2	40.3	38.4	37.2
49.0	—	60.0	57.5	54.4	51.3	49.4	47.5	46.2	45.0	42.5	40.6	38.8	37.5
49.2	—	—	58.0	54.8	51.7	49.8	47.9	46.6	45.4	42.8	41.0	39.1	37.8
49.4	—	—	58.5	55.3	52.1	50.2	48.3	47.1	45.8	43.2	41.3	39.4	38.2
49.6	—	—	58.9	55.7	52.5	50.6	48.7	47.4	46.2	43.6	41.7	39.7	38.5
49.8	—	—	59.4	56.2	53.0	51.0	49.1	47.8	46.5	43.9	42.0	40.1	38.8
50.0	—	—	59.9	56.7	53.4	51.4	49.5	48.2	46.9	44.3	42.3	40.4	39.1
50.2	—	—	—	57.1	53.8	51.9	49.9	48.5	47.2	44.6	42.6	40.7	39.4
50.4	—	—	—	57.6	54.3	52.3	50.3	49.0	47.7	45.0	43.0	41.0	39.7
50.6	—	—	—	58.0	54.7	52.7	50.7	49.4	48.0	45.4	43.4	41.4	40.0
50.8	—	—	—	58.5	55.1	53.1	51.1	49.8	48.4	45.7	43.7	41.7	40.3
51.0	—	—	—	59.0	55.6	53.5	51.5	50.1	48.8	46.1	44.1	42.0	40.7
51.2	—	—	—	59.4	56.0	54.0	51.9	50.5	49.2	46.4	44.4	42.3	41.0
51.4	—	—	—	59.9	56.4	54.4	52.3	50.9	49.6	46.8	44.7	42.7	41.3
51.6	—	—	—	—	56.9	54.8	52.7	51.3	50.0	47.2	45.1	43.0	41.6
51.8	—	—	—	—	57.3	55.2	53.1	51.7	50.3	47.5	45.4	43.3	41.8
52.0	—	—	—	—	57.8	55.7	53.6	52.1	50.7	47.9	45.8	43.7	42.3
52.2	—	—	—	—	58.2	56.1	54.0	52.5	51.1	48.3	46.2	44.0	42.6
52.4	—	—	—	—	58.7	56.5	54.4	53.0	51.5	48.7	46.5	44.4	43.0
52.6	—	—	—	—	59.1	57.0	54.8	53.4	51.9	49.0	46.9	44.7	43.3
52.8	—	—	—	—	59.6	57.4	55.2	53.8	52.3	49.4	47.3	45.1	43.6
53.0	—	—	—	—	60.0	57.8	55.6	54.2	52.7	49.8	47.6	45.4	43.9
53.2	—	—	—	—	—	58.3	56.1	54.6	53.1	50.2	48.0	45.8	44.3

续表

| 平均回弹值 R_m | 测区混凝土强度换算值 $f_{cu,i}^c$ (MPa) |||||||||||||
| | 平均碳化深度值 d_m (mm) |||||||||||||
	0	0.5	1.0	1.5	2.0	2.5	3.0	3.5	4.0	4.5	5.0	5.5	≥6.0
53.4	—	—	—	—	—	58.7	56.5	55.0	53.5	50.5	48.3	46.1	44.6
53.6	—	—	—	—	—	59.2	56.9	55.4	53.9	50.9	48.7	46.4	44.9
53.8	—	—	—	—	—	59.6	57.3	55.8	54.3	51.3	49.0	46.8	45.3
54.0	—	—	—	—	—	—	57.8	56.3	54.7	51.7	49.4	47.1	45.6
54.2	—	—	—	—	—	—	58.2	56.7	55.1	52.1	49.8	47.5	46.0
54.4	—	—	—	—	—	—	58.6	57.1	55.6	52.5	50.2	47.9	46.3
54.6	—	—	—	—	—	—	59.1	57.5	56.0	52.9	50.5	48.2	46.6
54.8	—	—	—	—	—	—	59.5	57.9	56.4	53.2	50.9	48.5	47.0
55.0	—	—	—	—	—	—	59.9	58.4	56.8	53.6	51.3	48.9	47.3
55.2	—	—	—	—	—	—	—	58.8	57.2	54.0	51.6	49.3	47.7
55.4	—	—	—	—	—	—	—	59.2	57.6	54.4	52.0	49.6	48.0
55.6	—	—	—	—	—	—	—	59.7	58.0	54.8	52.4	50.0	48.4
55.8	—	—	—	—	—	—	—	—	58.5	55.2	52.8	50.3	48.7
56.0	—	—	—	—	—	—	—	—	58.9	55.6	53.2	50.7	49.1
56.2	—	—	—	—	—	—	—	—	59.3	56.0	53.5	51.1	49.4
56.4	—	—	—	—	—	—	—	—	59.7	56.4	53.9	51.4	49.8
56.6	—	—	—	—	—	—	—	—	—	56.8	54.3	51.8	50.1
56.8	—	—	—	—	—	—	—	—	—	57.2	54.7	52.2	50.5
57.0	—	—	—	—	—	—	—	—	—	57.6	55.1	52.5	50.8
57.2	—	—	—	—	—	—	—	—	—	58.0	55.5	52.9	51.2
57.4	—	—	—	—	—	—	—	—	—	58.4	55.9	53.3	51.6
57.6	—	—	—	—	—	—	—	—	—	58.9	56.3	53.7	51.9
57.8	—	—	—	—	—	—	—	—	—	59.3	56.7	54.0	52.3
58.0	—	—	—	—	—	—	—	—	—	59.7	57.0	54.4	52.7
58.2	—	—	—	—	—	—	—	—	—	—	57.4	54.8	53.0
58.4	—	—	—	—	—	—	—	—	—	—	57.8	55.2	53.4
58.6	—	—	—	—	—	—	—	—	—	—	58.2	55.6	53.8
58.8	—	—	—	—	—	—	—	—	—	—	58.6	55.9	54.1
59.0	—	—	—	—	—	—	—	—	—	—	59.0	56.3	54.5
59.2	—	—	—	—	—	—	—	—	—	—	59.4	56.7	54.9
59.4	—	—	—	—	—	—	—	—	—	—	59.8	57.1	55.2
59.6	—	—	—	—	—	—	—	—	—	—	—	57.5	55.6
59.8	—	—	—	—	—	—	—	—	—	—	—	57.9	56.0
60.0	—	—	—	—	—	—	—	—	—	—	—	58.3	56.4

注:本表系按全国统一曲线制定。

泵送混凝土测区混凝土强度换算值的修正值　　　　表1-4

碳化深度值 (mm)		抗压强度值(MPa)			
0.0;0.5;1.0	$f_{cu,i}^c$ (MPa)	≤40.0	45.0	50.0	55.0~60.0
	K(MPa)	+4.5	+3.0	+1.5	0.0
1.5;2.0	$f_{cu,i}^c$ (MPa)	≤30.0	35.0	40.0~60.0	
	K(MPa)	+3.0	+1.5	0.0	

注：表中未列入的$f_{cu,i}^c$值可用内插法求得其修正值，精确至0.1MPa。

(4)检测对按批量检测的构件，当该批构件混凝土强度标准差出现下列情况之一时，则该批构件应全部按单个构件检测：

1)当该批构件混凝土强度平均值小于25MPa时：
$$f_{cu}^c > 4.5 \text{MPa}$$

2)当该批构件混凝土强度平均值不小于25MPa时：
$$f_{cu}^c > 5.5 \text{MPa}$$

[案例1-1]　某现浇楼面板，混凝土设计强度等级为C30，采用泵送混凝土浇筑，现场检测时选取了该楼面板10个测区，弹击楼板底面。回弹仪读数和碳化深度检测值如下表，试计算该构件的现龄期混凝土强度推定值。

构件	测区	构件名称及编号：　　—轴楼面板　　测试日期：　　年　月　日															碳化深度 (mm)
		回弹值															
		1	2	3	4	5	6	7	8	9	10	11	12	13	14	15	16	
	1	44	42	40	43	42	42	40	45	45	41	43	41	40	42	43	38	1.0,0.5,1.0
	2	39	40	41	39	42	40	48	40	42	47	41	44	42	43	43	45	
	3	34	39	40	42	40	44	38	40	46	39	38	37	41	45	36	37	
	4	41	36	40	38	42	40	43	41	38	40	37	45	42	40	42	40	
	5	38	46	45	39	38	40	40	36	37	44	43	41	37	44	42		
	6	41	38	42	44	40	43	44	45	43	38	40	38	38	41	39	37	0.5,0.5,0.0
	7	42	41	41	46	40	46	40	44	41	46	45	39	40	45	40	42	
	8	40	41	37	40	40	38	40	45	39	38	40	38	40	44	43	40	
	9	44	45	38	44	40	41	40	45	42	37	41	43	41	40	39		0.5,0.0,0.0
	10	42	41	41	40	38	40	40	44	39	46	40	42	44	38	31	40	

[解] (1)计算测区平均回弹值，应从该测区的16个回弹值中剔除3个最大值和3个最小值，余下的10个回弹值计算平均值；

(2)角度修正：$R_m = R_{m\alpha} + R_{a\alpha}$，查表1-1；

(3)浇筑面修正：$R_m = R_m^b + R_a^b$，查表1-2；

(4)根据平均碳化深度查表得测区强度值，查表1-3；

(5)泵送修正：由于碳化深度值小于2.0mm，泵送混凝土要针对测区强度值进行修正，查表1-4；

(6)测区数不少于10个，按$f_{cu,e} = m_{f_{cu}} - 1.645 s_{f_{cu}}$计算，精确到0.1。

计算结果见下表：

构件名称及编号：——轴楼面板		计算日期： 年 月 日									
项 目	测区	1	2	3	4	5	6	7	8	9	10
回弹值	测区平均值	41.9	41.8	39.4	40.4	40.5	40.5	41.1	39.7	41.6	40.6
	角度修正值	-3.9	-3.9	-4.1	-4.0	-4.0	-4.0	-4.0	-4.0	-3.9	-4.0
	角度修正后	38.0	37.9	35.3	36.4	36.5	36.5	37.1	35.7	37.7	36.6
	浇灌面修正值	-1.2	-1.2	-1.5	-1.4	-1.4	-1.4	-1.3	-1.4	-1.2	-1.3
	浇灌面修正后	36.8	36.7	33.8	35.0	35.1	35.1	35.8	34.3	36.5	35.3
平均碳化深度(mm)		0.5	0.5	0.5	0.5	0.5	0.5	0.5	0.5	0.5	0.5
测区强度值 f_{cu}^c (MPa)		34.1	34.0	28.7	30.8	31.0	31.0	32.3	29.6	33.6	31.3
泵送混凝土修正值(MPa)		+4.5	+4.5	+4.5	+4.5	+4.5	+4.5	+4.5	+4.5	+4.5	+4.5
泵送混凝土测区强度值 f_{cu}^c (MPa)		38.6	38.5	33.2	35.3	35.5	35.5	36.8	34.1	38.1	35.8
强度计算 $n=10$		$m_{f_{cu}^c} = 36.1$				$s_{f_{cu}^c} = 1.84$				$f_{cu,min}^c = 33.2$	
使用测区强度换算表名称：《回弹法检测混凝土抗压强度技术规程》JGJ/T 23-2001						$f_{cu,e} = 33.1$					

二、超声回弹综合法检测现场混凝土强度

1. 检测原理

超声回弹综合法是指采用超声仪和回弹仪，在结构混凝土同一测区分别测量声速值 V 及回弹值 R，根据混凝土强度与表面硬度以及超声波在混凝土中的传播速度之间的相关关系推定混凝土强度等级，即 $f_{cu} = f(R \cdot V)$。与单一回弹或超声法相比综合法具有以下特点：

(1) 减少龄期和含水率的影响。

(2) 弥补各自不足：采用回弹法和超声法综合测定混凝土强度，既可内外结合，又能在较低或较高的强度区间相互弥补各自的不足，能够较全面地反映结构混凝土的实际质量。

(3) 提高测试精度：由于综合法能减少一些因素的影响程度，较全面地反映整体混凝土质量，所以对提高无损检测混凝土强度的精度，具有明显的效果。

2. 检测依据

《超声回弹综合法检测混凝土强度技术规程》CECS02:2005

3. 仪器设备及检测环境

(1) 本方法采用中型回弹仪，有关回弹仪的使用要求、检定和保养同回弹法中对回弹仪的规定。

(2) 超声波检测仪技术要求：超声波检测仪应通过技术鉴定，并必须具有产品合格证。同时应符合现行行业标准《混凝土超声波检测仪》JG/T 5004-92 的要求，并在计量检定有效期内使用。仪器具有波形清晰、显示稳定的示波装置；声时最小分度值 $0.1\mu s$；具有最小分度值为 $1dB$ 的信号幅度调整系统；接收放大器频响范围 $10 \sim 500kHz$，总增益不小于 $80dB$，接收灵敏度（信噪比 $3:1$ 时）不大于 $50\mu V$；电源电压波动范围在标称值 $\pm 10\%$ 情况下能正常工作；连续正常工作时间不小于 $4h$。

(3) 换能器技术要求：换能器的工作频率宜在 $50 \sim 100kHz$ 范围以内。换能器的实测频率与标称频率相差应不大于 $\pm 10\%$。

(4) 检测仪器维护：如仪器在较长时间内停用，每月应通电一次，每次不少于 $1h$；仪器需存放在通风、阴凉、干燥处，无论存放或工作，均需防尘；在搬运过程中须防止碰撞和剧烈振动。

换能器应避免摔损和撞击,工作完毕应擦拭干净单独存放。换能器的耦合面应避免磨损。超声波检测仪应定期进行保养。

4. 取样要求与强度检测一般规定

(1)测试前应具备下列有关资料:

1)工程名称及设计、施工、建设单位名称;

2)结构或构件名称、施工图纸及要求的混凝土强度等级;

3)水泥品种、强度等级、用量、出厂厂名、砂石品种、粒径、外加剂或掺合料品种、掺量以及混凝土配合比等;

4)模板类型,混凝土浇灌和养护情况以及成型日期;

5)结构或构件存在的质量问题。

(2)测区布置应符合下列规定:

1)当按单个构件检测时,应在构件上均匀布置测区,每个构件上的测区数不应少于10个;

2)对同批构件按批抽样检测时,构件抽样数应不少于同批构件的30%,且不少于10件;对一般施工质量的检测和结构性能的检测,可按照现行国家标准《建筑结构检测技术标准》GB/T50344-2004的规定抽样。

3)对某一方向尺寸不大于4.5m且另一方向尺寸不大于0.3m的构件,其测区数量可适当减少,但不应少于5个。

(3)当按批抽样检测时,符合下列条件的构件才可作为同批构件:

1)混凝土强度等级相同;

2)混凝土原材料、配合比、成型工艺、养护条件及龄期基本相同;

3)构件种类相同;

4)在施工阶段所处状态相同。

(4)构件的测区布置,宜满足下列规定:

1)在条件允许时,测区宜优先布置在构件混凝土浇筑方向的侧面;

2)测区可在构件的两个对应面、相邻面或同一面上布置;

3)测区宜均匀布置,相邻两侧区的间距不宜大于2m;

4)测区应避开钢筋密集区和预埋件;

5)测区尺寸宜为200mm×200mm,采用平测时宜为400mm×400mm;

6)测试面应清洁、平整、干燥,不应有接缝、施工缝、饰面层、泥浆和油垢,并应避开蜂窝、麻面部位。必要时,可用砂轮片清除杂物和磨平不平整处,并擦净残留粉尘。

(5)结构或构件上的测区应注明编号,并记录测区位置和外观质量情况。

(6)结构或构件的每一测区,宜先进行回弹测试,后进行超声测试。

(7)非同一测区内的回弹值及超声声速值,在计算混凝土强度换算值时不得混用。

5. 检测方法与试验操作步骤

(1)回弹值的测量与计算

1)用回弹仪测试时,应始终保持回弹仪的轴线垂直于混凝土测试面,并优先选择混凝土浇筑方向的侧面进行水平方向测试。如不能满足这一要求,也可非水平状态测试,或测试混凝土浇灌方向的顶面或底面。

2)测量回弹值应在构件测区内超声波的发射和接收面各弹击8点;超声波单面平测时,可在超声波的发射和接收测点之间弹击16点。每一测点的回弹值测读精确至1。

3)测点在测区范围内宜均匀分布,但不得布置在气孔或外露石子上。相邻两测点的间距一般不小于30mm;测点距构件边缘或外露钢筋、铁件的距离不小于50mm,且同一测点只允许弹击一次。

4)计算测区平均回弹值时,应从该测区的 16 个回弹值中,剔除 3 个较大值和 3 个较小值,然后将余下的 10 个回弹值按下列公式计算:

$$R_m = \sum_{i=1}^{10} R_i / 10 \quad (1-22)$$

式中　R_m——测区平均回弹值,计算至 0.1;
　　　R_i——第 i 个测点的回弹值。

5)非水平状态测得的回弹值,应按下式修正:

$$R_a = R + R_{a\alpha} \quad (1-23)$$

式中　R_a——修正后的测区回弹值;
　　　$R_{a\alpha}$——测试角度为 α 的回弹修正值,按表 1-5 选用。

非水平状态测得的回弹修正值　　　　　　　　　　表 1-5

测试角度 $R_{a\alpha}$	向上				向下			
	+90	+60	+45	+30	-30	-45	-60	-90
20	-6.0	-5.0	-4.0	-3.0	+2.5	+3.0	+3.5	+4.0
25	-5.5	-4.5	-3.8	-2.8	+2.3	+2.8	+3.3	+3.8
30	-5.0	-4.0	-3.5	-2.5	+2.0	+2.5	+3.0	+3.5
35	-4.5	-3.8	-3.3	-2.3	+1.8	+2.3	+2.8	+3.3
40	-4.0	-3.5	-3.0	-2.0	+1.5	+2.0	+2.5	+3.0
45	-3.8	-3.3	-2.8	-1.8	+1.3	+1.8	+2.3	+3.0
50	-3.5	-3.0	-2.5	-1.5	+1.0	+1.5	+2.0	+2.5

注:1. 当测试角度等于 0 时,修正值为 0;R 小于 20° 或大于 50° 时,分别按 20° 或 50° 查表;
　　2. 当表中未列数值,可用内插法求得。

由混凝土浇灌的顶面或底面测得的回弹修正值 R_a^t、R_a^b　　　　表 1-6

测试面 R 或 R_a	顶面 R_a^t	底面 R_a^b
20	+2.5	-3.0
25	+2.0	-2.5
30	+1.5	-2.0
35	+1.0	-1.5
40	+0.5	-1.0
45	0	-0.5
50	0	0

注:1. 在侧面测试时,修正值为 0;R 小于 20 或大于 50 时,分别按 20 或 50 查表;
　　2. 当先进行角度修正时,采用修正后的回弹代表值;
　　3. 表中未列数值,可用内插法求得,精确至 0.1。

6)由混凝土浇灌方向的顶面或底面测得的回弹值,应按下式修正:

$$R_a = R_m + (R_a^t + R_a^b) \quad (1-24)$$

式中 R_a^t——测顶面时的回弹修正值,按表1-6选用;

R_a^b——测底面时的回弹修正值,按表1-6选用。

7)在测试时,如仪器处于非水平状态,同时测试面又非混凝土的浇筑侧面,则应对测得的回弹值先进行角度修正,然后对角度修正后的值进行顶面或底面修正。

(2)超声声速值的测量与计算

1)超声测点应布置在回弹测试的同一测区内,每一测区不止3个测点。超声测试宜优先采用对测或角测,当被测构件不具备对测或角测条件时,可采用单面平测。

2)超声测试时,应保证换能器与混凝土测试面耦合良好。

3)声时测量应精确至0.1μs,超声测距测量应精确至1.0mm,测量误差不应超过±1%。声速计算应精确至0.01km/s。

4)当在混凝土浇筑方向的侧面对测时,测区混凝土中声速代表值应根据该测区中3个测点的混凝土中声速值,按下式计算:

$$v_i = \frac{l_i}{t_i - t_0} \tag{1-25}$$

$$v = \frac{1}{3}\sum_{i=1}^{3} v_i \tag{1-26}$$

式中 v——测区混凝土中声速代表值(km/s);

v_i——第i点的声速代表值(km/s);

l_i——第i个测点的超声测距(mm);

t_i——第i个测点的声时读数(μs);

t_0——声时初读数(μs)。

5)当在混凝土浇灌的顶面与底面测试时,测区声速值应按下式修正:

$$v_a = \beta v \tag{1-27}$$

式中 v_a——修正后的测区声速值(km/s);

β——超声测试面修正系数。在混凝土浇灌顶面及底面测试时,$\beta=1.034$;在混凝土侧面测试时,$\beta=1$。

6. 数据处理与结果判定

(1)构件第i个测区的混凝土强度换算值$f_{cu,i}^c$,应根据修正后的测区回弹值R_{ai}及修正后的测区声速值v_{ai},优先采用专用或地区测强曲线推定。当无该类测强曲线时,经验证后也可按《超声回弹综合法检测混凝土强度技术规程》附录C的规定确定,或按下式计算:

1)粗骨料为卵石时:

$$f_{cu,i}^c = 0.0038(v_i)^{1.23}(R_{ai})^{1.95} \tag{1-28}$$

2)粗骨料为碎石时:

$$f_{cu,i}^c = 0.008(v_{ai})^{1.72}(R_{ai})^{1.57} \tag{1-29}$$

式中 $f_{cu,i}^c$——第i个测区混凝土强度换算值(MPa),精确至0.1MPa;

v_{ai}——第i个测区修正后的超声声速值(km/s),精确至0.01km/s;

R_{ai}——第i个测区修正后的回弹值,精确至0.1。

(2)当结构或构件所用材料及其龄期与制定的测强曲线所用材料有较大差异时,应用同条件立方体试件或从结构构件测区钻取的混凝土芯样的抗压强度进行修正,试件数量应不少于4个。此时,得到的测区混凝土强度换算值应乘以修正系数。修正系数可按下式计算:

1)有同条件立方体试件时

$$\eta = \frac{1}{n}\sum_{i=1}^{n} f_{cu,i}/f_{cu,i}^{c} \tag{1-30}$$

2) 有混凝土芯样试件时

$$\eta = \frac{1}{n}\sum_{i=1}^{n} f_{cor,i}^{o}/f_{cu,i}^{c} \tag{1-31}$$

式中 η ——修正系数,精确至小数点后两位;

$f_{cu,i}$ ——第 i 个混凝土立方体试块抗压强度值(以边长为 150mm 计)(MPa),精确至 0.1MPa;

$f_{cu,i}^{c}$ ——对应于第 i 个立方试块或芯样试件的混凝土强度换算值(MPa),精确至 0.1MPa;

$f_{cor,i}^{o}$ ——第 i 个混凝土芯样试件抗压强度值(以 ϕ100mm × 100mm 计)(MPa),精确至 0.1MPa;

n ——试件数。

(3)结构或构件的混凝土强度推定值 $f_{cu,e}$,应按下列条件确定:

1)当结构或构件的测区抗压强度换算值中出现小于 10.0MPa 时,该构件的混凝土抗压强度推定值 $f_{cu,e}$ 应小于 10MPa。

2)当结构或构件中测区小于 10 个时, $f_{cu,e} = f_{cu,min}^{c}$;

3)当按批抽样检测时,该批构件的混凝土强度推定值应按下式计算:

$$f_{cu,e} = m_{f_{cu}^{c}} - 1.645 S_{f_{cu}^{c}} \tag{1-32}$$

式中的各测区混凝土强度换算值的平均值 $m_{f_{cu}^{c}}$ 及标准差 $S_{f_{cu}^{c}}$,应按下式计算:

$$m_{f_{cu}^{c}} = \frac{1}{n}\sum_{i=1}^{n} f_{cu,i}^{c} \tag{1-33}$$

$$S_{f_{cu}^{c}} = \sqrt{\frac{\sum_{i=1}^{n}(f_{cu,i}^{c})^{2} - n(m_{cu})^{2}}{n-1}} \tag{1-34}$$

(4)当属同批构件按批抽样检测时,若全部测区强度的标准差出现下列情况时,则该批构件应全部按单个构件检测:

1)当混凝土强度等级不高于 C20 时: $S_{f_{cu}^{c}} > 4.5$MPa;

2)当混凝土强度等级高于 C20 时: $S_{f_{cu}^{c}} > 5.5$MPa。

三、钻芯法检测现场混凝土强度

1. 检测原理

钻芯法检测混凝土抗压强度是指采用在混凝土中钻取规定直径 100mm 的标准芯样进行试压,以测定结构不大于 80MPa 的普通混凝土的强度。普遍认为它是一种直观、可靠和准确的方法,但对结构混凝土造成局部损伤,是一种半破损的现场检测手段。对混凝土强度等级低于 C10 的结构,不宜采用钻芯法检测。钻芯法可用于确定检测批或单个构件的混凝土强度推定值;也可用于钻芯修正间接强度检测方法得到的混凝土抗压强度换算值。

2. 检测依据

《钻芯法检测混凝土强度技术规程》CECS03:2007。

3. 仪器设备及环境

(1)钻取芯样及芯样加工的主要设备仪器均应具有产品合格证。钻芯机应具有足够的刚度,操作灵活,固定和移动方便,并应有水冷却系统。钻芯机主轴的径向跳动不应超过 0.1mm,工作时噪声不应大于 90dB。

(2)钻取芯样时宜采用内径 70~100mm 的金刚石或人造金刚石薄壁钻头。钻头筒体不得有肉眼可见的裂缝、缺边、少角、倾斜及喇叭口变形。钻头筒体对钢体的同心度偏差不得大于 0.3mm,

钻头的横向跳动不得大于1.5mm。

(3)钻切芯样用的锯切机,应具有冷却系统和牢固夹紧芯样的装置;配套使用的人造金刚石圆锯片,应有足够的刚度。

(4)芯样宜采用补平装置(或研磨机)进行端面加工。补平装置除保证芯样的端面平整外,尚应保证端面与轴线垂直。

(5)探测钢筋位置的磁感仪,应适用于现场操作,其最大探测深度不应小于60mm,探测位置偏差不宜大于±5mm。

4. 芯样取样及加工制备要求

(1)钻芯法确定检测批的混凝土强度推定值时,取样应遵守下列规定:

1)芯样试件的数量应根据检测批的容量确定。标准芯样试件的最小样本量不宜少于15个,小直径芯样试件的最小样本量应适当增加;

2)芯样应从检测批的结构构件中随机抽取,每个芯样应取自一个构件或结构的局部部位,且取芯位置应符合取样部位的要求。

(2)芯样钻取部位:

1)采用钻芯法检测结构混凝土强度前,应具备下列资料:

①工程名称(或代号)及设计、施工、建设单位名称;

②结构或构件种类外形尺寸及数量;

③设计采用混凝土强度等级;

④成型日期,原材料(水泥品种粗骨料粒径等)和混凝土试块抗压强度试验报告;

⑤结构或构件质量状况和施工中存在问题的记录;

⑥有关的结构设计图和施工图等。

2)芯样应在结构或构件的下列部位钻取:

①结构或构件受力较小的部位;

②混凝土强度质量具有代表性的部位;

③便于钻芯机安装与操作的部位;

④避开主筋预埋件和管线的位置,并尽量避开其他钢筋。

3)抗压试验的芯样试件宜使用标准芯样试件,其公称直径不宜小于骨料最大料径的3倍;也可采用小直径芯样试件,但其公称直径不应小于70mm且不得小于骨料最大粒径的2倍。

4)钻芯机就位并安放平衡后,应将钻机固定,以便工作时不致产生位置偏移。固定的方法应根据钻芯机构造和施工现场的具体情况,分别采用顶杆支撑、配重、真空吸附或膨胀螺栓等方法。

钻芯机接通水源电源后,拨动变速钮,调到所需转速。正向转动操作手柄使钻头慢慢接触混凝土表面,待钻头刃部入槽稳定后方可加压。钻到预定深度后,反向转动操作手柄,将钻头提升到接近混凝土表面,然后停电停水。

钻芯时用于冷却钻头和排除混凝土料屑的冷却水流量宜为3~5L/min,出口水温不宜超过30℃。

从钻孔中取出的芯样在稍微晾干后,应标上清晰的标记。

5)结构或构件钻芯后所留下的孔洞应及时进行修补,以保证其正常工作。

(3)芯样加工及技术要求:

1)芯样抗压试件的高度和直径之比宜为1.00。

2)采用锯切机加工芯样试件时,应将芯样固定,并使锯切平面垂直于芯样轴线。锯切过程中应冷却人造金刚石圆锯片和芯样。

3)标准芯样试件每个试件内最多只允许含有2根直径小于10mm的钢筋,公称直径小于

100mm 的芯样试件每个试件内最多只允许含有 1 根直径小于 10mm 的钢筋,芯样内的钢筋应与芯样的轴线基本垂直并离开端面 10mm 以上。

4)锯切后的芯样应进行端面处理,宜采取在磨平机上磨平端面的处理方法。承受轴向压力芯样试件的端面,也可采取下列处理方法:

①用环氧胶泥或聚合物水泥砂浆补平;

②抗压强度低于 40MPa 的芯样试件,可采用水泥砂浆、水泥净浆或聚合物水泥砂浆补平。补平层厚度不宜大于 5mm;也可采用硫磺胶泥补平,补平层厚度不宜大于 1.5mm。

补平层应与芯样结合牢固,以使受压时补平层与芯样的结合面不提前破坏。

5)芯样在试验前应对其几何尺寸做下列测量:

①平均直径:用游标卡尺测量芯样中部,在相互垂直的两个位置上,取其二次测量的算术平均值,精确至 0.5mm;

②芯样高度:用钢卷尺或钢板尺进行测量,精确至 1mm;

③垂直度:用游标量角器测量两个端面与母线的夹角,精确至 0.1°;

④平整度:用钢板尺或角尺紧靠在芯样端面上,一面转动钢板尺,一面用塞尺测量与芯样端面之间的缝隙;也可采用其他专用设备量测。

6)芯样试件尺寸偏差及外观质量超过下列数值时,相应的测试数据无效:

①芯样试件的实际高径比小于 0.95 或大于 1.05;

②沿芯样高度任一直径与平均直径相差达 2mm 以上时;

③芯样端面的不平整度在 100mm 长度内大于 0.1mm 时;

④芯样端面与轴线的不垂直度大于 1°时;

⑤芯样有裂缝或有其他较大缺陷时。

7)芯样在运送前应仔细包装,避免损坏。

5. 检测方法与试验操作步骤

(1)加工好的芯样试件的抗压试验应按现行国家标准《普通混凝土力学性能试验方法》GB/T 50081—2002 中对立方体试块抗压试验的规定进行。

(2)芯样试件宜在被检测结构或构件混凝土湿度基本一致的条件下进行抗压试验。如结构工作条件比较干燥,芯样试件应以自然干燥状态进行试验;如结构工作条件比较潮湿,芯样试件应以潮湿状态进行试验。

按潮湿状态进行试验时,芯样试件应在 20 ± 5℃ 的清水中浸泡 40 ~ 48h,从水中取出后应立即进行抗压试验。

6. 数据处理与结果判定

(1)芯样试件混凝土强度换算值系指用钻芯法测得的芯样强度,换算成相应于测试龄期的、边长为 150mm 的立方体试块的抗压强度值。

芯样试件的混凝土强度换算值,应按式(1-35)计算:

$$f_{cu}^c = \frac{4F}{\pi d^2} \quad (1-35)$$

式中 f_{cu}^c ——芯样试件混凝土强度换算值(MPa),精确至 0.1MPa;

F ——芯样试件抗压试验测得的最大压力(N);

d ——芯样试件的平均直径(mm)。

(2)检测批混凝土强度的推定值应按下列方法确定:

1)检测批的混凝土强度推定值应计算推定区间,推定区间的上限值和下限值按下式计算:

$$上限值 f_{cu,e1} = f_{cu,cor,m} - k_1 S_{cor} \quad (1-36)$$

$$\text{下限值} f_{cu,e2} = f_{cu,cor,m} - k_2 S_{cor} \tag{1-37}$$

$$\text{平均值} f_{cu,cor,m} = \frac{\sum_{i=1}^{n} f_{cu,cor,i}}{n} \tag{1-38}$$

$$\text{标准差} S_{cor} = \sqrt{\frac{\sum_{i=1}^{n}(f_{cu,cor,i} - f_{cu,cor,m})^2}{n-1}} \tag{1-39}$$

式中　$f_{cu,cor,m}$——芯样试件的混凝土抗压强度平均值(MPa)，精确至 0.1MPa；

　　　$f_{cu,cor,i}$——单个芯样试件的混凝土抗压强度值(MPa)，精确至 0.1MPa；

　　　$f_{cu,e1}$——混凝土抗压强度推定上限值(MPa)，精确至 0.1MPa；

　　　$f_{cu,e2}$——混凝土抗压强度推定下限值(MPa)，精确至 0.1MPa；

　　　k_1, k_2——推定区间上限值系数和下限值系数，按表 1-7 查得；

　　　S_{cor}——芯样试件抗压强度样本的标准差(MPa)，精确至 0.1MPa。

推定区间系数表　　表 1-7

（在置信度为 0.85 的条件下，试件数与上限值系数、下限值系数的关系）

试件数 n	$k_1(0.10)$	$k_2(0.05)$	试件数 n	$k_1(0.10)$	$k_2(0.05)$
15	1.222	2.566	37	1.360	2.149
16	1.234	2.524	38	1.363	2.141
17	1.244	2.486	39	1.366	2.133
18	1.254	2.453	40	1.369	2.125
19	1.263	2.423	41	1.372	2.118
20	1.271	2.396	42	1.375	2.111
21	1.279	2.371	43	1.378	2.105
22	1.286	2.349	44	1.381	2.098
23	1.293	2.328	45	1.383	2.092
24	1.300	2.309	46	1.386	2.086
25	1.306	2.292	47	1.389	2.081
26	1.311	2.275	48	1.391	2.075
27	1.317	2.260	49	1.393	2.070
28	1.322	2.246	50	1.396	2.065
29	1.327	2.232	60	1.415	2.022
30	1.332	2.220	70	1.431	1.990
31	1.336	2.208	80	1.444	1.964
32	1.341	2.197	90	1.454	1.944
33	1.345	2.186	100	1.463	1.927
34	1.349	2.176	110	1.471	1.912
35	1.352	2.167	120	1.478	1.899
36	1.356	2.158	—	—	—

2）$f_{cu,e1}$ 和 $f_{cu,e2}$ 所构成推定区间的置信度宜为 0.85，$f_{cu,e1}$ 和 $f_{cu,e2}$ 之间的差值不宜大于 5.0MPa 和 $0.10 f_{cu,cor,m}$ 两者的较大值；

3）宜以 $f_{cu,e1}$ 作为检测批混凝土强度的推定值。

（3）钻芯确定检测批混凝土强度推定值时，可剔除芯样试件抗压强度样本中的异常值。剔除规则应按现行国家标准《数据的统计处理和解释　正态样本离群值的判断和处理》GB/T 4883-

2008 的规定执行。当确有试验依据时,可对芯样试件抗压强度样本的标准差 S_{cor} 进行符合实际情况的修正或调整。

(4)钻芯确定单个构件的混凝土强度推定值时,有效芯样试件的数量不应少于 3 个;对于较小构件,有效芯样试件的数量不得少于 2 个。

(5)单个构件的混凝土强度推定值不再进行数据的舍弃,而应按有效芯样试件混凝土抗压强度值中的最小值确定。

(6)钻芯修正方法:

1)对间接测强方法进行钻芯修正时,宜采用修正量的方法,也可采用其他形式的修正方法。当采用修正量的方法时,芯样试件的数量和取芯位置应符合下列位置:

① 标准芯样试件的数量不应少于 6 个,小直径芯样试件数量宜适当增加;
② 芯样应从采用间接检测方法的结构构件中随机抽取,取芯位置应符合规定;
③ 当采用的间接检测方法为无损检测方法时,钻芯位置应与间接检测方法相应的测区重合;
④ 当采用的间接检测方法对结构构件有损伤时,钻芯位置应布置在相应测区的附近。

2)钻芯修正后的换算强度可按下式计算:

$$f_{cu,i0}^c = f_{cu,i}^c + \Delta f \tag{1-40}$$

$$\Delta f = f_{cu,cor,m} - f_{cu,mj}^c \tag{1-41}$$

式中 $f_{cu,i0}^c$ ——修正后的换算强度;

$f_{cu,i}^c$ ——修正前的换算强度;

Δf ——修正量;

$f_{cu,mj}^c$ ——所用间接检测方法对应芯样测区的换算强度的算术平均值。

[**案例 1-2**] 某生产车间柱混凝土设计强度等级 C20,现场对该构件钻取混凝土的芯样为 3 只,磨平后放置于自然干燥环境,芯样试压最大压力分别为 157kN、121kN、105kN,试计算该混凝土构件现龄期混凝土强度代表值。

[**解**] 求芯样混凝土强度换算值:

芯样①:$f_{cu}^c = \alpha \dfrac{4F}{\pi d^2} = (4 \times 157000)/(\pi \times 100.0^2) = 20.2 \text{MPa}$

芯样②:$f_{cu}^c = \alpha \dfrac{4F}{\pi d^2} = (4 \times 121000)/(\pi \times 99.5^2) = 16.0 \text{MPa}$

芯样③:$f_{cu}^c = \alpha \dfrac{4F}{\pi d^2} = \alpha = (4 \times 105000)/(\pi \times 100.5^2) = 13.2 \text{MPa}$

该混凝土构件现龄期混凝土强度代表值取芯样混凝土强度换算值中的最低值为 13.2MPa。

四、超声法检测现场混凝土缺陷

1. 检测原理

采用超声波检测结构混凝土缺陷是利用脉冲波在技术条件相同(指混凝土的原材料、配合比、龄期和测试距离一致)的混凝土中传播的时间(或速度)、接收波的振幅和频率等声学参数的相对变化,来判定混凝土的缺陷。

因为超声波传播速度的快慢,与混凝土的密实程度有直接关系,对于原材料、配合比、龄期及测试距离一定的混凝土来说,声速高则混凝土密实,相反则混凝土不密实。当有空洞或裂缝存在时,便破坏了混凝土的整体性,超声脉冲只能绕过空洞或裂缝传播到接收换能器,因此传播的路程增大,测得的声时必然偏长或声速降低。

另外,由于空气的声阻抗率远小于混凝土的声阻抗率,脉冲波在混凝土中传播时,遇着蜂窝、空洞或裂缝等缺陷,便在缺陷界面发生反射和散射,声能被衰减,其中频率较高的成分衰减更快,因此接收信号的波幅明显降低,频率明显减小或者频率谱中高频成分明显减少。再者经缺陷反射或绕过缺陷传播的脉冲波信号与直达波信号之间存在声程和相位差,又叠加后互相干扰,致使接收信号的波型发生畸变。

根据上述原理,可以利用混凝土声学参数测量值和相对变化综合分析,判别其缺陷的位置和范围,或者估算缺陷的尺寸。

由于混凝土非匀质性,一般不能像金属探伤那样,利用超声波在缺陷界面反射的信号,作为判别缺陷状态的依据,而是利用超声波透过混凝土的信号来判别缺陷状况。一般根据被测结构或构件的形状、尺寸及所处环境,确定具体测试方法。常用的测试方法见表1-8。

超声波检测结构混凝土缺陷常用方法 表1-8

测试方法		定 义
平面测试 (用厚度振动式 换能器)	对测法	一对发射(T)和接收(R)换能器,分别置于被测结构相互平行的两个表面,且两个换能器的轴线位于同一直线上
	斜测法	一对发射和接收换能器分别置于被测结构的两个表面,但两个换能器的轴线不在同一直线上
	单面平测法	一对发射和接收换能器置于被测结构同一个表面上进行测试
钻孔测试(采用径 向振动式换能器)	孔中对测	一对换能器分别置于两个对应钻孔中,位于同一高度进行测试
	孔中斜测	一对换能器分别置于两个对应钻孔中,但不在同一高度而是在保持一定高程差的条件下进行测试
	孔中平测	一对换能器置于同一钻孔中,以一定的高程差同步移动进行测试

厚度振动式换能器置于结构表面,径向振动式换能器置于钻孔中进行对测和斜测。

2. 检测依据

《超声法检测混凝土缺陷技术规程》CECS21:2000。

3. 仪器设备及环境

(1)超声波检测仪的技术要求

1)用于混凝土的超声波检测仪分为下列两类:

模拟式:接收信号为连续模拟量,可由时域波形信号测读声学参数。

数字式:接收信号转化为离散数字量,具有采集、储存数字信号、测读声学参数和对数字信号处理的智能化功能。

2)超声波检测仪应符合国家现行有关标准的要求,并在法定计量检定有效期限内使用。

3)超声波检测仪技术要求。除前述超声回弹综合法测强中超声波检测仪的一般要求以外,尚应具备以下要求:

①具有波形清晰、显示稳定的示波装置;

②具有最小分度为1dB的衰减系统;

③接收放大器频率响应范围为10~500kHz,总增益≥80dB,接收灵敏度(在信噪比为3:1时)≤50μV;

④电源电压波动范围在标称值±10%的情况下能正常工作;

⑤对于模拟式超声波检测仪应具有手动游标和自动整形两种声时读数功能;

⑥对于数字式超声波检测仪还应满足下列要求:

a. 具有手动游标测读和自动测读方式。当自动测读时,在同一测试条件下,1h内每隔5min测读一次声时的差异应不大于±2个采样点;

b. 波形显示幅度分辨率应不低于1/256,并具有可显示、存储和输出打印数字化波形的功能,波形最大存储长度不宜小于4k bytes;

c. 自动测读方式下,在显示的波形上应有光标指示声时、波幅的测读位置;

d. 宜具有幅度谱分析功能(FFT功能)。

(2)换能器的技术要求

1)常用换能器具有厚度振动方式和径向振动方式两种类型,可根据不同测试需要选用。

2)厚度振动式换能器的频率宜采用20～250kHz。径向振动式换能器的频率宜采用20～60kHz,直径不宜大于32mm。当接收信号较弱时,宜选用带前置放大器的接收换能器。

3)换能器的实测主频与标称频率相差应不大于±10%。对用于水中的换能器,其水密性应在1MPa水压下不渗漏。

(3)超声波检测仪的校准

1)超声波检测仪的声时校准应按"时—距"法测量空气声速的实测值 V^c（见《超声法检测混凝土缺陷技术规程》附录A）,并与按式(1-42)计算的空气声速标准 V^o 相比较,二者的相对误差应不大于±0.5%。

$$V^c = 331.4\sqrt{1+0.00367T_K} \tag{1-42}$$

式中 331.4——0℃时空气的声速(m/s);

V^c——温度为 T_K 度的空气声速(m/s);

T_K——被测空气的温度(℃)。

2)超声仪波幅计量检验。可将屏幕显示的首波幅度调至一定高度,然后把仪器衰减系统的衰减量增加或减少6dB,此时屏幕波幅高度应降低一半或升高一倍。

4. 混凝土缺陷检测一般规定

(1)检测前应取得下列有关资料:

1)工程名称;

2)检测目的与要求;

3)混凝土原材料品种和规格;

4)混凝土浇筑和养护情况;

5)构件尺寸和配筋施工图或钢筋隐蔽图;

6)构件外观质量及存在的问题。

(2)依据检测要求和测试操作条件,确定缺陷测试的部位(简称测位)。

(3)测位混凝土表面应清洁、平整,必要时可用砂轮磨平或用高强度的快凝砂浆抹平。抹平砂浆必须与混凝土粘结良好。

(4)在满足首波幅度测读精度的条件下,应选用较高频率的换能器。

(5)换能器应通过耦合剂与混凝土测试表面保持紧密结合,耦合层不得夹杂泥砂或空气。

(6)检测时应避免超声传播路径与附近钢筋轴线平行,如无法避免,应使两个换能器连线与该钢筋的最短距离不小于超声测距的1/6。

(7)检测中出现可疑数据时应及时查找原因,必要时进行复测校核或加密测点补测。

5. 检测方法与试验操作步骤

(1)裂缝深度检测

1)一般规定

①本方法适用于超声法检测混凝土裂缝的深度。

②裂缝深度检测时,当裂缝部位只有一个可测表面可采用单面平测法,当裂缝部位具有两个

相互平行的测试表面可采用双面穿透斜测法检测。

③被测裂缝中不得有积水或泥浆等。

2)单面平测法

①当结构的裂缝部位只有一个可测表面,估计裂缝深度又不大于500mm时,可采用单面平测法。平测时应在裂缝的被测部位,以不同的测距,按跨缝和不跨缝布置测点(布置测点时应避开钢筋的影响)进行检测,其检测步骤为:

a. 不跨缝的声时测量:将 T 和 R 换能器置于裂缝附近同一侧,在两个换能器内边缘间距(l')等于100mm、150mm、200mm、250mm……分别读取声时值(t_i),绘制"时—距"坐标图(图1-2)或用回归分析的方法求出声时与测距之间的回归直线方程:$l_i = a + bt_i$。

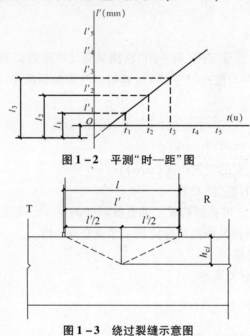

图1-2 平测"时—距"图

图1-3 绕过裂缝示意图

每测点超声波实际传播距离 l_i 为:

$$l_i = l' + |a| \tag{1-43}$$

式中 l_i——第 i 点的超声波实际传播距离(mm);

l'——第 i 点的 R、T 换能器内边缘间距(mm);

a——"时—距"图中 l' 轴的截距或回归直线方程的常数项(mm)。

不跨缝平测的混凝土声速值为:

$$v = (l_n' - l_1')/(t_n - t_1) \text{ (km/s)} \tag{1-44}$$

或

$$v = b \text{ (km/s)} \tag{1-45}$$

式中 l_n'、l_1'——第 n 点和第1点的测距(mm);

t_n、t_1——第 n 点和第1点读取的声时值(μs);

b——回归系数。

b. 跨缝的声时测量:如图1-3所示,将 T、R 换能器分别置于以裂缝为对称的两侧,l' 取100mm、150mm、200mm、……,分别读取声时值 t_i^0,同时观察首波相位的变化。

②平测法检测,裂缝深度应按下式计算:

$$h_{ci} = (l_i/2) \times \sqrt{(t_i^0 v/l_i)^2 - 1} \tag{1-46}$$

$$m_{hc} = (1/n) \times \sum_{i=1}^{n} h_{ci} \qquad (1-47)$$

式中　l_i——不跨缝平测时第 i 点的超声波实际传播距离(mm)；

　　　h_{ci}——第 i 点计算的裂缝深度值(mm)；

　　　t_i^0——第 i 点跨缝平测的声时值(μs)；

　　　m_{hc}——各测点计算裂缝深度的平均值(mm)；

　　　n——测点数。

③裂缝深度的确定方法如下：

a. 跨缝测量中，当在某测距发现首波反相时，可用该测距及两个相邻测距的测量值按式(1-46)式计算 h_{ci} 值，取此三点 h_{ci} 的平均值作为该裂缝的深度值(h_c)；

b. 跨缝测量中如难于发现首波反相，则以不同测距按式(1-46)、式(1-47)计算 h_{ci} 及其平均值 m_{hc}。将各测距 l_i' 与 m_{hc} 相比较，凡测距 l_i' 小于 m_{hc} 和大于 $3m_{hc}$，应剔除该组数据，然后取余下 h_{ci} 的平均值，作为该裂缝的深度值(h_c)。

3）双面斜测法

①当结构的裂缝部位具有两个相互平行的测试表面时，可采用双面穿透斜测法检测。测点布置如图1-4所示，将T、R换能器分别置于两测试表面对应测点1、2、3…的位置，读取相应声时值 t_i、波幅值 A_i 及主频率 f_i。

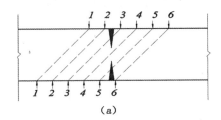 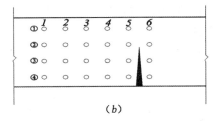

图1-4　斜测裂缝测点布置示意图

(a)平面图；(b)立面图

②裂缝深度判定：当T、R换能器的连线通过裂缝，根据波幅、声时和主频的突变，可以判定裂缝深度以及是否在所处断面内贯通。

(2)不密实区和空洞检测

1）一般规定

①本方法适用于超声法检测混凝土内部不密实区、空洞的位置和范围。

②检测不密实区和空洞时构件的被测部位应满足下列要求：

a. 被测部位应具有一对(或两对)相互平行的测试面；

b. 测试范围除应大于有怀疑的区域外，还应有同条件的正常混凝土进行对比，且对比测点数不应少于20。

2）测试方法

①根据被测构件实际情况，选择下列方法之一布置换能器：

a. 当构件具有两对相互平行的测试面时，可采用对测法。如图1-5所示，在测试部位两对相互平行的测试面上，分别画出等间距的网格(网格间距：工业与民用建筑为100～300mm，其他大型结构物可适当放宽)，并编号确定对应的测点位置。

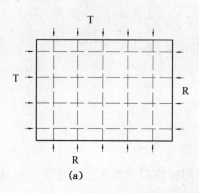 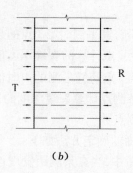

图 1-5 对测法示意图

(a)平面图;(b)立面图

b. 当构件只有一对相互平行的测试面时,可采用对测和斜测相结合的方法。如图1-6所示,在测位两个相互平行的测试面上分别画出网格线,可在对测的基础上进行交叉斜测。

c. 当测距较大时,可采用钻孔或预埋管测法。如图 1-7 所示,在测位预埋声测管或钻出竖向测试孔,预埋管内径或钻孔直径宜比换能器直径大 5~10 mm,预埋管或钻孔间距宜为 2~3 m,其深度可根据测试需要确定。检测时可用两个径向振动式换能器分别置于两测孔中进行测试,或用一个径向振动式与一个厚度振动式换能器,分别置于测孔中和平行于测孔的侧面进行测试。

②每一测点的声时、波幅、主频和测距,应按《超声法检测混凝土缺陷技术规程》CECS21:2000 第4.2节进行测量。

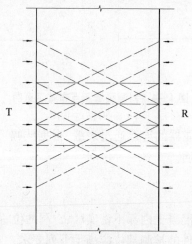

图 1-6 斜测法立面图

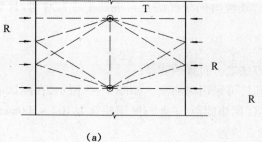 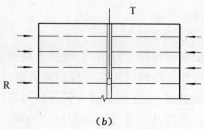

图 1-7 钻孔法示意图

(a)平面图;(b)立面图

3)数据处理及判断

①测位混凝土声学参数的平均值(m_x)和标准差(s_x)应按下式计算：

$$m_x = \Sigma X_i / n \tag{1-48}$$

$$s_x = \sqrt{(\Sigma X_i^2 - n \cdot m_x^2)/(n-1)} \tag{1-49}$$

式中 X_i——第i点的声学参数测量值；

n——参与统计的测点数。

②异常数据可按下列方法判别：

a. 将测位各测点的波幅、声速或主频值由大至小按顺序分别排列，即 $X_1 \geqslant X_2 \geqslant \cdots X_n \geqslant X_{n+1}$ ……，将排在明显小的数据视为可疑，再将这些可疑数据中最大的一个（假定 X_n）连同其前面的数据计算出 m_x 及 s_x 值，并按式(1-50)计算异常情况的判断值(X_0)：

$$X_0 = m_x - \lambda_1 \cdot s_x \tag{1-50}$$

式中，λ_1 按表 1-9 取值。

统计数的个数 n 与对应的 λ_1、λ_2、λ_3 值　　　　　　　　　　表 1-9

n	20	22	24	26	28	30	32	34	36	38
λ_1	1.65	1.69	1.73	1.77	1.80	1.83	1.86	1.89	1.92	1.94
λ_2	1.25	1.27	1.29	1.31	1.33	1.34	1.36	1.37	1.38	1.39
λ_3	1.05	1.07	1.09	1.11	1.12	1.14	1.16	1.17	1.18	1.19
n	40	42	44	46	48	50	52	54	56	58
λ_1	1.96	1.98	2.00	2.02	2.04	2.05	2.07	2.09	0.10	2.12
λ_2	1.41	1.42	1.43	1.44	1.45	1.46	1.47	1.48	1.49	1.49
λ_3	1.20	1.22	1.23	1.25	1.26	1.27	1.28	1.29	1.30	1.31
n	60	62	64	66	68	70	72	74	76	78
λ_1	2.13	2.14	2.15	2.17	2.18	2.19	2.20	2.21	2.22	2.23
λ_2	1.50	1.51	1.52	1.53	1.53	1.54	1.55	1.56	1.56	1.57
λ_3	1.31	1.32	1.33	1.34	1.35	1.36	1.36	1.37	1.38	1.39
n	80	82	84	86	88	90	92	94	96	98
λ_1	2.24	2.25	2.26	2.27	2.28	2.29	2.30	2.30	2.31	2.31
λ_2	1.58	1.58	1.59	1.60	1.61	1.61	1.62	1.62	1.63	1.63
λ_3	1.39	1.40	1.41	1.42	1.42	1.43	1.44	1.45	1.45	1.45
n	100	105	110	115	120	125	130	140	150	160
λ_1	2.32	2.35	2.36	2.38	2.40	2.41	2.43	2.45	2.48	2.50
λ_2	1.64	1.65	1.66	1.67	1.68	1.69	1.71	1.73	1.75	1.77
λ_3	1.46	1.47	1.48	1.49	1.51	1.53	1.54	1.56	1.58	1.59

将判断值(X_0)与可疑数据的最大值(X_n)相比较，当 X_n 不大于 X_0 时，则 X_n 及排列于其后的各数据均为异常值，并且去掉 X_n，再用 $X_1 \sim X_{n-1}$ 进行计算和判别，直至判不出异常值为止；当 X_n 大于 X_0 时，应再将 X_{n+1} 放进去重新进行计算和判别。

b. 当测位中判出异常测点时，可根据异常测点的分布情况，按式(1-51)进一步判别其相邻测点是否异常：

$$X_0 = m_x - \lambda_2 \cdot s_x \quad \text{或} \quad X_0 = m_x - \lambda_3 \cdot s_x \tag{1-51}$$

式中，λ_2、λ_3 按表 1-9 取值。当测点布置为网络状时取 λ_2；当单排布置测点时（如在声测孔中检测）取 λ_3。

注：若保证不了耦合条件的一致性，则波幅值不能作为统计法的判据。

c. 当测位中某些测点的声学参数被判为异常值时，可结合异常测点的分布及波形状况确定混凝土内部存在不密实区和空洞的位置及范围。

当判定缺陷是空洞,可按《超声法检测混凝土缺陷技术规程》CECS21:2000 附录 C 估算空洞的当量尺寸。

(3)混凝土结合面质量检测

1)一般规定

①本章适用于前后两次浇筑的混凝土之间接触面的结合质量检测。

②检测混凝土结合面时,被测部位及测点的确定应满足下列要求:

a. 测试前应查明结合面的位置及走向,明确被测部位及范围;

b. 构件的被测部位应具有使声波垂直或斜穿结合面的测试条件。

2)测试方法

①混凝土结合面质量检测可采用对测法和斜测法,如图 1-8 所示。布置测点时应注意下列几点:

a. 使测试范围覆盖全部结合面或有怀疑的部位;

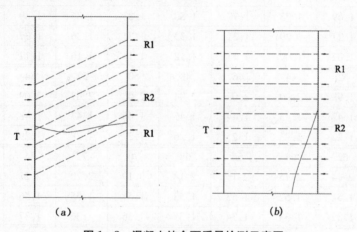

图 1-8 混凝土结合面质量检测示意图
(a)斜测法;(b)对测法

b. T-R1(声波传播不经过结合面)和 T-R2(声波传播经过结合面)换能器连线的倾斜角测距应相等;

c. 测点的间距视构件尺寸应看结合面外观质量情况而定,宜为 100~300 mm。

②按布置好的测点分别测出各点的声时、波幅和主频值。

3)数据处理及判断

①将同一测位各测点声速、波幅和主频值分别按前述不密实取值和空洞检测数据处理方法进行统计和判断。

②当测点数无法满足统计法判断时,可将 T-R2 的声速、波幅等声学参数与 T-R1 进行比较,若 T-R2 的声学参数比 T-R1 显著低时,则该点可判为异常测点。

③当通过结合面的某些测点的数据被判为异常,并查明无其他因素影响时,可判定混凝土结合面在该部位结合不良。

(4)表面损伤层检测

1)一般规定

①本章适用于因冻害、高温或化学腐蚀等引起的混凝土表面损伤层厚度的检测。

②检测表面损伤层厚度时,被测部位和测点的确定应满足下列要求:

a. 根据构件的损伤情况和外观质量选取有代表性的部位布置测位;

b. 构件被测表面应平整并处于自然干燥状态,且无接缝和饰面层。

③本方法测试结果宜作局部破损验证。

2)测试方法

①表面损伤层检测宜选用频率较低的厚度振动式换能器。

②测试时 T 换能器应耦合好,并保持不动,然后将 R 换能器依次耦合在间距为 30mm 的测点 1、2、3……位置上,读取相应的声时值 t_1、t_2、t_3……,并测量每次 T、R 换能器内边缘之间的距离 l_1、l_2、l_3、……。每一测位的测点数不得少于 6 个,当损伤层较厚时,应适当增加测点数。

③当构件的损伤层厚度不均匀时,应当增加测位数量。

3)数据处理及判断

损伤层厚度计算详见《超声法检测混凝土缺陷技术规程》CECS21:2000 第 8.3 条,此处不再赘述。

(5)钢管混凝土缺陷检测

1)一般规定

①本检测方法仅适用于管壁与混凝土胶结良好的钢管混凝土缺陷检测。

②检测过程中应注意防止首波信号经由钢管壁传播。

③所用钢管的外表面应光洁,无严重锈蚀。

2)检测方法

①钢管混凝土检测应采用径向对测的方法,如图 1-9 所示。

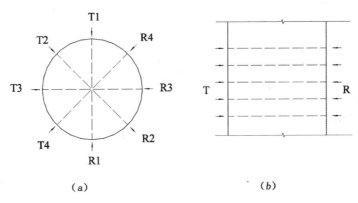

图 1-9 钢管混凝土检测示意图
(a)平面图;(b)立面图

②应选择钢管与混凝土胶结良好的部位布置测点。

③布置测点时,可先测量钢管实际周长,再将圆周等分,在钢管测试部位画出若干根母线和等间距的环向线,线间距宜为 150~300mm。

④检测时可先作径向对测,在钢管混凝土每一环线上保持 T、R 换能器连线通过圆心,沿环向测试,逐点读取声时、波幅和主频。

3)数据处理与判断

①同一测距的声时、波幅和频率的统计计算及异常值判别应按前述不密实取和空洞检测数据处理方法进行统计和判断。

②当同一测位的测试数据离散性较大或数据较少时,可将怀疑部位的声速,波幅、主频与相同直径钢管混凝土的质量正常部位的声学参数相比较,综合分析判断所测部位的内部质量。

五、混凝土构件中的钢筋检测

1. 检测原理

钢筋间距、保护层厚度和公称直径检测主要采用两种方法：一是用电磁感应原理检测的电磁感应法，二是通过发射和接收到毫微秒级电磁波来检测的雷达法。

2. 检测依据

《混凝土中钢筋检测技术规程》JGJ/T 152-2008。

3. 仪器性能要求

（1）电磁感应法钢筋探测仪（以下简称钢筋探测仪）和雷达仪检测前应采用校准试件进行校准，当混凝土保护层厚度为10～50mm时，混凝土保护层厚度检测的允许误差为±1mm，钢筋间距检测的允许误差为±3mm。

（2）钢筋探测仪的校准应按《混凝土中钢筋检测技术规程》JGJ 152-2008附录B的规定进行，雷达仪的校准应按规程附录C的规定进行。正常情况下，钢筋探测仪和雷达校准有效期可为一年。发生下列情况之一时，应对钢筋探测仪和雷达仪进行校准：

1）新仪器启用前；

2）检测数据异常，无法进行调整；

3）经过维修或更换主要零配件。

4. 一般规定

（1）本节所规定检测方法不适用于含有铁磁性物质的混凝土检测。

（2）应根据钢筋设计资料，确定检测区域内钢筋可能分布的状况，选择适当的检测面。检测面应清洁、平整，并应避开金属预埋件。

（3）对于具有饰面层的结构及构件，应清除饰面层后在混凝土面上进行检测。

（4）钻孔、剔凿时，不得损坏钢筋，实测应采用游标卡尺，量测精度应为0.1mm。

（5）应采用以数字显示示值的钢筋探测仪来检测钢筋公称直径，对于校准试件，钢筋探测仪对钢筋公称直径和检测允许误差为±1mm。当检测误差不能满足要求时，应以剔凿实测结果为准。

（6）钢筋间距和混凝土保护层厚度检测结果可按规程附录A中表A.0.1和表A.0.2记录，钢筋直径的检测结果可按规程附录A中表A.0.3记录。

5. 检测方法与试验操作步骤

（1）钢筋探测仪检测方法

1）检测前，应对钢筋探测仪进行预热和调零，调零时探头应远离金属物体。在检测过程中，应核查钢筋探测仪的零点状态。

2）进行检测前，宜结合设计资料了解钢筋布置状况。检测时，应避开钢筋接头和绑丝，钢筋间距应满足钢筋探测仪的检测要求。探头在检测面上移动，直到钢筋探测仪保护层厚度示值最小，此时探头中心线与钢筋轴线应重合，在相应位置做好标记。按上述步骤将相邻的其他钢筋位置逐一标出。

3）钢筋位置确定后，应按下列方法进行混凝土保护层厚度的检测：

①首先应设定钢筋探测仪量程范围及钢筋公称直径，沿被测钢筋轴线选择相邻钢筋影响较小的位置，并应避开钢筋接头和绑丝，读取第1次检测的混凝土保护层厚度检测值。在被测钢筋的同一位置应重复检测1次，读取第2次检测的混凝土保护层厚度检测值。

②当同一处读取的2个混凝土保护层厚度检测值相差大于1mm时，该组检测数据应无效，并查明原因，在该处应重新进行检测。仍不满足要求时，应更换钢筋探测仪或采用钻孔、剔凿的方法验证。

注：大多数钢筋探测仪要求钢筋公称直径已知方能准确检测混凝土保护层厚度，此时钢筋探测仪必须按照对应的钢筋公称直径进行设置。

4）当实际混凝土保护层厚度小于钢筋探测仪最小示值时，应采用在探头下附加垫块的方法进行检测。垫块对钢筋探测仪检测结果不应产生干扰,表面应光滑平整,其各方向厚度值偏差不应大于0.1mm。所加垫块厚度在计算时应予扣除。

5)钢筋间距检测应按本规程第3.3.3条的规定进行。应将检测范围内的设计间距相同的连续相邻钢筋逐一标出,并应逐个量测钢筋的间距。

6)遇到下列情况之一时,应选取不少于30%的已测钢筋,且不应少于6次(当实际检测数量不到6处时应全部选取),采用钻孔、剔凿等方法验证。

① 认为相信钢筋对检测结果有影响;
② 钢筋公认直径未知或有异议;
③ 钢筋实际根数、位置与设计有较大偏差;
④ 钢筋以及混凝土材质与校准试件有显著差异。

(2)雷达仪检测方法

1)雷达法宜用于结构及构件中钢筋间距有大面积扫描检测;当检测精度满足需要时,也可用于钢筋的混凝土保护层厚度检测。

2)根据被测结构及构件中钢筋的排列方向,雷达仪探头或天线应沿垂直于选定的被测钢筋轴线方向扫描,应根据钢筋的反射波位置来确定钢筋间距和混凝土保护层厚度检测值。

3)遇到下列情况之一时,应选取不少于30%的已测钢筋,且不应少于6处(当实际检测数量不到6处时应全部选取),采用钻孔、剔凿等方法验证。

① 认为相邻钢筋对检测结果有影响;
② 钢筋实际根数、位置与设计有较大偏差或无资料可供参考;
③ 混凝土含水率较高;
④ 钢筋以及混凝土材质与校准试件有显著差异。

(3)钢筋直径检测

1)钢筋的公称直径检测应采用钢筋探测仪检测并结合钻孔、剔凿的方法进行,钢筋钻孔、剔凿时,不得损坏钢筋,实测应采用游标卡尺,量测精度应为0.1mm。

2)实测时,根据游标卡尺的测量结果,可通过相关的钢筋产品标准查出对应的钢筋公称直径。

3)当钢筋探测仪测得的钢筋公称直径与钢筋实际公称直径之差大于1mm时,应以实测结果为准。

4)应根据设计图纸等资料,确定被测结构及结构中钢筋的排列方向,并采用钢筋探测仪按《混凝土中钢筋检测技术规程》JGJ 152-2008第3.3节的要求,对被测结构及构件中钢筋及其相邻钢筋进行准确定位,并做标记。

5)被测钢筋与相邻钢筋的间距应大于100mm,且其周边的其他钢筋不应影响检测结果,并应避开钢筋接头及绑丝。在定位的标记上,应根据钢筋探测仪的使用说明操作,并记录钢筋探测仪显示的钢筋公称直径。每根钢筋重复检测2次,第2次检测时探头应旋转180°,每次读数必须一致。

6)对需依据钢筋混凝土保护层厚度值来检测钢筋公称直径的仪器,应事先钻孔确定钢筋的混凝土保护层厚度。

6. 数据处理与结果判定

(1)钢筋的混凝土保护层厚度平均检测值应按下式计算:

$$c_{m,i}^t = (c_1^t + c_2^t + 2c_c + 2c_0)/2 \qquad (1-52)$$

式中 $c_{m,i}^t$ ——第i测点混凝土保护层厚度平均检测值,精确至1mm;

c_1^t、c_2^t ——第1、2次检测的混凝土保护层厚度检测值,精确至1mm;

c_c——混凝土保护层厚度修正值,为同一规格钢筋的混凝土保护层厚度实测验证值减去检测值,精确至0.1mm;

c_0——探头垫块厚度,精确至0.1mm;不加垫块时$c_0=0$。

(2)检测钢筋间距时,可根据实际需要采用绘图方式给出结果。当同一构件检测钢筋不少于7根钢筋(6个间隔)时,也可给出被测钢筋的最大间距、最小间距,并按下式计算钢筋平均间距:

$$s_{m,i} = \frac{\sum_{i-1}^{n} S_i}{n} \quad (1-53)$$

式中 $s_{m,i}$——钢筋平均间距,精确至1mm;

s_i——第i个钢筋间距,精确至1mm。

思 考 题

1. 现从下往上弹击一楼板底面,某测区回弹值为33,31,35,33,33,35,32,37,28,30,36,34,31,32,38,30,碳化深度为1.0mm,混凝土为泵送混凝土,计算该测区混凝土强度换算值。
2. 简述构件混凝土强度如何按单个构件和按批抽样检测混凝土强度推定值。
3. 超声回弹法和回弹法在构件测区布置上有何不同要求?
4. 对不满足CECS02:88规程中要求的条件,声速值须进行哪些修正?如何进行修正?
5. 钻芯法为半破损检测,考虑构件受力性能现场钻芯时对受弯构件、受压构件芯样的测区部位应如何确定?
6. 某芯样抗压试验压力值为238kN,芯样高度103mm,芯样直径99.5mm,芯样试件混凝土强度换算值为多少?
7. 简述如何进行混凝土不密实区和空洞检测中异常数据的判别?
8. 简述进行混凝土不密实区和空洞检测时,可按哪几种方法布置换能器?

第二节 后置埋件

一、概述

1. 基本概念

后置埋件是指安装在结构上的埋置锚固件,其中涉及三种客体:结构基材、锚固件和被连接体。锚固件不但要完成被锚固件与原结构的连接作用,更重要的是能有效地将外加荷载直接传递到原结构上,从而达到安全、可靠的功效。近几年许多既有建筑需要进行加固,或者是被赋予了新的功能,需要进行改造,或是在原建筑物上添加新的建筑。在这些情况下,需要在建筑本身建好以后再使用一些方法将新的结构、构件、设备连接到这些建筑主体或者建筑上来,这样的方法称之为后锚固技术。后锚固是指通过相关技术手段在既有混凝土结构上的锚固。该方法具有施工简单、使用灵活,既可用于加固改造工程也可用于新建建筑物,但其受力状态复杂,破坏类型较多,失效概率较大。

影响后置埋件可靠性的影响因素主要有两个,一是锚固件本身的质量,二是后埋置技术。后置埋件作用原理可以分为凸形结合(机械锁定嵌固结合)、摩擦结合和材料结合。凸形结合时,荷载通过锚栓与锚固基础间的机械啮合来传递。此类结合的钻孔须专门与锚栓匹配的钻头进行扩孔,锚栓在拓孔部分与锚固基础形成凸形结合,通过啮合将荷载传给锚固基底。此类锚栓在混凝土结构中具有良好的抗震、抗冲击性能,可以在混凝土受拉区中使用。膨胀式锚栓的作用原理属摩擦结合,膨胀片张开后,使锚栓与孔壁间产生摩阻力。膨胀力可由两种途径产生:扭矩控制和位移控制。扭矩控制是用力矩扳手达到规定的安装扭矩后,膨胀片张开。位移控制是把扩充锥体敲击入膨胀套管内,达到规定的打入行程后,膨胀片张开。第三种是材料结合,即通过胶合体将荷载传给锚固基础,如当今应用很广泛的植筋技术。

2. 后置埋件分类

后置埋件锚固的方法有很多,总的可以分为两大类:植筋和使用锚栓锚固。锚栓是将被连接件锚固到混凝土基材上的锚固组件,可分为机械锚栓和粘结型锚栓;按受力锚栓的个数可分为单锚、双锚以及群锚。

锚栓按工作原理以及构造的不同可分为:膨胀型锚栓(按照形成膨胀力来源分为扭矩控制式和位移控制式)、扩孔型锚栓(按照扩孔方式可分为自扩孔和预扩孔)、化学植筋以及长螺杆等。

(1)膨胀型锚栓:利用膨胀件挤压锚孔孔壁形成锚固作用的锚栓(图1-10、图1-11)。

(2)扩孔型锚栓:通过锚孔底部扩孔与锚栓膨胀件之间的销键形成锚固作用的锚栓(图1-12)。

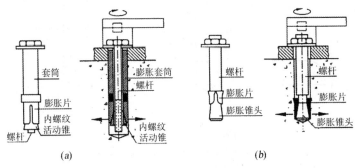

图1-10 扭矩控制式膨胀型锚栓
(a)套筒式(壳式);(b)膨胀片式(光杆式)

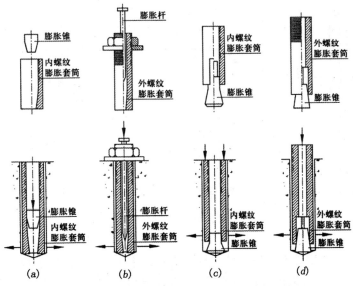

图1-11 位移控制式膨胀型锚栓
(a)锥下型(内塞);(b)杆下型(穿透式);
(c)套下型(外套);(d)套下型(穿透式)

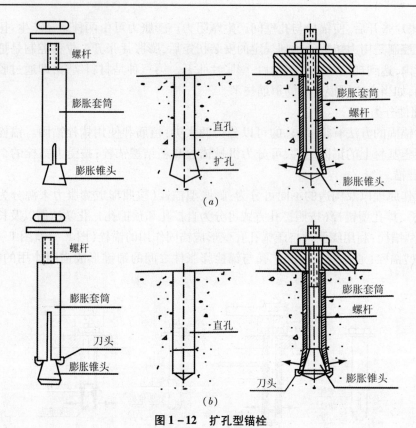

图 1-12 扩孔型锚栓

(a) 预扩孔普通栓；(b) 自扩孔专用栓

(3) 化学植筋：以化学胶粘剂——锚固胶，将带肋钢筋及长螺杆等胶结固定于混凝土基材锚孔中的一种后锚固生根钢筋（图 1-13）。

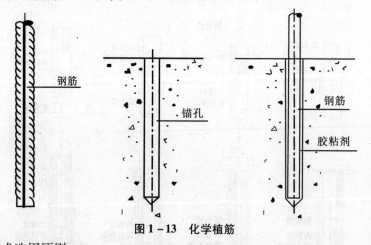

图 1-13 化学植筋

3. 后锚固方式选用原则

(1) 各类锚固件的选用除考虑锚固件本身性能差异外，尚应考虑结构基材性能、锚固连接的受力性质、被连接结构类型、有无抗震设防要求等因素的综合影响。膨胀型锚栓、扩孔型锚栓、化学植筋可用作非结构构件的后锚固连接，也可用作受压、中心受剪（$c \geq 10h_{ef}$）、压剪组合之结构构件的后锚固连接。各类锚栓的特许适用和限定范围，应满足第 2 条有关规定。

注：非结构构件包括建筑非结构构件（如围护外墙、隔墙、幕墙、吊顶、广告牌、储物柜架等）及建筑附属机电设备的支架（如电梯，照明和应急电源，通信设备，管道系统，采暖和空调系统，烟火监测和消防系统，公用天线等）等。

(2) 膨胀型锚栓和扩孔型锚栓不得用于受拉、边缘受剪（$c < 10h_{ef}$）、拉剪复合受力的结构构件

及生命线工程非结构构件的后锚固连接。满足锚固深度要求的化学植筋及螺杆(图1-13),可应用于抗震设防烈度不大于8度之受拉、边缘受剪、拉剪复合受力之结构构件及非结构构件的后锚固连接。

4. 锚固设计基本理论

(1)后锚固设计原则

采用以试验研究数据和工程实践经验为依据,以分项系数为表达形式的极限状态设计方法。后锚固连接设计所采用的设计使用年限应与整个被连接结构的设计使用年限一致。根据锚固连接破坏后果的严重程度,后锚固连接划分为两个安全等级。混凝土结构后锚固连接设计,应按表1-10的规定,采用相应的安全等级,但不应低于被连接结构的安全等级。

锚固连接安全等级　　　　　表1-10

安全等级	破坏后果	锚固类型
一级	很严重	重要的锚固
二级	严重	一般的锚固

后锚固连接承载力应采用下列设计表达式进行验算:

无地震作用组合　　　$\gamma_A S \leq R$　　　(1-54)

有地震作用组合　　　$S \leq kR/\gamma_{RE}$　　　(1-55)

$$R = R_k/\gamma_R \quad (1-56)$$

式中　γ_A——锚固连接重要性系数,对一级、二级的锚固安全等级,分别取1.2、1.1;且$\gamma_A \geq \gamma_0$,γ_0为被连接结构的重要性系数;

S——锚固连接荷载效应组合设计值,按现行国家标准《建筑结构荷载规范》GB50009-2001和《建筑抗震设计规范》GB 50011-2001的规定进行计算;

R——锚固承载力设计值;

R_k——锚固承载力标准值;

k——地震作用下锚固承载力降低系数;

γ_{RE}——锚固承载力抗震调整系数;

γ_R——锚固承载力分项系数。

后锚固连接设计,应根据被连接结构类型、锚固连接受力性质及锚固件类型的不同,对其破坏形态加以控制。对受拉、边缘受剪、拉剪组合之结构构件及生命线工程非结构构件的锚固连接,应控制为锚固件或植筋钢材破坏,不应控制为混凝土基材破坏;对于膨胀型锚栓及扩孔型锚栓锚固连接,不应发生整体拔出破坏,不宜产生锚杆穿出破坏;对于满足锚固深度要求的化学植筋及长螺杆,不应产生混凝土基材破坏及拔出破坏(包括沿胶筋界面破坏和胶混界面破坏)。

混凝土结构后锚固连接承载力分项系数γ_R,应根据锚固连接破坏类型及被连接结构类型的不同,按表1-11采用。当有充分试验依据和可靠使用经验,并经国家指定的机构技术认证许可后,其值可作适当调整。未经有资质的技术鉴定或设计许可,不得改变后锚固连接的用途和使用环境。

锚固承载力分项系数γ_R　　　　　表1-11

项次	符号	被连接结构类型 锚固破坏类型	结构构件	非结构构件
1	$\gamma_{Rc,N}$	混凝土锥体受拉破坏	3.0	2.15
2	$\gamma_{Rc,V}$	混凝土楔形体受剪破坏	2.5	1.8
3	γ_{Rp}	锚栓穿出破坏	3.0	2.15

续表

项次	符号	被连接结构类型 锚固破坏类型	结构构件	非结构构件
4	γ_{Rsp}	混凝土劈裂破坏	3.0	2.15
5	γ_{Rcp}	混凝土剪撬破坏	2.5	1.8
6	$\gamma_{Rs,N}$	锚栓钢材受拉破坏	$1.3f_{stk}/f_{yk} \geq 1.55$	$1.2f_{stk}/f_{yk} \geq 1.4$
7	$\gamma_{Rs,v}$	锚栓钢材受剪破坏	$1.3f_{stk}/f_{yk} \geq 1.4$ ($f_{stk} \leq 800MPa$ 且 $f_{yk}/f_{stk} \leq 0.8$)	$1.2f_{stk}/f_{yk} \geq 1.25$ ($f_{stk} \leq 800MPa$ 且 $f_{yk}/f_{stk} \leq 0.8$)

注：f_{yk}——锚杆或钢筋强度标准值；

f_{stk}——锚杆或钢筋极限抗拉强度。

（2）地震对后置锚固件锚固的影响

地震作用会造成锚固承载力下降，《混凝土结构后描固技术规程》JGJ 145-2004 规程通过规定选用锚固件类型、锚固件布置位置、最小有效锚固深度、地震状态下锚固件受力的性质以及破坏状态、引入锚固承载力降低系数等措施消除地震对后锚固的不利影响。

1）有抗震设防要求的锚固连接所用锚固件，应选用化学植筋和能防止膨胀片松驰的扩孔型锚栓或扭矩控制式膨胀型锚栓，不应选用锥体与套筒分离的位移控制式膨胀型锚栓。

2）抗震设计锚固件布置，除应遵守《混凝土结构后描固技术规程》JGJ 145-2004 第 8 章有关规定外，宜布置在构件的受压区、非开裂区，不应布置在素混凝土区；对于高烈度区一级抗震的重要结构构件的锚固连接，宜布置在有纵横钢筋环绕的区域。

3）抗震锚固连接锚栓的最小有效锚固深度宜满足表 1-12 的规定，当有充分试验依据及可靠工程经验并经国家指定机构认证许可时可不受其限制。

锚栓最小有效锚固深度 $h_{ef,min}/d$(mm)　　　　表 1-12

锚栓类型	设防烈度	锚栓受拉、边缘受剪、拉剪复合受力之结构构件连接及生命线工程非结构构件连接			非结构构件连接及受压、中心受剪、压剪复合受力之结构构件连接		
		C20	C30	≥C40	C20	C30	≥C40
化学植筋及螺杆	≤6	26	22	19	24	20	17
	7~8	29	24	21	26	22	19
扩孔型锚栓	≤6	不得采用			4		
	7				5		
	8				6		
膨胀型锚栓	≤6	不得采用			5		
	7				6		
	8				7		

注：植筋系指 HRB335 级钢筋，螺杆系指 5.6 级钢材，对于非 HRB335 级和 5.6 级钢材，锚固深度应作相应增减；d 为螺杆或植筋直径，$d \leq 25mm$。

4）锚固连接地震作用内力计算应按现行国家标准《建筑抗震设计规范》GB50011-2001 进行。

5）抗震设计时，地震作用下锚固承载力降低系数 k 应由锚固件生产厂家通过国家相关职能部门系统的试验认证后提供，在无系统试验数据和结论的情况下，可按表 1-13 采用；承载力抗震调整系数 γ_{RE}，取 1.0。

地震作用下锚固承载力降低系数 k 表 1-13

破坏型态及锚栓类型	受力性质	受拉	受剪
锚栓或植筋钢材破坏		1.0	1.0
混凝土基材破坏	扩孔型锚栓	0.8	0.7
	膨胀型锚栓	0.7	0.6

6) 锚固连接抗震设计, 应合理选择锚固深度、边距、间距等锚固参数, 或采用有效的隔震和消能减振措施, 控制锚固连接系统延性破坏。对于受拉、边缘受剪、拉剪组合之结构构件, 不得出现混凝土基材破坏及锚栓拔出破坏。

7) 除化学植筋外, 地震作用下锚栓应始终处在受拉状态下, 锚栓最小拉力 $N_{\text{sk,min}}$ 宜满足下式要求:

$$N_{\text{sk,min}} \geq 0.2 N_{\text{inst}} \qquad (1-57)$$

式中　N_{inst}——考虑松弛后, 锚栓的实有预紧力。

8) 新建工程采用后置锚固件锚固连接时, 锚固区应具有下列规格的钢筋网:

对于重要的锚固, 直径不小于 8mm, 间距不大于 150mm;

对于一般锚固, 直径不小于 6mm, 间距不大于 150mm。

(3) 构造措施

1) 混凝土基材的厚度 h 应满足下列规定:

①对于膨胀型锚栓和扩孔型锚栓, $h \geq 1.5 h_{\text{ef}}$ 且 $h > 100\text{mm}$;

②对于化学植筋, $h \geq h_{\text{ef}} + 2d_o$ 且 $h > 100\text{mm}$, 其中 h_{ef} 为锚栓的埋置深度, d_0 为锚孔直径。

2) 群锚锚栓最小间距值 $s_{\min}$ 和最小边距值 $c_{\min}$, 应由厂家通过国家授权的检测机构检验分析后给定, 否则不应小于下列数值:

①膨胀型锚栓: $s_{\min} \geq 10 d_{\text{nom}}$; $c_{\min} \geq 12 d_{\text{nom}}$;

②扩孔型锚栓: $s_{\min} \geq 8 d_{\text{nom}}$; $c_{\min} \geq 10 d_{\text{nom}}$;

③化学植筋: $s_{\min} \geq 5d$; $c_{\min} \geq 5d$。

其中 d_{nom} 为锚栓外径。

3) 锚栓在混凝土结构中所产生的附加剪力 $V_{\text{Sd,a}}$ 及锚栓与外荷载共同作用所产生的组合剪力 V_{Sd}, 应满足下列规定:

$$V_{\text{Sd,a}} \leq 0.16 f_t b h_0 \qquad (1-58)$$

$$V_{\text{sd}} \leq V_{\text{Rd,b}} \qquad (1-59)$$

式中　$V_{\text{Rd,b}}$——混凝土构件受剪承载力设计值;

　　　f_t——混凝土轴心抗拉强度设计值;

　　　b——构件宽度;

　　　h_0——构件截面计算高度。

4) 锚栓不得布置在混凝土的保护层中, 有效锚固深度 h_{ef} 不得包括装饰层或抹灰层(图 1-14)。

5) 处在室外条件的被连接钢构件, 其锚板的锚固方式应使锚栓不出现过大交变温度应力, 在使用条件下, 应控制受力最大锚栓的温度应力变幅 $\Delta \sigma = \sigma_{\max} - \sigma_{\min} \leq 100\text{MPa}$。

6) 一切外露的后锚固连接件, 应考虑环境的腐蚀作用及火灾的不利影响, 应有可靠的防腐、防火措施。

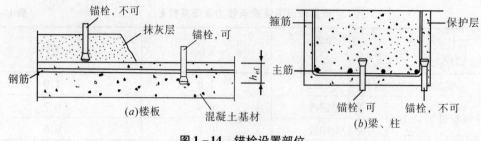

图1-14 锚栓设置部位
(a)楼板；(b)梁、柱

5. 现场承载力检验基本规定

(1) 在混凝土后锚固工程中，为确定建筑锚栓在承载能力极限状态和正常使用极限状态下的抗拔和抗剪性能，保证建筑锚栓的施工质量和相关建筑物的安全使用，必须进行建筑锚栓抗拔和抗剪性能的现场抽样检测。

(2) 锚栓抗拔承载力现场检验可分为非破坏性检验和破坏性检验。对于一般结构及非结构构件，可采用非破坏性检验；对于重要结构构件及生命线工程非结构构件应采用破坏性检验，但必须注意做破坏性试验时应选择修补容易、受力较小次要的部位。

二、检测依据

《混凝土结构后锚固技术规程》JGJ145-2004
《混凝土结构设计规范》GB50010-2002
《混凝土用膨胀型、扩孔型建筑锚栓》JG160-2004

三、仪器设备

1. 一般要求

(1) 现场检验用的仪器、设备，如拉拔仪、电子荷载位移测量仪和电脑等，应定期检定。

(2) 测力系统应符合以下要求：

1) 最大试验荷载应为压力表和千斤顶的量程的20%~80%，压力表精度应优于或等于0.4级；

2) 加荷设备应能按规定的速度加荷，测力系统整机误差不应超过全量程的±2%；

3) 试验装置应有足够大的刚度，试验中不应变形。抗拔试验时，应保持施加的荷载与建筑锚栓轴线或与群锚合力线重合；抗剪试验时，应保持施加的荷载与建筑锚栓轴线垂直；

4) 仪器、设备安装位置应不影响位移测试，并位于试件变形和破坏影响范围以外区域；

5) 测力系统应具有峰值保持功能。

(3) 当后锚固设计中对锚栓或化学植筋的位移有规定时需对位移进行测量。

1) 位移测量可采用位移传感器或百分表，位移测量误差不应超过0.02mm。

2) 位移基准点应位于锚栓破坏影响范围以外。抗拔试验时，至少应对称于建筑锚栓轴线，布设两个位移基准点；抗剪试验时，位移基准点应布设于沿剪切荷载的作用方向。

3) 测量方法有两种：连续测量和分阶段测量；位移测量记录仪宜能连续记录。当不能连续记录荷载位移曲线时，可分阶段记录，在到达荷载峰值前，记录点应在10点以上。

(4) 加载架支点至建筑锚栓轴心的距离不应小于表1-14的规定。位移测量基准点应位于加载架外侧区域，且与加载架支点的间距应不小于10cm。

加载架支点至建筑锚栓轴心最小距离要求　　　　表1-14

试验类型		加载架支点至建筑锚栓轴心距离
抗拔	机械锚栓	$2.0h_{ef}$
	粘结型锚栓、植筋和植螺杆	$0.5h_{ef}$
抗剪		$2.0c_1$

(5)加荷设备支撑环内径D_o应满足下述要求:化学植筋D_o不小于$\max(12d,250mm)$,膨胀型锚栓和扩孔型锚栓D_o不小于$4h_{ef}$。支撑环过小会导致破坏形态发生变化,限制混凝土锥体破坏直径,并有可能导致出现锚栓受拉破坏,使测量结果变大。

2. 试验装置

(1)试验前应检测试验装置,使各部件均处于正常状态。

(2)位移测量仪应安装在锚栓、植筋或植螺杆根部,位移值的计算应减去锚栓、植筋或植螺杆的变形量。

(3)群锚试验时加载板的安装应确保每一锚栓的承载比例与设计要求相符。

(4)抗拔试验装置应紧固于结构部位,并保证施加的荷载直接传递至试件,且荷载作用线应与试件轴线垂直;剪切板的厚度应不小于试件的直径;剪切板的孔径应比试件直径大$1.5\pm0.75mm$,且边缘应倒角磨圆。

(5)建筑锚栓抗剪试验时,应在剪切板与结构表面之间放置最大厚度为2.0mm的平滑的垫片(如聚四氟乙烯),以使锚栓直接承受剪力。

(6)若试验过程中出现试验装置倾斜、结构基材边缘开裂等异常情况时,应将该试验值舍去,另行选择一个试件重新试验。

四、取样要求

1. 现场检测所选用的建筑锚栓宜符合以下规定:

(1)施工质量有疑问的建筑锚栓;

(2)设计方认为重要的建筑锚栓;

(3)局部混凝土浇筑质量有异常的建筑锚栓;

(4)受检的建筑锚栓可采用随机抽样方法取样。随机取样方法很多,有一次随机取样法,二次随机取样法、机械随机取样法。对于破坏性试验取样应满足《混凝土结构后锚固技术规程》JGJ 145-2004中A.1.2条要求与建设单位、监理单位、设计单位协商。

2. 同规格,同型号,基本相同部位的锚栓组成一个检验批。抽取数量按每批锚栓总数的1‰计算,且不少于3根。

3. 试验需要等到混凝土以及锚固胶到达规定的龄期,否则,不宜试验或需要在报告中注明。

五、检测条件

1. 在工程现场外进行试验时,试件及相关条件应与工程中采用的建筑锚栓的类型、规格型号、基材强度等级、施工工艺和环境条件等相同。

2. 在工程现场检测时,当现场操作环境不符合仪器设备的使用要求时,应采取有效的防护措施。

3. 材料要求:

(1)混凝土

混凝土基材应坚实,且具有较大体量,能承担对被连接件的锚固和全部附加荷载。风化混凝土、严重裂损混凝土、不密实混凝土、结构抹灰层、装饰层等,均不得作为锚固基材。基材混凝土强度等级不应低于C20。基材混凝土强度指标及弹性模量取值应根据现场实测结果按现行国家标准《混凝土结构设计规范》GB 50010-2002确定。

基材强度应达到规定的设计强度等级;基材表面应坚实、平整,不应有起砂、起壳、蜂窝、麻面、油污等影响锚固承载力的现象,并清除基材饰面层浮浆,必要时进行磨平处理。若设计无说明,在锚固深度的范围内应基本干燥。

(2)锚栓

混凝土结构所用锚栓的材质可为碳素钢、不锈钢或合金钢,应根据环境条件的差异及耐久性要求的不同,选用相应的品种。锚栓的性能应符合中华人民共和国建筑工业行业标准《混凝土用膨胀型、扩孔型建筑锚栓》JG160-2004的相关规定。碳素钢和合金钢锚栓的性能等级应按所用钢材的抗拉强度标准值f_{stk}及屈强比f_{yk}/f_{stk}确定,相应的性能指标应按表1-15采用。不锈钢锚栓的性能等级应按所用钢材的抗拉强度标准值f_{stk}及屈服强度标准值f_{yk}确定,相应的性能指标应按表1-16采用。化学植筋的钢筋及螺杆,应采用HRB400级和HRB335级带肋钢筋及Q235和Q345钢螺杆。钢筋的强度指标按现行国家标准《混凝土结构设计规范》GB50010-2002规定采用。锚栓弹性模量可取$E_s = 2.0 \times 10^5 \mathrm{MPa}$。

碳素钢及合金钢锚栓的性能指标   表1-15

性能等级		3.6	4.6	4.8	5.6	5.8	6.8	8.8
抗拉强度标准值	f_{stk}(MPa)	300	400		500		600	800
屈服强度标准值	f_{yk}(MPa)	180	240	320	300	400	480	640
伸长率	δ_5(%)	25	22	14	20	10	8	12

注:材质性能等级3.6表示:$f_{stk}=300(\mathrm{MPa})$,$f_{yk}/f_{stk}=0.6$。

不锈钢(奥氏体A_1、A_2、A_4)锚栓的性能指标   表1-16

性能等级	螺纹直径(mm)	抗拉强度标准值 f_{stk}(MPa)	屈服强度标准值 f_{yk}(MPa)	伸长值δ
50	≤39	500	210	0.6d
70	≤20	700	450	0.4d
80	≤20	800	600	0.3d

注:锚栓伸长量δ按《紧固件机械性能 不锈钢螺栓、螺钉和螺柱》GB/T 3098.6-2000第7.1.3条方法测定。

(3)锚固胶

锚固胶主要用于化学植筋,化学植筋所用锚固胶的锚固性能应通过专门的试验确定。对获准使用的锚固胶,除说明书规定可以掺入定量的掺合剂(填料)外,现场施工中不宜随意增添掺料。锚固胶按使用形态的不同分为管装式、机械注入式和现场配制式(图1-15),应根据使用对象的特征和现场条件合理选用。

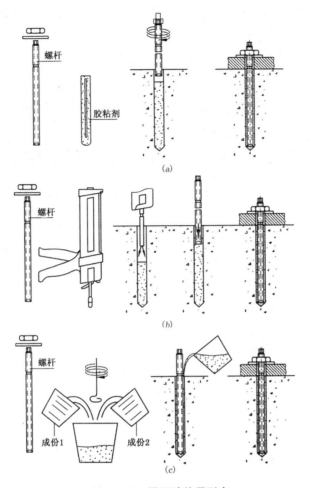

图 1-15 锚固胶使用形态

(a)管装式；(b)机械注入式；(c)现场配制式

4. 锚孔应符合设计或产品安装说明书的要求,当无具体要求时,应符合表 1-17 和表 1-18 的要求。

锚孔质量的要求　　　　　　　　　　　　　　　　　表 1-17

锚栓种类	锚孔深度允许偏差(mm)	垂直度允许偏差(°)	位置允许偏差(mm)
膨胀型锚栓和扩孔型锚栓	+10 -0	5	5
扩孔型锚栓的扩孔	+5 -0	5	
化学植筋	+20 -0	5	

膨胀型锚栓及扩孔型锚栓锚孔直径允许公差(mm)　　　　　表 1-18

锚栓直径	锚孔公差	锚栓直径	锚孔公差
6~10	≤+0.4	12~18	≤+0.50
20~30	≤+0.6	32~37	≤+0.70
≥40	≤+0.8		

5. 建筑锚栓的安装偏差应符合设计要求;对于粘结型锚栓、植筋和植螺杆,试验时胶粘剂或锚固胶的固化时间应达到相关标准要求。

(1)锚栓的安装方法,应根据设计选型及连接构造的不同,分别采用预插式安装[图1-16(a)]、穿透式安装[图1-16(b)]或离开基面的安装[图1-16(c)]。

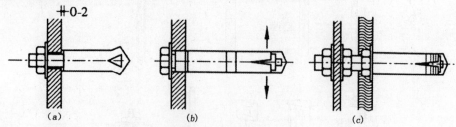

图1-16 锚栓安装方法
(a)预插式安装;(b)穿透式安装;(c)离开基面的安装

(2)锚栓安装前,应彻底清除表面附着物、浮锈和油污。

(3)扩孔型锚栓和膨胀型锚栓的锚固操作应按产品说明书的规定进行。

(4)化学植筋的安装应根据锚固胶施用形态(管装式、机械注入式、现场配制式)和方向(向上、向下、水平)的不同采用相应的方法。化学植筋的焊接,应考虑焊接高温对胶的不良影响,采取有效的降温措施,离开基面的钢筋预留长度应不小于20d,且不小于200mm。

(5)化学植筋置入锚孔后,在固化完成之前,应按照厂家所提供的养生条件进行固化养生,固化期间禁止扰动。

(6)后锚固连接施工质量应符合设计要求和产品说明书的规定,当设计无具体要求时,应符合表1-19的要求。

锚固质量要求   表1-19

锚栓种类	预紧力	锚固深度(mm)	膨胀位移(mm)
扭矩控制式膨胀型锚栓	±15%	0, +5	——
扭矩控制式扩孔型锚栓	±15%	0, +5	——
位移控制式膨胀型锚栓	±15%	0, +5	0, +2

6. 试件的环境温度和湿度应与给定锚固系统的参数要求相适应。

7. 最大试验荷载的确定应符合以下规定:

对于确定建筑锚栓的抗拔和抗剪极限承载力的试验,应进行破坏性试验,即加载至建筑锚栓出现破坏形态;对于建筑锚栓的抗拔和抗剪性能的工程验收性试验,应进行非破坏性试验。

若以钢材破坏作为建筑锚栓设计时采用的破坏类型,最大试验荷载不应大于式(1-60)和式(1-61)的计算值。

$$N_{max} = 0.9 f_{yk} A_s \quad (1-60)$$
$$V_{max} = 0.45 f_{stk} A_s \quad (1-61)$$

式中 N_{max}——最大拉拔试验荷载;
V_{max}——最大剪切试验荷载;
f_{yk}——锚杆或钢筋强度标准值;
f_{stk}——锚杆或钢筋极限抗拉强度;
A_s——锚杆或钢筋截面面积。

按照建筑锚栓设计时采用的破坏类型,最大试验荷载应按式(1-62)确定,且最大拉拔试验荷载和最大剪切试验荷载分布不应大于式(1-60)和式(1-61)所确定的荷载值。

$$F_{\max} = \gamma_R \gamma_u R_{Rd} \tag{1-62}$$

式中 $F_{\max}$——最大试验荷载;

R_{Rd}——承载力设计值;

γ_R——锚固承载力分项系数,应按表1-11采用,当有充分试验依据和可靠使用经验,并经国家指定的职能机构技术认证许可后,其值可作适当调整。

γ_u——锚固重要性系数。

六、试验方法

1. 加载方法与位移量测

(1)试验前应预加荷载,预加荷载宜取建筑锚栓承载力设计值的5%,持荷5min。预加荷载卸载后,应位移调零。

(2)连续加载法:以均匀的速率加载至设定试验荷载或试件出现锚固破坏形态,总加载时间应为2~3min。试验过程中,位移宜采用自动采集装置连续记录;研究性试验宜采用连续加载法。

(3)分级加载法:应逐级等量加载;分级荷载宜为最大试验荷载的1/10,其中第一级可取分级荷载的2倍;每级荷载维持1~2min,直至设定试验荷载或锚固破坏。

(4)当需根据锚栓的荷载—位移数据来确定刚度或承载力时,应采用连续加载法;当验证锚栓的承载能力时,上述两种方法均适用。

(5)当抗拉试验出现装置倾斜、基材边缘劈裂等异常情况,或当抗剪试验出现试验装置或基材损坏等异常时,应做详细记录,并将该试验值舍去,另行选择一个试件进行补测。

2. 终止加载条件

当出现下列情况之一时,可终止加载:

(1)当试验荷载大于建筑锚栓承载力设计值后,在某级荷载作用下,建筑锚栓的位移量大于前一级荷载作用下位移量的5倍;

注:当建筑锚栓位移量小于1.0mm时,宜加载至位移量超过1.0mm。

(2)在某级荷载作用下,建筑锚栓的总位移量大于1.0mm或设计提出的位移量控制标准;

(3)建筑锚栓或基体出现裂缝或破坏现象;

(4)试验设备出现不适于继续承载的状态;

(5)建筑锚栓拉出或拉断、剪断;

(6)化学粘结锚栓与基体之间粘结破坏;

(7)试验荷载达到设计要求的最大加载量。

3. 破坏形态

(1)机械锚栓的锚固破坏形态分为钢材破坏、基体破坏和锚栓拔出/(穿出)破坏三类,如图1-17、图1-18所示。

1)锚栓破坏:包括锚栓拉断、剪坏或拉剪组合受力破坏。

2)混凝土基体破坏,包括混凝土锥体受拉破坏、混凝土楔形体受剪破坏、基体边缘破坏及混凝土劈裂破坏。

3)锚栓拔出/(穿出)破坏,包括拔出破坏和穿出破坏。

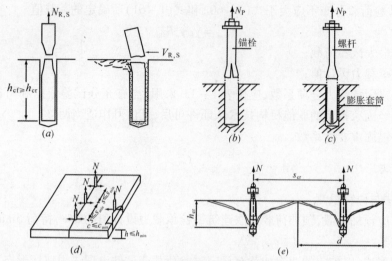

图 1-17 机械锚栓拉拔破坏形态

(a)锚栓钢材拉断及剪坏;(b)机械锚栓拔出破坏;(c)机械锚栓穿出破坏;(d)基材劈裂破坏;(e)混凝土锥体受位破坏

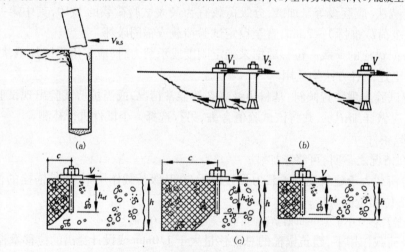

图 1-18 建筑锚栓剪切破坏形态

(a)锚体钢材剪切破坏;(b)基材剪撬破坏;(c)混凝土边缘楔形体受剪破坏

(2)粘结性锚栓、植筋和植螺杆的破坏形态分为钢材破坏、基材破坏和界面破坏三类。

1)钢材破坏包括锚杆、螺杆钢筋拉断、剪坏或拉剪组合受力破坏。

2)基体破坏包括混凝土锥体受拉破坏、混凝土楔形体受剪破坏、基体边缘破坏及混凝土劈裂破坏。

3)界面破坏包括胶混界面破坏和胶筋界面破坏(图 1-19)。

(3)破坏形式描述:

1)混凝土锥体破坏:锚栓受拉时混凝土基材形成以锚栓为中心的倒锥体破坏形式。

2)混凝土边缘破坏:基材边缘受剪时形成以锚栓轴为顶点的混凝土楔形体破坏形式。

3)拔出破坏:拉力作用下锚栓整体从锚孔中被拉出的破坏形式。

4)穿出破坏:拉力作用下锚栓膨胀锥从套筒中被拉出而膨胀套仍留在锚孔中的破坏形式。

5)剪撬破坏:中心受剪时基材混凝土沿反方向被锚栓撬坏。

6)劈裂破坏:基材混凝土因锚栓膨胀挤压力而沿锚栓轴线或若干锚栓轴线连线的开裂破坏形式。

7)胶筋界面破坏:化学植筋或粘结型锚栓受拉时,沿胶粘剂与钢筋界面的拔出破坏形式。

8) 胶混界面破坏：化学植筋受拉时，沿胶粘剂与混凝土孔壁界面的拔出破坏形式。

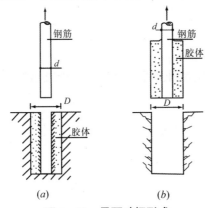

图 1-19 界面破坏形式

(a)化学植筋沿胶筋面拔出；(b)化学植筋沿胶混界面拔出

(4) 破坏类型及影响因素

现将锚栓类型及相应的锚栓破坏类型、破坏荷载、影响破坏荷载的因素、常发生的场合归纳为表 1-20。

锚栓破坏类型及影响因素　　　　　　表 1-20

破坏类型	锚栓类型	破坏荷载	影响破坏荷载因素	常发生场合
锚栓或锚筋钢材破坏（拉断破坏、剪破坏、拉剪破坏等）	膨胀型锚栓 扩孔型锚栓 化学植筋	有塑性变形破坏荷载一般较高，离散性小	锚栓或植筋本身性能为主要控制因素	锚固深度较深、混凝土强度高、锚固区钢筋密集、锚栓或锚筋材质差以及有效截面面积小
混凝土锥体破坏	膨胀型锚栓 扩孔型锚栓	破坏为脆性、离散性大	混凝土强度、锚固深度	机械锚固受拉场合特别是粗短锚固
混合破坏形式	化学植筋 粘结锚固	脆性比混凝土锥体破坏小，锚固件有明显位移	锚固深度、胶粘剂性能以及混凝土强度	锚固深度小于临界深度
混凝土边缘破坏	机械锚固 化学植筋	楔体形破坏，锚固件位置有一定偏移	边距、锚固深度、锚栓外径、混凝土抗剪强度	机械锚固受剪且距边缘较近的场合
剪撬破坏	机械锚固 化学植筋	锚固件位置有一定偏移	锚栓类型、混凝土抗剪强度	基材中部受剪，一般为粗短锚栓
劈裂破坏	群锚	脆性破坏，本质为混凝土抗拉破坏	锚栓类型、边距、间距、基材厚度	锚栓轴线或群锚轴线连线
拔出破坏	机械锚	承载力低、离散性大	施工质量	施工安装
穿出破坏	膨胀型锚栓	离散性较大、脆性破坏	锚栓质量	膨胀套筒材质软或薄、接触面过于光滑
胶筋界面破坏	化学植筋	脆性破坏	锚固胶质量、钢筋表面胶粘剂强度低、施工质量、混凝土强度高、钢筋密集、钢筋表面光滑	
胶混界面破坏	化学植筋	脆性破坏	锚孔质量、混凝土强度	除尘干燥、混凝土强度低的锚孔表面

影响承载力的因素有锚固件本身性能、混凝土基材性能、被连接结构类型、环境条件、施工质量、几何特征系数、荷载种类与性质等因素。

七、数据处理与结果评定

1. 非破坏性检验荷载下,以混凝土基材无裂缝、锚栓或植筋无滑移等宏观裂损现象,且 2min 持荷期间荷载降低不大于 5% 时为合格。当非破坏性检验为不合格时,应另抽不少于 3 个锚栓做破坏性检验判断。

2. 对于破坏性检验,该批锚栓的极限抗拔力满足下列规定为合格:

$$N_{RM}^c \geq [\gamma_u] N_{sd} \tag{1-63}$$

$$N_{Rmin}^c \geq N_{RK,*} \tag{1-64}$$

式中 N_{sd}——锚栓拉力设计值;

N_{RM}^c——锚栓极限抗拔力实测平均值;

N_{Rmin}^c——锚栓极限抗拔力实测最小值;

$N_{Rk,*}$——锚栓极限抗拔力标准值,根据破坏类型的不同,分别按《混凝土结构后锚固技术规程》JGJ 145-2004 第 6.1 节有关规定计算;

$[\gamma_u]$——锚固承载力检验系数允许值,近似取 $[\gamma_u] = 1.1\gamma_{r*}$,$\gamma_{R*}$ 按表 1-19 取用。

3. 当试验结果不满足 1、2 条相应规定时,应会同有关部门依据试验结果,研究采取专门措施处理。

思 考 题

1. 后置埋件是指什么?主要功能和作用原理是什么?
2. 后置埋件的分类、锚固方式和选用原则、应用范围如何?
3. 后锚固件安装后的受力机理?
4. 后锚固的设计原则?
5. 后置锚固件的锚固技术主要有哪几种?各自优缺点是什么?安装技术要点?
6. 后锚固件锚固后的质量及可靠性如何检测?检测依据是什么?如何判定?
7. 简述后置锚固件现场检测步骤及操作要点。
8. 后锚固承载力如何确定?
9. 如何评定锚固承载力现场检验结果?
10. 如何改善后锚固的抗震性能?
11. 为什么要规定加荷设备支撑环内径?

第三节 混凝土构件结构性能

一、概念

结构性能主要指结构在设计使用荷载作用下的承载能力、挠度变形、裂缝等主要技术指标。通常结构荷载试验是检验结构性能的最常用方法,主要通过对试验构件施加荷载,观测结构的受力反应(变形、裂缝、承载力)。因为构件的结构性能是一种力学行为,没有充分的外荷载激励,就不能完全地反映它的抗力能力。尽管目前正在探索许多无损检测方法,但至少它们目前还不能取代荷载试验的全部意义。

荷载试验按其在结构上作用荷载的特性不同,可分为静荷载试验(简称静载或静力试验)和动荷载试验(简称动载或动力试验)。又可按荷载在试验结构上的试验上的持续时间不同,分为短期荷载试验和长期荷载试验。

本节主要讨论预制构件结构性能检验的短期静荷载试验。

二、检测依据

《混凝土结构工程施工质量验收规范》GB50204－2002
《混凝土结构试验方法标准》GB50152－92
《混凝土结构设计规范》GB50010－2002
《建筑结构荷载规范》GB 50009－2001
《建筑结构检测技术标准》GB/T 50344－2004

三、仪器设备及环境

1. 常用检测仪器
(1)加载设备:加载梁、支墩、支座、千斤顶、加载砝码等;
(2)量测仪器:应变仪、位移计、裂缝放大镜等。
2. 预制构件结构性能试验条件
(1)构件应在0℃以上的温度环境下进行试验;
(2)蒸汽养护后的构件应在冷却至常温后进行试验;
(3)构件在试验前应量测其实际尺寸,并检查构件表面,所有的缺陷和裂缝应在构件上标出;
(4)试验用的加荷设备及量测仪表应预先进行标定或校准。

四、结构或构件取样与试件安装要求

1. 检验数量

对成批生产的构件,应按同一工艺正常生产,不超过1000件且不超过3个月的同类型产品为一批。当连续检验10批且每批的结构性能检验结果均符合《混凝土结构试验方法标准》GB50152－92规定的要求时,对同一工艺正常生产的构件,可改为不超过2000件且不超过3个月的同类型产品为一批。在每批中应随机抽取一个构件作为试件进行检验。

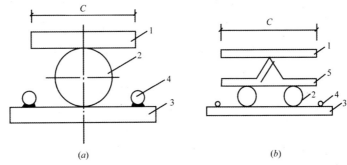

图1－20 滚动支承
(a)滚轴式;(b)刀口式
1—上垫板; 2—钢滚轴; 3—下垫板; 4—限位钢筋; 5—刀口式垫板

2. 试验构件的支承方式

(1)板、梁和桁架等简支构件,试验时应一端采用滚动支承(图1－20),另一端采用铰支承(图1－21)。铰支承可采用角钢、半圆形钢或焊于钢板上的圆钢,滚动支承可采用圆钢;

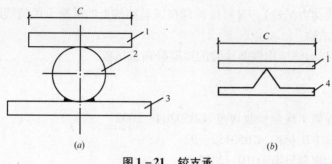

图 1-21 铰支承
(a)滚轴式；(b)刀口式
1—上垫板；2—钢滚轴；3—下垫板；4—刀口式垫板

(2)四角简支(图 1-22)或四边简支(图 1-23)的双向板,其支承方式应保证支承处构件能自由转动,支承面可以相对水平移动；

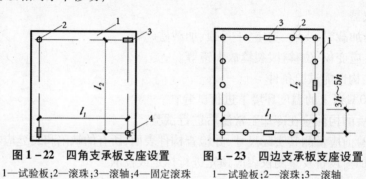

图 1-22 四角支承板支座设置　　图 1-23 四边支承板支座设置
1—试验板；2—滚珠；3—滚轴；4—固定滚珠　　1—试验板；2—滚珠；3—滚轴

(3)当试验的构件承受较大集中力或支座反力时,应对支承部分主要是支墩和支座进行局部受压承载力验算；

(4)构件与支承面应紧密接触；钢垫板与构件、钢垫板与支墩间,宜铺砂浆垫平；

(5)构件支承的中心线位置应符合标准图或设计的要求。

3. 试验构件的荷载布置

(1)构件的试验荷载布置应符合标准图或设计的要求；

(2)当试验荷载布置不能完全与标准图或设计的要求相符时,应按等效荷载的原则换算,即使构件试验的内力图形与设计的内力图形相近或相似,并使控制截面上的内力值相等,但应考虑荷载布置改变后对构件其他部位的不利影响。

4. 加载方法

应根据标准图或设计的加载要求、构件类型及设备条件等进行选择。当按不同形式荷载组合进行加载试验(包括均布荷载、集中荷载、水平荷载和竖向荷载等)时,各种荷载应按比例增加。

(1)重物(荷重块)加载:现场荷载试验的加载重物选择应尽量就地取材,例如砖块、袋装水泥、袋装砂石等。重物加载适用于均布加载试验。若重物采用红砖、袋装水泥等时,应按区格成垛堆放,沿试验结构构件的跨度方向的每堆长度不应大于试验结构构件跨度的 1/6；对于跨度为 4m 和 4m 以下的试验结构构件,每堆长度不应大于构件跨度的 1/4；堆间宜留 50~150mm 的间隙(图 1-24)。红砖等小型块状材料,宜逐级分堆称量；对于红砖、袋装砂石等主要抽查含水量一致并进行称重,可按平均块重计算加载量。

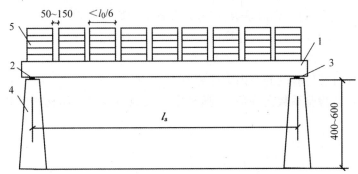

图 1-24 简支板用重物加载装置
1—试验板；2—滚动铰支座；3—固定铰支座；4—支墩；5—重物

(2)千斤顶加载：千斤顶加载适用于集中加载试验。千斤顶加载时，可采用分配梁系统实现多点集中加载。千斤顶的加载值宜采用荷载传感器量测，也可采用油压表量测。

(3)结构试验用的各类量测仪表的量程应满足结构构件最大测值的要求，最大测值不宜大于选用仪表最大量程的80%。

(4)试验结构构件、设备及量测仪表均应有防风防雨、防晒和防摔等保护设施。

五、荷载试验操作步骤

1. 荷载试验准备工作

(1)预制构件应按标准图或设计要求的试验参数及检验指标进行结构性能检验

检验内容：钢筋混凝土构件和允许出现裂缝的预应力混凝土构件进行承载力、挠度和裂缝宽度检验；不允许使用出现裂缝的预应力混凝土构件进行承载力、挠度和抗裂检验；预应力混凝土构件中的非预应力杆件按钢筋混凝土构件的要求进行检验。对设计成熟、生产数量较少的大型构件，当采取加强材料和制作质量检验的措施时，可仅做挠度、抗裂或裂缝宽度检验；当采取上述措施并有可靠的实践经验时，可不做结构性能检验。

(2)试验荷载的确定

1)在进行混凝土结构试验前，应根据试验要求分别确定下列试验荷载值：

①对结构构件的挠度、裂缝宽度试验，应确定正常使用极限状态试验荷载值或检验荷载标准值；

②对结构构件的抗裂试验，应确定开裂试验荷载值；

③对结构构件的承载力试验，应确定承载能力极限状态试验荷载值，或称为承载力检验荷载设计值。

2)检验性试验结构构件的检验荷载标准值应按下列方法确定：

预应力混凝土空心板的检验荷载标准值，按相应所测空心板规格，查图集结构性能检验参数表中检验荷载标准值 q_k^e(kN/m)乘以板计算跨度计算得到。

现浇混凝土结构构件正常使用的极限状态试验荷载值，应根据结构构件控制截面上的荷载短期效应组合的设计值 S_s 和试验加载图式经换算确定。

荷载短期效应组合的设计值 S_s 应按式(1-65)计算确定，或由设计文件提供。

$$S_s = S_{GK} + S_{Q1K} + \sum_{i=2}^{n} \psi_{ci} S_{Qik} \tag{1-65}$$

式中 S_{GK}——按永久荷载标准值 G_K 计算的荷载效应值；

S_{Qik}——按可变荷载标准值 Q_{ik} 计算的荷载效应值，其中 S_{Q1K} 为诸可变荷载效应中起控制作用者；

ψ_{ci}——可变荷载 Q_i 的组合值系数,应分别按各章的规定采用。

3)试验结构构件的开裂试验荷载计算值按式(1-66)计算:

$$S_{cr}^c = [\gamma_{cr}]S_s \qquad (1-66)$$

式中 S_{cr}^c——正截面抗裂检验的开裂内力计算值;

$[\gamma_{cr}]$——构件抗裂检验系数允许值,按所测空心板规格查图集结构性能检验参数表中$[\gamma_{cr}]$得到;

S_s——检验荷载标准值。

4)构件的承载力检验值应按下列方法计算:

当按设计要求规定进行检验时,应按式(1-67)计算:

$$S_{u1}^c = \gamma_0[\gamma_u]S \qquad (1-67)$$

式中 S_{u1}^c——当按设计要求规定进行检验时,结构构件达到承载力极限状态时的内力计算值,也可称为承载力检验值(包括自重产生的内力);

γ_0——结构构件的重要性系数;

$[\gamma_u]$——结构构件承载力检验系数允许值,按现行国家标准《混凝土结构工程施工验收规范》GB 50204-2002 取用,具体见表 1-21;

构件的承载力检验系数允许值 表 1-21

受力情况	达到承载能力极限状态的检验标志		$[\gamma_u]$
轴心受拉、偏心受拉、受弯、大偏心受压	受拉主筋处的最大裂缝宽度达到1.5mm,或挠度达到跨度的1/50	热轧钢筋	1.20
		钢丝、钢绞线、热处理钢筋	1.35
	受压区混凝土破坏	热轧钢筋	1.30
		钢丝、钢绞线、热处理钢筋	1.45
	受拉主筋拉断		1.50
受压构件的受剪	腹部斜裂缝达到1.5mm,或斜裂缝末端受压混凝土剪压破坏		1.40
	沿斜截面混凝土斜压破坏,受压主筋在端部滑脱或其他锚固破坏		1.55
轴心受压、小偏心受压	混凝土受压破坏		1.50

S——承载力检验荷载设计值 S,预制空心板按相应所测空心板规格,查图集结构性能检验参数表中承载力检验荷载设计值 q_u^e(kN/m)乘以板跨度计算得到。

现浇混凝土结构构件的承载力检验荷载设计值 S 按式(1-68)确定。

$$S = \gamma_G S_{GK} + \gamma_{Q1} S_{Q1K} + \sum_{i=2}^{n} \gamma_{Qi}\psi_{ci} S_{QiK} \qquad (1-68)$$

式中 γ_G——永久荷载的分项系数,应按《建筑结构荷载规范》GB 50009-2001 第3.2.5条采用;

γ_{Qi}——第 i 个可变荷载的分项系数,其中 γ_{Q1} 为可变荷载 Q_1 的分项系数,应按《建筑结构荷载规范》GB 50009-2001 第3.2.5条采用;

S_{GK}——按永久荷载标准值 G_K 计算的荷载效应值;

S_{QiK}——按可变荷载标准值 Q_{iK} 计算的荷载效应值,其中 S_{Q1K} 为诸可变荷载效应中起控制作用者;

ψ_{ci}——可变荷载 Q_i 的组合值系数,应分别按《建筑结构荷载规范》GB 50009-2001各章的规定采用;

n——参与组合的可变荷载数。

5)江苏省预应力混凝土空心板图集结构性能检验参数表:

①检验荷载标准值 Q_k^e 和承载力检验荷载设计值 Q_u^e 均包括自重在内;实际加载中检验荷载标准值和承载力检验值均应减去构件的自重标准值,构件的自重标准值按相应所测预制空心板规格,查图集结构性能检验参数表中查表得到;

②短期挠度允许值 $[a_s^e]$ 和短期挠度计算值 a_s^e 已扣除自重挠度。

2. 加载程序

(1)结构试验宜进行预加载,以检查试验装置的工作是否正常,同时应防止构件因预加载而产生裂缝。预加载值不宜超过结构构件开裂试验荷载计算值的70%。

(2)试验荷载应按下列规定分级加载和卸载:

构件应分级加载。当荷载小于检验荷载标准值时,每级荷载不应大于检验荷载标准值的20%;当荷载大于检验荷载标准值时,每级荷载不应大于检验荷载标准值的10%;当荷载接近抗裂检验荷载值时,每级荷载不应大于检验荷载标准值的5%;当荷载接近承载力检验值时,每级荷载不应大于承载力检验值的5%。对仅作挠度、抗裂或裂缝宽度检验的构件应分级卸载。

作用在构件上的试验设备重量及构件自重应作为第一次加载的一部分。

每级卸载值可取使用状态短期试验荷载值的20%~50%;每级卸载后在构件上的试验荷载剩余值宜与加载时的某一荷载值相对应。

3. 每级加载或卸载后的荷载持续时间

每级加载完成后,应持续10~15min;在荷载标准值作用下,应持续30min。在持续时间内,应观察裂缝的出现和开展,以及钢筋有无滑移等;在持续时间结束时,应观察并记录各项读数。

4. 挠度或位移的量测方法

(1)挠度量测仪表的设置

挠度测点应在构件跨中截面的中轴线上沿构件两侧对称布置,还应在构件两端支座处布置测点;量测挠度的仪表应安装在独立不动的仪表架上,现场试验应消除地基变形对仪表支架的影响。

(2)试验结构构件变形的量测时间

①结构构件在试验加载前,应在没有外加荷载的条件下测读仪表的初始读数。

②试验时在每级荷载作用下,应在规定的荷载持续时间结束时量测结构构件的变形。结构构件各部位测点的测读程序在整个试验过程中宜保持一致,各测点间读数时间间隔不宜过长。

5. 应力—应变测量方法

(1)需要进行应力应变分析的结构构件,应量测其控制截面的应变。量测结构构件应变时,测点布置应符合下列要求:

对受弯构件应首先在弯矩最大的截面上沿截面高度布置测点,每个截面不宜少于2个;当需要量测沿截面高度的应变分布规律时,布置测点数不宜少于5个;在同一截面的受拉区主筋上应布置应变测点。

(2)量测结构构件局部变形可采用千分表应变测量装置、振弦式应变传感器、手持式应变仪或电阻应变计等各种量测应变的仪表或传感元件;量测混凝土应变时,应变计的标距应大于混凝土粗骨料最大粒径的3倍。

当采用电阻应变计量测构件内部钢筋应变时,则应在测点位置处的混凝土保护层部位预留孔洞或预埋测点;也可在预留孔洞的钢筋上粘贴电阻应变计进行量测。测点处宜事先进行贴片,并做可靠的防护处理。

当采用电阻应变计量测构件应变时,应有可靠的温度补偿措施。在温度变化较大的地方采用机械式应变仪量测应变时,应考虑温度影响进行修正。

6. 抗裂试验与裂缝量测方法

(1)结构构件进行抗裂试验时,应在加载过程中仔细观察和判别试验结构构件中第一次出现的垂直裂缝或斜裂缝,并在构件上绘出裂缝位置,标出相应的荷载值。

当在加载过程中第一次出现裂缝时,应取前一级荷载值作为开裂荷载实测值;当在规定的荷载持续时间内第一次出现裂缝时,应取本级荷载值与前一级荷载的平均值作为开裂荷载实测值;当在规定的荷载持续时间结束后第一次出现裂缝时,应取本级荷载值作为开裂荷载实测值。

(2)用放大倍率不低于5倍的放大镜观察裂缝的出现;试验结构构件开裂后应立即对裂缝的发生发展情况进行详细观测,并应量测使用状态试验荷载值作用下的最大裂缝宽度及各级荷载作用下的主要裂缝宽度、长度及裂缝间距,并应在试件上标出。

(3)最大裂缝宽度应在使用状态短期试验荷载值持续作用30min结束时进行量测。

7. 承载力的测定和判定方法

(1)对试验结构构件进行承载力试验时,在加载或持载过程中出现下列标志之一即认为该结构构件已达到或超过承载能力极限状态:

①对有明显物理流限的热轧钢筋,其受拉主钢筋应力达到屈服强度,受拉应变达到0.01;对无明显物理流限的钢筋,其受拉主钢筋的受拉应变达到0.01;

②受拉主钢筋拉断;

③受拉主钢筋处最大垂直裂缝宽度达到1.5mm;

④挠度达到跨度的1/50;对悬臂结构,挠度达到悬臂长的1/25;

⑤受压区混凝土压坏。

(2)进行承载力试验时,应取首先达到上述第(1)条所列的标志之一时的荷载值,包括自重和加载设备重力来确定结构构件的承载力实测值。

(3)当在规定的荷载持续时间结束后出现第(1)条所列的标志之一时,应以此时的荷载值作为试验结构构件极限荷载的实测值;当在加载过程中出现上述标志之一时,应取前一级荷载值作为结构构件的极限荷载实测值;当在规定的荷载持续时间内出现上述标志之一时,应取本级荷载值与前一级荷载的平均值作为极限荷载实测值。

六、数据处理与结果判定

1. 变形量测的试验结果整理

(1)确定构件在各级荷载作用下的短期挠度实测值,按下式计算:

$$a_i^0 = a_q^0 \psi \tag{1-69}$$

$$a_q^0 = \gamma_m^0 - \frac{1}{2}(\gamma_l^0 + \gamma_r^0) \tag{1-70}$$

式中 a_i^0——全部荷载作用下构件跨中的挠度实测值(mm);

ψ——用等效集中荷载代替实际的均布荷载进行试验时的加载图式修正系数,按表1-22取用;

a_q^0——外加试验荷载作用下构件跨中的挠度实测值(mm);

γ_m^0——外加试验荷载作用下构件跨中的位移实测值(mm);

γ_l^0、γ_r^0——外加试验荷载作用下构件左、右端支座沉陷位移的实测值(mm)。

(2)预制构件的挠度应按下列规定进行检验:

1)当按规定的挠度允许值进行检验时,应符合式(1-71)的要求:

$$a_s^0 \leq [a_s] \tag{1-71}$$

式中 a_s^0——在检验荷载标准值下的构件挠度实测值;

$[a_s]$——短期挠度允许值,见图集结构性能检验参数表。

2)当按构件实配钢筋进行挠度检验或仅检验构件的挠度、抗裂或裂缝宽度时,应符合式(1-

72)的要求：

$$a_s^0 \leq 1.2 a_s^c \tag{1-72}$$

同时，还应符合公式(1-71)的要求。

式中 a_s^c——在检验荷载标准值下的构件挠度计算值，见图集结构性能检验参数表。

加载图式修正系数　　　　　　　　　　　　　　　　　　表1-22

名称	加载图式	修正系数
均荷载	均布荷载图（跨度 l）	1.0
二集中力四分点等效荷载	两点集中力，位于 $l/4$、$l/2$、$l/4$	0.91
二集中力三分点等效荷载	两点集中力，位于 $l/3$、$l/3$、$l/3$	0.98
四集中力八分点等效荷载	四点集中力，$l/8$、$l/4$、$l/4$、$l/4$、$l/8$	0.97
八集中力十六分点等效荷载	八点集中力，$l/16$、$l/8$×7、$l/16$	1.0

2. 抗裂试验与裂缝量测的试验结果整理

(1)试验中裂缝的观测应符合下列规定：

观察裂缝出现可采用精度为0.05mm的刻度放大镜等仪器进行观测；

对正截面裂缝，应量测受拉主筋处的最大裂缝宽度；确定构件受拉主筋处的裂缝宽度时，应在构件侧面量测。

(2)预制构件的抗裂检验应符合式(1-73)的要求：

$$\gamma_{cr}^0 \geq [\gamma_{cr}] \tag{1-73}$$

式中 γ_{cr}^0——构件的抗裂检验系数实测值，即试件的开裂荷载实测值与检验荷载标准值（均包括自重）的比值；

$[\gamma_{cr}]$——构件的抗裂检验系数允许值，见图集结构性能检验参数表。

(3)预制构件的裂缝宽度检验应符式(1-74)的要求：

$$w_{s,max}^0 \leq [w_{max}] \tag{1-74}$$

式中 $w_{s,max}^0$——在检验荷载标准值下，受拉主筋处的最大裂缝宽度实测值(mm)；

$[w_{max}]$——构件检验的最大裂缝宽度允许值，按表1-23取用。

构件检验的最大裂缝宽度允许值(mm)　　　　　　　　　　表1-23

设计要求的最大裂缝宽度限值	0.2	0.3	0.4
$[w_{max}]$	0.15	0.20	0.25

3. 承载力试验结果整理

预制构件承载力应按下列规定进行检验：

$$\gamma_u^0 \geq \gamma_0 [\gamma_u] \tag{1-75}$$

式中 γ_u^0——构件的承载力检验系数实测值，即试件的荷载实测值与荷载设计值（均包括自重）的比值；

γ_0——结构重要性系数,按设计要求确定,当无专门要求时取 1.0;

$[\gamma_u]$——构件的承载力检验系数允许值,按表 1-21 取用。

4. 预制构件结构性能的检验结果应按下列规定验收:

(1)当试件结构性能的全部检验结果均符合第(1)、(2)和(3)条的检验要求时,该批构件的结构性能应通过验收。

(2)当第一个试件的检验结果不能全部符合上述要求,但又能符合第二次检验的要求时,可再抽两个试件进行检验。第二次检验的指标,对承载力及抗裂检验系数的允许值应取第(2)条和第(3)条规定的允许值减 0.05;对挠度的允许值应取第 1 条规定允许值的 1.10 倍。当第二次抽取的两个试件的全部检验结果均符合第二次检验的要求时,该批构件的结构性能可通过验收。

(3)当第二次抽取的第一个试件的全部检验结果均已符合第(1)、(2)和(3)条的要求时,该批构件的结构性能可通过验收。

[案例 1-3] 空心板 HWS42-4 进行出厂检验,试分析试验结果。

[解] (1)试验时板的支点距离(计算跨度)为板的轴线距离减去 160mm:e = 4200 - 160 = 4040mm;

(2)检验荷载值(折合成荷重块重量):

检验荷载标准值 = $q_k^e \times l_e$ = 4.58 × 4.04 = 18.50kN(包括板自重)

其中板自重 = 1.10 × 4.04 = 4.44kN

抗裂检验荷载允许值 = $[\gamma_{cr}] \times q_k^e \times l_e$ = 1.11 × 18.50 = 20.54kN(包括板自重)

承载力检验荷载设计值 = $q_u^e \times l_e$ = 5.50 × 4.04 = 22.22kN(包括板自重)

达到承载力极限状态检验标志时的荷载值,按表 1-21 计算如下:

当主筋处最大裂缝宽度达到 1.5mm 或挠度达到跨度的 1/50 时为

$$q_u^e \times l_e \times [\gamma_u] = 22.22 \times 1.35 = 30.00\text{kN};$$

当腹部斜裂缝达到 1.5mm 或斜裂缝末端剪压破坏时为

$$22.22 \times 1.40 = 31.11\text{kN};$$

当受压区混凝土受压破坏时为 22.22 × 1.45 = 32.22kN;

当受拉主筋拉断时为 22.22 × 1.50 = 33.33kN;

当沿斜截面混凝土斜压破坏或受拉主筋在端部滑脱时为

$$22.22 \times 1.55 = 34.44\text{kN}$$

(3)均布加荷,检验荷载分级按相应分级规定;

(4)试验结果及分析:

试验结果应记入统一的试验记录表中。

设试件在检验荷载标准值(扣除自重)作用下挠度实测值 a_s^0 = 5.20mm,而 $[a_s]$ 为 9.54mm,a_s^0 < $[a_s]$,故该试件挠度检验合格;

设开裂荷载实测值 q_{cr}^0 为 24.05kN(包括板自重),γ_{cr}^0 = 24.05/18.50 = 1.30,而 $[\gamma_{cr}]$ = 1.11,γ_{cr}^0 < $[\gamma_{cr}]$,故该试件抗裂检验合格;

该检验荷载加至 34.44kN(包括板自重)时,板的挠度达到跨度的 1/50,板的承载力检验系数实测值 γ_u^0 = 1.55 > 1.35,故该试件承载力检验合格;

由于上述三项检验指标全部合格,则判该试件结构性能合格。

[案例 1-4] 某综合楼为 4 层框架结构,C-D 轴柱距 7.5m,4-5 轴和 5-6 轴柱距 12m,现需对 2 层 5/(C-D)轴楼面梁进行结构性能试验。该楼面梁截面尺寸 $b \times h$ = 300mm × 800mm,跨度 7.5m,相邻钢筋混凝土楼面板厚 120mm,水磨石楼地面,板面均布活载取 6.0kN/m²,构件的承

载力检验系数允许值[γ_u]取 1.50。试验准备：百分表及表座、玻璃、黄油、标准砖、脚手架等安全设施。计算单元如图 1-25 所示。

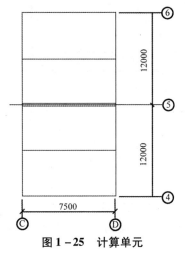

图 1-25　计算单元

(1) 荷载设计数据

该梁承受相邻两块板所传递的荷载，在 2 层 5/(C-D)轴楼面梁相邻两块板上加载，加载面积 7.5m×24m=180m²。

恒载：

楼面板自重：120mm 楼板+水磨石地面

　　　　　　25kN/m³×0.12m+0.65kN/m²=3.65kN/m²

框架梁自重：25kN/m³×0.3m×0.8m=6.0 kN/m

活载：板面均布活载　　6.0kN/m²

(2) 使用状态短期试验荷载值

1) 楼面均布荷载　　恒载+活载=3.65kN/m²+6.0kN/m²=9.65kN/m²

2) 梁自重　　　6.0kN/m

短期荷载检验值合计：

恒载+活载=9.65kN/m²×180m²+6.0kN/m×7.5m=1782 kN

(3) 按荷载准永久组合计算：

楼面均布荷载　　准永久系数取 0.85；

(4) 承载力最大加荷值：

1) 楼面均布荷载　　恒载分项系数取 1.2，活载分项系数取 1.4

1.2×恒载+1.4×活载=1.2×3.65kN/m²+1.4×6.0kN/m²=12.78kN/m²

2) 梁自重　　　　分项系数取 1.2

1.2×恒载=1.2×6.0 kN/m=7.2kN/m

3) 承载力检验系数允许值[γ_u]取 1.50

承载力最大加荷值合计：

1.50×(1.2×恒载+1.4×活载)

　　=1.50×(12.78kN/m²×180m²+7.2kN/m×7.5m)=3531.6kN

(5) 加载程序

采用标准砖作为荷载加载，单个砖体自重按 2.25kg/块。已有梁板自重荷载(3.65kN/m²×24m+6.0kN/m)×7.5m=702kN。

当荷载小于使用状态短期试验荷载值时，每级荷载取 20% 使用状态短期试验荷载值分级加载,持荷 15min;在使用状态短期试验荷载值作用下持荷 30min;其中自重占短期试验荷载值的39%。荷载大于使用状态短期试验荷载值时,每级荷载取 5%的承载力最大加荷值,加载至承载力最大加荷值,持荷 30min。允许最大挠度值$[a_s]=1/250=30.0mm$。检测结果如表 1-24 所示,百分表表位示意见图 1-26。

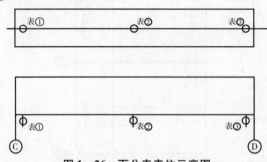

图 1-26 百分表表位示意图

分级加载后各级挠度值检测结果(mm) 表 1-24

荷载(kN)		表①		表②		表③		实测挠度值
		本级	累计	本级	累计	本级	累计	
自重	702	0.00	0.00	0.00		0.00		0.00
第1级	-	-0.02	-0.02	0.27	0.27	-0.03	-0.03	0.30
第2级	-	-0.04	-0.06	0.31	0.58	-0.07	-0.10	0.66
第3级	-	-0.05	-0.11	0.24	0.82	-0.12	-0.22	0.98
第4级	-	-0.02	-0.13	0.23	1.05	-0.13	-0.35	1.29
第5级	-	-0.03	-0.16	0.22	1.27	-0.09	-0.44	1.57
第6级	-	-0.03	-0.19	0.45	1.72	-0.16	-0.60	2.11
第7级	-	-0.02	-0.21	1.23	2.95	-0.13	-0.93	3.40
第8级	-	-0.01	-0.22	2.36	5.31	-0.19	-1.12	5.86
第9级	-	-0.01	-0.23	3.58	8.89	-0.16	-1.28	9.52
第10级	-	-0.02	-0.25	4.80	13.69	-0.18	-1.46	14.40
第11级	-	-0.01	-0.26	3.21	16.90	-0.19	-1.65	17.70
第12级	-	0.00	-0.26	5.01	21.91	-0.20	-1.85	22.80
第13级	3532	0.00	-0.26	5.20	27.11	-0.15	-2.00	28.07
检验指标		挠度(mm)				最大裂缝宽度(mm)		
		$[a_s]$		30.0		$[w_{max}]$		0.10
检验结果		a_i^0		3.34		$w_{s,max}$		0.10
检验结论		试验至最大加荷值时,未出现承载力极限状态的检验标志						

注:1. a_i^0 为正常使用短期试验荷载值作用下的实测挠度(包括自重挠度)并考虑长期效应影响后的挠度计算值;
  2. $w_{s,max}$ 为正常使用短期试验荷载作用下,受拉主筋处最大裂缝宽度实测值。

(6)卸载程序

每级卸载值取 20%使用状态短期试验荷载值分级加载,持荷 15min;在使用状态短期试验荷载值作用下持荷 30min。

七、整体结构的静力试验

整体结构的静力试验是指对已建成的建筑物进行结构试验,试验范围可以是整体结构、部分结构(如楼面结构等)。整体结构试验用于研究整体结构的实际工作情况,如单层工业厂房结构的空间工作,整体结构在地震荷载作用下的抗震性能等。对建筑物的部分结构进行试验时,一般不做破坏性试验。另外,在布置荷载时,应考虑荷载的最不利组合。

整体结构试验一般多在现场进行,由于试验条件较差,难度较大,整体结构试验往往规模很大,负责组织工作,要花费大量的人力物力。

钢筋混凝土结构的平面楼盖由楼板、次梁和主梁组成。它的施工工艺有整体现浇和装配式等。施工工艺的不同会影响楼盖结构的受力和传力途径,为此,在楼盖试验的荷载布置和测试项目必须考虑这一影响。

1. 试验荷载布置

(1)楼板的试验

如果楼板单元是简支的单向受弯板,荷载可按图1-27布置。对于横向没有联系的装配式板,应同时在被试验的两侧相邻的板上施加荷载,取并排的3块板作为受载面积。对于横向连成整体的板,则至少取$3l$的宽度进行加载。按上述的荷载布置,可以保证中间板条跨中截面的弯矩和单独的简支板一样,不考虑旁边的板条对试验板条的帮助作用。

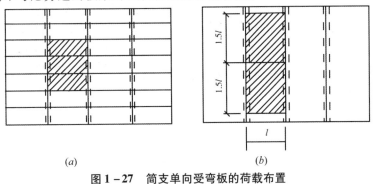

图1-27 简支单向受弯板的荷载布置

(a)横向无联系的装配式板;(b)横向是整体的板

对于多跨连续板,为了使被试验的板跨中出现最不利正弯矩,必须在相互间隔的3个板跨上同时施加荷载[图1-28(a)],宽度则仍取$3l$。如果试验的是边跨板,则可减少一跨加载[图1-28(b)]。实践证明,在更远的板跨上加载对试验跨影响极小,所以没有必要施加。如果试验目的是求得多跨连续板在支座处的负弯矩,则荷载应按图1-29布置。

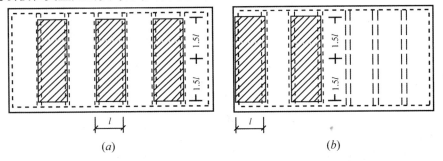

图1-28 多跨连续板试验跨中最大正弯矩时的荷载布置

(a)试验中间板块中;(b)试验边跨板时

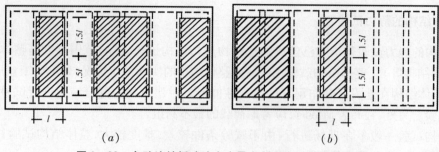

图 1-29 多跨连续板试验支座最大负弯矩时的荷载布置
(a)中间跨支座时;(b)边跨支座时

(2)次梁的试验

确定次梁试验的荷载面积,除了要考虑次梁本身的连续性以外,还要考虑板的情况和次梁本身支承的情况。简支板下的单跨梁,试验时按图 1-30 的面积施加荷载。连续板下的单跨梁,则需要考虑两种方案:第一种方案适合于板刚度小、梁刚度大的情况。这时板的工作近于理想,在不动铰支座上的连续板,梁 AB 承受最大荷载[图 1-31(a)]。第二种方案适合于板刚度大,梁刚度小的情况。这时梁的挠度较大,连续板在各支座处有一定转角。在第一方案的空挡跨上加荷,可以使梁 AB 承受更大的垂直荷载[图 1-31(b)]。

上述两个加载方案哪一个对试验梁的工作更为不利,事前往往很难预计。可以通过比较两个方案的试验结果,取其中不利的作为分析根据。实践证明,对于一般的肋形楼盖,第二方案往往对次梁更加不利。如果单跨梁靠近建筑物端部,则可参照上述两个方案进行试验。

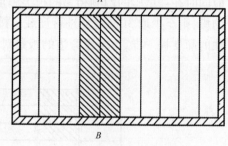

图 1-30 简支板下单跨梁的试验荷载布置

对于多跨连续的次梁,如果支承次梁的是主梁,则必须考虑次梁本身的连续性,考虑方法和连续板相同。如果被试验的次梁正好在柱子上通过,由于上下层柱子强大的嵌固作用,其余各跨对试验跨的影响极小,试验时荷载可按单跨梁考虑布置。

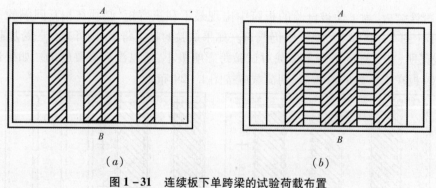

图 1-31 连续板下单跨梁的试验荷载布置
(a)第一方案;(b)第二方案

(3)主梁的试验

单跨主梁试验的荷载布置与次梁完全一样。

(4)柱的试验

柱同时承受轴向压力和两个方向的弯矩,为了得到最大压力,试验荷载应按图 1-32 布置。为了得到最大弯矩,荷载布置应如图 1-33 所示。另一方向的最大弯矩,也可按同样的布置原则进行。

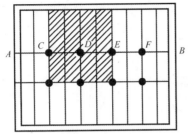 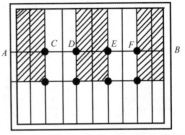

图 1-32　柱试验荷载布置(最大轴力)　　图 1-33　柱试验荷载布置(最大弯矩)

在平面楼盖试验时,通常采用重力荷载。由于结构的整体性,因此必须特别注意重物的堆放位置,备用荷载必须放在远离试验区域的地方。对于平面楼盖,试验采用水作为荷载往往是很有利的。

由于平面楼盖经常是多跨连续结构,故当结构沿跨长方向加载时,为得到某跨的最不利弯矩,就需要用相当数量的重力荷载。为了减少试验加卸载的工作量,可适当地变化荷载分布图式,放弃对计算数值影响不大的跨间荷载。对于多跨连续结构,一般只需考虑五跨内荷载的相互影响。有时为了减少荷载数量和加载工作量,还可以采用等效荷载的方法。

2. 试验观测

钢筋混凝土平面楼盖整体试验通常是非破坏性的,试验一般要求检测结构的刚度和裂缝情况。试验中,要测量结构梁板的挠曲变形,挠度测点的布置可按一般梁板结构的布置原则来考虑。试验梁板的挠度可在下面一层楼内进行布点观测。为考虑支座沉陷的影响,可以将仪表架安装在次梁上直接测量,得到板的挠度。

对于已建建筑或受灾结构,为了观测结构受载后混凝土的开裂情况,也应在加载试验的同时,观测结构各部分的开裂和裂缝发展情况,以便更好地说明结构的实际工作。

可以布置应变测点来测量梁板结构在荷载作用下的应力分布情况。如果要测量结构初始应力,可以用应力释放法进行测量。

1. 混凝土应力测定

混凝土结构初始应力的测量常用表面刻槽法。在测区处划出直径为 d 的范围,在中间贴 3 个电阻应变计,距此 $1\sim1.5$m 处贴一温度补偿片。先记下测量应变计的初始读数,就在测区周围刻槽,释放应力至零,见图 1-34 所示;然后测读应变计的应变读数,根据电阻应变计的前后读数的变化计算出主应力的数值及方向。采用这种方法,计算应力时需估计材料的弹性模量及泊松比,而且只适用体积较大的构件。也可以使用其他类型的应变计进行应变测量。

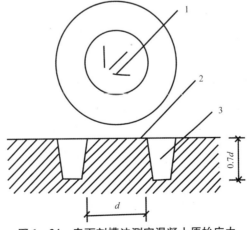

图 1-34　表面刻槽法测定混凝土原始应力
1—电阻应变计;2—混凝土;3—刻槽

(2)混凝土梁板中钢筋应力的测定

在要求测定的梁板上,可先敲去混凝土保护层,选取1、2根钢筋,贴上电阻应变计,调整电阻应变仪,使读数为"0",然后截断钢筋,测定电阻片读数改变值即可求得钢筋应力。由于楼板中钢筋数量较多,这种做法一般不致影响正常工作。对于梁中钢筋,选择时要慎重。

思 考 题

1. 空心板 HWS36-4 进行出厂检验,试确定各项检验指标。
2. 根据第1题所定检验指标,承载力检验系数允许值取至1.5,考虑构件自重列出每级加载值。
3. 简述根据破坏形态和破坏形态出现时间如何确定相应抗裂和承载力荷载实测值。

第四节 砌体结构

一、概念

我国城镇大量的公共建筑、工业厂房和住宅等,砖砌体结构应用极为广泛,可以说面广量大。由于种种原因(有的是使用已久的建筑,有的是材料质量低劣,有的是施工质量差,有的是使用功能改变,有的是遭受灾害损坏,有的为适应新的使用要求,需进行改造等)都需要技术鉴定或加固。首先对结构现状的调查和检测是进行可靠性鉴定的基础。砌体工程的现场检测主要检测砌体的抗压、抗剪强度,砌筑砂浆强度,砌体内砖的强度可通过直接从墙上取数量不多的砖,按现行标准在试验室内进行试验,直接获得更为准确的结果。砌体力学性能现场检测技术的方法很多,如表1-25所示。有切割法、原位轴压法、扁顶法、原位单剪法、筒压法、回弹法、贯入法(射钉法)等。

砌体工程现场主要检测方法一览表　　　　表1-25

序号	检测方法	特点	用途	限制条件
1	切割法	1. 直接在墙体适当部位选取试件,进行试验,是检测砖砌体强度的标准方法; 2. 直观性强; 3. 检测部位局部破损	检测不小于M1.0的各种砌体的抗压强度	1. 要专用切割机; 2. 测点数量不宜太多
2	原位轴压法	1. 属原位检测,直接在墙体上测试,测试结果综合反映了材料质量和施工质量; 2. 直观性、可比性强; 3. 设备较重; 4. 检测部位局部破损	检测普通砖砌体的抗压强度	1. 槽间砌体每侧的墙体宽度应不小于1.5m; 2. 同一墙体上的测点数量不宜多于1个;测点数量不宜太多; 3. 限用于240mm砖墙
3	扁顶法	1. 属原位检测,直接在墙体上测试,测试结果综合反映了材料质量和施工质量; 2. 直观性、可比性较强; 3. 扁顶重复使用率较低; 4. 砌体强度较高或轴向变形较大时,难以测出抗压强度; 5. 设备较轻; 6. 检测部位局部破损	1. 检测普通砖砌体的抗压强度; 2. 测试古建筑和重要建筑的实际应力; 3. 测试具体工程的砌体弹性模量	1. 槽间砌体每侧的墙体宽度不应小于1.5m; 2. 同一墙体上的测点数量不宜多于1个;测点数量不宜大多

续表

序号	检测方法	特点	用途	限制条件
4	原位单剪法	1. 属原位检测,直接在墙体上测试,测试结果综合反映了施工质量和砂浆质量; 2. 直观性强; 3. 检测部位局部破损	检测名种砌体的抗剪强度	1. 测点选在窗下墙部位,且承受反作用力的墙体应有足够长度; 2. 测点数量不宜太多
5	筒压法	1. 属取样检测; 2. 仅需利用一般混凝土试验室的常用设备; 3. 取样部位局部损伤	检测烧结普通砖墙体中的砂浆强度	测点数量不宜太多
6	回弹法	1. 属原位无损检测,测区选择不受限制; 2. 回弹仪有定型产品,性能较稳定,操作简便; 3. 检测部位的装修面层仅局部损伤	1. 检测烧结普通砖墙体中的砂浆强度; 2. 适宜于砂浆	强度均质性普查砂浆强度不应小于2MPa
7	贯入法	1. 属原位无损检测,测区选择不受限制; 2. 贯入仪及贯入深度测量表有定型产品,设备较轻便; 3. 墙体装修面层仅局部损伤	检测砌休中砂浆的抗压强度值	1. 要求为自然养护、自然风干状态的砌体砂浆; 2. 砂浆强度为0.4~16.0MPa; 3. 龄期为28d或28d以上

二、检测依据

《砌体工程现场检测技术标准》GB/T 50315-2000

《贯入法检测砌筑砂浆抗压强度技术规程》JGJ/T 136-2001

三、取样要求

对需要进行砌体各项强度指标检测的建筑物,应根据调查结果和确定的检测目的、内容和范围,选择一种或数种检测方法。对被检测工程划分检测单元,并确定测区和测点数。

1. 当检测对象为整栋建筑物或建筑物的一部分时,应将其划分为一个或若干个可以独立进行分析的结构单元,每一结构单元划分为若干个检测单元。

2. 每一检测单元内,应随机选择6个构件(单片墙体、柱),作为6个测区。当一个检测单元不足6个构件时,应将每个构件作为一个测区。对贯入法,每一检测单元抽检数量不应少于砌体总构件数的30%,且不应少于6个构件。

3. 每一测区应随机布置若干测点。各种检测方法的测点数,应符合下列要求:

(1)切割法、原位轴压法、扁顶法、原位单剪法、筒压法:测点数不应少于1个。

(2)原位单砖双剪法、推出法、砂浆片剪切法、回弹法(回弹法的测位,相当于其他检测方法的测点)、点荷法、射钉法:测点数不应少于5个。

四、几种检测方法

1. 切割法

(1)仪器设备及环境

测试设备:专用切割机、电动油压试验机;当受条件限制时,可采用试验台座、加荷架、千斤顶和测力计等组成的加荷系统。

技术指标:测量仪表的示值相对不应大于2%。

(2) 制备要求

1) 切割法测试块体材料的抗压强度为砖和中小型砌块的砌体抗压强度。

2) 测试部位应具有代表性，并应符合下列规定：

①测试部位宜选在墙体中部距楼、地面 1m 左右的高度处；切割砌体每侧的墙体宽度不应小于 1.5m。

②同一墙体上，测点不宜多于 1 个，且宜选在沿墙体长度的中间部位；多于 1 个时，切割砌体的水平净距不得小于 2.0m。

③测试部位不得选在挑梁下、应力集中部位以及墙梁的墙体计算高度范围内。

(3) 操作步骤

1) 在选定的测点上开凿试块，应遵守以下规定：

①对于外形尺寸为 240mm×115mm×53mm 的普通砖，其砌体抗压试验切割尺寸应尽量接近 240mm×370mm×720mm；非普通砖的砌体抗压试验切割尺寸稍做调整，但高度应按高厚比 β 等于 3 确定；中小型砌块的砌体抗压试验切割厚度应为砌块厚度，宽度应为主规格块的长度，高度取三皮砌块。中间一皮应有竖向缝。

②用合适的切割工具如手提切割机或专用切割工具，先竖向切割出试件的两竖边。再用电钻清除试件上水平灰缝。清除大部分水平灰缝，采用适当方式支垫后，清除其余下灰缝。

③将试件取下，放在带吊钩的钢垫板上。钢垫板及钢压板厚度应不小于 10mm，放置试件前应做厚度为 20mm 的 1:3 水泥砂浆找平层。

④操作中应尽量减少对试件的扰动。

⑤将试件顶部采用厚度为 20mm 的 1:3 水泥砂浆找平，放上钢压板，用螺杆将钢垫板与钢压板上紧，并保持水平。将水泥砂浆凝结后运至试验室。

2) 试件抗压试验之前应做以下准备工作：

①在试件 4 个侧面上画出竖向中线。

②在试件高度的 1/4、1/2 和 3/4 处，分别测量试件的宽度与厚度，测量精度为 1mm，取平均值。试件高度以垫板顶面量至压板底面。

3) 将试件吊起，清除垫板下杂物后置于试验机上，垫平对中。拆除上下压板间的螺杆。

4) 采用分级加荷办法加荷。每级的荷载应为预估破坏荷载值的 10%，并应在 1~1.5min 内均匀加完；恒荷 1~2min 后施加下一级荷载。施加荷载时不得冲击试件。加荷至破坏值的 80% 后应按原定加荷速度连续加荷，直至试件破坏。当试件裂缝急剧扩展和增多，试验机的测力指针明显回退时，应定为该试件丧失承载能力而达到破坏状态。其最大的荷载计数即为该试件的破坏荷载值。

5) 试验过程中，应观察与捕捉第一条受力的发丝裂缝，并记录初始荷载值。

(4) 数据处理

1) 砌体试件的抗压强度，应按下式计算：

$$\sigma_{uij} = \varphi_{ij} N_{uij} / A_{ij} \tag{1-76}$$

式中 σ_{uij}——第 i 个测区第 j 个测点砌体试件的抗压强度 (MPa)；

N_{uij}——第 i 个测区第 j 个测点砌体试件的破坏荷载 (N)；

A_{ij}——第 i 个测区第 j 个测点砌体试件的受压面积 (mm^2)；

φ_{ij}——第 i 个测区第 j 个测点砌体试件的尺寸修正系数。

$$\varphi_{ij} = \frac{1}{0.72 + \dfrac{20 S_{ij}}{A_{ij}}} \tag{1-77}$$

式中 S_{ij}——第 i 个测区第 j 个测点的试件的截面周长 (mm)。

2)砌块砌体试件的高厚比 β 大于 3 时,其砌体试件抗压强度按下式计算:

$$\sigma_{uij} = \varphi_{ij} N_{uij} / (\varphi_0 A_{ij}) \qquad (1-78)$$

式中 φ_0——轴心受压构件的稳定系数,按下式计算。

$$\varphi_0 = \frac{1}{1+\alpha\beta^2} \qquad (1-79)$$

α——与砂浆强度等级有关的系数,当砂浆强度等级不小于 M5 时,α 等于 0.0015;当砂浆强度等级等于 M2.5 时,α 等于 0.002;当砂浆强度等级等于 0 时,α 等于 0.009;

β——构件的高厚比。

3)测区的砌体试件抗压强度平均值,应按下式计算

$$f_{mi} = \frac{1}{n_1} \sum_{j=1}^{n_1} f_{mij} \qquad (1-80)$$

式中 f_{mi}——即 σ_{uij},测区的砌体抗压强度平均值(MPa);

n_1——测区的测点(试件)数。

2. 原位轴压法

(1)仪器设备及环境

测试设备:原位压力机。

技术指标:原位压力机力值,每半年应校验一次。其主要技术指标见表 1-26。

原位压力机主要技术指标　　　　表 1-26

项目	指标	
	450 型	600 型
额定压力(kN)	400	500
极限压力(kN)	450	600
额定行程(mm)	15	15
极限行程(mm)	20	20
示值相对误差(%)	±3	±3

(2)制备要求

1)原位轴压法适用于推定 240mm 厚普通砖砌体的抗压强度。原位压力机的工作状况见图 1-35。

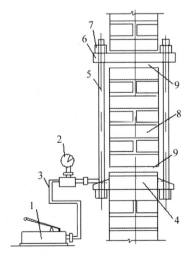

图 1-35　原位压力机测试工作状况

1—手动油泵;2—压力表;3—高压油管;4—扁式千斤顶;
5—拉杆(共 4 根);6—反力板;7—螺母;8—槽间砌体;9—砂垫层

2)测试部位应具有代表性,并应符合下列规定:
①测试部位宜选在墙体中部距楼、地面1m左右的高度处;槽间砌体每侧的墙体宽度不应小于1.5m。
②同一墙体上,测点不宜多于1个,且宜选在沿墙体长度的中间部位;多于1个时,其水平净距不得小于2.0m。
③测试部位不得选在挑梁下、应力集中部位以及墙梁的墙体计算高度范围内。

(3)操作步骤

1)在选定的测点上开凿水平槽孔时,应遵守下列规定:
①上水平槽的尺寸(长度×厚度×高度)为250mm×240mm×70mm;使用450型压力机时下水平槽的尺寸为250mm×240mm×70mm,使用600型压力机时下水平槽的尺寸为250mm×240mm×140mm。
②上下水平槽孔应对齐,两槽之间应相距7皮砖,约430mm。
③开槽时应避免扰动四周的砌体;槽间砌体的承压面应修平整。

2)在槽孔间安放原位压力机时,应符合下列规定:
①分别在上槽内的下表面和扁式千斤顶的顶面,均匀铺设湿细砂或石膏等材料的垫层,厚度约为10mm。
②将反力板置于上槽孔,扁式千斤顶置于下槽孔,安放4根钢拉杆,使两个承压板上下对齐后,拧紧螺母并调整其平行度;4根钢拉杆的上下螺母间的净距误差不应大于2mm。
③先试加荷载,试加荷载值取预估破坏荷载的10%。检查测试系统的灵活性和可靠性,以及上下压板和砌体受压面接触是否均匀密实。经试加荷载,测试系统正常后卸荷,开始正式测试。

3)正式测试时,记录油压表初读数,然后分级加荷。每级荷载可取预估破坏荷载的10%,并应在1~1.5min内均匀加完,然后恒载2min。加荷至预估破坏荷载的80%后,应按原定加荷速度连续加荷,直至槽间砌体破坏。当槽间砌体裂缝急剧扩展和增多,油压表的指针明显退回时,槽间砌体达到极限状态。

4)试验过程中,如发现上下压板与砌体承压面因接触不良,使槽间砌体呈局部受压或偏心受压状态时,应停止试验。此时应调整试验装置,重新试验,无法调整时应更换测点。

5)试验过程中,应仔细观察槽间砌体初裂裂缝与裂缝开展情况,记录逐级荷载下的油压表读数、测点位置、裂缝随荷载变化情况简图等。

(4)数据处理

1)根据槽间砌体初裂和破坏时的油压表读数,分别减去油压表的初始读数,按原位压力机的校验结果,计算槽间砌体的初裂荷载值和破坏荷载值。

2)槽间砌体的抗压强度,应按下式计算:

$$f_{uij} = N_{uij}/A_{ij} \tag{1-81}$$

式中 f_{uij}——第i个测区第j个测点槽间砌体的抗压强度(MPa);
N_{uij}——第i个测区第j个测点槽间砌体的受压破坏荷载值(N);
A_{ij}——第i个测区第j个测点槽间砌体的受压面积(mm²)。

3)槽间砌体抗压强度换算为标准砌体的抗压强度,应按下列公式计算:

$$f_{mij} = f_{uij}/\xi_{1ij} \tag{1-82}$$

$$\xi_{1ij} = 1.36 + 0.54\sigma_{0ij} \tag{1-83}$$

式中 f_{mij}——第i个测区第j个测点的标准砌体抗压强度换算值(MPa);
ξ_{1ij}——原位轴压法的无量纲的强度换算系数;
σ_{0ij}——该测点上部墙体的压应力(MPa),其值可按墙体实际所承受的荷载标准值计算。

4）测区的砌体抗压强度平均值，应按下式计算：

$$f_{mi} = \frac{1}{n_1}\sum_{j=1}^{n_1} f_{mij} \qquad (1-84)$$

式中 f_{mi}——第 i 个测区的砌体抗压强度平均值（MPa）；

n_1——测区的测点数。

3. 扁顶法

(1) 仪器设备及环境

测试设备：扁顶、手持式应变仪和千分表。

技术指标：扁顶由 1mm 厚合金钢板焊接而成，总厚度为 5~7mm。对 240mm 厚墙体选用大面尺寸分别为 250mm×250mm 或 250mm×380mm 的扁顶；对 370mm 厚墙体选用大面尺寸分别为 380mm×380mm 或 380×500mm 的扁顶。每次使用前，应校验扁顶的力值。扁顶的主要技术指标见表 1-27。

扁顶的主要技术指标　　　　表 1-27

项目	指标	项目	指标
额定压力（kN）	400	极限行程（mm）	15
极限压力（kN）	480	示值相对误差（%）	±3
额定行程（mm）	10		

手持式应变仪和千分表的主要技术指标应符合表 1-28 的要求。

手持式应变仪和千分表的主要技术指标项目指标　　　　表 1-28

项目	指标
行程（mm）	1~3
分辨率（mm）	0.001

(2) 制备要求

1）扁顶法适用于推定普通砖砌体的受压工作应力、弹性模量和抗压强度。其工作状况如图 1-36 所示。

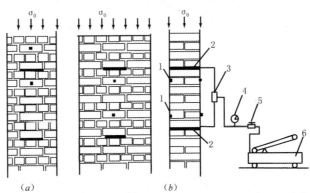

图 1-36 扁顶法测试装置与变形测点布置

(a)测试受压工作应力；(b)测试弹性模量、抗压强度
1—变形测量脚标（两对）；2—扁式液压千斤顶；3—三通接头；
4—压力表；5—溢流阀；6—手动油泵

2）测试部位布置要求与原位轴压法相同。

(3) 操作步骤

1)实测墙体的受压工作应力时,应符合下列要求:

①在选定的墙体上,标出水平槽的位置并应牢固粘贴两对变形测量的脚标。脚标应位于水平槽正中并跨越该槽;脚标之间的标距应相隔四皮砖,宜取 250mm。试验前应记录标距值,精确至 0.1mm。

②使用手持应变仪或千分表在脚标上测量砌体变形的初读数,应测量 3 次,并取其平均值。

③在标出水平槽位置处,剔除水平灰缝内的砂浆。水平槽的尺寸应略大于扁顶尺寸。开凿时不应损伤测点部位的墙体及变形测量脚标。应清理平整槽的四周,除去灰渣。

④使用手持式应变仪或千分表在脚标上测量开槽后的砌体变形值,待读数稳定后方可进行下一步试验工作。

⑤在槽内安装扁顶,扁顶上下两面宜垫尺寸相同的钢垫板,并应连接试验油路。

⑥正式测试前,应进行试加荷载试验,试加荷载值可取预估破坏荷载的 10%。检查测试系统的灵活性和可靠性。

⑦正式测试时,应分级加荷。每级荷载应为预估破坏荷载值的 5%,并应在 1.5~2min 内均匀加完,恒载 2min 后测读变形值。当变形值接近开槽前的读数时,应适当减小加荷级差,直至实测变形值达到开槽前的读数,然后卸荷。

2)实测墙内砌体抗压强度或弹性模量时,应符合下列要求:

①在完成墙体的受压工作应力测试后,开凿第二条水平槽,上下槽应互相平行、对齐。当选用 250mm × 250mm 扁顶时,两槽之间相隔 7 皮砖,净距宜取 430mm;当选用其他尺寸的扁顶时,两槽之间相隔 8 皮砖,净距宜取 490mm。遇有灰缝不规则或砂浆强度较高而难以凿槽的情况,可以在槽孔处取出 1 皮砖,安装扁顶时应采用钢制楔形垫块调整其间隙。

②在槽内安装扁顶,扁顶上下两面宜垫尺寸相同的钢垫板,并应连接试验油路。

③正式测试前,应进行试加荷载试验,试加荷载值可取预估破坏荷载的 10%。检查测试系统的灵活性和可靠性。

④正式测试时,记录油压表初读数,然后分级加荷。每级荷载可取预估破坏荷载的 10%,并应在 1~1.5min 内均匀加完,然后恒载 2min。加荷至预估破坏荷载的 80% 后,应按原定加荷速度连续加荷,直至砌体破坏。

⑤当需要测定砌体受压弹性模量时,应在槽间砌体两侧各粘贴一对变形测量脚标,脚标应位于槽间砌体的中部,脚标之间相隔 4 条水平灰缝,净距宜取 250mm(图 1 - 36b)。试验前应记录标距值,精确至 0.1mm。按上述加荷方法进行试验,测记逐级荷载下的变形值,加荷的应力上限不宜大于槽间砌体极限抗压强度的 50%。

⑥当槽间砌体上部压应力小于 0.2 MPa 时,应加设反力平衡架,方可进行试验。反力平衡架可由两块反力板和 4 根钢拉杆组成(图 1 - 35 之 5、6)。

3)试验记录内容应包括描绘测点布置图、墙体砌筑方式、扁顶位置、脚标位置、轴向变形值、逐级荷载下的油压表读数、裂缝随荷载变化情况简图等。

(4)数据处理

1)根据扁顶的校验结果,应将油压表读数换算为试验荷载值。

2)根据试验结果,应按现行国家标准《砌体基本力学性能试验方法标准》的方法,计算砌体在有侧向约束情况下的弹性模量;当换算为标准砌体的弹性模量时,计算结果应乘以换算系数 0.85。

墙体的受压工作应力,等于实测变形值达到开凿前的读数时所对应的应力值。

3)槽间砌体的抗压强度,应按下式计算:

$$f_{uij} = N_{uij}/A_{ij} \tag{1-85}$$

4)槽间砌体抗压强度换算为标准砌体的抗压强度,应按下式计算:

$$f_{mij} = f_{uij}/\xi_{2ij} \tag{1-86}$$

$$\xi_{2ij} = 1.18 + 4\frac{\sigma_{0ij}}{f_{uij}} - 4.18\left(\frac{\sigma_{0ij}}{f_{uij}}\right)^2 \tag{1-87}$$

式中 ξ_{2ij}——扁顶法的强度换算系数。

5)测区的砌体抗压强度平均值,应按下式计算:

$$f_{mi} = \frac{1}{n_1}\sum_{j=1}^{n_1} f_{mij} \tag{1-88}$$

式中 f_{mi}——第 i 个测区的砌体抗压强度平均值(MPa);

n_1——测区的测点数。

4. 原位单剪法

(1)仪器设备及环境

测试设备:螺旋千斤顶、卧式液压千斤顶、荷载传感器和数字荷载表等。

技术指标:试件的预估破坏荷载值应在千斤顶、传感器最大测量值的20%~80%之间;检测前应标定荷载传感器及数字荷载表,其示值相对误差不应大于3%。

(2)制备要求

1)原位单剪法适用于推定砖砌体沿通缝截面的抗剪强度。试件具体尺寸应符合图1-37的规定。

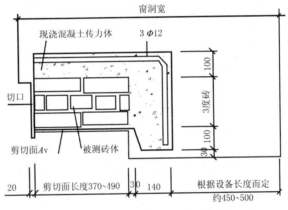

图1-37 原位单剪法试件大样

2)测试部位宜选在窗洞口或其他洞口下3皮砖范围内,试件的加工过程中,应避免扰动被测灰缝。

(3)操作步骤

1)在选定的墙体上,应采用振动较小的工具加工切口、现浇钢筋混凝土传力件(图1-38)。

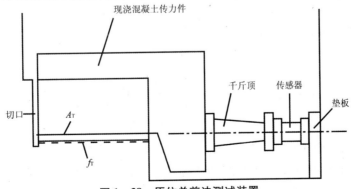

图1-38 原位单剪法测试装置

2)测量被测灰缝的受剪面尺寸,精确至1mm。

3)安装千斤顶及测试仪表,千斤顶的加力轴线与被测灰缝顶面应对齐(图1-38)。

4)应匀速施加水平荷载,并控制试件在2~5min内破坏。当试件沿受剪面滑动、千斤顶开始卸荷时,即判定试件达到破坏状态。记录破坏荷载值,结束试验。在预定剪切面(灰缝)破坏,此次试验有效。

5)加荷试验结束后,翻转已破坏的试件,检查剪切面破坏特征及砌体砌筑质量,并详细记录。

(4)数据处理

1)根据测试仪表的校验结果,进行荷载换算,精确至10N。

2)根据试件的破坏荷载和受剪面积,应按下式计算砌体的沿通缝截面抗剪强度:

$$f_{vij} = \frac{N_{vij}}{A_{vij}} \qquad (1-89)$$

式中 f_{vij}——第i个测区第j个测点的砌体沿通缝截面抗剪强度(MPa);

N_{vij}——第i个测区第j个测点的抗剪破坏荷载(N);

A_{vij}——第i个测区第j个测点的受剪面积(mm²)。

3)测区的砌体沿通缝截面抗剪强度平均值,应按下式计算:

$$f_{vi} = \frac{1}{n}\sum_{i=1}^{n} f_{vi} \qquad (1-90)$$

式中 f_{vi}——第i个测区的砌体沿通缝截面抗剪强度平均值(MPa)。

5. 筒压法

(1)仪器设备及环境

测试设备:承压筒、压力试验机或万能试验机、摇筛机、干燥箱、标准砂石筛、水泥跳桌、托盘天平。

技术指标:压力试验机或万能试验机50~100kN;标准砂石筛(包括筛盖和底盘)的孔径为5mm、10mm、15mm;托盘天平的称量为1000g,感量为0.1g。

(2)制备要求

1)筒压法适用于推定烧结普通砖墙中的砌筑砂浆强度;不适用于推定遭受火灾、化学侵蚀等砌筑砂浆的强度。筒压法的承压筒构造见图1-39。

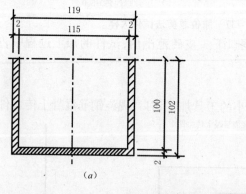
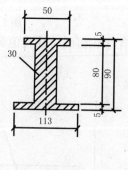

图1-39 承压筒构造
(a)承压筒剖面;(b)承压盖剖面

2)筒压法所测试的砂浆品种及其强度范围,应符合下列要求:

①中、细砂配制的水泥砂浆,砂浆强度为2.5~20MPa;

②中、细砂配制的水泥石灰混合砂浆(以下简称混合砂浆),砂浆强度为2.5~15.0MPa;

③中、细砂配制的水泥粉煤灰砂浆(以下简称粉煤灰砂浆),砂浆强度为2.5~20MPa;

④石灰质石粉砂与中、细砂混合配制的水泥石灰混合砂浆和水泥砂浆(以下简称石粉砂浆),

砂浆强度为 2.5~20MPa。

(3) 操作步骤

1) 在每一测区,从距墙表面 20mm 以内的水平灰缝中凿取砂浆约 4000g,砂浆片(块)的最小厚度不得小于 5mm。各个测区的砂浆样品应分别放置并编号,不得混淆。

2) 使用手锤击碎样品,筛取 5~15mm 的砂浆颗粒约 3000g,在 105±5℃的温度下烘干至恒重,待冷却至室温后备用。

3) 每次取烘干样品约 1000g,置于孔径 5mm、10mm、15mm 标准筛所组成的套筛中,机械摇筛 2min 或手工摇筛 1.5min。称取粒级 5~10mm 和 10~15mm 的砂浆颗粒各 250g,混合均匀后即为一个试样。共制备 3 个试样。

4) 每个试样应分两次装入承压筒。每次约装 1/2,在水泥跳桌上跳振 5 次。第 2 次装料并跳振后,整平表面,安上承压盖。如无水泥跳桌,可按照砂、石紧密体积密度的试验方法颠击密实。

5) 将装料的承压筒置于试验机上,盖上承压盖,开动压力试验机,应于 20~40s 内均匀加荷至规定的筒压荷载值后,立即卸荷。不同品种砂浆的筒压荷载值分别为:

水泥砂浆、石粉砂浆为 20kN;水泥石灰混合砂浆、粉煤灰砂浆为 10 kN。

6) 将施压后的试样倒入由孔径 5mm 和 10mm 标准筛组成的套筛中,装入摇筛机摇筛 2min 或人工摇筛 1.5min,筛至每隔 5s 的筛出量基本相等。

7) 称量各筛筛余试样的重量(精确至 0.1g),各筛的分计筛余量和底盘剩余量的总和,与筛分前的试样重量相比,相对差值不得超过试样重量的 0.5%;当超过时,应重新进行试验。

(4) 数据处理

1) 标准试样的筒压比,应按下式计算:

$$t_{ij} = \frac{t_1 + t_2}{t_1 + t_2 + t_3} \qquad (1-91)$$

式中　t_{ij}——第 i 个测区中第 j 个试样的筒压比,以小数计;

t_1、t_2、t_3——分别为孔径 5mm、10mm 筛的分计筛余量和底盘中剩余量。

2) 测区的砂浆筒压比,应按下式计算:

$$T_i = 1/3(T_{i1} + T_{i2} + T_{i3}) \qquad (1-92)$$

式中　T_i——第 i 个测区的砂浆筒压比平均值,以小数计,精确至 0.01;

T_{i1}、T_{i2}、T_{i3}——分别为第 i 个测区 3 个标准砂浆试样的筒压比。

3) 根据筒压比,测区的砂浆强度平均值应按下列公式计算:

水泥砂浆:

$$f_{2i} = 34.58(T_i)^{2.06} \qquad (1-93)$$

水泥石灰混合砂浆:

$$f_{2,i} = 6.1(T_i) + 11(T_i)^2 \qquad (1-94)$$

粉煤灰砂浆:

$$f_{2,i} = 2.52 - 9.4(T_i) + 32.8(T_i)^2 \qquad (1-95)$$

石粉砂浆:

$$f_{2,i} = 2.7 - 13.9(T_i) + 44.9(T_i)^2 \qquad (1-96)$$

6. 回弹法

(1) 仪器设备及环境

测试设备:砂浆回弹仪。

技术指标:砂浆回弹仪应每半年校验一次;在工程检测前后,均应对回弹仪在钢砧上做率定试验;砂浆回弹仪的主要技术指标见表 1-29。

砂浆回弹仪技术性能指标　　　　表1-29

项目	指标
冲击动能(J)	0.196
弹击锤冲程(mm)	75
指针滑块的静摩擦力(N)	0.5±0.1
弹击球面曲率半径(mm)	25
在钢砧上率定平均回弹值	74±2
外形尺寸(mm)	$\phi 60 \times 280$

(2) 制备要求

1) 回弹法适用于推定烧结普通砖砌体中的砌筑砂浆强度;不适用于推定高温、长期浸水、化学侵蚀、火灾等情况下的砂浆抗压强度。

2) 测位宜选在承重墙的可测面上,并避开门窗洞口及预埋件等附近的墙体。墙面上每个测位的面积宜大于 $0.3m^2$。

(3) 操作步骤

1) 测位处的粉刷层、勾缝砂浆、污物等应清除干净;弹击点处的砂浆表面,应仔细打磨平整,并除去浮灰。

2) 每个测位内均匀布置12个弹击点。选定弹击点应避开砖的边缘、气孔或松动的砂浆。相邻两弹击点的间距不应小于20mm。

3) 在每个弹击点上,使用回弹仪连续弹击3次,第1、2次不读数,仅记读第3次回弹值,精确至1个刻度。测试过程中,回弹仪应始终处于水平状态,其轴线应垂直于砂浆表面,且不得移位。

4) 在每一测位内,选择1~3处灰缝,用游标尺和1%的酚酞试剂测量砂浆碳化深度,读数应精确至0.5mm。

(4) 数据处理

1) 从每个测位的12个回弹值中,分别剔除最大值、最小值,将余下的10个回弹值计算算术平均值,以 R 表示。

2) 每个测位的平均碳化深度,应取该测位各次测量值的算术平均值,以 d 表示,精确至0.5mm。平均碳化深度大于3mm时,取3.0mm。

3) 第 i 个测区第 j 个测位的砂浆强度换算值,应根据该测位的平均回弹值和平均碳化深度值,分别按下列公式计算:

① $d \leq 1.0mm$ 时:

$$f_{2ij} = 13.97 \times 10^{-5} R^{3.57} \tag{1-97}$$

② $1.0mm < d < 3.0mm$ 时:

$$f_{2ij} = 4.85 \times 10^{-4} R^{3.04} \tag{1-98}$$

③ $d \geq 3.0mm$ 时:

$$f_{2ij} = 6.34 \times 10^{-5} R^{3.06} \tag{1-99}$$

式中　f_{2ij}——第 i 个测区第 j 个测位的砂浆强度值(MPa);
　　　d——第 i 个测区第 j 个测位的平均碳化深度(mm);
　　　R——第 i 个测区第 j 个测位的平均回弹值。

4) 测区的砂浆抗压强度平均值,应按下式计算:

$$f_{2i} = \frac{1}{n_1} \sum_{j=1}^{n_1} f_{2ij} \tag{1-100}$$

7. 贯入法

(1) 仪器设备及环境

测试设备:贯入仪、贯入深度测量表。

技术指标:贯入仪、贯入深度测量表应每年至少校准一次。贯入仪应满足:贯入力应为 $800 \pm 8N$、工作行程应为 $20 \pm 0.10mm$;贯入深度测量表应满足:最大量程应为 $20 \pm 0.02mm$、分度值应为 $0.01mm$。测钉长度应为 $40 \pm 0.10mm$,直径应为 $3.5mm$,尖端锥度应为 $45°$。测钉量规的量规槽长度应为 $39.5_0^{+0.10}mm$,贯入仪使用时的环境温度应为 $-4 \sim 40℃$。

(2) 制备要求

1) 贯入法适用于检测自然养护、龄期为 28d 或 28d 以上、自然风干状态、强度为 $0.4 \sim 16.0MPa$ 的砌筑砂浆。

2) 检测砌筑砂浆抗压强度时,以面积不大于 $25m^2$ 的砌体为一个构件。被检测灰缝应饱满,其厚度不应小于 7mm,并应避开竖缝位置、门窗洞口、后砌洞口和预埋件的边缘。多孔砖砌体和空斗墙砌体的水平灰缝深度应大于 30mm。

3) 每一构件应测试 16 点。测点应均匀分布在构件的水平灰缝上,相邻测点水平间距不宜小于 240mm,每条灰缝测点不宜多于 2 点。

4) 检测范围内的饰面层、粉刷层、勾缝砂浆、浮浆以及表面损伤层等,应清除干净;应使待测灰缝砂浆暴露并经打磨平整后再进行检测。

(3) 操作步骤

1) 试验前先清除测钉上附着的水泥灰渣等杂物,同时用测钉量规检验测钉的长度;如测钉能够通过测钉量规槽时,应重新选用新的测钉。

2) 将测钉插入贯入杆的测钉座中,测钉尖端朝外,固定好测钉;用摇柄旋紧螺母,直至挂钩挂上为止,然后将螺母退至贯入杆顶端;将贯入仪扁头对准灰缝中间,并垂直贴在被测砌体灰缝砂浆的表面,握住贯入仪把手,扳动扳机,将测钉贯入被测砂浆中。当测点处的灰缝砂浆存在空洞或测孔周围砂浆不完整时,该测点应作废,另选测点补测。

3) 贯入深度的测量应按下列程序操作:

①将测钉拔出,用吹风器将测孔中的粉尘吹干净;

②将贯入深度测量表扁头对准灰缝,同时将测头插入测孔中,并保持测量表垂直于被测砌体灰缝砂浆的表面,从表盘中直接读取测量表显示值 d'_i,贯入深度应按下式计算:

$$d_i = 20.00 - d'_i \tag{1-101}$$

式中　d'_i——第 i 个测点贯入深度测量表读数,精确至 0.01mm;

　　　d_i——第 i 个测点贯入深度值,精确至 0.01mm。

4) 直接读数不方便时,可用锁紧螺钉锁定测头,然后取下贯入深度测量表读数。

5) 当砌体的灰缝经打磨仍难以达到平整时,可在测点处标记,贯入检测前用贯入深度测量表测读测点处的砂浆表面不平整度读数 d_i^0,然后再在测点处进行贯入检测,读取 d'_i,则贯入深度取 $d_i^0 - d'_i$。

(4) 数据处理

1) 检测数值中,应将 16 个贯入深度值中的 3 个较大值和 3 个较小值剔除,余下的 10 个贯入深度值取平均值。

2) 根据计算所得的构件贯入深度平均值,按不同的砂浆品种由《贯入法检测砌筑砂浆抗压强度技术规程》JGJ/T 136—2001 附录 D 查得其砂浆抗压强度换算值。

3) 在采用《贯入法检测砌筑砂浆抗压强度技术规程》JGJ/T 136—2001 附录 D 的砂浆抗压强度换算表时,应首先进行检测误差验证试验,试验方法可按规程附录 E 的要求进行,试验数量和范围应按检测的对象确定,其检测误差应满足规程第 E.0.10 条的规定,否则应按规程附录 E 的要求建立专用测强曲线。

4)按批抽检时,同批构件砂浆应按式(1-102)和式(1-104)计算其强度平均值和变异系数。

五、强度推定

1. 每一检测单元的强度平均值、标准差和变异系数,应分别按下列公式计算:

$$\mu_f = \frac{1}{n_2}\sum_{j=1}^{n_2} f_i \qquad (1-102)$$

$$s = \sqrt{\frac{\sum_{i=1}^{n_2}(\mu_f - f_i)^2}{n_2 - 1}} \qquad (1-103)$$

$$\delta = \frac{s}{\mu_f} \qquad (1-104)$$

式中 μ_f——同一检测单元的强度平均值(MPa)。当检测砂浆抗压强度时,μ_f 即为 $f_{2,m}$;当检测砌体抗压强度时,μ_f 即为 f_m;当检测砌体抗剪强度时,μ_f 即为 $f_{v,m}$;

n_2——同一检测单元的测区数;

f_i——测区的强度代表值(MPa)。当检测砂浆抗压强度时,f_i 即为 f_{2i};当检测砌体抗压强度时,f_i 即为 f_{mi};当检测砌体抗剪强度时,f_i 即为 f_{vi};

s——同一检测单元,按 n_2 个测区计算的强度标准差为 24(MPa);

δ——同一检测单元的强度变异系数。

2. 砌筑砂浆抗压强度等级推定:

(1)当测区数 n_2 不小于 6 时:

$$f_{2,m} > f_2 \qquad (1-105)$$

$$f_{2,min} > 0.75 f_2 \qquad (1-106)$$

式中 $f_{2,m}$——同一检测单元,按测区统计的砂浆抗压强度平均值(MPa);

f_2——砂浆推定强度等级所对应的立方体抗压强度值(MPa);

$f_{2,min}$——同一检测单元,测区砂浆抗压强度的最小值(MPa)。

(2)当测区数 n_2 小于 6 时:

$$f_{2,min} > f_2 \qquad (1-107)$$

(3)当检测结果的变异系数 δ 大于 0.35 时,应检查检测结果离散性较大的原因,若系检测单元划分不当,宜重新划分,并可增加测区数进行补测,然后重新推定。

(4)贯入法:

①当按单个构件检测时,该构件的砌筑砂浆抗压强度推定值等于该构件的砂浆抗压强度换算值。

②当按批抽检时,应按下列公式计算:

$$f_{2,e1}^c = m_{f2}^c \qquad (1-108)$$

$$f_{2,e2}^c = \frac{f_{2,min}^c}{0.75} \qquad (1-109)$$

式中 $f_{2,e1}^c$——砂浆抗压强度推定值之一,精确至 0.1MPa;

$f_{2,e2}^c$——砂浆抗压强度推定值之二,精确至 0.1MPa;

m_{f2}^c——同批构件砂浆抗压强度换算值的平均值,精确至 0.1MPa;

$f_{2,min}^c$——同批构件中砂浆抗压强度换算值的最小值,精确至 0.1MPa。

取式(1-107)和式(1-109)中的较小值作为该批构件的砌筑砂浆抗压强度推定值$f_{2,i}^c$。

③对于按批抽检的砌体,当该批构件砌筑砂浆抗压强度换算值变异系数不小于 0.3 时,则该批构件应全部按单个构件检测。

3. 砌体抗压强度标准值或砌体沿通缝截面的抗剪强度标准值推定:

(1)当测区数 n_2 小于 6 时,取同一检测单元中测区强度最低值作为相应抗压或抗剪强度标准值。

(2)当测区数 n_2 不小于 6 时:

$$f_k = f_m - k \cdot s \qquad (1-110)$$

$$f_{v,k} = f_{v,m} - k \cdot s \qquad (1-111)$$

式中 f_k——砌体抗压强度标准值(MPa);

f_m——同一检测单元的砌体抗压强度平均值(MPa);

$f_{v,k}$——砌体抗剪强度标准值(MPa);

$f_{v,m}$——同一检测单元的砌体沿通缝截面的抗剪强度平均值(MPa);

k——与 α、C、n_2 有关的强度标准值计算系数,见表 1-30;

α——确定强度标准值所取的概率分布下分位数,本标准取 $\alpha = 0.05$;

C——置信水平,本标准取:$C = 0.60$。

计算系数 表 1-30

n_2	5	6	7	8	9	10	12	15	18
k	2.005	1.947	1.908	1.880	1.858	1.841	1.816	1.790	1.773
n_2	20	25	30	35	40	45	50		
k	1.764	1.748	1.736	1.728	1.721	1.716	1.712		

(3)当砌体抗压强度或抗剪强度检测结果的变异系数分别大于 0.2 或 0.25 时,不宜直接按式(1-109)或式(1-110)计算。此时应检查检测结果离散性较大的原因,若查明系混入不同总体的样本所致,宜分别进行统计,并分别确定标准值。

[案例 1-5] 某住宅楼为 5 层砖混结构(不含车库及阁楼),+0.000~5.200 的墙体采用 MU10 承重多孔黏土砖、M10 混合砂浆砌筑,5.200 以上墙体采用 MU10 承重多孔黏土砖、M7.5 混合砂浆砌筑。

[解] 根据要求,对 +0.000~5.200 的墙体,作为一个检测单元,抽取 6 片墙体,凿除墙体粉刷层,对其用回弹法进行砌筑砂浆抗压强度等级推定。

(1)对每个测位的 12 个回弹值中,分别剔除最大值、最小值,将余下的 10 个回弹值计算算术平均值。

(2)根据每个测位的回弹平均值和平均碳化深度,计算该测区相应测位的砂浆强度换算值,计算结果汇总见表 1-31。

回弹法检测砂浆强度换算值汇总表 表 1-31

测区部位	测区数	f_{2i1} (MPa)	f_{2i2} (MPa)	f_{2i3} (MPa)	f_{2i4} (MPa)	f_{2i5} (MPa)	平均值 (MPa)
1 号墙体	5	7.98	11.16	9.69	7.72	8.25	8.95
2 号墙体	5	6.16	8.52	5.84	11.64	10.15	8.46
3 号墙体	5	21.02	10.80	9.09	10.47	13.10	12.89

续表

测区部位	测区数	f_{2i1} (MPa)	f_{2i2} (MPa)	f_{2i3} (MPa)	f_{2i4} (MPa)	f_{2i5} (MPa)	平均值 (MPa)
4号墙体	5	10.96	10.31	6.05	11.30	6.16	8.96
5号墙体	5	18.23	9.24	26.84	24.89	13.10	18.42
6号墙体	5	22.94	14.27	15.73	11.82	14.27	15.80

(3) 该检测单元的砌筑砂浆强度等级推定

根据《砌体工程现场检测技术标准》GB/T 50315-2000 第14.0.3条、第14.0.4条公式，相关参数的计算结果如下：

1) 最小值 $f_{2,\min} = 8.46 \text{MPa} > 0.75 f_2 = 7.5 \text{MPa}$；

2) 平均值 $f_{2,m} = 12.25 \text{MPa} > f_2 = 10 \text{MPa}$；

3) 标准差 $s = 4.18$；

4) 变异系数 $\delta = s/f_{2,m} = 4.18/12.25 = 0.34 < 0.35$；

(4) 结果判定

该检测单元砌筑砂浆强度等级符合设计要求。

思 考 题

1. 讨论砌体结构的砂浆强度现场检测，有哪些常用检测方法及各方法的适用范围。
2. 简述回弹法检测砌筑砂浆强度的现场测区布置时有哪些注意点。
3. 简述贯入法检测砌筑砂浆强度的操作步骤。
4. 讨论原位轴压法试验中的加载过程对各级加载有哪些要求。
5. 讨论原位轴压法所选测试部位应符合哪些要求。

第五节 沉降观测

一、建筑物的沉降观测

1. 概念

建筑物在施工期间及竣工后，由于自然条件即建筑物地基的工程地质、水文地质、大气温度、土壤的物理性质等的变化和建筑物本身的荷重、结构、形式及动荷载的作用，建筑物产生均匀或不均匀的沉降，尤其不均匀沉降将导致建筑物开裂、倾斜甚至倒塌。建筑物沉降观测是通过采用相关等级及精度要求的水准仪，通过在建筑物上所设置的若干观测点定期观测相对于建筑物附近的水准点的高差随时间的变化量，获得建筑物实际沉降的变化或变形趋势，并判定沉降是否进入稳定期和是否存在不均匀沉降对建筑物的影响，建筑物沉降观测应测定建筑及地基的沉降量、沉降差及沉降速度。

沉降观测的几个主要参数和基本概念如下：

(1) 高程的概念

1) 绝对高程：地面点到大地水准面的铅垂距离，称为该点的绝对高程，也叫"海拔"。

2) 建筑标高：在工程设计中，每一个独立的单位工程都有它自身的高度起算面，一般取首层室内地坪高度为±0.000，单位工程本身各部位的高度都是以±0.000为起算面算起的相对标高，叫建筑标高。

3) 设计高程：工程设计人员在施工图中明确给出该单位工程的±0.000（相当于绝对高程值），

这个确定的绝对高程值叫设计高程,也叫设计标高。

4)相对高程:当引用绝对高程有困难时,可采用假定的水准面作为起算高程的基准面,地面点到假定水准面的铅垂距离,称为相对高程。

5)高差:两个地面点之间的高程差称为高差。

(2)水准点(BM)

水准点有永久性和临时性两种。由测绘部门,按国家规范埋设和测定的已知高程的固定点,作为在其附近进行水准测量时的高程依据,叫永久水准点。

(3)误差的概念

1)系统误差:在等精度观测中,对一个量进行多次观测,如果误差在大小、符号上表现出一致的倾向,或者按一定的规律变化,或保持常数,这种误差称为系统误差。

2)偶然误差:在等精度观测中,对一个量进行多次观测,如果误差的大小和符号没有规律性,这种误差称为偶然误差。

3)中误差(均方误差)m:数理统计学中叫标准差,在一组观测条件相同的观测值中,各观测值与真值之差叫做真误差,以 Δ_i 表示,观测次数为 n,则表示该组观测值的中误差(均方误差)m 的计算式为:

$$m = \pm \sqrt{\frac{[\Delta\Delta]}{n}} \quad (1-112)$$

式中　n——观测值的个数。

$$[\Delta\Delta] = \Delta_1^2 + \Delta_2^2 + \Delta_3^2 + \cdots + \Delta_n^2 \quad (1-113)$$

m 值小即表示观测精度较好,反之表示观测精度差。

4)允许误差:又称极限误差或限差,是指在一定观测条件下偶然误差绝对值不应超过的限值。是区分观测成果是否合格的界限。在测量中常取 2~3 倍中误差作为允许误差。

5)闭合差:由一个已知高程点起,按一个环线向施工现场各欲求高程点引测后,又闭合回到起始的已知高程点,各段高差的总和即为闭合差。

6)平差:在水准路线上有若干个待求高程点,如果测得误差在允许范围内,则认为各测站产生的误差是相等的,对闭合差要按测站数成正比例反符号分配,即对高差进行改正使闭合差等于零。该调整计算过程即为平差。

2. 检测依据

《建筑变形测量规范》JGJ 8-2007

《建筑地基基础设计规范》GB 50007-2002

《工程测量规范》GB 50026-2007

《建筑物沉降观测方法》DGJ32/J18-2006

3. 建筑物沉降观测的精度及要求

(1)建筑沉降观测的级别、精度指标及其适用范围应符合表 1-32 的规定。

建筑变形测量的级别、精度指标及其适用范围　　　表 1-32

变形测量等级	沉降观测	位移观测	主要适用范围
	观测点测站高差中误差(mm)	观测点坐标中误差(mm)	
特级	±0.05	±0.3	特高精度要求的特种精密工程的变形测量
Ⅰ级	±0.15	±1.0	地基基础设计为甲级的建筑的变形测量;重要的古建筑和特大型市政桥梁等变形测量等

续表

变形测量等级	沉降观测 观测点测站高差中误差(mm)	位移观测 观测点坐标中误差(mm)	主要适用范围
Ⅱ级	±0.5	±3.0	地基基础设计为甲、乙级的建筑的变形测量;场地滑坡测量;重要管线、大型市政桥梁的变形测量;地下工程施工及运营中变形测量等
Ⅲ级	±1.5	±10.0	地基基础设计为乙、丙级的建筑的变形测量;地表、道路及一般管线的变形测量;中小型市政桥梁的变形测量等

最终沉降量观测中误差的要求 表1-33

序号	观测项目或观测目的	观测中误差的要求
1	绝对沉降(如沉降量、平均沉降量等)	①对于一般精度要求的工程,可按低、中、高压缩性地基土的类别,分别选±0.5mm、±1.0mm、±2.5mm;②对于特高精度要求的工程可按地基条件,结合经验与分析具体确定
2	①相对沉降(沉降差、基础倾斜、局部倾斜等) ②局部地基沉降(如基坑回弹、地基土分层沉降)以及膨胀土地基变形	不应超过其变形允许值的1/20
3	建筑物整体性变形(如工程设施的整体垂直挠曲等)	不应超过允许垂直偏差的1/10
4	结构段变形(如平置构件挠度等)	不应超过变形允许值的1/6
5	科研项目变形量的观测	可视所需提高观测精度的程度,将上列各项观测中误差乘以1/5~1/2系数后采用

建筑物的地基变形允许值 表1-34

变形特征	地基土类别	
	中低压缩性土	高压缩性土
砌体承重结构基础的局部倾斜	0.002	0.003
工业与民用建筑相邻柱基的沉降差 (1) 框架结构 (2) 砌体墙填充的边排柱 (3) 当基础不均匀沉降时不产生附加应力的结构	0.002l 0.0007l 0.005l	0.003l 0.001l 0.005l
单层排架(结构柱距为6m)柱基的沉降量(mm)	(120)	200
桥式吊车轨面的倾斜(按不调整轨道考虑) 纵向 横向	0.004 0.003	
多层和高层建筑的整体倾斜 $H_g \leq 24$ $24 < H_g \leq 60$ $60 < H_g \leq 100$ $H_g > 100$	0.004 0.003 0.0025 0.002	

续表

变形特征		地基土类别	
		中低压缩性土	高压缩性土
体型简单的高层建筑基础的平均沉降量(mm)		200	
高耸结构基础的倾斜	$H_g \leqslant 20$	0.008	
	$20 < H_g \leqslant 50$	0.006	
	$50 < H_g \leqslant 100$	0.005	
	$100 < H_g \leqslant 150$	0.004	
	$150 < H_g \leqslant 200$	0.003	
	$200 < H_g \leqslant 250$	0.002	
高耸结构基础的沉降量（mm）	$H_g \leqslant 100$	400	
	$100 < H_g \leqslant 200$	300	
	$200 < H_g \leqslant 250$	200	

注：1. 本表数值为建筑物地基实际最终变形允许值；

2. 有括号者仅适用于中压缩性土；

3. l 为相邻基的中心距离(mm)；H_g 为自室外地面起算的建筑物高度(m)；

4. 倾斜指基础倾斜方向两端点的沉降差与其距离的比值；

5. 局部倾斜指砌体承重结构沿纵向6~10内基础两点的沉降差与其距离的比值。

(2) 建筑沉降观测的精度等级确定原则

1) 地基基础设计为甲级的建筑及有特殊要求的建筑沉降观测，应根据表1-34规定的建筑地基变形允许值，按式(1-114)和式(1-115)估算观测点测站高差中误差 μ 后，按下列原则确定精度级别：

$$\mu = m_s / \sqrt{2Q_H} \tag{1-114}$$

$$\mu = m_{\Delta s} / \sqrt{2Q_h} \tag{1-115}$$

其中 m_s 和 $m_{\Delta s}$ 应按表1-33确定。

式中 m_s 为沉降量 s 的观测中误差(mm)；$m_{\Delta s}$ 为沉降差 Δs 的观测中误差(mm)；Q_H 为网中最弱观测点高程(H)的权倒数；Q_h 为网中待求观测点间高差(h)的权倒数。

①当仅给定单一变形允许值时，应按所估算的观测点精度选择相应的精度等级；

②当给定多个同类型变形允许值时，应分别估算观测点精度，并应根据其中最高精度选择相应的精度等级；

③当估算出的观测点精度低于表1-32中三级精度的要求时，应采用三级精度。

2) 对于未规定或难以规定变形允许值的观测项目，可根据设计、施工的原则要求，参考同类或类似项目的经验，对照表1-32的规定，选择适应的精度等级。

3) 当需要采用特级精度时，应对作业过程和方法作出专门的设计和论证后实施。

4. 仪器设备及检测环境

(1) 精密水准仪

1) 仪器精度要求

沉降观测精度宜采用Ⅱ级水准测量的要求，应使用 DS_{05} 或 DS_1 级精密水准仪和铟钢水准尺进行。水准仪的 i 角不得大于15″、补偿式自动安平水准仪的补偿误差 Δa 绝对值不得大于0.2″。详细的水准仪技术参数见表1-35。

DS$_{05}$、DS$_1$ 级精密水准仪的技术参数　　　　　　表 1-35

技术参数项目	水准仪型号	
	DS$_{05}$	DS$_1$
每千米往返平均高差中误差	≤0.5mm/km	≤1mm/km
望远镜放大倍率	≥40 倍	≥40 倍
望远镜有效孔径(mm)	≥60	≥50
管状水准器格值	10″/2mm	10″/2mm
测微器有效量测范围(mm)	5	5
测微器最小分格值(mm)	0.05	0.05

2) 精密水准仪的检验、校正

① 使用方法

a. 安平：安平方法与普通水准仪大致相同。不过此仪器水准灵敏度极高，气泡动荡静止较慢，应注意将脚架安踏牢固，安平时先使圆水准大致居中，为了尽量提高视线，减少地面折光影响，仪器架应尽量架高。在瞄准水准尺之后用微倾螺旋做精确居中，此时只需稍微转动一下即可。螺旋转动的方向与气泡像相对移动方向是一致的(图 1-40)。

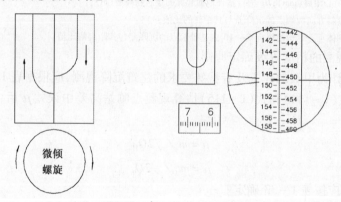

图 1-40　调整气泡　　　图 1-41　读尺示例

b. 读尺：精密水准仪配有铟钢水准尺，尺面左右两条刻划的起点数值不同，测量时两尺都要读数，彼此校对。尺上每小格 1cm，每二格注一字，由尺上直接读至厘米，零碎读数由光学测微计直读至 0.1mm，估读至 0.01mm，在瞄准后，转动测微计螺旋，尺像随之上下移动，使横线一端的楔形夹线恰好夹住尺上记得划线。

如图 1-41 左尺(或称主尺)读数为 148mm，测微读数为 0.647cm，此读数为主尺 148.647cm。然后进行右尺(或称为副尺)读数，每一相同高度主副尺读数总是相差 301.550cm，由此可以核对读数。

② 校正

a. 圆水泡的校正

目的：使圆水泡轴线垂直，以便安平。

校正方法：用长水准管使纵轴垂直，然后校正之，使圆水泡气泡居中，其步骤如下：拨转望远镜使之垂直于一对水平螺旋，用圆水泡粗略安平，再用微倾螺旋使长水准气泡居中微倾螺旋之读数，拨转仪器 180°，倘气泡偏差，仍用微倾螺旋安平，又得一读数，旋转微倾螺旋至两读数之平均数。此时长水准轴线已与纵轴垂直。接头再用水平螺旋安平长水准管，水泡居中，则纵轴即垂直。转动望远镜至任何位置气泡像符合差不大于1mm。纵轴不宜旋得过紧,以免损坏水准盒。

b. 微倾螺旋上刻度指标差的改正

上述进行使长水准轴线与纵轴垂直的步骤中,曾得到微倾螺旋两数之平均数,当微倾螺旋对准此数时,则长水准轴线应与纵轴垂直,此数本应为零,倘不对零线,则有指标差,可将微倾螺旋外面周围3个小螺旋各松开半转,轻轻旋动螺旋头至指标恰指"0"线为止,然后重新旋紧小螺旋。在进行此项工作时,长水准必须始终保持居中,即气泡保持符合状态。

c. 长水准的校正

目的:是使水准管轴平行于视准轴(即无交叉误差)。

检验:安平仪器后,在距仪器约50m处竖立一水准尺。水准仪3个脚螺旋的位置应在同一平面上。其中两脚螺旋的连线与仪器至标尺的连线相垂直。将仪器整平,使水准管气泡严格居中,用横丝的中心部位在尺上读数。然后将两个脚螺旋相对旋转1~2整周,使水准仪向另一侧倾斜,此时横丝所对尺上读数必已变动,旋转微倾螺旋,使十字丝交点处读数保持不变,查看气泡是否偏离中心,如有偏离,记住气泡偏离中心的方向(如偏向目镜端或物镜端)。使脚螺旋恢复原来位置,并旋转微倾螺旋使气泡成中,此时横丝所对尺上读数仍为原来数值。然后再以前次相反的方向旋转脚螺旋1~2整周。使水准仪向另一侧倾斜,同时旋转微倾螺旋体操十字丝交点处读数不变,再查看气泡有无偏离中心现象,或偏离哪一端。如通过两次检查,气泡始终居中或仅偏于同一端,说明水准轴与视准轴平行。若气泡一次偏于目镜而另一次偏于物镜端,则说明此项条件不满足,即有交叉误差的存在。

校正:用水准管上左右两校正螺旋一松一紧使气泡居中。此项检验与校正要重复进行,直至满足条件。

(2)检测环境要求

1)应在标尺分划线呈像清晰和稳定的条件下进行观测。不得在日出后或日出前约半小时、太阳中天前后、风力大于四级、气温突变时以及标尺分划线的呈像跳动而难以照准时进行观测。晴天观测时,应用测伞为仪器遮蔽阳光。

2)观测工作开始前30min须将水准仪安装好置于露天阴影下,使仪器温度与大气温度相同。

5. 沉降观测高程基准点的布设和测量

(1)基准点的布设要求

1)建筑沉降观测应设置基准点,当基准点离所测建筑距离较远时还可加设工作基点。对特级沉降观测的基准点数不应少于4个,其他级别沉降观测的基准点数不应少于3个,工作基点可根据需要设置。基准点和工作基点应形成闭合环或形成由附合路线构成的结点网。

2)基准点应设置在位置稳定,易于长期保存的地方,并应定期复测。基准点在建筑施工过程中1~2月复测一次,稳定后每季度或每半年复测一次。当观测点测量成果出现异常,或测区受到地震、洪水、爆破等外界因素影响时,须及时进行复测,并对其稳定性进行分析。

3)基准点的标石应埋设在基岩层或原状土层中,在建筑区内,点位与邻近建筑的距离应大于建筑基础最大宽度的2倍,标石埋深应大于邻近建筑基础的深度。在建筑物内部的点位,标石埋深应大于地基土压缩层的深度。

4)基准点和工作基点应避开交通干道、地下管线、仓库堆栈、水源地、河岸、松软填土、滑坡地段、机器振动区以及其他可能使标石、标志易遭腐蚀和破坏的地方。

(2)高程基准点的测量要求

1)高程控制测量宜使用水准测量方法(表1-36)。对于二、三级沉降观测的高程控制测量,当不便使用水准测量时,可使用电磁波测距三角高程测量方法。

2)几何水准测量的技术要求见表1-37所示,限差要求见表1-38所示。

仪器精度要求和观测方法 表1-36

变形测量等级	仪器型号	水准尺	观测方法	仪器i角要求
特级	DSZ05或DS05	铟瓦合金标尺	光学测微法	≤10″
一级	DSZ05或DS05	铟瓦合金标尺	光学测微法	≤15″
变形测量等级	仪器型号	水准尺	观测方法	仪器i角要求
二级	DS05或DS1	铟瓦合金标尺	光学测微法	≤15″
三级	DS1	铟瓦合金标尺	光学测微法	≤20″
	DS3	木质标尺	中丝读数法	

注：光学测微法和中丝读数法的每测站观测顺序和方法，应按现行国家水准测量规范的有关规定执行。

水准观测的技术指标 表1-37

等级	视线长度	前后视距差	前后视距累积差	视线高度
特级	≤10m	≤0.3m	≤0.5m	≥0.8m
一级	≤30m	≤0.7m	≤1.0m	≥0.5m
二级	≤50m	≤2.0m	≤3.0m	≥0.3m
三级	≤75m	≤5.0m	≤8.0m	≥0.2m

水准观测的限差要求(mm) 表1-38

等级		基辅分划(黑红面)读数之差	基辅分划(黑红面)所测高差之差	往返较差及附合或环线闭合差	单程双测站所测高差较差	检测已测测段高差之差
特级		0.15	0.2	≤$0.1\sqrt{n}$	≤$0.07\sqrt{n}$	≤$0.15\sqrt{n}$
一级		0.3	0.5	≤$0.3\sqrt{n}$	≤$0.2\sqrt{n}$	≤$0.45\sqrt{n}$
二级		0.5	0.7	≤$1.0\sqrt{n}$	≤$0.7\sqrt{n}$	≤$1.5\sqrt{n}$
三级	光学测微法	1.0	1.5	≤$3.0\sqrt{n}$	≤$2.0\sqrt{n}$	≤$4.5\sqrt{n}$
	中丝读数法	2.0	3.0			

注：n为测站数。

6. 沉降观测点的布置方法与要求

(1) 沉降观测点的布置

沉降观测点的位置以能全面反映建筑物地基变形特征，并结合地质情况及建筑结构特点确定，点位宜选设在下列位置：

1) 建筑物的四角、核心筒四角、大转角处及沿外墙每10~15m处或每隔2~3根柱基上。

2) 高低层建筑物、新旧建筑物、纵横墙等交接处的两侧。

3) 建筑物裂缝、后浇带和沉降缝两侧、基础埋深相差悬殊处、人工地基与天然地基接壤处、不同结构的分界处及填挖方分界处。

4) 宽度大于等于15m或小于15m而地质复杂以及膨胀土地区的建筑物，在承重内隔墙中部设内墙点，在室内地面中心及四周设地面点。

5) 邻近堆置重物处、受振动有显著影响的部位及基础下的暗浜(沟)处。

6) 框架结构建筑物的每个或部分柱基上或沿纵横轴线设点。

7) 片筏基础、箱形基础底板或接近基础的结构部分之四角处及其中部位置。

8) 重型设备基础和动力设备基础的四角、基础形式或埋深改变处以及地质条件变化处两侧。

9)电视塔、烟囱、水塔、油罐、炼油塔、高炉等高耸建筑物,沿周边在与基础轴线相交的对称位置上布点,点数不少于4个。

(2)沉降观测标志的形式与埋设要求

沉降观测标志可根据不同的建筑结构类型和建筑材料,采用墙(柱)标志、基础标志和隐蔽式标志(用于宾馆等高级建筑物)等形式。各类标志的立尺部位应加工成半球形或有明显的突出点,并涂上防腐剂。

标志的埋设位置应避开如雨水管、窗台线、散热器、暖水管、电气开关等有碍设标与观测的障碍物,并应视立尺需要离开墙(柱)面和地面一定距离。隐蔽式沉降观测点标志的形式,可按图1-42、图1-43、图1-44的规格埋设。

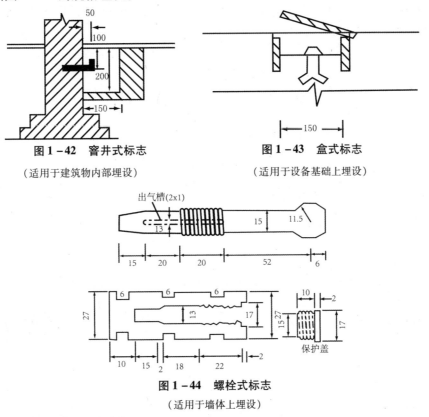

图1-42 窨井式标志
(适用于建筑物内部埋设)

图1-43 盒式标志
(适用于设备基础上埋设)

图1-44 螺栓式标志
(适用于墙体上埋设)

(3)沉降观测方法与观测要求

1)沉降观测的周期和观测时间

①建筑物施工阶段的观测,应随施工进度及时进行。一般建筑,可在基础完工后或地下室砌完后开始观测,大型、高层建筑,可在基础垫层或基础底部完成后开始观测。观测次数与间隔时间应视地基与加荷情况而定。民用高层建筑可每加高1~5层观测一次;工业建筑可按不同施工阶段(如回填基坑、安装柱子和屋架、砌筑墙体、设备安装等)分别进行观测。如建筑物均匀增高,应至少在增加荷载的25%、50%、75%和100%时各测一次。施工过程中如暂时停工,在停工时及重新开工时应各观测一次。停工期间,可每隔2~3个月观测一次。

②建筑物使用阶段的观测次数,应视地基土类型和沉降速度大小而定。除有特殊要求者外,一般情况下,可在第一年观测3~4次,第二年观测2~3次,第三年后每年1次,直至稳定为止。

③在观测过程中,如有基础附近地面荷载突然增减、基础四周大量积水、长时间连续降雨等情况,均应及时增加观测次数。当建筑物突然发生大量沉降、不均匀沉降或严重裂缝时,应立即进行逐日或2~3d一次的连续观测。

2)沉降观测点的观测方法和技术要求

①作业中应遵守的规定:观测应在成像清晰、稳定时进行;仪器离前后视水准尺的距离,应力求相等,并不大于50m;前后视观测,应使用同一把水准尺;经常对水准仪及水准标尺的水准器和 i 角进行检查。当发现观测成果出现异常情况并认为与仪器有关时,应及时进行检验与校正。

②为保证沉降观测成果的正确性,在沉降观测中应做到五固定:定水准点,定水准路线,定观测方法,定仪器,定观测人员。

③首次观测值是计算沉降的起始值,操作时应特别认真、仔细,并应连续观测两次取其平均值,以保证观测成果的精确度和可靠性。

④每测段往测与返测的测站数均应为偶数,否则应加入标尺零点差改正。由往测转向返测时,两标尺应互换位置,并应重新整置仪器。在同一测站上观测时,不得两次调焦。转动仪器的倾斜螺旋和测微鼓时,其最后旋转方向,均应为旋进。

⑤每次观测均需采用环形闭合方法或往返闭合方法,当场进行检查。其闭合差应在允许闭合差范围内。

⑥在限差允许范围内的观测成果,其闭合差按测站数进行分配,计算高程。

7. 观测结果与结果判定

(1)观测工作结束后,应提交下列成果:

1)沉降观测成果表;

2)沉降观测点位分布图;

3)工程平面位置图及基准点分布图;

4)$p-t-s$(荷载—时间—沉降量)曲线图(视需要提交);

5)建筑物等沉降曲线图(如观测点数量较少可不提交);

6)沉降观测分析报告。

(2)根据沉降量与时间关系曲线判定沉降是否进入稳定阶段。对重点观测和科研观测工程,若最后3个周期观测中每周期沉降量不大于 $2\sqrt{2}$ 倍测量中误差可认为已进入稳定阶段。一般观测工程,若最后100d的沉降速率小于 $0.01 \sim 0.04 \text{mm/d}$,可认为已进入稳定阶段,具体取值宜根据各地区地基土的压缩性确定。

[案例1-6] 沉降观测。

1. 概况

某住宅楼为3层结构,施工期间需对该楼进行6次沉降观测,布设沉降观测点共6个,具体点位布置见图1-45所示。

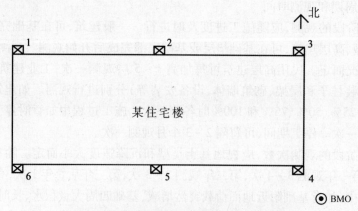

图1-45 某住宅楼沉降观测点位布置示意图

⊠——沉降观测点位;⊙BMO——沉降观测基准点

2. 检测仪器

水准仪 DS_1 型；

2m 精密铟钢水准标尺（2 根）。

3. 现场观测

此次沉降观测采用仪器两次测高法进行观测；现场观测时，整个观测过程为一闭合回路；受现场条件限制时，可使用适当的转点进行观测。

4. 原始记录整理

每次观测结束后，应及时计算出每次观测后各个测点的相对高程，同时计算出各个测点的本次沉降量和累计沉降量。计算如下：

（1）本次沉降 = 本次高程 - 上次高程

（2）累计沉降 = 本次高程 - 首次高程

6 次沉降观测汇总结果见表 1-39。

沉降观测成果表　　　　　　　　　表 1-39

观测点	第1次 沉降量(mm)		第2次 沉降量(mm)		第3次 沉降量(mm)		第4次 沉降量(mm)		第5次 沉降量(mm)		第6次 沉降量(mm)	
	本次	累计	本次	累计	本次	累计	本次	累计	本次	累计	本次	累计
1	0.00	0.00	2.08	2.08	2.03	4.11	1.65	5.76	0.83	6.59	0.35	6.94
2	0.00	0.00	1.57	1.57	.51	4.08	1.47	5.55	0.69	6.24	0.22	6.46
3	0.00	0.00	1.83	1.83	2.55	4.38	1.61	5.99	0.63	6.62	0.20	6.82
4	0.00	0.00	1.36	1.36	2.76	4.12	2.12	6.24	0.75	6.99	0.31	7.30
5	0.00	0.00	1.51	1.51	2.15	3.66	1.90	5.56	0.58	6.14	0.27	6.41
6	0.00	0.00	1.70	1.70	1.91	3.61	1.82	5.43	0.60	6.03	0.16	6.19

5. 观测结果总结

（1）沉降量 - 时间曲线图（$s-t$）

取 1 号测点、2 号测点、4 号测点、6 号测点为例，沉降量——时间曲线图如图 1-46 所示：

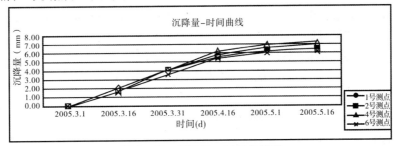

图 1-46　沉降量——时间曲线图

（2）沉降速率 - 时间曲线图（$v-t$）

取 1 号测点、2 号测点、4 号测点、6 号测点为例，沉降速率——时间曲线图如图 1-47 所示。

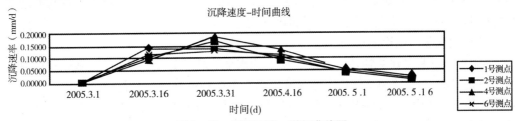

图 1-47　沉降速率——时间曲线图

从沉降观测成果中可得,自 2004 年 03 月 01 日~2004 年 05 月 16 日,该楼的平均沉降量为 6.69mm,最大沉降量为 4 号测点 7.30mm,最小沉降量为 6 号测点 6.19mm。最近一次平均沉降速率为 0.0168mm/d,其中最近一次最大沉降速率为 1 号测点,最大值 0.0233mm/d。

二、垂直偏差检测(倾斜观测)

1. 概念

建筑物产生倾斜的原因主要有:地基沉降不均匀;建筑物体型复杂(有部分高重、部分低轻)形成不同荷载;施工未达到设计要求,承载力不够;受外力作用,例如风荷、地下水抽取、地震等。建筑物主体倾斜观测,应测定建筑物顶部观测点相对于底部固定点或各层间上层相对于下层观测点的水平位移与高差,分别计算整体或分层的倾斜度、倾斜方向以及倾斜速度。对具有刚性建筑物的整体倾斜,亦可通过测量顶面或基础的差异沉降来间接确定。

2. 检测依据

《建筑变形测量规程》JGJ/T 8-97
《建筑地基基础设计规范》GB 50007-2002
《工程测量规范》GB50026-2007

3. 仪器设备及环境

经纬仪、激光铅直仪、激光位移计、倾斜仪(如水管式倾斜仪、水平摆倾斜仪、气泡倾斜仪或电子倾斜仪)。

倾斜观测应避开强日照和风荷载影响大的时间段。

4. 观测点的布设与要求

(1)主体倾斜观测点位的布设

1)当从建筑外部观测时,测站点的点位应选在与倾斜方向成正交的方向线上距照准目标 1.5~2.0 倍目标高度的固定位置。当利用建筑物内部竖向通道观测时,可将通道底部中心点作为测站点;

2)对于整体倾斜,观测点及底部固定点应沿着对应测站点的建筑主体竖直线,在顶部和底部上下对应布设;对于分层倾斜,应按分层部位上下对应布设;

3)按前方交会法布设的测站点,基线端点的选设应顾及测距或长度丈量的要求。按方向线水平角法布设的测站点,应设置好定向点。

(2)主体倾斜观测点位的标志设置

1)建筑物顶部和墙体上的观测点标志,可采用埋入式照准标志形式。有特殊要求时,应专门设计。

2)不便埋设标志的塔形、圆形建筑物以及竖直构件,可以照准视线所切同高边缘认定的位置或用高度角控制的位置作为观测点位。

3)位于地面的测站点和定向点,可根据不同的观测要求,采用带有强制对中设备的观测墩或混凝土标石。

4)对于一次性倾斜观测项目,观测点标志可采用标记形式或直接利用符合位置与照准要求的建筑物特征部位;测站点可采用小标石或临时性标志。

5. 主体倾斜观测的精度要求

(1)如果是通过测量建筑物顶点相对于底点的水平位移来确定建筑物的主体倾斜,则可根据给定的倾斜允许量,和建筑物整体性变形观测中误差不应超过其变形允许值分量的 1/10 的要求,确定最终位移量观测中误差;再根据式(1-114)或式(1-115)估算单位权中误差;最后根据表 1-32 的规定选择位移测量的精度等级。

(2)如果建筑具有足够的整体结构刚度,可通过测量建筑物基础差异沉降来测量建筑物的整体倾斜,则先根据表1-33,确定最终沉降量观测中误差;再根据表1-32的规定选择高程测量的精度等级。

6. 观测方法与观测要求

(1)主体倾斜观测的方法

测定建筑物倾斜的方法有两类:一是直接测定法;二是间接推定法(通过测量建筑物基础相对沉降的方法来确定建筑物的倾斜)。

1)直接测定法

①投点法。观测时,应在底部观测点位置安置量测设施(如水平读数尺等)。在每测站安置经纬仪投影时,应按正倒镜法以所测每对上下观测点标志间的水平位移分量,按矢量相加法求得水平位移值(倾斜量)和位移方向(倾斜方向)。

对需要观测的建筑物,通常对建筑物的4个阳角进行倾斜观测,综合分析整栋建筑物的倾斜情况。

经纬仪的位置如图1-48所示,其中要求经纬仪应设置在离建筑物较远的地方(距离最好大于1.5倍建筑物的高度),以减少仪器纵轴不垂直的影响。

观测时瞄准墙顶一点M,向下投影得一点N,投影时经纬仪在固定测站很好地对中严格整平,用盘左、盘右两个度盘位置往下投影,分别量取水平距离,取其平均值即为NN_1间的水平距离a。如图1-49所示。

另外,以M点为基准,采用经纬仪测出角度α_0,H和H_1也可用钢尺直接量取,或用手持式激光测距仪测定。

根据垂直角α可按下式算出高度

$$H = l \cdot \tan\alpha \tag{1-116}$$

则建筑物的倾斜度

$$i = a/H \tag{1-117}$$

建筑物该阳角的倾斜量β

$$\beta = i \cdot (H + H_1) \tag{1-118}$$

最后,综合分析4个阳角的倾斜度,即可描述整幢建筑物的倾斜情况。

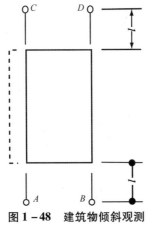

图1-48 建筑物倾斜观测

(图中实线为原建筑物,虚线为倾斜后建筑物)

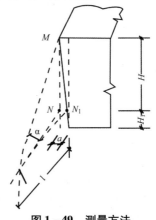

图1-49 测量方法

②测水平角法。对塔形、圆形建筑物或构件,每测站的观测,应以定向点作为零方向,以所测各观测点的方向值和至底部中心的距离,计算顶部中心相对底部中心的水平位移分量。对矩形建筑,可在每测站直接观测顶部观测点与底部观测点之间的夹角或上层观测点与下层观测点之间的

夹角，以所测角值与距离值计算整体的或分层的水平位移分量和位移方向。

以烟囱为例，为精确测定中心倾斜进而确定其整体倾斜情况，可在离烟囱高 1.5~2 倍远、且能观测到烟囱勒角部分处、互相垂直的两个方向上选定两个测站，并做好固定标志。在烟囱上标出作为观测用的标志点 1、2、3、4（或观测特征点），再选定一个远方的不动点为零方向。如图 1-50 所示，测站 A 以 M 为零方向，依次测出各标志点的方向值，并计算上部中心的方向 $a = (\alpha_2 + \alpha_3)/2$ 和勒角部分中心的方向 $b = (\alpha_1 + \alpha_4)/2$。再通过测量测站 A 点到烟囱中心的水平距离 L_1，即可计算出倾斜分量 $a_1 = L_1(b - a)$，如图 1-50 所示。

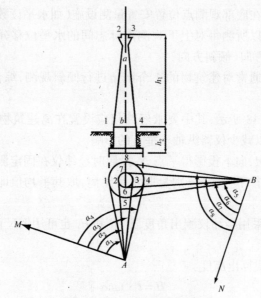

图 1-50 水平角法测定倾斜

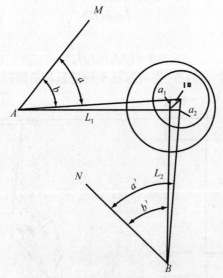

图 1-51 烟囱倾斜几何尺寸示意图

然后移站到测站 B，以 N 为零方向，依次观测各标志点的方向值，计算另一个方向烟囱上部中心的方向 $a' = \alpha_6 + \alpha_7/2$ 和烟囱勒角部分中心的方向 $b' = \alpha_5 + \alpha_8/2$。再通过测量测站 B 至烟囱中心的水平距离，即 L_2，计算出倾斜分量 $a_2 = L_2(a' - b')$。如图 1-51 所示。用矢量相加的方法，可求得烟囱上部相对于勒角部分的倾斜值和倾斜方向。进而计算出烟囱的倾斜度。对于烟囱等高耸构筑物，往往在测定其倾斜的同时，在其下部还均匀布设不少于 4 点的沉降观测点，观测其沉降情况,同倾斜现象一起进行研究分析。

③前方交会法。所选基线应与观测点组成最佳构形,交会角宜在60°~120°之间。水平位移计算,可采用直接由两周期观测方向值之差解算坐标变化量的方向差交会法,亦可采用按每周期计算观测点坐标值,再以坐标差计算水平位移的方法。

④吊垂球法。应在顶部或需要的高度处观测点位置上,直接或支出一点悬挂适当重量的垂球,在垂线下的底部固定读数设备(如毫米格网读数板),直接读取或量出上部观测点相对底部观测点的水平位移量和位移方向。

⑤激光铅直仪观测法。应在顶部适当位置安置接收靶,在其垂线下的地面或地板上安置激光铅直仪或激光经纬仪,按一定周期观测,在接收靶上直接读取或量出顶部的水平位移量和位移方向。作业中仪器应严格置平、对中,应旋转180°观测两次取其中数。对超高层建筑,当仪器设在楼体内部时,应考虑大气湍流影响;

⑥激光位移计自动记录法。位移计宜安置在建筑物底层或地下室地板上,接收装置可设在顶层或需要观测的楼层,激光通道可利用未使用的电梯井或楼梯间隔,测试室宜选在靠近顶部的楼层内。当位移计发射激光时,从测试室的光线示波器上可直接获取位移图像及有关参数,并自动记录成果。

⑦正锤线法。锤线宜选用直径0.6~1.2mm的不锈钢丝,上端可锚固在通道顶部或需要高度处所设的支点上。稳定重锤的油箱中应装有黏性小、不冰冻的液体。观测时,由底部观测墩上安置的量测设备(如坐标仪、光学垂线仪、电感式垂线仪),按一定周期测出各测点的水平位移量。

⑧摄影测量法。当建筑物立面上观测点数量较多或倾斜变形比较明显时,也可采用近景摄影测量方法。

2)间接推定法

按相对沉降间接确定建筑物整体倾斜时,所测建筑物应具有足够的整体结构刚度。可选用下列方法:

①倾斜仪测记法。采用的倾斜仪(如水管式倾斜仪、水平摆倾斜仪、气泡倾斜仪或电子倾斜仪)应具有连续读数、自动记录和数字传输的功能。监测建筑物上部层面倾斜时,仪器可安置在建筑物基础面上,以所测楼层或基础面的水平角变化值反映和分析建筑物倾斜的变化程度;

②测定基础沉降差法。可在基础上选设观测点,采用水准测量方法,以所测各周期的基础沉降差换算求得建筑物整体倾斜度及倾斜方向。

(2)主体倾斜观测的周期

1)主体倾斜观测的周期,可视倾斜速度每1~3个月观测一次。如遇基础附近因大量堆载或卸载、场地降雨长期积水等而导致倾斜速度加快时,应及时增加观测次数。

2)施工期间的观测周期,应随施工进度并结合实际情况进行。一般建筑,可在基础完工后或地下室砌完后开始观测,大型、高层建筑,可在基础垫层或基础底部完成后开始观测。观测次数与间隔时间应视地基与加荷情况而定。民用高层建筑可每加高1~5层观测一次;工业建筑可按不同施工阶段(如回填基坑、安装柱子和屋架、砌筑墙体、设备安装等)分别进行观测。如建筑物均匀增高,应至少在增加荷载的25%、50%、75%和100%时各测一次。施工过程中如暂时停工,在停工时及重新开工时应各观测一次。停工期间,可每隔2~3个月观测一次。

7. 观测结果与结果判定

(1)观测结果

倾斜观测工作结束后,应提交下列成果:

1)倾斜观测点位布置图;

2)观测成果表、成果图;

3)主体倾斜曲线图;
4)观测成果分析资料。

(2)结果判定

建筑物主体倾斜观测结果须小于倾斜容许值。建筑物主体倾斜的容许值见表1-40所示。

建筑物主体倾斜的容许值　　　　　　表1-40

多层和高层建筑的整体倾斜		高耸结构基础的倾斜	
建筑物高度(m)	倾斜允许值(mm)	建筑物高度(m)	倾斜允许值(mm)
$H_g \leq 24$	0.004	$H_g \leq 20$	0.008
$24 < H_g \leq 60$	0.003	$20 < H_g \leq 50$	0.006
$60 < H_g \leq 100$	0.0025	$50 < H_g \leq 100$	0.005
$H_g > 100$	0.002	$100 < H_g \leq 150$	0.004
		$150 < H_g \leq 200$	0.003
		$200 < H_g \leq 250$	0.002

[案例1-7] 倾斜观测。

1. 概况

某6层住宅楼,对该住宅楼的东、南、西、北4个楼角位置进行了倾斜测量。

2. 检测仪器

采用拓普康GPT-6002LP全站仪。

3. 测量结果

(1)倾斜测量成果说明

1)所有点位的偏移量均为该楼最上面点相对于最下面点(勒脚处)沿南北向或东西向的偏移量。

2)该楼楼角编号及楼角高度见图1-52所示。

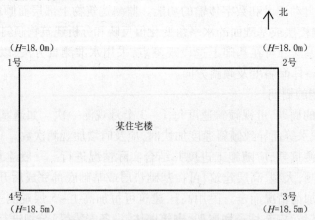

图1-52 住宅楼楼角编号及高度图

(2)倾斜测量成果见表1-41。

倾斜测量成果　　　　　　表1-41

点号	倾斜方向	偏移方向	偏移量(mm)	倾斜率(‰)
1号	南北向	南	9.4	0.5
	东西向	东	6.4	0.4

续表

点号	倾斜方向	偏移方向	偏移量(mm)	倾斜率(‰)
2号	南北向	南	11.2	0.6
	东西向	西	3.2	0.2
3号	南北向	南	6.4	0.3
	东西向	西	15.6	0.8
4号	南北向	北	7.6	0.4
	东西向	西	17.9	1.0

思 考 题

1. 沉降观测的目的是什么？
2. 沉降观测应提交哪些资料？
3. 解释下列名词：偶然误差、中误差、闭合差、平差、水准点。
4. 在引测高程中取前后视线等长，有什么好处？为什么？
5. 沉降观测成果整理包括哪几项工作？分别说出每项的要点。
6. 如何用经纬仪投影法测定建筑物的倾斜？
7. 建筑物的倾斜观测方法有哪两类？常采用哪些方法？
8. 建筑物的倾斜观测应提交哪些资料？

第二章 钢结构工程检测

近十多年来,我国钢结构的应用越来越多,主要是工业产房、高层建筑、大型体育场馆、会展中心、火车站候车大厅、空港客运大楼、大跨度桥梁、高速公路收费站等,并在很多大跨结构发展过程中应用预应力钢结构新技术。除此之外,20世纪90年代初开始推广应用压型金属板结构,随着外资企业的增多,应用越来越广泛。所以对钢结构的设计、选材、施工质量等要求越来越高。

影响钢结构的整体质量因素很多,除设计之外,材料选择及力学性能,钢结构连接的焊接质量、高强度螺栓的质量和组装连接质量、节点承载力、防腐防火涂层质量、安装后的钢结构整体变形等,都会直接影响钢结构受力状态和使用寿命。特别是压型金属板结构,经历了2008年初特大雪灾,出现的质量事故。所以从设计选材到施工质量各个环节的质量检测和监控,是检测人员的首要任务。

对钢结构工程所涉及到的检测项目,所需检测仪器设备和检测方法,随着科学技术的发展也越来越多,越来越先进。本章将做重点介绍。

第一节 钢结构工程用钢材

一、钢结构工程用钢材的定义

钢结构工程用钢材主要是指角钢、槽钢、工字钢、钢管、钢板等异型钢材。对这类钢材如何取样及取样位置和标准试样制备等,应遵守国家相关标准规定。

二、检测依据

《钢及钢产品力学性能试验取样位置及试样制备》GB/T 2975—1998
《金属材料 室温拉伸试验方法》GB/T 228—2002
《数值修约规则与极限数值的表示和制定》GB/T 8170—2008
《单轴试验用引伸计的标定》GB/T 12160—2002
《静力学单轴试验机的检验 第1部分:拉力和(或)压力试验机测力系统的检验与校准》GB/T 16825—2008
《钢的伸长率换算第1部分:碳素钢和低合金钢》GB/T 17600.1—1998
《钢的伸长率换算第2部分:奥氏体钢》GB/T 17600.2—1998

三、使用设备、校验方法

试验机应符合《静力学单轴试验机的检验 第1部分:拉力和(或)压力试验机测力系统的检验与校准》GB/T 16825.1—2008规定的准确度级,并按照该标准要求检验。测定各强度性能均应采用1级或优于1级准确度的试验机。试验机的每一准确度级都包含5项内容,应按照《静力学单轴试验机的检验 第1部分:拉力和(或)压力试验机测力系统的检验与校准》GB/T 16825.1—2008的要求进行检验。其中示值进回程相对误差在有要求时才进行检验,其他4项应进行定期检验,经检验合格后的试验机方能使用。应以拉力方式检验,对于大吨位试验机,若采用压力方式检验,应在检验报告中注明。

引伸计是测延伸用的仪器。应把引伸计看成是一个测量系统(包括位移传感器、记录器和显示器)。引伸计的准确度级别应符合《单轴试验用引伸计的标定》GB/T 12160—2002 规定,并按照该标准要求定期进行检验。测定上屈服强度、下屈服强度、屈服点延伸率、规定非比例延伸强度、规定总延伸强度、规定残余应变强度,以及规定残余应变强度的验证试验,应使用不劣于 1 级准确度的引伸计;测定其他具有较大延伸率的性能,如抗拉强度、最大力总延伸率和最大力非比例延伸率、断裂总伸长率,以及断后伸长率,应使用不劣于 2 级准确度的引伸计。每一引伸计级别包含 3 项内容,即标距误差、系统误差和分辨力。

四、试样的取样位置及试样制备要求

1. 与取样有关的定义

(1)试验单元:根据产品标准或合同要求,以在抽样产品上进行的试验为依据,一次接受或拒收产品的件数或吨数。

(2)抽样产品:检验、试验时,在试验单元中抽取的部分。

(3)试料:为了制备一个或几个试样,从抽样产品中所切取足够数量的材料。

(4)样坯:为了制备试样,经过机械处理或所需热处理后的试料。

(5)试样:经机加工或未经机加工后,具有合格尺寸且满足试验要求的状态的样坯。

2. 取样位置的规定

(1)在产品不同位置取样时,力学性能会有差异。取样位置见《钢及钢产品力学性能试验取样位置及试样制备》GB/T 2975-1998 附录 A,则认为具有代表性;应在钢产品表面切取弯曲样坯。弯曲试样应至少保留一个表面,当机加工和试验机能力允许时,应制备全截面或全厚度试样,如当要求取一个以上试样时,可在规定位置相邻处取样,如图 2-1 所示。

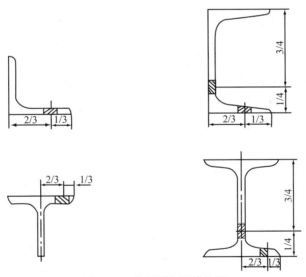

图 2-1 常见型钢取样位置

(2)应在外观及尺寸合格的钢产品上取样。试料应具有足够的尺寸,保证机加工出足够的试样进行规定的试验及复验。

(3)取样时,应对抽样产品、试料、样坯和试样作出标记,以保证始终能识别取样位置及方向。

(4)取样时,应防止过热、加工硬化而影响力学性能。用烧割法和冷剪法取样要留加工余量。

用烧割法切取样坯时，从样坯切割线至试样边缘必须留有足够的机加工余量。一般应不小于钢产品的厚度或直径，但最小不得少于20mm。对于厚度或直径大于60mm的钢产品，其加工余量可根据供需双方协议适当减少。用冷剪样坯所留的加工余量按表2-1选取。

冷剪样坯所留的加工余量　　　表2-1

直径或厚度(mm)	加工余量(mm)
≤4	4
>4~10	厚度或直径
>10~20	10
>20~35	15
>35	20

（5）取样的方向应由产品标准和供需双方协议规定。

3. 试样的制备

（1）制备试样时应避免由于机加工使钢表面产生硬化及过热而改变其力学性能。机加工最终工序应使试样的表面质量、形状和尺寸满足相应试验方法标准的要求。

（2）当要求标准状态热处理时，应保证试样的热处理制度与样坯相同。

4. 试样的机加工要求

应按照相关产品和协议的规定，采用机加工试样或采用不经机加工的试样。虽然机加工不带头试样可以降低成本，但容易在夹头端部附近处发生断裂，影响性能测定，甚至使试验无效。因此建议：凡从冶金产品上切取样坯机加工的试样，一般机加工成带头试样，除非产品标准明确规定采用不带头试样或材料不足够。机加工试样的尺寸公差和形状公差应分别按照《金属材料室温拉伸试验方法》GB/T228-2002中附录A的表A3和附录B的表B4要求；机加工表面粗糙度按照标准中图10、图11或图13规定的要求。

5. 试样的形状和尺寸

相关产品标准或协议根据产品的形状和尺寸，可按《金属材料室温拉伸试验方法》GB/T228-2002中附录A~D所规定试样的形状和尺寸，特殊产品可以规定其他不同的试样。试样横截面的形状一般可为圆形、矩形、弧形和环形，特殊情况可以为其他形状。《金属材料室温拉伸试验方法》GB/T228-2002中的附录A~D按照产品的形状规定了主要的试样类型。

6. 试样标距（L_0）

试样标距分为比例标距和非比例标距两种，因而有比例试样和非比例试样之分。

凡试样标距与试样原始横截面积有式（2-1）所示关系的，称为比例标距，试样称为比例试样。

$$L_0 = k\sqrt{S_0} \tag{2-1}$$

式中　　k——比例系数5.65；

　　　　S_0——原始横截面积。

非比例标距（也称定标距）与试样原始横截面积不存在式（2-1）的关系。

如果采用比例试样，应采用比例系数$k=5.65$的值，因为此值为国际通用，除非采用此比例系数时不满足最小标距15mm的要求。在必须采用其他比例系数的情况下，$k=11.3$的值为优先采用。产品标准或协议可以规定采用非比例标距。不同的标距对试样的断后伸长率的测定影响明显。

7. 试样平行长度（L_c）

试样平行长度应大于试样标距,规定的范围如表 2-2:

试样平行长度　　　　　　　　　　　　　　　　　表 2-2

试样类型	平行长度(一般情况)	平行长度(仲裁试验)
带头的圆形横截面试样	$L_c \geq L_0 + d/2$	$L_c = L_0 + 2d$
不带头的圆形横截面试样	$L_c \geq L_0 + 3d$(夹头间的自由长度)	
带头的矩形和弧形横截面试样	$L_c \geq L_0 + 1.5S_0$	$L_c = L_0 + 2S_0$
不带头的矩形和弧形横截面试样	$L_c \geq L_0 + 3b$(夹头间的自由长度)	
薄板用带头的矩形横截面试样	$L_c \geq L_0 + b/2$	$L_c = L_0 + 2b$
薄板用不带头的矩形横截面试样	$L_c = L_0 + 3b$(夹头间的自由长度)	

8. 试样过渡半径(r)

试样的过渡半径在《金属材料室温拉伸试验方法》GB/T 228-2002 附录 A、B 和 D 中规定如下:

薄板用矩形横截面试样:$r \geq 20$mm;

圆形横截面试样:$r \geq 0.75d$;

矩形和弧形横截面试样:$r \geq 12$mm。

试样过渡半径对试样的断裂位置有影响,对于延性差、脆性断裂敏感、应力集中的材料,建议过渡半径取较大的值。

9. 矩形横截面试样的宽厚比

试样的宽厚比影响性能的测定,尤其影响延性性能的测定。标准《金属材料室温拉伸试验方法》GB/T 228-2002 中附录 B 推荐的宽厚比范围为不超过 8:1,但应注意,这一宽厚比范围不适用于薄板和薄带(厚度 0.1~3mm)的试样。

五、试验方法

1. 试验温度

《金属材料室温拉伸试验方法》GB/T 228-2002 规定室温的范围为 10~35℃。

2. 试验程序

依据《金属材料室温拉伸试验方法》GB/T 228-2002 规定对试样加载。

六、试验数据处理

1. 性能测定结果数值的修约

标准中规定 12 种性能测定结果数值的修约要求。其中 6 种强度性能 R_{eH},R_{eL},R_p,R_t,R_r 和 R_m 的修约间隔与旧标准的相同,而另 6 种延性性能 A_e,A_{gt},A_g,A_t,A_m 和 Z 的测定结果数值的修约要求与旧标准不同。新标准中规定 A_e 的修约间隔为 0.05%,其余 5 种性能的修约间隔均规定为 0.5%。修约的方法按《数值修约规则与极限数值的表示和制定》GB/T 78170-2008。

2. 单位

标准中规定采用的单位是国际单位制单位(SI 单位)。应力单位 N/mm^2 和 MPa,都是国际单位制的倍数单位,两者都是我国规定的法定计量单位。标准中应力单位采用了 N/mm^2,而 1N/mm^2 = 1MPa,如果报告中使用了应力单位 MPa,不认为是错误。但从标准的归一化意义上来说,应力单位应采用 N/mm^2。

七、试验结果

1. 试验出现下列情况之一其试验结果无效,应重做同样数量和同样试样的试验。

其一,试样断在标距外或机械刻划的标距标记上,而且断后伸长率低于规定最小值。

其二,在试验时,试验设备发生了故障(包括中途停电),影响了试验结果。

前一种情况的发生,可能是标距标记刻划过重,不适当地损伤了试样表面,引起应力集中,使试样断于该处;也可能是试样的过渡半径偏小,或过渡弧与平行长度的连接不连续光滑而引起应力集中;也可能是由于试样机加工的形位公差在试样平行长度端部附近形成了最小横截面,致使试样断在该处横截面上。

如果经常发生断在标距外,可以通过机加工或手工加工方法在形位公差范围内,使平行长度的最小横截面处于标距的中间附近,从而引导断裂发生在中间附近。

如果标距标记是用无损伤试样表面的方法标记的,断在标距标记上,不列入重试范围。如果断在机械刻划的标记上或标距外,但测得的断后伸长率达到了规定最小值的要求,则试验结果有效,无需重试。

2. 试验后试样出现两个或两个以上的颈缩以及显示出肉眼可见冶金缺陷(分层、气泡、夹渣等),应在试验记录和报告中注明。

如果试验后显现肉眼可见的冶金缺陷,而且拉伸性能不合格,建议双方协商重做相同试样相同数量的试验。

八、试验报告

试验报告一般至少包括下列内容:

本标准号;试样标识;材料名称、牌号;试样类型;试样的取样方向和位置;试验温度,若超差则应标出指示温度;冷却介质、冷却时间;试验设备。

第二节 钢结构节点连接及高强螺栓

一、焊接连接质量与性能检测

焊接接头的力学性能,可采取截取试样的方法检验,但应采取措施确保安全。焊接接头力学性能的检验分为拉伸、面弯和背弯等项目,每个检验项目可各取两个试样。焊接接头焊缝的强度不应低于母材强度的最低保证值。

1. 检测依据

《金属材料室温拉伸试验方法》GB/T 228-2002

《焊接接头机械性能试验取样方法》GB/T 2649-1989

《焊接接头拉伸试验方法》GB/T 2651-2008

《焊接接头弯曲试验方法》GB/T 2653-2008

《建筑结构检测技术标准》GB/T 50344-2004

《钢结构工程施工质量验收规范》GB 50205-2001

2. 拉伸试样

(1) 取样位置

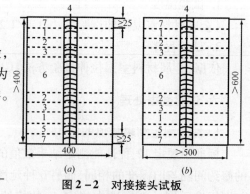

图 2-2 对接接头试板
(a)不取侧弯试样;(b)取侧弯试样
1—拉伸试样;2—背弯试样;3—面弯试样;
4—侧弯试样;5—冲击试样;6—备用;
7—舍去

试样应从焊接接头垂直于轴线方向截取,试样加工完成后,焊缝的轴线应位于试样平行长度的中间。对小直径管(外径不大于18mm)试样可采用整管。

(2)标记

每个试件应做标记以便识别其从产品或接头取出的位置。

如果相关标准有规定,应标记机加工方向。

每个试样应做标记以便识别其在试件中准确位置。

(3)取样

取样所采用的机械加工方法或热加工方法不得对试样性能产生影响。

钢材取样要求厚度超过8mm时,不得采用剪切方法。当采用热切割或可能影响切割面性能的其他切割方法从焊件或试件上截取试样时,应确保所有切割面距离试样的表面至少8mm以上。平行于焊件或试件的原始表面的切割,不得采用热切割方法。其他金属材料取样要求不得采用剪切方法和热切割方法,只能采用机械加工方法。

(4)机械加工

1)一般要求

公差按照《金属材料室温拉伸试验方法》GB/T 228-2002规定。

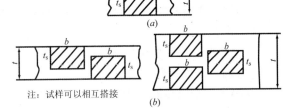

图 2-3 机械加工位置

(a)全厚度试验;(b)多试样试验

2)位置

试样厚度 t_s 一般应与焊接接头处的母材厚度相同。当相关标准要求进行全厚度(超过30mm)试验时,可从接头截取若干个试样覆盖整个厚度(图2-3)。在这种情况下。试样相对接头厚度的位置应做记录。

3)尺寸

管和板的板状试样尺寸见图2-4和表2-3所示。

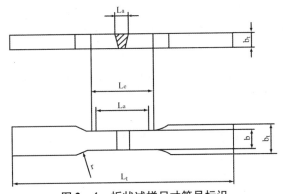

图 2-4 板状试样尺寸符号标识

板状试样尺寸取值规定 表 2-3

名称		符号	尺寸(mm)
试样总长度		L_t	适合于所使用的试验机
夹持端宽度		b_t	$b+12$
平行长度部分宽度	板	b	$12(t_s \leq 2)$;$2(t_s > 2)$
	管	b	$6(D \leq 50)$;$12(50 < D \leq 168)$;$25(D > 168)$

续表

名称	符号	尺寸(mm)
平行长度	L_c	$\geqslant L_s + 60$
过渡弧半径	r	$\geqslant 25$

3. 拉伸试验方法

(1)试验温度

除非另有规定,试验环境温度应为:23±5℃。

(2)试验程序

依据《金属材料室温拉伸试验方法》GB/T 228-2002规定对试样加载。

4. 拉伸试验结果

(1)一般要求

依据《金属材料室温拉伸试验方法》GB/T 228-2002规定确定试验结果。

(2)断裂位置

在报告中应写明断裂位置。

(3)断口表面检验

在报告中记录在断口上对试验可能产生有害影响的缺欠,内容包括缺欠类型、尺寸和数量。如果出现白点,应予记录,白点的中心区域应视为缺欠。

5. 拉伸试验报告

除《金属材料室温拉伸试验方法》GB/T 228-2002规定的内容外,还应包括以下内容:

(1)依据的国家标准。

(2)试样的类型和位置。

(3)试验温度。

(4)断口位置。

(5)观察到的缺欠类型、尺寸和数量。

6. 弯曲试样

对从焊接接头截取的横向或纵向试样进行弯曲,不改变弯曲方向,通过弯曲产生塑性变形,使焊接接头的表面或横截面发生拉伸变形。

弯曲试样名称规定如下:

对接接头正弯试样FBB;对接接头背弯试样RBB;对接接头侧弯试样SBB;带堆焊层正弯试样FBC;带堆焊层侧弯试样SBC;带堆焊层对接接头正弯试样FBCB;带堆焊层对接接头侧弯试样SBCB。

试样图形见标准。

(1)弯曲试样的制备

1)取样要求

试样的制备应不影响母材和焊缝金属性能。取样所采用的机械加工方法或热加工方法不得对试样性能产生影响。

2)位置

对于对接接头横向弯曲试验,应从产品或试件的焊接接头上横向截取试样,以保证加工后焊缝的轴线在试样的中心或适合于试验的位置。

对于对接接头纵向弯曲试验,应从产品或试件的焊接接头上纵向截取试样。

3)标记

每个试件应做标记以便识别其从产品或接头中的准确位置。如果相关标准有规定,应标记机加工方向。每个试样应做标记以便识别其在试件中的准确位置。

4) 试样截取

钢材取样要求厚度超过8mm时,不得采用剪切方法。当采用热切割或可能影响切割面性能的其他切割方法从焊件或试件上截取试样时,应确保所有切割面距离试样的表面至少8mm以上。其他金属材料取样要求不得采用剪切方法和热切割方法,只能采用机械加工方法。

(2) 弯曲试样尺寸

1) 长度

试样的长度 L_t 要求 $L_t \geq l + 2R$,且至少应满足相关标准的要求。

2) 厚度

试样对厚度 t_s 的要求见《金属材料弯曲试验》GB/T 232 - 1999 第7.4章。

3) 宽度

试样宽度的取值视弯曲试样的类型而定,其具体规定为:

横向正弯和背弯试样:

钢板试样宽度 b 不应小于 $1.5t_s$,最小为20mm。

铝、铜及其合金板试样宽度 b 不应小于 $2t_s$,最小为20mm。

管径不大于50mm时,管试样宽度 b 最小应为 $t + 0.1D$(最小为8mm)。

管径大于50mm时,管试样宽度 b 最小应为 $t + 0.05D$(最小为8mm,最大为40mm)。

侧弯试样:

试样宽度 b 一般等于焊接接头处母材厚度。

纵向弯曲试样:

试样宽度 b 应为 $b = L_s + 2b_1$,其中的参数 b_1 视不同材料和板厚取值各异,见表2-4。

纵向弯曲试样的宽度取值规定　　　　表2-4

材料	试样厚度 t_s(mm)	试样宽度 b(mm)
钢	≤20	$L_s + 2 \times 10$
	>20	$L_s + 2 \times 15$
铝、铜及其合金	≤20	$L_s + 2 \times 15$
	>20	$L_s + 2 \times 25$

试样拉伸面棱角应加工成圆角,其半径 r 不超过 $0.2t_s$,最大为3mm。

7. 弯曲试验方法

(1) 试验温度

除非另有规定,试验环境温度应为:23 ± 5℃。

(2) 试验程序

钢结构焊接件一般采用圆形压头弯曲方法。压头的直径 d 应依据相关标准的规定。辊筒的直径至少为20mm,除非相关标准另有规定。辊筒间的距离 l 应在 $d + 2t_s$ 和 $d + 3t_s$ 之间。

将试样放在两个平行的辊筒上进行试验。焊缝应在两个辊筒间中心线位置,纵向弯曲除外。在两个辊筒间中心线,即焊缝的轴线,垂直于试样表面通过压头施加荷载(三点弯曲),使试样逐渐连续地弯曲。当弯曲角度达到相关标准的规定值时试验完成。

8. 弯曲试验结果

弯曲结束后,试样的外表面和侧面都应进行检验。依据相关标准对弯曲试样进行评定并记录。除非另有规定,在试样表面上小于3mm长的缺欠应判为合格。

9. 弯曲试验报告

试验报告至少应包含以下内容:

(1) 依据的国家标准;

(2) 试样说明(标记、母材类型、热处理等);

(3) 试样的形状和尺寸;

(4) 弯曲试验的类型和代号(正弯和背弯、横向弯曲或纵向弯曲等);

(5) 试验条件;

1) 试验方法(圆形压头弯曲或辊筒弯曲);

2) 压头直径;

3) 辊筒间距离。

(6) 试验温度;

(7) 观察到的缺欠类型、尺寸;

(8) 弯曲角。

二、焊钉连接质量与性能检测

当对钢结构工程质量进行检测时,可抽样进行焊钉焊接后的弯曲检测,抽样数量不应少于标准《钢结构工程施工质量验收规范》GB 50205 – 2001 表 3.3.13 中 A 类检测的要求;检测方法与评定标准,锤击焊钉头使其弯曲至30°,焊缝和热影响区没有肉眼可见的裂纹可判为合格;应按《钢结构工程施工质量验收规范》GB 50205 – 2001 表 3.3.14 – 3 进行检测批的合格判定。焊钉焊接后应进行弯曲试验检查,其焊缝和热影响区不应有肉眼可见的裂纹。检查数量:每批同类构件抽查10%,且不应少于10件;被抽查构件中,每件检查焊钉数量的1%,但不应少于1个。检验方法:焊钉弯曲30°后用角尺检查和观察检查。

1. 检测依据

《电弧螺柱焊用圆柱头焊钉》GB/T 10433 – 2002

2. 焊钉材料及机械性能要求

焊钉材料及机械性能应符合表2 – 5 规定。

焊钉材料及机械性能 表2 – 5

材 料	标 准	机械性能
ML15、ML15A	《冷镦和冷挤压用钢》(GB/T 6478 – 2001)	$R_m \geq 400N/mm^2$ R_{eL} 或 $R_{P0.2} \geq 320N/mm^2$ $A \geq 14\%$

焊钉机械性能试验按《紧固件机械性能螺栓、螺钉和螺柱》GB/T 3098.1 – 2000 中的规定进行。但试件直径 d_0 应按表2 – 6 规定。

焊钉机械加工试件直径规定(mm) 表2 – 6

焊钉直径 d	10	13	16	19	22	25
试件直径 d_0	8	10	12	15	17	20

3. 焊钉标记

标记方法按《紧固件标记方法》GB/T 1237 – 2000 规定,标记示例:

公称直径 $d = 19$mm、长度 $l = 150$mm、材料为 MI15、不经表面处理的电弧螺柱焊用圆柱头焊钉的标记：焊钉 GB／T 10433 19×150

4. 焊接端的焊接性能试验

（1）拉力试验

按图 2-5 及《金属材料室温拉伸试验方法》GB/T 228-2002 的规定对试件进行拉力试验。当拉力荷载达到表 2-7 的规定时，不得断裂；继续增大荷载直至拉断，断裂不应发生在焊缝和热影响区内。

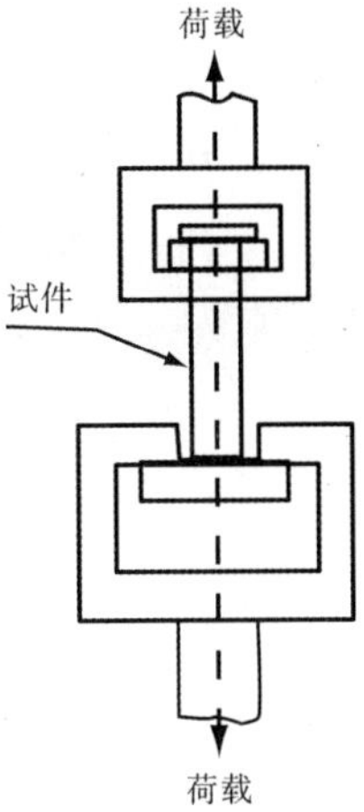

拉力荷载规定　　表 2-7

d(mm)	10	13	16	19	22	25
拉力荷载(N)	32970	55860	84420	119280	159600	206220

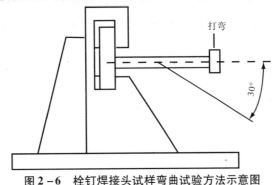

图 2-5　拉力试验示意

（2）弯曲试验

对 $d \geqslant 22$mm 的焊钉，可进行焊接端的弯曲试验。试验可用手锤打击（或使用套管压）焊钉试件头部，使其弯曲 30°（图 2-6）。试验后，在试件焊缝和热影响区不应产生肉眼可见的裂缝。使用套管进行试验时，套管下端距焊肉上端的距离不得小于 $1d_0$。

图 2-6　栓钉焊接头试样弯曲试验方法示意图

三、普通螺栓

1. 检测依据

《紧固件机械性能螺栓、螺钉和螺柱》GB 3098.1-2000
《钢结构工程施工质量验收规范》GB 50205-2001
《普通螺纹　基本尺寸》GB/T 196-2003

2. 普通螺栓检验方法

普通螺栓作为永久性连接螺栓时，当设计有要求或对其质量有疑义时，应进行螺栓实物最小拉力载荷复验，其结果应符合现行国家标准《紧固件机械性能螺栓、螺钉和螺柱》GB 3098.1-2000 的规定。

检查数量：每一规格螺栓抽查 8 个。

用专用卡具将螺栓实物置于拉力试验机上进行拉力试验，为避免试件承受横向载荷，试验机的夹具应能自动调正中心，试验时夹头张拉的移动速度不应超过 25mm/min。

螺栓实物的抗拉强度应根据螺纹应力截面积（A_s）计算确定（图 2-7），其取值应按下式计算：

$$A_s = \frac{\pi}{4}\left(\frac{d_2+d_3}{2}\right)^2 \quad (2-2)$$

式中　d_2——螺纹中径的基本尺寸(mm)；

d_3——螺纹小径的基本尺寸（d_1）减去螺纹原始三角形高度（H）的 1/6 值，即：

$$d_3 = d_1 - \frac{H}{6}(\text{mm}) \tag{2-3}$$

　　H——螺纹原始三角形高度($H = 0.866025P$)(mm);
　　P——螺距(mm)。

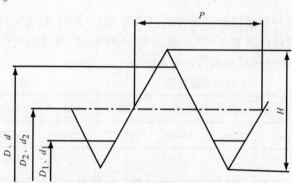

图 2-7　普通螺栓参数标识

　　进行试验时,承受拉力载荷的末旋合的螺纹长度应为 6 倍以上螺距;当试验拉力达到现行国家标准《紧固件机械性能螺栓、螺钉和螺柱》GB 3098.1 - 2000 中规定的最小拉力载荷($A_s \cdot \sigma_b$)时不得断裂。当超过最小拉力载荷直至拉断时,断裂应发生在杆部或螺纹部分,而不应发生在螺头与杆部的交接处。

　　普通螺栓的材料性能等级一般为 4.6S 或 4.8S。

四、焊接球与螺栓球节点质量与节点承载力试验

1. 检测依据

《钢结构设计规范》GB 50017 - 2003
《钢结构工程施工质量验收规范》GB 50205 - 2001
《紧固件的标记方法》GB 1237 - 2000
《网架结构工程质量检验评定标准》JGJ78 - 91

2. 焊接球

(1)焊接球及制造焊接球所采用的原材料,其品种、规格、性能等应符合现行国家产品标准和设计要求。

检查数量:全数检查。

检验方法:检查产品的质量合格证明文件、中文标志及检验报告等。

(2)焊接球焊缝应进行无损检验,其质量应符合设计要求,当设计无要求时应符合本规范中规定的二级质量标准。

检查数量:每一规格按数量抽查 5%,且不应少于 3 个。

检验方法:超声波探伤或检查检验报告。

3. 螺栓球

钢结构网架螺栓球节点由螺栓球、钢网架螺栓球节点用高强度螺栓、封板、锥头和套筒等组成紧固连接件。

用磁粉探伤检查球表面缺陷;成品球必须对最大的螺孔进行抗拉强度检验;钢管杆件与封板或锥头的焊缝应进行抗拉强度检验。其主要检测项目和方法为:

(1)螺栓球及制造螺栓球节点所采用的原材料,其品种、规格、性能等应符合现行国家产品标准和设计要求。

检查数量：全数检查。

检验方法：检查产品的质量合格证明文件、中文标志及检验报告等。

（2）螺栓球不得有过烧、裂纹及褶皱。

检查数量：每种规格抽查5％，且不应少于5只。

检验方法：用10倍放大镜观察和表面探伤。

4. 关于节点承载力试验问题

《网架结构工程质量检验评定标准》JGJ 78-91 要求每个工程都要进行节点承载力试验，特殊情况下要现场复验。《钢结构工程质量验收规范》GB50205-2001 则规定"安全等级为一级，跨度40m及以上的公共建筑钢网架结构，且设计有要求时"，才进行此项试验，并未提现场复验。《钢结构工程施工质量验收规范》GB 50205-2001 这一规定，无疑等于取消了网架工程中的节点承载力试验。因为跨度小于40m的网架自然不用做了，而跨度大于40m的网架节点尺寸比较大，受行程和拉力的限制，一般省级力学实验室也做不了。许多建设单位坚持《网架结构工程质量检验评定标准》JGJ 78-91 的观点，在钢结构焊接、栓接质量检测方面要求并检查承载力试验报告，有疑问时，进行现场复验。

五、高强度螺栓力学性能

1. 概述

钢结构因其制造简便，制作与施工分离，施工周期短；钢结构材料的强度高、塑性和韧性好；钢材的强度与密度之比要比混凝土大得多；材质均匀和力学计算的假定比较符合，所以在现代工程中被广泛应用。而高强度螺栓连接具有施工简单，拆装方便；连接紧密，受力良好，耐疲劳，可拆换，安装简单，便于养护以及动力荷载作用下不易松动等优点。因而在钢结构设计、施工中有不可替代作用。也正因为高强螺栓在结构承载力中责任重大，故在其施工及质量验收过程不容忽视。

常用的高强度螺栓有高强度大六角头螺栓连接副；扭剪型高强度螺栓连接副；网架螺栓球节点用高强度螺栓。上述连接用紧固标准件、焊接球、螺栓球、封板、锥头和套筒等原材料及成品进场，重点检查进场产品、拼装、安装质量是否符合钢结构施工质量验收规范和现行国家产品标准的要求。

钢结构的连接形式主要分为焊接连接和紧固件连接两类。焊接连接是钢结构的重要连接形式之一，其连接质量直接关系结构的安全使用。焊接材料对焊接施工质量影响重大，因此焊接材料的品种、规格、性能除应按设计要求选用外，同时应符合相应的国家现行产品标准的要求。紧固件连接 是钢结构连接的主要形式，可分为高强螺栓摩擦型连接和高强螺栓承压型连接及网架螺栓球节点连接。

（1）紧固件连接方式

1）高强螺栓摩擦型连接方式

通过扭力扳手以适当的扭力拧紧螺帽，使螺栓杆产生适当的紧固轴力（预拉力），将被连接部件夹紧，使连接部件间产生强大的摩擦力，外力通过摩擦力来传递。可提供的最大摩擦力极限状态，是保证连接部件在整个使用期间内外剪力不超过最大摩擦力。连接部件不发生相对滑移变形（螺杆和孔壁之间始终保持原有的空隙量），连接部件按弹性整体受力。其优点是施工简单、受力性能良好、耐疲劳、可以拆换，承受动力荷载性能较好，具有很好的发展前途，可能成为用来代替铆钉连接的优良连接。

2）高强螺栓承压型连接方式

承压型连接形式与摩擦型连接形式相同、所用螺栓相同，但是在计算、要求、适用范围等方面都有很大的不同，其本质区别是极限状态不同。承压型连接形式允许外（剪）力超过最大摩擦力，被连接部件之间允许存在相对滑移，直至螺栓杆与孔壁接触，此后连接部件依靠螺杆的剪切和孔壁承压以及板件接触面间的摩擦力共同传力,以螺杆抗剪或孔壁抗压强度作为连接部件的极限承载状态。

总之,摩擦型连接方式和承压型连接方式的不同点是设计时是否允许滑移。摩擦型连接方式绝对不能滑动,一旦滑移,就认为达到设计的破坏状态,在技术上比较成熟;承压型连接方式允许滑动,螺栓承受剪力,最终破坏相当于螺栓剪切破坏。

3) 钢网架螺栓球节点连接

网架结构是由很多杆件从两个方向或几个方向有规律地组成的高次超静定空间结构。它改变了一般平面桁架受力体系,能承受来自各方向的荷载。网架结构重量轻、刚度大、抗震性能好、便于成批生产,便于提高构件加工质量等这些特有的优点。钢结构网架螺栓球节点由螺栓球、钢网架螺栓球节点用高强度螺栓、封板、锥头和套筒等组成紧固连接件。对螺栓球节点成品球最大螺栓孔的螺纹应进行抗拉强度试验并应符合要求。对高强度螺栓一般做机械性能试验(强度、硬度、断面收缩率;对球、封板、锥头、套筒一般做化学成分分析)。

(2) 螺栓的性能等级与标记

高强度螺栓性能等级 一般为 8.8S, 9.8S, 10.8S, 12.9S。

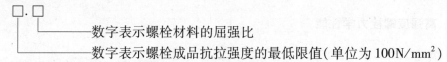

如　8.8 级表示螺栓成品抗拉强度 $f_u > 800 \text{MPa}$;

　　　　螺栓材料的屈服强度 $f_y > 0.8 f_u = 640 \text{MPa}$。

10.9 级表示螺栓成品抗拉强度 $f_u > 1000 \text{MPa}$;

　　　　螺栓材料的屈服强度 $f_y > 0.9 f_u = 900 \text{MPa}$。

螺栓性能等级必须标志在头部顶面或侧面用,凸字或凹字标志。

螺母性能等级标志:性能等级不小于 8 的必须在螺母支承面标志。

螺栓的标记按《紧固件标记方法》GB/T 1237—2000,通常为:

M 螺栓规格(即直径) × 螺栓的公称长度(mm) 加　质量等级　国家标准

如:螺纹规格 $d = M30$、公称长度 $l = 100 \text{mm}$、表面氧化的钢网架球节点用高强度螺栓

(3) 主要考核参数

1) 大六角头高强度螺栓

适用于铁路和公路桥梁、锅炉钢结构、工业厂房、高层民用建筑、塔桅结构、起重机械及其他钢结构摩擦型高强度螺栓连接。大六角头高强度螺栓连接副是高强度螺栓和与之配套的螺母、垫圈的总称,包括 1 个螺栓、1 个螺母、2 个垫圈。性能等级可分为 10.9S 和 8.8S。

标记示例:《钢结构用高强度大六角头螺栓》GB/T 1228—2006　M24×100 10.9S。

主要考核参数:螺栓实物载荷检验(楔负载)、芯部硬度、螺母保证载荷、垫片硬度、连接副扭矩系数、螺栓、螺母的螺纹、表面缺陷、表面处理。

2) 扭剪型高强度螺栓

适用于铁路和公路桥梁、锅炉钢结构、工业厂房、高层民用建筑、塔桅结构、起重机械及其他钢结构摩擦型高强度螺栓连接。扭剪型高强度螺栓性能等级为 10.9S。扭剪型高强度螺栓连接副是扭剪型高强度螺栓和与之配套的螺母、垫圈的总称,包括 1 个螺栓、1 个螺母、1 个垫圈。

标记示例:《钢结构用扭剪型高强度螺栓连接副》GB/T 3632—2008　M22×120 10.9S。

主要技术参数:螺栓实物最小载荷检验(楔负载)、芯部硬度、螺母保证载荷、垫片硬度、连接副紧固轴力、螺栓、螺母的螺纹、表面缺陷、表面处理。

3)《钢网架螺栓球节点用高强度螺栓》GB/T 16939—1997

适用于钢网架螺栓球节点连接,将螺栓球、钢套管件组成紧固连接件。性能等级分为10.9S和9.8S。

标记示例：M30×100《钢网架螺栓球节点用高强度螺栓》GB/T 16939-1997 或《钢网架螺栓球节点用高强度螺栓》GB/T 16939-1997 M30×100。

主要考核参数：拉力载荷试验(螺栓实物机械性能)、芯部硬度、螺栓的螺纹、表面缺陷(裂纹)、表面处理。

(4)试验环境温度要求

高强度螺栓试验环境温度试验应在(10~35℃)下进行,连接副紧固轴力的仲裁试验应在20±2℃下进行。

2. 检测依据

(1)《钢结构用扭剪型高强度螺栓连接副》GB/T 3632-2008
(2)《钢结构用高强度大六角头螺栓》GB/T 1228-2006
(3)《钢结构设计规范》GB 50017-2003
(4)《钢结构工程施工质量验收规范》GB 50205-2001
(5)《紧固件的标记方法》GB 1237-2000
(6)《钢网架螺栓球节点用高强度螺栓》GB/T16939-1997
(7)《网架结构工程质量检验评定标准》JGJ78-91

3. 仪器设备及环境

(1)万能材料试验机(精度要求为1级);
(2)布洛维硬度计(精度要求为2级);
(3)扭矩系数测定装置;

1)扭矩系数测定装置中轴力计或测力系统(精度要求为2级,其误差不得大于测定螺栓紧固轴力(预拉力)值的2%。轴力计的示值应在测定轴力值的1kN以下。);
2)扭矩系数测定装置中扭矩扳手或扭矩测量系统(误差不得大于测试扭矩值的2%。使用的扭矩扳手准确度级别不低于《扭矩板子检定规程》JJG 707-2003中规定的2级);
3)扭矩系数测定装置中压力传感器(精度要求为2级);
4)扭矩系数测定装置中电阻应变仪(精度要求为2级)。

(4)电动拧断器。

4. 取样及制备要求

(1)扭剪型高强度螺栓和大六角高强度螺栓取样要求

出厂检验按批进行。同一性能等级、材料、炉号、螺纹规格、长度(当螺栓长度不大于100mm时,长度相差不大于15mm;螺栓长度大于100mm时,长度相差不大于20mm,可视为同一长度)、机械加工、热处理工艺、表面处理工艺的螺栓为同批。同一性能等级、材料、炉号、螺纹规格、机械加工、热处理工艺、表面处理工艺的螺母为同批。同一性能等级、材料、炉号、规格、机械加工、热处理工艺、表面处理工艺的垫圈为同批。分别由同批螺栓、螺母、垫圈组成的连接副为同批连接副。对保证扭矩系数供货的螺栓连接副最大批量为3000套。

《钢结构工程施工质量验收规范》GB 50205-2001中B.0.2条规定复验的扭剪型高强度螺栓和大六角高强度螺栓应在施工现场待安装的螺栓批中随机抽取,每批应抽取8套连接副进行复验。

(2)抗滑移系数试验取样及制备要求

制造厂和安装单位应分别以钢结构制造批为单位进行抗滑移系数试验。制造批可按分部(子分部)工程划分规定的工程量每2000t为一批,不足2000t的可视为一批。选用两种及两种以上表面处理工艺时,每种处理工艺应单独检验。每批三组试件。

抗滑移系数试验应采用双摩擦面的二栓拼接的拉力试件,如图2-8所示。

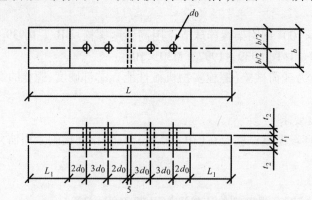

图2-8 抗滑移系数拼接试件的形式和尺寸

抗滑移系数试验用的试件应由制造厂加工,试件与所代表的钢结构构件应为同一材质、同批制作、采用同一摩擦面处理工艺和具有相同的表面状态,并应用同批同一性能等级的高强度螺栓连接副,在同一环境条件下存放。

试件钢板的厚度t_1、t_2应根据钢结构工程中有代表性的板材厚度来确定,同时应考虑在摩擦面滑移之前,试件钢板的净截面始终处于弹性状态;宽度b按表2-8取值。L_1应根据试验机夹具的要求确定。

试件板的宽度(mm) 表2-8

螺栓直径d	16	20	22	24	27	30
板宽b	100	100	105	110	120	120

试件板面应平整,无油污,孔和板的边缘无飞边、毛刺。

(3)钢网架螺栓球节点用高强度螺栓取样要求

出厂检验按批进行同一性能等级、材料牌号、炉号、规格、机械加工、热处理及表面处理工艺的钢网架螺栓球节点用高强度螺栓为同批。最大批量:对于不大于M36为5000件;大于M36为2000件。

5. 试验操作步骤

(1)螺栓实物机械性能及楔负载

将螺栓拧在带有内螺纹的专用夹具上(至少六扣),螺栓头下置一楔垫,楔垫角度$\alpha = 10°$适用于扭剪型高强度螺栓和大六角高强度螺栓;楔垫角度$\alpha = 4°$适用于螺栓球节点用高强度螺栓,楔负载试验示意如图2-9所示。

进行螺栓实物楔负载试验时,拉力载荷应符合规定的范围内,断裂应发生在螺纹部分或螺纹与螺杆交接处。

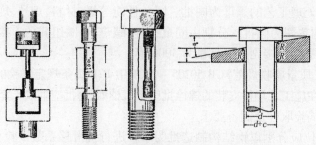

图2-9 螺栓楔负载试验示意图

《钢网架螺栓球节点用高强度螺栓》拉力载荷范围(GB/T 16939-1997)　　表2-9

螺纹规格	M12	M14	M16	M20	M22	M24	M27	M30	M33	M36
性能等级	10.9S									
拉力载荷(kN)	88~105	120~143	163~195	255~304	315~376	367~438	477~569	583~696	722~861	850~1013
螺纹规格	M39	M42	M45	M48	M52	M56×4		M60×4		M64×4
性能等级	9.8S									
拉力载荷(kN)	878~1074	1008~1232	1179~1441	1323~1617	1584~1936	1930~2358		2237~2734		2566~3136

大六角高强度螺栓楔负载试验拉力载荷(GB/T 1231-2006)　　表2-10

螺纹规格 d		M12	M16	M20	M22	M24	M27	M30
公称应力截面积 A_S(mm²)		84.3	157	245	303	353	459	561
性能等级	10.9S	拉力载荷(kN)						
	10.9S	87.7~104.5	163~195	255~304	315~376	367~438	477~569	583~696
	8.8S	70~86.8	130~162	203~252	251~312	293~364	381~473	466~578

钢结构用扭剪型高强度螺栓连接副(GB/T 3632-2008)　　表2-11

螺纹规格 d	M16	M20	M22	M24	M27	M30
公称应力截面积 A_S(mm²)	157	245	303	353	459	561
10.9S　拉力载荷(kN)	163~195	255~304	315~376	367~438	477~569	583~696

当螺栓 $L/d \leqslant 3$ 时,如不能进行楔负载试验,允许用拉力载荷试验或芯部硬度试验代替楔负载试验。拉力载荷应符合表2-9、表2-10的规定,钢结构用扭型高强度螺栓连接副应符合表2-11的规定。

(2)芯部硬度试验

芯部硬度试验在距螺杆末端等于螺纹直径 d 的截面上进行,对该截面距离中心的 $\frac{1}{4}$ 的螺纹直径处,任测四点,取后三点平均值。芯部硬度值应符合表2-12的规定。

对于钢网架螺栓球节点用高强度螺栓来说,其常规硬度值为32~37HRC;螺纹规格为M39~M64×4的螺栓可用硬度试验代替拉力载荷试验。

螺栓芯部硬度值　　表2-12

性能等级	维氏硬度 HV₃₀		洛氏硬度 HRC	
	min	max	min	max
10.9S	312	367	33	39
8.8S	249	296	24	31

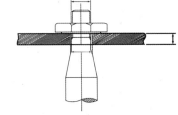

图2-10 螺母保证载荷试验示意图

(3)螺母保证载荷

将螺母拧入螺纹芯棒,如图2-10所示,进行试验时夹头的移动速度不应超过3mm/min。对螺母施加表2-13及表2-14规定的保证载荷,并持续15s,螺母不应脱扣或断裂。当去除载荷后,应可用手将螺母旋出,或借助扳手松开螺母(但不应超过半扣)后用手旋出。在试验中,如果螺纹芯棒损坏,则试验作废。

螺母保证载荷值(GB/T 1231—2006)　　　　　表 2-13

螺纹规格		M12	M16	M20	M22	M24	M27	M30
10H	保证载荷(kN)	87.7	163	255	315	367	477	583
8H	保证载荷(kN)	70	130	203	251	293	381	466

螺母保证载荷值(GB3632—2008 表 12)　　　　　表 2-14

螺纹规格 D		M12	M16	M20	M22	M24	M27	M30
公称应力截面积 A(mm²)		—	157	245	303	353	459	561
保证应力 S(MPa)		1040						
10H	保证载荷(kN)	—	163	255	315	367	477	583

(4)螺母硬度

螺母硬度试验在螺母表面进行,任测四点,取后三点平均值。硬度应符合表 2-15 的规定。

螺母硬度值　　　　　表 2-15

性能等级	维氏硬度		洛氏硬度	
	min	max	min	max
10H	222 HV$_{30}$	304 HV$_{30}$	98 HRB	32 HRC
8H	206 HV$_{30}$	289 HV$_{30}$	95 HRB	30 HRC

(5)垫圈硬度

垫圈硬度试验,在垫圈的表面上任测四点,取后三点平均值。垫圈的硬度为 329HV$_{30}$ ~ 436 HV$_{30}$(35HRC ~ 45 HRC)。

(6)大六角头高强度螺栓连接副扭矩系数

1)连接副的扭矩系数试验是在轴力计上进行,每一连接副只能试验一次,不得重复使用。

2)施拧扭矩 T 是施加于螺母上的扭矩,其误差不得大于测试扭矩值的 2%。使用的扭矩扳手准确度级别不低于《扭矩扳子》JJG 707—2003 中规定的 2 级。

3)螺栓预拉力 P 用轴力计测定,其误差不得大于测定螺栓预拉力值的 2%。轴力计的示值应在测定轴力值的 1kN 以下。

4)进行连接副扭矩系数试验时,螺栓预拉力值 P 应控制在表 2-16 所规定的范围,超出范围者,所测得的扭矩系数无效。

螺栓预拉力值 P 应控制值范围 (GB/T 1231—2006)　　　　　表 2-16

螺纹规格			M12	M16	M20	M22	M24	M27	M30
预拉力值 P(kN)	10.9S	max	66	121	187	231	275	352	429
		min	54	99	153	189	225	288	351
	8.8S	max	55	99	154	182	215	281	341
		min	45	81	126	149	176	230	279

5)组装连接副时,螺母下的垫圈有导角的一侧应朝向螺母支撑面。试验时,垫圈不得发生转

动,否则试验无效。

6)进行连接副扭矩系数试验时,应同时记录环境温度。试验所用的机具、仪表及连接副均应放置在该环境内至少2h以上。

(7)扭剪型高强度螺栓连接副紧固轴力(预拉力)试验

1)紧固轴力试验应在轴力计上进行,每一连接副只能试验一次,螺母、垫圈亦不得重复使用。

2)组装连接副时,垫圈有导角的一侧应朝向螺母支撑面。试验时,垫圈不得转动,否则试验无效。

3)扭剪型高强度螺栓紧固力应符合表2-17的规定。

扭剪型高强度螺栓紧固轴力(GB3632-2008) 表2-17

螺栓规格		M16	M20	M22	M24	M27	M30
每批紧固轴力的平均值(kN)	公称	110	171	209	248	319	391
	min	100	155	190	225	290	355
	max	121	188	230	272	351	430
紧固轴力标准偏差(kN)≤		10.0	15.5	19.0	22.5	29.0	35.5
当螺栓长度小于下表规定值时,可不进行紧固轴力试验(mm)							
螺栓长度		50	55	60	65	70	75

(8)高强度螺栓连接摩擦面抗滑移系数检验

1)试验用的试验机误差应在1%以内。

2)试验用的贴有电阻片的高强度螺栓、压力传感器和电阻应变仪应在试验前用试验机进行标定,其误差应在2%以内。

3)试件组装顺序:

① 将冲钉打入试件孔定位,然后逐个换成装有压力传感器或贴有电阻片的高强度螺栓,或换成同批经预拉力复验的扭剪型高强度螺栓。

② 紧固高强度螺栓应分初拧、终拧。初拧应达到螺栓预拉力标准值的50%左右。终拧后,螺栓预拉力应符合下列规定:

a. 对装有压力传感器或贴有电阻片的高强度螺栓,实测控制试件每个螺栓的预拉力值应在$0.95P \sim 1.05P$(P为高强度螺栓设计预拉力值)之间。

b. 不进行实测时,扭剪型高强度螺栓的预拉力可按同批复验预拉力的平均值取用。

4)在试件侧面画出观察滑移的直线。

5)将组装好的试件置于拉力试验机上,试件的轴线应与试验机夹具中心严格对中。

6)加荷时,应先加10%的抗滑移设计荷载值,停1min后,再平稳加荷,加荷速度为3~5kN/s。直拉至滑动破坏,测得滑移荷载Nv。

7)在试验中当发生以下情况之一时,所对应的荷载可定为试件的滑移荷载:

① 试验机发生回针现象;

② 试件侧面画线发生错动;

③ X-Y记录仪上变形曲线发生突变;

④ 试件突然发生"嘣"的响声。

(9)螺栓球组件性能试验

螺栓球和高强度螺栓组成的拉力载荷试件简图如图2-11所示,试件在批量产品中随机抽样,采用单向拉伸试验方法,在拉力试验机上进行,试验实测结果应符合表2-18要求。

高强度螺栓抗拉极限承载力 表2-18

公称直径 d(mm)	公称应力截面积 A_s(mm²)	抗拉极限承载力 K_n(kN)	
		10.9S	8.8S
12	84	84~95	68~83
14	115	115~129	93~113
16	157	157~176	127~154
18	192	192~216	156~189
20	245	245~275	198~241
22	303	303~341	245~298
24	353	353~397	286~347
27	459	459~516	372~452
30	561	561~631	454~552
33	694	694~780	562~663
36	817	817~918	662~804
39	976	976~1097	791~960
42	1121	1121~1260	908~1103
45	1306	1306~1468	1058~1285
48	1473	1473~1656	1193~1450
52	1758	1758~1976	1424~1730
56	2030	2030~2282	1644~1998
60	2362	2362~2655	1913~2324

高强度螺栓和螺钉的硬度试验应符合性能等级为8.8S时,热处理后硬度为HRC21-29;性能等级为10.9S时,热处理后硬度为HRC32-36。检验方法按《棉纤维长度试验方法罗拉式分析仪法》GB 6098.1-1985中有关规定进行。当硬度检验与拉力载荷检验结果有矛盾时,应以拉力载荷试验结果为准。

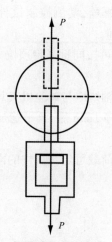

图2-11 螺栓球与高强螺栓组成的拉力试验

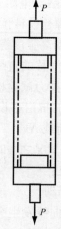

图2-12 封板与钢管连接的拉力试验

封板或锥头与钢管的连接焊缝拉力载荷试验在拉力试验机上进行,采用轴力拉伸试验方法,试件简图如图2-12所示;试件随机抽样后,取其端部两段,在开口端再焊上封板或锥头。试件抗拉强度应达到该试件钢管材料相应的国家标准《碳素结构钢》GB 700—88 或《低合金高强度结构钢》GB1591–1994 的规定。

螺栓球的检验侧重于如下两点：

1) 用磁粉探伤检查球表面缺陷。磁粉探伤是检查铁磁性材料表面缺陷最灵敏的方法。探伤人员要持证上岗，磁探前先要磨除球表面的氧化皮。在未磨氧化皮的情况下，借助 10 倍放大镜的检查，效果很差。

2) 用螺纹规测量螺孔可拧入深度 h，以 $h \geqslant 1.2d$ 为合格，d 为螺栓直径。

管杆件侧重于以下两点：

1) 用射线探伤检查焊缝内部质量缺陷。通常采用的焊缝内部缺陷检测方法有两种，即射线和超声。在工件壁厚不大于 38mm 时，射线对各种缺陷的检出灵敏度高于或不低于超声。

2) 用超声测厚仪测量管壁厚度。运抵现场的管件其壁厚已无法尺量，应进行无损式测量。以负偏差不大于 15% 为合格。在屋盖以单位面积包价的市场经济条件下，减小管壁厚度的情况并不鲜见。

6. 数据处理与结果判定

(1) 大六角头高强度螺栓连接副扭矩系数复验

1) 数据处理

扭矩系数计算公式如下：

$$K = T/(P \cdot d) \qquad (2-4)$$

式中　K——扭矩系数；

　　　T——施拧扭矩(N·m)；

　　　d——螺栓的螺纹规格(mm)；

　　　P——螺栓预拉力(kN)。

2) 结果判定

① 高强度大六角头螺栓连接副必须按规定的扭矩系数供货，同批连接副的扭矩系数平均值为 0.110~0.150，扭矩系数标准偏差应不大于 0.0100。每一连接副包括 1 个螺栓、1 个螺母、2 个垫圈，并应分属同批制造。

② 连接副扭矩系数保证期为自出厂之日起 6 个月，用户如需延长保证期，可由供需双方协议解决。

③ 螺栓、螺母、垫圈均应进行表面防锈处理，但经处理后的高强度大六角头螺栓连接副扭矩系数还必须符合①的规定。

(2) 扭剪型高强度螺栓连接副紧固轴力(预拉力)

1) 数据处理

$$\overline{P} = \frac{1}{n} \sum_{i=1}^{n} P_i \qquad (2-5)$$

$$\sigma = \frac{\sqrt{\sum_{i=1}^{n}(P_i - \overline{P})^2}}{n-1} \qquad (2-6)$$

式中　$\overline{P}$——螺栓紧固轴力(预拉力)平均值(kN)；

　　　P_i——第 i 个螺栓紧固轴力(预拉力)(kN)；

　　　n——螺栓个数；

　　　σ——预拉力标准偏差(kN)。

2) 结果判定

连接副紧固轴力(预拉力)应控制在表 2-19 所规定的范围,超出范围者,所测得的预拉力无效,且预拉力标准偏差应满足表 2-19 的要求。

(3) 高强度螺栓连接摩擦面抗滑移系数复验

1) 数据处理

抗滑移系数,应根据试验所测得的滑移荷载 N_v 和螺栓预拉力 P_i 的实测值计算(宜取小数点后两位有效数字)。

$$\mu = \frac{N_v}{n_f \Sigma P_i} \tag{2-7}$$

式中　N_v——试验测得的滑移荷载(kN);

　　　n_f——摩擦面面数,取 $n_f = 2$;

　　ΣP_i——试件滑移一侧高强度螺栓预拉力实测值(或同批螺栓连接副的预拉力平均值)之和(取三位有效数字)(kN);$i = 1,\cdots\cdots,m$;

　　　m——试件一侧螺栓数量,取 $m = 2$。

2) 结果判定

测得的抗滑移系数最小值应符合设计要求。

[案例 2-1]　标准规定,8.8 级表示螺栓成品抗拉强度 $f_u > 800\text{MPa}$;螺栓材料的屈服强度 $f_y > 0.8 f_u = 640\text{MPa}$。10.9 级表示螺栓成品抗拉强度 $f_u > 1000\text{MPa}$;螺栓材料的屈服强度 $f_y > 0.9 f_u = 900\text{MPa}$。请你根据以上原则,给出 12.9 级螺栓成品抗拉强度 f_u 和螺栓材料的屈服强度 f_y 的技术要求。

答:根据标准规定,12.9 级表示螺栓成品抗拉强度 $f_u > 1200\text{MPa}$;螺栓材料的屈服强度 $f_y > 0.9 f_u = 1080\text{MPa}$。

[案例 2-2]　请问螺栓是不是越紧越好?

答:用螺栓、螺母连接的紧固连接件很多,紧固时应保证其有足够的预紧力,但不能拧得过紧。若拧得过紧,一方面将使连接件在外力的作用下产生永久变形;另一方面将使螺栓产生拉伸永久变形,预紧力或紧固轴力反而下降,甚至造成滑扣或折断现象。所以不是越紧越好。

[案例 2-3]　高强度螺栓摩擦型和承压型连接的区别

答:高强螺栓连接可分为高强螺栓摩擦型连接和高强螺栓承压型连接两种,两者的本质区别是极限状态不同,虽然是同一种螺栓,但是在计算方法、要求、适用范围等方面都有很大的不同,设计是否考虑滑移。高强螺栓摩擦型连接绝对不能滑动,螺栓不承受剪力,一旦滑移,设计就认为达到破坏状态,在技术上比较成熟;高强螺栓承压型连接可以滑动,螺栓也承受剪力,最终破坏相当于普通螺栓的破坏模式(螺栓剪坏或钢板压坏)。

[案例 2-4]　请你判断以下说法正确的是:

(a)高强度螺栓连接副扭矩检验分扭矩法检验和转角法检验两种,原则上检验法与施工法应相同。扭矩检验应在施拧 1h 后,72h 内完成。

(b)高强度螺栓连接副扭矩检验分扭矩法检验和转角法检验两种,原则上检验法与施工法应相同。扭矩检验应在施拧 1h 后,48h 内完成。

(c)高强度螺栓连接副扭矩检验分扭矩法检验和转角法检验两种,原则上检验法与施工法应相同。扭矩检验应在施拧 1h 后,24h 内完成。

(d)高强度螺栓连接副扭矩检验分扭矩法检验和转角法检验两种,原则上检验法与施工法应相同。扭矩检验应在施拧 1h 后,12h 内完成。

答:根据钢结构施工质量验收规范的规定,高强度螺栓连接副扭矩检验含初拧、复拧、终拧扭矩的现场无损检验。检验所用的扭矩扳手其扭矩精度误差应该不大于3%。高强度螺栓连接副扭矩检验分扭矩法检验和转角法检验两种,原则上检验法与施工法应相同。扭矩检验应在施拧1h后,48h内完成。所以应选择(b)。

[**案例2-5**] 对建筑工程中不合格项目,特别是不合格工程的处理一直是一个困扰我们的棘手问题,新的验收规范体系在这方面有所突破,房屋建筑作为一种产品,必然存在着不合格的情况,况且我国建筑工程质量合格率还不是很高,正视这一问题并制定一些处理办法才是一个好的出路。对于检验批,分项工程,分部工程及单位工程验收中出现的不合格项,请问根据钢结构施工质量验收规范的规定应当如何处理?

答:根据《钢结构工程施工质量验收规范》GB5025-2001的规定对于检验批,分项工程,分部工程及单位工程验收中出现的不合格项,分别给出了下列五种处理办法:

第一种情况:经返工重做或更换构(配)件的检验批,应重新进行验收;

在检验批验收时,其主控项目或一般项目不能满足《钢结构工程施工质量验收规范》GB50205-2001的规定时,应及时进行处理,其中,严重的缺陷应返工重做或更换构件;一般的缺陷通过翻修、返工予以解决。应允许施工单位在采取相应的措施后重新验收,如能够符合本规范的规定,则应认为该检验批合格。

第二种情况:经有资质的检测单位检测鉴定能够达到设计要求的检验批,应予以验收;

当个别检验批发现试件强度、原材料质量等不能满足要求或发生裂纹、变形等问题,且缺陷程度比较严重或验收各方对质量看法有较大分歧而难以通过协商解决时,应请具有资质的法定检测单位检测,并给出检测结论。当检测结果能够达到设计要求时,该检验批可通过验收。

第三种情况:经有资质的检测单位检测达不到设计要求,但经原设计单位核算认可能够满足结构安全和使用功能的检验批,可予以验收;

如经检测鉴定达不到设计要求,但经原设计单位核算,仍能满足结构安全和使用功能的情况,该核验批可予验收。一般情况下,规范标准给出的是满足安全和功能的最低限度要求,而设计一般在此基础上留有一些裕量。不满足设计要求和符合相应规范标准的要求,两者并不矛盾。

第四种情况:经返修或加固处理的分项、分部工程,虽然改变外形尺寸但仍能满足安全使用要求,可按处理技术方案和协商文件进行验收;

更为严重的缺陷或者超过检验批的更大范围内的缺陷,可能影响结构的安全性和使用功能。在经法定检测单位的检测鉴定以后,仍达不到规范标准的相应要求,即不能满足最低限度的安全储备和使用功能,则必须按一定的技术方案进行加固处理,使之能保证其满足安全使用的基本要求,但已造成了一些永久性的缺陷,如改变了结构外形尺寸,影响了一些次要的使用功能等。为避免更大的损失,在基本上不影响安全和主要使用功能条件下可采取按处理技术方案和协商文件再进行验收,降级使用。但不能作为轻视质量而回避责任的一种出路,这是应该特别注意的。

第五种情况:通过返修或加固处理仍不能满足安全使用要求的,应不予验收(严禁验收)。

第三节 钢结构焊缝质量

一、概述

焊接技术广泛应用于建筑钢结构,是与国计民生密切相关的实用技术。许多工业部门都对焊接技术提出新的要求,焊接量大,技术要求高,新的焊接材料、特殊的和现代的焊接方法不断被采用,焊接结构的使用条件也日趋苛刻。由于焊接结构本身及应力分布的复杂性,在制造过程中很难杜绝焊接缺陷,在使用的过程中也会有新缺陷的产生,使焊接结构发生破坏性事故,这些事故造成了重大的损失甚至是灾难性的后果。所以焊接质量的控制已经引起相关部门的高度重视,并制定了相应的标准法规,为了确保焊接结构在制造和使用过程中安全、经济、可靠,焊接检验在焊接生产中具有举足轻重的作用。

无损检测(NDT)可以广义地定义为:为了确定是否存在影响物体使用性能的条件或结构不连续,在不改变物体状态和性质的条件下所进行的各种检查、测试、评价方法。一个普遍的误解就是,采用 NDT 后在一定程度上可以确保每个部件都不会失效或出现故障,这种观点是不对的。每种无损检测方法都有它的局限性,任何一种无损检测方法本身都不是万能的,多数情况下,一个彻底的检查至少需要两种方法,一种方法检测部件的内部,另一种方法检查部件的表面状态,使用者必须知晓各种方法的局限性,目前主要的无损检测方法如表 2 – 19 所示。

焊接过程中在焊接接头中产生的金属不连续、不致密或连接不良的现象称为焊接缺陷。由于缺陷的种类、形态、数量的不同,所引起的应力集中的程度也不同,因而对结构的危害程度也不一样。另外,由于焊接结构的使用条件不同,对其质量的要求也不一样,因而对缺陷的容限范围也不相同。根据《金属熔化焊焊缝缺陷分类及说明》GB/T 6417 – 1986,焊缝缺陷可分为六类:裂纹、孔穴、固体夹杂、未熔合和未焊透、形状缺陷及其他缺陷。焊接检验的方法很多,大致分为破坏性检验、非破坏性检验两大类,其中非破坏性检验中的无损检测方法在建筑领域中应用较广泛。目前,钢结构焊缝无损检测方法主要有四种:射线探伤、超声波探伤、渗透探伤及磁粉探伤。

二、检测依据

《钢结构工程施工质量验收规范》GB50205 – 2001
《建筑钢结构焊接技术规程》JGJ 81 – 2002
《钢结构超声波探伤及质量分级法》JG/J 203 – 2007
《钢焊缝手工超声波探伤方法和探伤结果分级》GB11345 – 1989
《金属熔化焊焊接接头射线照相》GB/T3323 – 2005
《焊缝渗透检验方法和缺陷迹痕的分级》JB/T6062 – 92
《焊缝磁粉检验方法和缺陷磁痕的分级》JB/T6061 – 92

主要的无损检测方法综述　　　　　　　　　表 2 – 19

方法	原理	应用范围	优点	不足
目视检测(VT)	由人眼或光敏设备对被检测物体的反射光或发射光成像	许多工业领域和场合都可以用。从原材料到成品到再用检查	廉价、简单、培训很少。范围广,优点多	只能评价表面状态,需要光源,必须能接近
渗透检测(PT)	将可视或荧光物质的液体涂到表面,由毛细作用进入不连续处	可用于任何无覆盖层、未污染的无吸附性固体	操作相对简单、材料廉价。特别敏感、通用、培训少	只能检测到开口至表面的不连续,表面必须相对光滑且没有污染物
磁粉检测(MT)	磁化被检测部件后将细磁粉涂于表面,不连续处会呈现磁痕	适用于检测所用铁磁性材料的表面和近表面的不连续。大小部件均可	使用相对简单,设备或材料通常廉价,比 PT 灵敏、快捷	只有表面和较少的近表面的不连续可以检测到,只适用于铁磁性材料
射线检测(RT)	放射线穿透试件时胶片曝光,不连续对曝光有影响	适用于大部分材料、形状和结构。例如新制造或在用的焊接件、铸造件、组合件等	可提供永久性记录,高灵敏度。最广泛地被应用和认可的体积型缺陷检查方法	检测的极限厚度与材料密度有关,平面不连续检测有局限,漏检可能性大(射线方向与不连续方向的夹角对检测结果影响大),射线有害

续表

方法	原理	应用范围	优点	不足
超声波检测(UT)	来自传感器的高频声脉冲在试件材料中的传播,遇交界面反射	只要声音传播性和表面粗糙度较好、形状不复杂,可适用于大多数材料的检查	提供快速、精确、高灵敏的检验结果。厚度信息、深度及缺陷种类等都可在构件的一个表面得到	通常没有永久记录,材料衰减、表面粗糙度和外形影响检测,需耦合剂
涡流检测(ET)	导电试样在电磁感应的作用下产生局电场	几乎可以对所用导体的缺陷、冶金状态、减薄及导电性进行检验	快速、通用、灵敏、非接触式,适于自动化和现场检验	必须理解和控制变量,只穿透浅层,影响因素多
红外热外像法(TIR)	用温度传感器、探测仪、照相仪测量被检测表面的温度变化	适用于温度的变化与部件状态和热导性有关的大多数材料和部件	对小部件或大区域的温度微量变量化非常敏感,可提供永久的记录	不能有效探测厚部件中的缺陷,只能评价表面状态,评价需要较高的技术水平
声发射检测(AE)	在不还续扩展时,能量被释放并以应力波的形式在材料中传播。由传感器进行探测	受应力或荷载作用的焊接件、压力容器、回转设备、某些复合件及其他结构	可对大区域监测其损伤状态。可以有效预测失效	传感器必须接触检测表面。需要多个传感器来缺陷定位,需要对信号解释

三、焊缝无损检测方法

1. 射线探伤

射线探伤是利用射线可穿透物质和在穿透物质时能量有衰减的特性来发现缺陷的一种探伤方法。它可以检验金属材料和非金属及其制品的内部缺陷。具有缺陷检验的直观性、准确性和可靠性,且射线底片可作为质量存档,缺点是设备复杂,成本高,射线对人体有害等。射线探伤主要采用 X 射线和 γ 射线。

X 射线与 γ 射线都是波长很短的电磁波,其本质是相同的,区别是发生的方法不同。射线探伤按其所使用射线源不同,分为 X 射线探伤、γ 射线探伤和高能 X 射线探伤等,按其显示缺陷方法不同,又可分为射线照相法探伤、射线实时图像法探伤和射线计算机断层扫描技术等。射线探伤的实质是利用射线穿透物质,且在穿透不同物质(如被检物中有缺陷)时射线能量衰减程度不同,因而在透过的射线中强度存在差异,使缺陷能在 X 光感光胶片或 X 光电视屏上显示出来,供人们分析判断被检物中的缺陷情况。射线照相法探伤是通过底片上缺陷影像,对照有关标准来评定工件内部质量的,具有灵敏度高、底片能作为质量凭证长期保存等优点,目前在国内外射线探伤中应用最为广泛。

(1) 射线探伤仪器设备及环境

射线探伤采用射线探伤机,射线探伤机可根据射线穿透厚度等技术参数进行选择,射线照相法探伤系统基本组成如下:

1) 射线源

射线源为 X 射线机、γ 射线机或高能射线加速器。

2) 射线胶片

射线胶片与普通照相胶卷不同之处是片基的两面均涂有乳剂,以增加对射线敏感的卤化银含量。射线胶片通常根据卤化银颗粒粗细和感光速度的快慢将射线胶片分为 J1、J2、J3 三类。

3) 增感屏

金属增感屏是由金属箔粘合在纸基或胶片片基上制成。探伤时紧贴于射线胶片两侧,先于胶片接收射线照射者称前屏,后于胶片接收射线照射者称后屏,其作用是增加对胶片的感光作用并吸收散射线,提高胶片感光速度和底片成像质量。

4)像质计

像质计是用来定量评价射线底片影像质量的工具,与被检工件材质应相同。《金属熔化焊焊接接头射线照相》GB/T 3323-2005 中规定采用线型像质计,其型号规格应符合《无损检测 射线照相检测用线型像质计》JB/T 7902-2006 的规定。

5)暗盒

暗盒是由对射线吸收不明显,对影像无影响的柔软塑料制成,其作用是防止胶片漏光。

6)标记带

标记带可使选定的焊缝探伤位置的底片与工件被检部位能始终对照,易于找出返修位置。

(2)取样及制备要求

1)取样

设计要求全焊透的一、二级焊缝采用超声波探伤不能对缺陷做出判断时,应采用射线探伤方法进行检测。对于一级焊缝探伤比例为 100%,二级焊缝探伤比例为 20%,且探伤比例的计数方法应按以下原则确定:

对工厂制作焊缝,应按每条焊缝计算百分比,且探伤长度应不小于 200mm,当焊缝长度不足 200mm 时,应对整条焊缝进行探伤。

对现场安装焊缝,应按同一类型、同一施焊条件的焊缝条数计算百分比,探伤长度应不小于 200mm,并应不少于 1 条焊缝。

2)制备要求

射线照相探伤之前,必须首先对工件进行表面质量检查,将易与焊缝内部缺陷相混淆的表面缺陷在射线探伤之前处理好,以免影响底片评定的准确性。

(3)操作步骤

1)确定探伤位置并做标记

探伤位置的确定:在探伤工作中,焊缝探伤比例应严格按标准确定。焊缝按比例探伤检查时,抽查的焊缝位置一般选在:可能或常出现缺陷的位置;危险断面或受力最大的焊缝部分;应力集中部位;外观检查可疑的部位。

探伤位置的标记:选定的焊缝探伤位置必须按一定顺序和规律进行标记,使每张底片与构件被检部位能始终对照。

2)选择适当的探伤条件

①探伤要求

a. 像质等级:应根据有关规程和标准要求选择适当的探伤条件。如钢熔化焊对接接头透照探伤应以《金属熔化焊焊接接头射线照相》GB/T 3323-2005 为准,标准将像质等级分为 A 级、AB 级和 B 级。不同的像质等级对探伤工艺要求不同。

b. 黑度 D:底片黑度是指曝光并经暗室处理后的底片黑化程度。数值上等于底片照射光强与透过光强之比的对数值。底片黑度可用黑度计直接在底片的规定位置测量。灰雾度 D_0 是未经曝光的胶片经暗室处理后获得的微小黑度,要求 $D_0 \leq 0.3$。

c. 灵敏度:射线照相质量重要指标之一,一般以在焊缝中发现的最小缺陷尺寸或在构件钢材厚度上所占百分比来表示。《金属熔化焊焊接接头射线照相》GB/T 3323-2005 规定,射线照相灵敏度以像质指数表示,可根据透照厚度、像质等级来选择像质计型号。

②射线能量、焦点及透照距离的选择

a. 射线能量：普通 X 光机的 kV 值越高，产生的射线能量越大，其穿透能力越强，即可透照的工件厚度愈大，但同时也导致衰减系数的降低而使成像质量下降（主要是对比度，即底片上相邻两个区域的相对黑度明显下降），所以在保证穿透的前提下，应根据材质和成像质量要求，尽量选择较低的射线能量。《金属熔化焊焊接接头射线照相》GB/T 3323—2005 对允许使用的最高管电压和透照厚度的下限值均做了规定。

b. 射线焦点：X、γ 射线的焦点是指射线源的尺寸大小。随 X 光管阳极的结构不同，其焦点有方形和圆形两大类。实际透照表明，选用小焦点射线源探伤时，可以获得清晰度很高的显示图像，因此在射线能量满足穿透的前提下，应尽可能选择使用小焦点射线源。

c. 透照距离：焦点至胶片的距离称为透照距离（又称焦距）。目前在射线探伤的国内外标准中，均推荐使用诺模图来确定（最小）透照距离。

3）选择焊缝透照方法进行拍照

进行射线探伤时，为了准确反映焊缝接头内部缺陷存在的情况，应根据接头形式和构件几何形状合理选择透照方法。

①一般接头焊缝：图 2-13 所示为对接焊缝的透照方法；图 2-14 所示为角接焊缝的透照方法；丁字角焊缝和十字角焊缝可采用图 2-15 所示进行透照；搭接和卷边角焊缝可采用图 2-16；封闭容器的角焊缝可采用图 2-17 的方法进行透照。

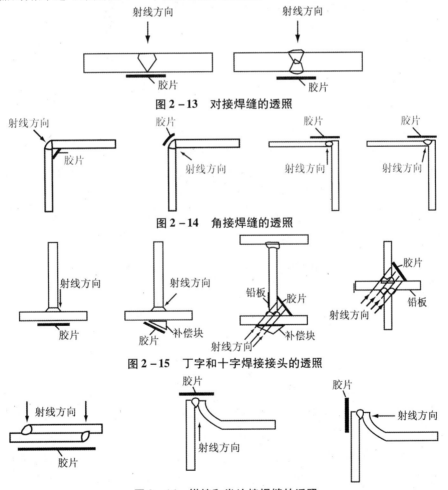

图 2-13 对接焊缝的透照

图 2-14 角接焊缝的透照

图 2-15 丁字和十字焊接接头的透照

图 2-16 搭接和卷边接焊缝的透照

②筒体焊缝（钢管环焊缝）：《金属熔化焊焊接接头射线照相》GB/T 3323—2005 规定，按射线源、构件和胶片之间的相互位置关系，筒体焊缝透照方法分为纵缝透照法、环缝外透法、环缝内透

法、双壁单影法和双壁双影法等五种,其中纵缝透照方法与对接缝透照方法相同。钢管环焊缝的透照方法基本相同,执行标准是《金属熔化焊焊接接头射线照相》GB/T 3323-2005《钢管环缝熔化焊对接接头射线透照工艺和质量分级》GB/T 12605-1990。

③环焊缝外透法:射线源在工件外侧,胶片放在工件内侧,射线穿过单层壁厚对焊缝进行透照,如图2-18所示。对于能在筒体(管)内贴胶片的构件对接焊缝可采用图2-18(a)方式进行透照,如果整圈焊缝都要检查,可采用图2-18(b)方式分段曝光。

图2-17 封闭容器角焊缝的透照

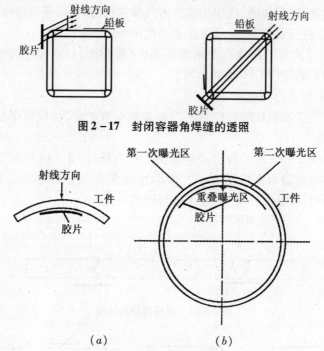

图2-18 环焊缝外透法

④环焊缝内透法:射线源在筒体内,胶片贴在筒体外表面,射线穿过筒体单层壁厚对焊缝进行透照,如图2-19所示。环焊缝内透法根据射线源位置可分为内透中心法和内透偏心法。设透照距离为F,工件外半径为R,当$F=R$时,称内透中心法。如$F>R$或$F<R$,则称为内透偏心法。

图2-19 环焊缝内透法

⑤双壁单影法:射线源在工件外侧,胶片贴在射线源对面的构件外侧,射线通过双层壁厚把贴近胶片侧的焊缝投影在胶片上的透照方法称双壁单影法。

外径大于89mm的管子对接焊缝也可采用此法进行分段透照。图2-20(a)是采用垂直构件表面入射,按几何光学的原理,靠近射线源一侧的焊缝图像,由于像距和物距的比例失调而发散,不在胶片上成像。只有靠近胶片一侧的焊缝图像在胶片上成像。此法适用于外径在200mm以上的构件。对于外径小于200mm的构件,可采用图2-20(b)所示的倾斜入射。

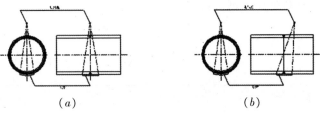

图2-20 双壁单影法

⑥双壁双影法:射线源在构件外侧,胶片放在射线源对面的构件外侧,射线透过双层壁厚把构件两侧都投影到胶片上的透照方法称为双壁双影法。如图2-21所示。

外径不大于89mm的管子对接焊缝也可采用此法透照。透照时,为了避免上、下层焊缝影像重叠,射线束方向应有适当倾斜。《金属熔化焊焊接接头射线照相》(GB/T 3323-2005)规定,射线束的方向应满足上下焊缝的影像在底片上呈椭圆形显示,其间距以3~10mm为宜,最大间距不得超过15mm。

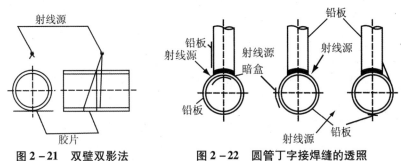

图2-21 双壁双影法　　图2-22 圆管丁字接焊缝的透照

⑦其他焊缝:图2-22所示是圆管丁字接焊缝的透照方法,管座焊缝可参考图2-23所示方法进行透照。

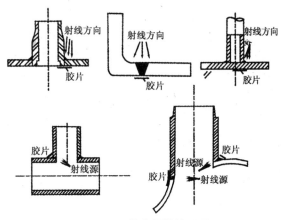

图2-23 管座焊缝的透照

4)暗室处理胶片

暗室处理是将胶片曝光后生成的潜象变成可见的黑色银像底片的处理过程,它包括显影、停显、定影、冲洗和底片烘干等5个工序,其中显影、停显和定影必须在暗室中进行。暗室中必须有通风换气设备,防止室内因温度过高和湿度过大,造成胶片受潮或受热而变质。

(4)数据处理与结果判定

射线底片评定工作简称评片,由Ⅱ级或Ⅱ级以上探伤人员在评片室内利用观片灯、黑度计等仪器和工具进行该项工作。根据底片所反映出的接头缺陷进行判别,并评定出该接头的质量等级,首先应对底片反映出来的缺陷进行性质、大小、数量及位置的识别,然后与探伤标准进行比较定级。

各种焊接缺陷的显示特征及辨别见表 2-20。

各种焊接缺陷的显示特征及辨别　　　　表 2-20

焊接缺陷		射线照相法底片
种类	名称	
裂纹	横向裂纹	与焊接方向垂直的黑色条纹
	纵向裂纹	与焊接方向一致的黑色条纹,两头尖细
	放射裂纹	由一点辐射出去的星形黑色条纹
	弧坑裂纹	弧坑中纵、横向及星形黑色条纹
未熔合与未焊透	未熔合	坡口边缘、焊道之间以及焊缝根部等处的伴有气孔或夹渣的连续或断续黑色影像
	未焊透	焊缝根部钝边未熔化的直线黑色影像
夹渣	条状夹渣	黑度值较均匀的呈长条黑色不规则影像
圆形缺陷	夹钨	白色状块
	点状夹渣	黑色点状
	球形气孔	黑度值中心较大边缘较小且均匀过渡的圆形黑色影像
	链状气孔	与焊接方向平等的成串并呈直线状的黑色影像
	柱状气孔	黑度极大且均匀的黑色圆形显示
	均布及局部密集气孔	均匀颁布及局部密集的黑色点状影像
	斜针状气孔(螺孔、虫形孔)	单个或呈人字颁布的带尾黑色影像
	表面气孔	黑度值不太高的圆形影像
	弧坑缩孔	指焊道末端的凹陷,为黑色显示
形状缺陷	咬边	位于焊缝边缘与焊缝走向一致的黑色条纹
	缩沟	单面焊,背部焊道两侧的黑色影像
	焊缝超高	焊缝正中的灰白色突起
	下塌	单面焊,背面焊道正中的灰白色影像
	焊瘤	焊缝边缘的灰白色突起
	错边	焊缝一侧与另一侧的黑色值不同,有一明显界限
	下垂	焊缝表面的凹槽,黑度值较高的一个区域
	烧穿	单面焊,背部焊道由于熔池塌陷形成孔洞,在底片上为黑色影像
	缩根	单面焊,背部焊道正中的沟槽,呈黑色影像
其他缺陷	电弧擦伤	母材上的黑色影像
	飞溅	灰白色圆点
	表面撕裂	黑色条纹
	磨痕	黑色影像

注:缺陷种类以《金属熔化焊焊缝缺陷分类及说明》GB/T 6417-1986 为依据。

《金属熔化焊焊接接头射线照相》GB/T 3323-2005 标准中,根据缺陷性质、数量和大小将焊缝质量分为 Ⅰ、Ⅱ、Ⅲ、Ⅳ 共四级,质量依次降低。

Ⅰ级焊缝内不允许存在任何裂纹、未熔合、未焊透以及条状夹渣,允许有一定数量和一定尺寸的圆形缺陷存在。

Ⅱ级焊缝内不允许存在任何裂纹、未熔合、未焊透等三种缺陷,允许有一定数量、一定尺寸的条状夹渣和圆形缺陷存在。

Ⅲ级焊缝内不允许存在任何裂纹、未熔合以及双面焊和加垫板的单面焊中的未焊透,允许一定数量和一定尺寸的条状夹渣和圆形缺陷以及焊透(指非氩弧焊封底的不加垫板的单面焊)存在。

Ⅳ级焊缝指焊缝缺陷超过Ⅲ级者。

1)圆形缺陷的评定

圆形缺陷是长宽比不大于3的缺陷,它的评定是在评定区域内进行的,评定区应选择在缺陷最严重的部位,其区域大小根据工件厚度确定,见表2-21所示。

圆形缺陷评定区(mm)　　　　　　　　　　表2-21

母材厚度 T	≤25	>25~100	>100
评定区尺寸	10×10	10×20	10×30

注意:评定区域内圆形缺陷的大小不同时应按表2-22的规定将尺寸换算成缺陷点数。应指出的是,并不是所有缺陷都要计算缺陷点数,但应满足表2-23规定的缺陷不计点数的缺陷尺寸。评定时,根据评定区域中每个缺陷的尺寸,按表2-23查出其相应的缺陷点数,并计算出评定区域内缺陷点数总和,然后按表2-24提供的数值来确定缺陷的等级。

缺陷点数换算表　　　　　　　　　　表2-22

缺陷长径(mm)	≤1	>1~2	>2~3	>3~4	>4~6	>6~8	>8
点数	1	2	3	6	10	15	25

不计点数的缺陷尺寸(mm)　　　　　　　　　　表2-23

母材厚度 T	≤25	>25~60
缺陷长径	≤0.5	≤0.7

圆形缺陷的等级　　　　　　　　　　表2-24

质量等级 \ 母材厚度(mm)	≤10	>10~15	>15~25	>25~50	>50~100	>100
Ⅰ	1	2	3	4	5	6
Ⅱ	3	6	9	12	15	18
Ⅲ	6	12	18	24	30	36
Ⅳ	缺陷点数大于Ⅲ者					

注:表中数字为允许缺陷点数的上限。

2)条状夹渣的评定

条状夹渣的等级评定根据单个条状夹渣长度、条状夹渣总长及相邻两条夹渣间距3个方面来进行综合评定。

①单个条状夹渣的评定

当底片上存在单个条状夹渣时,以夹渣长度确定其等级,见表2-25所示。一般钢材较厚的焊缝允许较长的条渣存在,钢材较薄的焊缝则允许较短的条渣存在,因此标准规定,用条状夹渣长度占板厚的比值来进行等级评定。同时规定薄板焊缝的最小允许值和厚板焊缝的最大允许值。

②断续条状夹渣的评定

如果底片上的夹渣是由几段相隔一定距离的条状夹渣组成,此时的等级评定应从单个夹渣长度、夹渣间距以及夹渣总长三方面进行评定。先按单个条状夹渣,对每一条状夹渣进行评定(一般只需评定其中最长者),然后从其相邻两夹渣间距来判别夹渣组成情况,最后评定夹渣总长。

Ⅰ、Ⅱ级焊缝内不允许存在未焊透缺陷,Ⅲ级焊缝内不允许存在双面焊和加垫板的单面焊中的未焊透。不加垫板单面焊中的未焊透允许长度按表2-25条夹渣长度的分级评定。

事实上,焊缝中的缺陷往往不是单一的,可能同时有几种缺陷。对于几种缺陷同时存在的等级评定,应先各自评级,然后进行综合评级。如有两种缺陷,可将其级别之和减1作为缺陷综合评级后的焊缝质量级别。如有三种缺陷,可将其级别之和减2作为缺陷综合评级后的焊缝质量等级。

当焊缝的质量级别不符合设计要求时,焊缝评为不合格。不合格焊缝必须进行返修。返修后,经再探伤合格,该焊缝才算合格。

条状夹渣长度的分级(mm) 表2-25

质量等级	单个条状夹渣长度		条状夹渣总长
	板厚 T	夹渣长度	
Ⅱ级	$T \leq 12$	4	在任意直线上,相邻两夹渣间距不超过 $6L$ 的任何一组夹渣,其累计长度在 $12T$ 焊缝长度内不超过 $1T$
	$12 < T < 60$	$T/3$	
	$T \geq 60$	20	
Ⅲ级	$T \leq 9$	6	在任意直线上,相邻两夹渣间距不超过 $3L$ 的任何一组夹渣,其累计长度在 $6T$ 焊缝长度内不超过 $1T$
	$9 < T < 45$	$2T/3$	
	$T \geq 45$	30	
Ⅳ级	大于Ⅲ级者		

注:1. 表中"L"为该组夹渣中最长者的长度。
2. 长宽比大于3的长气孔的评级与条状夹渣长度相同。

2. 超声波探伤检测

超声波探伤是利用超声波在物质中的传播、反射和衰减等物理特征来发现缺陷的一种探伤方法。与射线探伤相比,超声波探伤具有灵敏度高、探测速度快、成本低、操作方便、探测厚度大、对人体和环境无害,特别对裂纹、未熔合等危险性缺陷探伤灵敏高等优点。但也存在缺陷评定不直观、定性定量与操作者的水平和经验有关,存档困难等缺点。在探伤中,常与射线探伤配合使用,提高探伤结果的可靠性。

超声波是频率大于20000Hz的机械波。探伤中常用的超声波其频率为0.5~10MHz,其中2~5MHz被推荐为焊缝探伤的公称频率。

(1)仪器设备及环境

超声波探伤设备一般由超声波探伤仪、探头和试块组成。

1)超声波探伤仪的的性能:超声波探伤使用A型显示脉冲反射式超声波探伤仪,水平线性误差不应大于1%,垂直线性误差不应大于5%。也可使用数字式超声波探伤仪,应至少能存储4幅DAC曲线。模拟式超声探伤仪工作频率范围为0.5~10MHz;数字式超声波探伤仪频率范围为0.5~10MHz,且实时采用频率不应小于40MHz。对于超声衰减大的工作,可选用低于2.5MHz的频率。

2)探头:探头又称换能器,其核心部件是压电晶体,又称晶片。晶片的功能是把高频电脉冲转换为超声波,又可把超声波转换为高频电脉冲,实现电—声能量相互转换的能量转换器件。由于焊缝形状和材质、探伤的目的及探伤条件等不同,需使用不同形式的探头。在焊接探伤中常采用以下几种探头:①直探头:声速垂直于被探构件表面入射的探头称为直探头,可发射和接收纵波;②斜探头:斜探头和直探头在结构上的主要区别是斜探头在压电晶体的下前方设置了透声斜楔块,斜楔块用有机玻璃制作,它与工件组成固定倾角的不同介质界面,使压电晶片发射的纵波通过波型转换,以单一折射横波的形式在工件中传播。通常横波斜探头以波在钢中折射角 β 标称:40°、

45°、50°、60°、70°,或以折射角的正切值标称:$K(\tan\beta)$1.0、K1.5、K2.0、K2.5、K3.0;③双晶探头:又称分割式 TP 探头,内含两个压电晶片,分别为发射接收晶片,中间用隔声层隔开,主要用于近表面探伤和测厚。

3)试块:试块是按一定用途专门设计制作的具有简单形状人工反射体的试件。它是探伤设备系统的一个组成部分,也是探伤标准的一个组成部分,是判定探伤质量的重要尺度。根据使用目的和要求不同,通常将试块分成以下两大类:

标准试块:由法定机构对材质形状尺寸性能等作出规定和检定的试块称标准试块。《钢结构超声波探伤及质量分级法》(JG/T 203-2007)规定 CSK-IB 试块为焊缝探伤用标准试块。CSK-IB 试块是 ISO-2400 标准试块(即ⅢW-Ⅰ型试块)的改变型,其主要用途如下:①利用 R100 圆弧面测定斜探头入射点和前沿长度,调整探测范围;②校验探伤仪水平线性和垂直线性;③利用 ϕ1.5mm 横孔的反射波调整探伤灵敏度;④利用 ϕ50mm 圆孔估测直探头盲区和斜探头前后扫查声束特性,测定斜探头折射角 β(或 K 值);⑤采用测试回波幅度或反射波宽度的方法可测定远场分辨力。

对比试块:对比试块又称参考试块,它是由各专业部门按某些具体探伤对象规定的试块。《钢结构超声波探伤及质量分级法》JG/T 203-2007 规定的对比试块有 CSK-ⅠCj 试块、RBJ-Ⅰ试块、CSK-Dj 试块。CSK-ⅠCj 型试块用于管节点现场标定和校核探测灵敏度与时基线;RBJ-Ⅰ型试块用于评定管节点焊缝根部未焊透程度;CSK-ⅠDj 型试块用于板节点现场标定和校核探伤灵敏度与时基线,绘制距离—波幅曲线,测定系统性能,评定焊缝根部未焊透程度;如必要或对中厚板探伤时,可使用《钢焊缝手工超声波探伤方法和探伤结果分级》GB/T 11345-1989 附录 B 的对比试块(RB)调节灵度。

(2)取样及制备要求

1)取样

设计要求全焊透的Ⅰ、Ⅱ级焊缝采用超声波进行内部缺陷的检验。对于Ⅰ级焊缝探伤比例为100%,Ⅱ级焊缝探伤比例为20%,且探伤比例的计数方法应按以下原则确定:对工厂制作焊缝,应按每条焊缝计算百分比,且探伤长度应不小于 200mm,当焊缝长度不足 200mm 时,应对整条焊缝进行探伤;对现场安装焊缝,应按同一类型、同一施焊条件的焊缝条数计算百分比,探伤长度应不小于 200mm,并应不少于 1 条焊缝。

2)制备要求

探伤前必须对探头需接触的区域清除飞溅、浮起的氧化皮和锈蚀等,且表面粗糙度不大于 6.3μm。要求去除余高的焊缝,如焊缝表面有咬边、较大的隆起和凹陷等,也应进行适当的修磨并作过渡圆弧,以免影响结果的判定。

(3)操作步骤

1)确定检验等级(根据构件材质、结构、焊接方法及承受载荷的不同,检验等级分为 A、B、C 三级,检验的完善程度 A 级最低、B 级一般、C 级最高。检验工作的难度系数按 A、B、C 顺序逐级增高),按不同检验等级和板厚范围选择探伤面、探伤方向和斜探头折射角 β(K 值),测试探伤仪及探伤仪与探头的组合性能,确定检验区域的宽度及探头移动区,选用适当的耦合剂,仪器探伤范围的调节。

2)绘制距离—波幅曲线及调节探伤灵敏度

对于管节点,采用在 CSK-ⅠCj 试块上实测的 ϕ3 长横孔反射波幅数据及表面补偿和曲面探测灵敏度修正数据,按表 2-26 灵敏度要求绘制 DAC 曲线;对于板节点,则采用在 CSK-ⅠDj 型试块实测的 ϕ3 长横孔反射波幅数据及表面补偿数据,按表 2-26 灵敏度要求绘制 DAC 曲线。

DAC 曲线由判废线 RL、定量线 SL 和评定线 EL 组成,见图 2-24。EL 与 SL 之间(包括 EL)称为Ⅰ区,即弱信号区;SL 与 RL 之间(包括 SL)称为Ⅱ区,即长度评定区;RL 及以上称为Ⅲ区,即判废区。三条曲线的灵敏度应符合表 2-26 的规定。

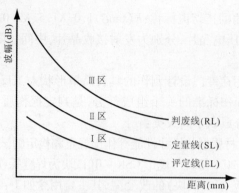

图 2-24 距离—波幅曲线

DAC 曲线灵敏度　　　　　　　　　　　　　　　　　　表 2-26

曲线名称	A 级(4~50)	B 级(4~300)	C 级(4~300)
判废线 RL	DAC	DAC-4dB	DAC-2dB
定量线 SL	DAC-10dB	DAC-10dB	DAC-8dB
评定线 EL	DAC-16dB	DAC-16dB	DAC-14dB

3）单探头扫查方式（图 2-25）

① 锯齿形扫查

通常以锯齿形轨迹做往复移动扫查，探头前后移动范围应保证扫查到全部焊缝截面及热影响区，同时探头还应在垂直于焊缝中心线位置上做 ±（10°~15°）的左右转动。该扫查方法常用于焊缝纵向缺陷的粗探伤。

② 斜平行扫查

C 级检查，其特点是探头与焊缝方向成 10°~20°的斜平行扫查，有助于发现焊缝及热影响区的横向裂纹和与焊缝方向成倾斜角度的缺陷。在电渣焊接头的探伤中，增加 45°的斜平行扫查，可避免焊缝中"八"字形裂纹的漏检。

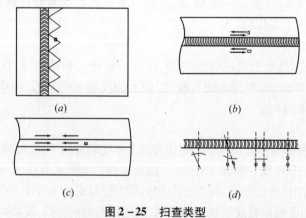

图 2-25 扫查类型
(a)锯齿形扫查；(b)斜平行扫查；(c)平行扫查；(d)基本扫查

③ 平行扫查

C 级检查，做平行于焊缝的移动扫查，可探测焊缝及热影响区的横向缺陷粗探伤（如横向裂纹）。

④ 基本扫查

为确定缺陷的位置、方向、形状等情况或确定讯号的真伪，可采用四种探头基本扫查方式扫查。其中，转角扫查的特点是探头做定点转动，用于确定缺陷方向并可区分点、条状缺陷，同时，转角扫查的动态波形特征有助于对裂纹的判断；环绕扫查的特点是以缺陷为中心，变换探头位置，主要评估缺陷形状,尤其是对点状缺陷的判断;左右扫查的特点是平行于焊缝或缺陷方向做左右移动,用于估判缺陷形状,特别是可区分点、条状缺陷,在定量法中常用来测定缺陷指示长度;前后扫查的特点是探头垂直于焊缝前后移动,常用于估判缺陷形状和估计缺陷高度。

4)双探头扫查方法

双探头扫查是为了实现某种特殊的目的而采取的探伤方法。串列扫查其特点为两个斜探头垂直于焊缝前后布置,进行横方形扫查或纵方形扫查,《钢焊缝手工超声波探伤方法和探伤结果分级》GB/T11345-1989规定在C级探伤中使用,主要用于探测厚焊缝中垂直于表面的竖直面状缺陷,特别是反射面较光滑的缺陷(如窄间隙焊中的未熔合);交叉扫查其特点为两个探头置于焊缝的同侧或两侧且成60°~90°布置,用于探测焊缝中的横向或纵向面状缺陷;V或K形扫查是用两个探头置于焊缝两侧且垂直于焊缝对称布置,可探测与探伤面平行的面状缺陷,如多层焊层间未熔合。

注:粗探伤是以发现缺陷为主要目的,包括纵向缺陷的探测、横向缺陷的探测、其他取向缺陷的探测、鉴别结果的假信号等。精探伤是以缺陷为核心,进一步确切的测定缺陷的有关参数,以及对可疑部位更细致的鉴别工作。缺陷的有关参数是指:缺陷的位置参数(纵向坐标、横向坐标、深度坐标)、缺陷的尺寸参数(最大回波幅度dB数及在距离-波幅曲线上分区的位置、缺陷的当量或缺陷指示长度)、缺陷的形状参数(形状参数是指缺陷的长度、体积、面状及密集性)、取向参数(取向参数则指缺陷方向与焊缝方向间的倾斜角度关系)。

(4)结果判定

1)确定缺陷位置

为了缺陷定位方便,焊缝探伤中推荐:厚板($\delta \geqslant 32$mm)采用深度调节法,中薄板($\delta \leqslant 24$mm)采用水平调节法。

2)缺陷大小估判

缺陷的大小,包括缺陷的面积和长度。测定焊接接头中缺陷的大小和数量称为缺陷定量,常用的定量方法有两种:探头移动法(又称测长法)和当量法。

①探头移动法:对于尺寸或面积大于声束直径或截面的缺陷,一般用探头移动法来测定其指示长度或范围。《钢焊缝手工超声波探伤方法和探伤结果分级》GB/T11345-1989规定,缺陷指示长度$\triangle L$的测定推荐采用以下两种方法:a.当缺陷反射波只有一个高点时,先找到最高缺陷反射波作基准,用降低6dB相对灵敏度法测定的移动长度确定为缺陷指示长度,原理见图2-26;b.在测长扫查过程中,如发现缺陷反射波峰值起伏变化,有多个高点,则以缺陷两端最高缺陷反射波作基准,用降低6dB相对灵敏度法测定的移动长度确定为缺陷指示长度,即为端点峰值法,原理见图2-27。

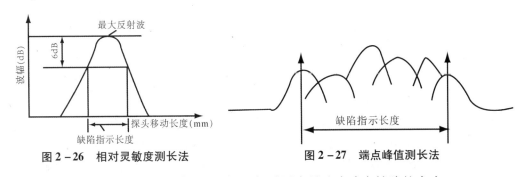

图2-26 相对灵敏度测长法　　图2-27 端点峰值测长法

②当量法:当缺陷尺寸小于声束截面时,一般采用当量法来确定缺陷的大小。

3)缺陷性质的估判

焊缝中缺陷的性质与产生的部位大小和分布情况有关。因此,可根据缺陷波的大小、位置、探头运动时波幅的变化特点,结合焊接工艺情况对缺陷性质进行综合判断。因在很大程度上要依靠检验人员的实际经验和操作技能,故较难掌握。

4)焊缝质量分级

《钢结构超声波探伤及质量分级法》JG/T 203-2007 根据焊缝的特征不同,将钢结构焊接分为管节点焊缝(网格钢结构及其圆管相贯节点焊接接头和钢管对接焊缝)、板节点焊缝(一般的建筑钢结构焊缝)。对于管节点,一般分为焊缝中上部体积缺陷和焊缝根部缺陷两大类进行评定。对于板节点焊缝质量缺陷的评定应按:单个缺陷的等级评定、多长缺陷累计长度的等级评定、根部未焊透缺陷的等级评定分别进行等级评定。下面仅对板节点焊缝单个缺陷质量分级进行说明,详细的缺陷分级见《钢结构超声波探伤及质量分级法》JG/T 203-2007 相关条文。

钢结构焊缝不允许存在以下缺陷:①反射波幅位于判废线及Ⅲ区的缺陷;②最大反射波幅超过评定线的裂缝、未熔合等危险缺陷。除裂缝与未熔合外,钢结构焊接接头对超声波最大反射波幅位于 DAC 曲线区的其他缺陷,根据其指示长度,缺陷的等级评定应符合表 2-27 的规定。对于裂缝、未熔合等危险缺陷的定性可采取改变探头角度、增加探伤面、观察动态波形、结合结构工艺性做判定。如对波形不能准确判断时,应辅以其他探伤方法(如射线照相法)做综合判定。

板节点焊缝单个缺陷的等级分类 表 2-27

评定等级	板厚 (mm)		
	4~50	4~300	4~300
	A 级	B 级	C 级
Ⅰ	2T/3,最小 12	T/3,最小 10,最大 30	T/3,最小 10,最大 20
Ⅱ	3T/4,最小 15	2T/3,最小 12,最大 50	T/2,最小 10,最大 30
Ⅲ	T,最小 20	3T/4,最小 16,最大 75	2T/3,最小 12,最大 50
Ⅳ	超过Ⅲ级者		

注:焊接接头两侧板材厚度 T 不等时,取较薄母材厚度。

检验结果的等级分类:根据缺陷探伤结果按Ⅰ~Ⅳ4 个级别评定,除设计另有规定外,一般来说,一级焊缝,Ⅱ级为合格级;二级焊缝,Ⅲ级为合格级。在高温和腐蚀气体作业环境及动力疲劳荷载工况下,Ⅱ级合格。

检验评的评定:按比例抽查的焊接接头有不合格的接头或合格率为焊缝数的 2% ~ 5% 时,应加倍抽检,且应在原不合格部位两侧的焊缝延长线各增加一处进行扩探,扩探仍有不合格者,则应对该焊工施焊的焊接接头进行全数检测和质量评定。若供需双方另有约定,则按约定办理。

3. 渗透探伤检测

渗透探伤是一种以毛细管作用原理为基础的检查表面开口缺陷的无损探伤方法,与磁粉探伤统称为表面探伤。渗透探伤适应于焊接件、奥氏体不锈钢焊缝、铸锻件、有色金属制品、玻璃钢、陶瓷塑料制品的探伤,不适用于多孔型材料的表面探伤。

渗透探伤的优点是:不受被检物的形状、大小、组织结构、化学成分和缺陷方向的限制,一次探伤可能查出被检物表面各方向的开口缺陷;操作简单,探伤人员经短期培训即可独立工作;基本不需要特殊的复杂设备;缺陷显示直观,探伤灵敏度高,目前检验出工件表面微米级开口尺寸的缺陷并不困难。渗透探伤的局限性是:渗透探伤只能查出工件表面开口型缺陷,对表面过于粗糙或多孔型材料无法探伤;不能判断缺陷的深度和缺陷在工件内部的走向;操作方法虽简单,但难以定量控制,操作者的熟练程度对探伤结果影响很大。

1)渗透探伤剂

渗透探伤剂包括渗透剂、清洗剂和显像剂。表 2-28 为渗透探伤剂的基本组成、特点、应用及质量要求。

渗透探伤剂及质量要求   表2-28

探伤剂	分类		基本组成	特点及应用	质量要求
渗透剂	着色渗透剂	水洗型 水基型	水、红色染料	不可燃、使用安全,不污染环境,价格低廉,但灵敏度欠佳	1. 渗透力强,渗透速度快 2. 着色液应有鲜艳的色泽 3. 清洗性好 4. 润湿显像剂的性能好,即容易从缺陷中吸附到时显像剂表面 5. 无腐蚀性 6. 稳定性好,在光和热的作用下,材料成分和色泽能维持较长时间 7. 毒性小 8. 其密度、浓度及外观检验应符合《控制渗透探伤材料质量的方法》JB/T 9216-1999中的规定
		水洗型 乳化型	油液、红色染料乳化剂、溶剂	渗透性较好,容易吸收水分产生浑浊、沉淀等污染现象	
		后乳化型	油料、溶剂、红色染料	渗透力强,探伤灵敏度高,适合于检查浅而细致的表面缺陷,但不适用于表面粗糙及不利于乳化的焊缝	
		溶剂去除型	油液、低黏度易挥发的溶剂、红色染料	具有很快的渗透速度,与快干式显像剂配合使用,可得到与荧光渗透探伤相类似的灵敏度	
	荧光渗透剂	水洗型	油基渗透剂、互溶剂、荧光染料、乳化剂	乳化剂含量较高,则越易清洗,但灵敏度越低,荧光染料浓度越高,则亮度越大,但价格越贵,有高、中、低三种不同的灵敏度	1. 荧光性能应符合《控制渗透探伤材料质量的方法》JB/T 9216-1999附录中的规定 2. 渗透液的密度:浓度及外观检验应符合《控制渗透探伤材料质量的方法》JB/T 9216-1999中的规定 3. 渗透力强,渗透速度快 4. 荧光液应有鲜明的荧光 5. 清洗性能好 6. 润湿显像剂的性能要好 7. 无腐蚀性 8. 稳定性要好 9. 毒性小
		后乳化型	油基渗透剂、互溶剂、荧光染料、润湿剂	缺陷中的荧光液不易于被洗去(比水洗型荧光液强),抗水污染能力强,不易受酸或铬盐的影响 荧光液灵敏度按其在紫外光下发光的强弱可分为三种,即标准灵敏度,高灵敏度和超高灵敏度	
		溶剂去除型		不需要水,具有很高的灵敏度,但批量工件的探伤效率较低,适合于受限制的区域性探伤	
乳化剂	亲水性乳化剂		烷基苯酚、聚氧乙烯醚、脂肪醇、聚氧乙烯醚	乳化剂浓度决定了它的乳化能力、乳化速度和乳化时间,推荐使用浓度为5%~20%	1. 乳化剂应容易清除渗透剂,同时应具有良好的洗涤作用;2. 具有高闪点和低蒸发率;3. 耐水和渗透剂污染的能力强;4. 对工件和容器无腐蚀;5. 无毒、无刺激性臭味;6. 性能稳定、不受温度影响
	亲油性乳化剂		脂肪醇、聚氧乙烯醚	不加水使用,其黏度大时扩散速度慢,则乳化过程容易控制,但乳化剂损耗大;反之亦然	
清洗剂	水			清除水洗型渗透液	有机溶剂去除剂应与渗透剂有良好的互溶性,不与荧光渗透剂起化学反应
	有机溶剂去除剂		煤油或者酒精、丙酮、三氯乙烯	清除溶剂去除型渗透液	
	乳化剂和水			清除后乳化型渗透液	

续表

探伤剂	分类		基本组成	特点及应用	质量要求
显像剂	干粉显像剂		氧化镁或者碳酸镁、氧化钛、氧化锌等粉末	适用于粗糙表面的荧光渗透探伤 显像粉末使用后很容易清除	1. 粒度不超过 1~3μm;2. 松散状态下应小于 0.075g/cm³;3. 吸水、吸油性能好;4. 在黑光下不发荧光;5. 无毒、无腐蚀
	湿式显像剂	水悬浮型湿式显像剂	干粉显像剂加水按比例配制而成	要求焊缝表面有较高的光洁度,不适应于水洗型渗透液呈弱碱性	1. 每升水中应加进 30~100g 的显像粉末,不宜太多也不宜太少;2. 显像剂中加有润湿剂、分散剂和防锈剂;3. 颗粒应细致
		水溶性湿式显像剂	将显像剂结晶粉溶解于水中制成,结晶粉多为无机盐类	不可燃、使用安全,清洗方便,不易沉淀和结块;白色背景不如水悬浮式;要求工件有较好的表面粗糙度,不适于水洗型渗透液	1. 应加适当的防锈剂、润湿剂、分散剂和防腐剂;2. 应对工作和容器无腐蚀,对操作无害
	快干显像剂		将显像剂粉末加入挥发性的有机溶剂中配制而成,有机溶剂多为丙酮、苯、二甲苯等	显像灵敏度高,挥发快,显示扩散小、轮廓清晰,常与着色渗透液配合使用	为调整显像剂黏度,使显像剂不太浓,应加一定量的稀释剂(如丙酮、酒精等)
	不使用显像剂			省掉了显像剂,简化了工艺,只适用于灵敏度要求不高的荧光渗透液	

2)取样及制备要求

①取样

每批同类构件抽查 10%,且不应少于 3 件;被抽查构件中,每一类型焊缝按条数抽查 5%,且不应少于 1 条;每条检查 1 处,总抽查数不应少于 10 处。

②制备要求

彻底清除妨碍渗透剂渗入缺陷的铁锈、氧化皮、飞溅物、焊渣及涂料等表面附着物。

3)操作步骤

①预处理

预处理包括表面清理和预清洗,表面清理的目的是彻底清除妨碍渗透剂渗入缺陷的铁锈、氧化皮、飞溅物、焊渣及涂料等表面附着物;预清洗是为了去除残存在缺陷内的油污和水分。

表面附着物不允许采用喷砂、喷丸等可能堵塞缺陷开口的方法进行前处理。预清洗后,应注意让残留的溶剂清洗剂和水分充分干燥,特别应予指出的是大部分渗透剂与水是不相溶的,缺陷处和缺陷中残留有水分将严重阻碍渗透剂的渗入,降低渗透探伤的灵敏度。

②渗透

渗透是指在规定的时间内,用浸喷或刷涂方法将渗透剂覆盖在被检工件表面上,并使其全部润湿。从施加渗透剂到开始乳化或清洗操作之间的时间称为渗透时间。渗透时间取决于渗透剂的种类、被检物形态、预测的缺陷种类与大小、被检物和渗透剂的温度。实际应用时参考渗透剂生产厂家推荐的渗透时间。

③清洗

清洗是从被检工件表面上去除掉所有的渗透剂,但又不能将已渗入缺陷的渗透剂清洗掉。

④干燥

用干式或快干式显像剂显像前,溶剂去除后的被检工件表面可自然干燥或用布、纸擦干;水清洗的被检表面应做温度不超过52℃的干燥处理。

用湿式显像剂显像时,可不经干燥处理,在水清洗或溶剂去除后的被检工件表面上直接覆盖显像剂,并使其迅速干燥形成显像剂薄膜。

⑤显像

显像是从缺陷中吸出渗透剂的过程。用快干式显像剂显像时,一般用压力喷罐或刷涂法在经干燥处理后的被检工件表面上覆盖显像剂。显像剂要喷涂得薄而均匀,以略能看出被检工件表面为宜。

⑥观察与后处理

施加显像剂后一般在7~30min内观察显示迹痕。观察荧光渗透剂的显示迹痕,被检工件表面上的标准荧光照度应大于50lx。观察着色渗透剂的显示迹痕时,可见光照度应在350lx以上。

4)结果判定

焊缝渗透探伤的质量评定见表2-29缺陷磁痕的分级。

缺陷磁痕的分级 表2-29

质量等级		Ⅰ级	Ⅱ级	Ⅲ级	Ⅳ级
缺陷显示磁痕的类型及缺陷性质	不考虑的最大缺陷显示磁痕长度(mm)	≤0.3	≤1	≤1.5	≤1.5
线形缺陷	裂纹	不允许	不允许	不允许	不允许
	未焊透		不允许	允许存在的单个缺陷显示磁痕≤0.15δ,且≤2.5mm,100mm焊缝长度范围内允许存在的缺陷显示磁痕总长≤25mm	允许存在的单个缺陷显示磁痕长度≤0.2δ,且≤3.5mm,100mm焊缝长度范围内允许存在缺陷显示磁痕总长≤25mm
	夹渣或气孔		≤0.3δ,且≤4mm,相邻两缺陷显示磁痕的间距应不小于其中圈套缺陷显示磁痕长度的6倍	≤0.3δ,且≤10mm,相邻两缺陷显示磁痕的间距应不小于其中较大缺陷显示磁痕长度的6倍	≤0.5δ,且≤20mm,相邻两缺陷显示磁痕的间距应不小于其中较大缺陷显示磁痕长度的6倍
圆形缺陷	夹渣或气孔		任意50mm焊缝长度范围内允许存在长度≤0.15δ,且≤2mm的缺陷显示磁痕2个;缺陷显示磁痕间距应不小于其中较大显示长度的6倍	任意50mm焊缝长度范围内允许存在显示长度≤0.3δ,且≤3mm的缺陷显示磁痕2个;缺陷显示磁痕的间距应不小于其中较大显示较大长度的6倍	任意50mm焊缝长度范围内允许存在显示长度≤0.4δ,且≤4mm的缺陷显示磁痕2个;缺陷显示磁痕的间距应不小于其中较大显示长度的6倍

4. 磁粉探伤检测

磁粉探伤是利用缺陷处漏磁场与磁粉相互作用而产生磁痕的原理,检测铁磁性材料表面及近表面缺陷的一种无损探伤方法。铁磁材料的构件被磁化后,其表面和近表面的缺陷处磁力线发生变形,逸出工件表面形成漏磁场。通过漏磁场吸引磁粉堆积显示缺陷,进而确定缺陷的位置(甚至形状、大小和深度),这就是磁粉探伤的基本原理。

磁粉探伤的优点主要是:可以直观地显示出缺陷的形状、位置与大小,并能大致确定缺陷的性质;探伤灵敏度高,可检出高度仅为 $0.1\mu m$ 的表面裂纹;应用范围广,几乎不受被检构件大小及几何形状的限制;工艺简单,探伤速度快,费用低廉。它的局限性是不能检查非磁性材料及内部埋藏较深的缺陷。裂纹特别是表面及近表面的裂纹,在焊接结构中的危害最大。磁粉探伤是钢制焊接件表面及近表面裂纹等缺陷探伤的最有效手段之一。

(1)仪器设备及环境

1)磁粉探伤机

磁粉探伤机的形式多样,有磁化装置、夹持装置、磁粉喷洒装置和退磁装置等。磁化装置是磁粉探伤机的主体部分,其余为附属装置。磁粉探伤机的主体部分按携带方式分类有:手提式、移动式和固定式。

2)磁粉

磁粉是用以显示缺陷的,可分为:非荧光磁粉和荧光磁粉两大类。非荧光磁粉的磁性称量在 $7g$ 以上即可用于湿法磁粉探伤,达 $15g$ 以上则满足干法磁粉探伤要求,荧光磁粉可略低于此值。

磁粉的粒度是指它的颗粒大小。磁粉的颗粒大小对它的悬浮性以及漏磁场对磁粉的吸附均有影响。用干粉法时磁粉颗粒度范围应为 $10\sim60\mu m$,用湿粉法磁粉粒度范围应为 $1\sim10\mu m$。荧光粉粒度约为 $5\sim25\mu m$。

磁粉颜色的选择要求得到最大的衬度。

3)磁悬液

磁粉与油或水按一定比例混合而成的悬浮液体称为磁悬液。用油配置时一般采用轻质、低黏度、闪点在 $60℃$ 以上的无味煤油;用水配置时,要在水中加入润湿剂、防锈剂和消泡剂,以保证磁悬液有良好的使用性能。

磁悬液的浓度(即每升液体中所含有的磁粉克数)一般为:非荧光磁粉 $10\sim15g/L$,荧光磁粉 $1\sim2g/L$。

(2)取样及制备要求

1)取样

每批同类构件抽查10%,且不应少于3件;被抽查构件中,每一类型焊缝按条数抽查5%,且不应少于1条;每条检查1处,总抽查数不应少于10处。

2)制备要求

①被探表面应充分干燥。

②用化学或机械方法彻底清除被检表面上可能存在的油污、铁锈、氧化皮、毛刺、焊渣及焊接飞溅等表面附着物。根据探伤精度的需要,可以考虑先用砂轮修整被检焊缝的表面,然后再进行探伤。

③必须采用直接通电法检测带有非导电涂层的构件时,应预先彻底清除导电部位的局部涂料,以避免因接触不良而产生电弧,烧伤被检面。

(3)操作步骤

1)表面预处理

被探构件的表面状态对磁粉探伤的灵敏度有很大的影响。例如,光滑的表面有助于磁粉的迁移,而锈蚀或油污的表面则会妨碍磁粉移动。为保证等得到满意的探伤灵敏度,探伤前应对被检表面做预处理。

2)确定探伤方法——磁化

①磁粉施放方法包括干法和湿法两种。

a. 干法:用干燥磁粉进行磁粉探伤的方法称为干法。用干法探伤时,磁粉与被检工件表面先要充分干燥,然后用喷粉器或其他工具将呈雾状的干燥磁粉施于被检工件表面,形成薄而均匀的磁粉覆盖层,同时用干燥的压缩空气吹去局部堆积的多余磁粉,观察磁痕应与喷粉和去除多余磁粉同时进行,观察完磁痕后再撤除外磁场。

b. 湿法:磁粉悬浮在油水或其他载液中的磁粉探伤方法称为湿法。与干法比较,湿法具有更高的探伤灵敏度,特别适合于检测表面上如疲劳裂纹一类的细微缺陷,探伤时,用浇浸或喷法将磁悬液施加到被检表面上。使用浇法时的液流要微弱,使用浸法时要适当掌握浸没时间,相对而言,浸法的探伤灵敏度较高。

②磁化方法常用的有两种:

a. 连续法:在外加磁场的作用下向被检表面施加磁粉或磁悬液的探伤方法称为连续法。采用连续法探伤时,既可在外加磁场的作用下观察磁痕,也可在撤去外加磁场后观察磁痕。

连续法探伤的操作程序是:

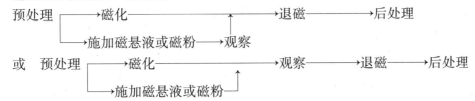

连续法探伤的灵敏度高,但探伤效率较低,而且易出现干扰缺陷评定的杂乱显示。

b. 剩磁法:利用磁化过后被检构件上的剩磁进行磁粉探伤的方法称为剩磁法。剩磁法的探伤程序是:

预处理——→磁化——→施加磁悬液——→观察——→退磁——→后处理

剩磁法探伤的效率高,其磁痕易于辨别,并有足够的探伤灵敏度。一般情况下,剩磁法不与干粉配合使用。

3)观察磁痕

所谓磁痕就是由缺陷或其他因素造成的漏磁场积聚磁粉所形成的迹象。

有磁痕显示并不一定是缺陷显示,如构件截面突变,两种磁导率不同的材料焊接在一起,划伤与刀痕,也可出现磁痕,除了非缺陷磁痕外,还有不是漏磁场引起的假磁痕,脏物粘附磁粉是磁粉探伤中常见的假磁痕。因而,对磁痕显示应观察与分析。分析与判断真假缺陷磁痕需要积累经验,或采用不同规范多次磁化的办法进行判断。另外,磁痕的形成与磁粉施加方法也有一定联系。

焊件磁粉探伤大多数使用非荧光磁粉,为了能充分识别磁痕,检验区域的照度应在1500lx以上。如选用荧光磁粉时,应在环境区照度不大于10lx的条件下,使用黑光辐照,使被检表面黑光强度不低于970lx。

4)退磁

应按规定将构件中的剩磁减小到一定限值以下。

5)后处理

后处理是指某些表面要求较高的构件探伤完毕后,应清除残留在被探表面的磁悬液,干燥被探构件,必要时抹上防护油等。

6)标记

对确认为缺陷的部位,要用打钢印、油漆或涂色等方法明显标记,并做好记录。

(4)结果判定

根据缺陷磁痕的形态,缺陷磁痕大致上分为圆形和线形两种。凡长轴与短轴之比小于3的磁痕称为圆形磁痕,长轴与短轴之比不小于3的磁痕称为线形磁痕。

磁粉探伤的质量评定见表2－29缺陷磁痕的分级。

[**案例2－6**]　射线探伤板厚为24mm的焊缝中,条渣分布如图2－28所示,该焊缝评为几级?

[**解**]　首先评定单渣长度,均未超过1/3板厚($T/3 = 8$mm),符合Ⅱ级。第二步,由于最长条渣为6mm,则$6L = 36$mm,它与最近邻夹渣间距为40mm,故不属"组"的范围。剩下3条渣最长者为4mm,由于它们的间距都小于$6L$,因此计算总长$4 + 3 + 2 = 9$mm,未超过板厚,故可评为Ⅱ级。

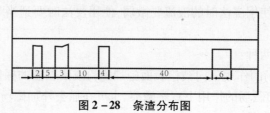

图2－28　条渣分布图

思 考 题

1. 试叙述射线照相法探伤的步骤。
2. 试叙述射线照相法底片的评定步骤。
3. 超声波探伤的操作步骤有哪些?
4. 斜探头选择折射角(K值)的依据是什么?
5. 超声波探伤对焊缝表面有什么要求?
6. 渗透探伤的步骤是什么?
7. 渗透探伤有哪些优缺点?
8. 磁粉探伤的操作步骤是什么?
9. 磁粉探伤的优点及局限性有哪些?

第四节　钢结构防腐防火涂装

一、钢结构防火及防腐概述

1. 成功实例

现代建筑已经告别了过去"秦砖汉瓦"的时代,向着钢结构的"钢筋铁骨"迈进,钢结构已在建筑工程中发挥着独特且日益重要的作用。

近几年来,我国建筑钢结构处于建国以来最好的一个发展时期,钢结构正朝着高层钢结构、大跨度空间钢结构、轻型钢结构等几个方面发展,在建筑工程中越来越广泛的得到使用。

钢结构的标志性建筑——埃菲尔铁塔

100多年来,埃菲尔铁塔历经风风雨雨,依然屹立在塞纳河边。整个铁塔占地$1hm^2$,重约7000t,已经成为钢结构标志性建筑的代表。

1887年1月铁塔正式开工,整个工地成了一个巨大的钢铁加工厂。高塔建造时现场并没有什么辅助脚手架,全靠精密的计算和严密的管理,一根根沉重的钢材凭借手动液压装置精确地顶到位置,再由人工用一个个烧红的铆钉,挥舞着铁锥一锤一锤加以铆接固定。铁塔用去15000根钢铁材料,250万个铆钉,整座塔楼在水泥混凝土加固的底座上矗立。工程在28个月工期里,始终体现着严格而科学的秩序。

直到1930年,铁塔仍是世界上最高的建筑物,这一记录随着纽约克莱斯勒大厦的建成被刷新,它比埃菲尔铁塔仅高出几米。

如今,埃菲尔铁塔已经成为巴黎城市的组成部分。百岁铁塔并没有因时间推移而失去代表时尚的美名,它那高耸、浪漫的丰韵成为了法国的标志。它凝聚着崇尚创新的法兰西民族精神,它张扬着近代科学文明的威力,它彰显着巴黎城市无穷的文化魅力。

法国巴黎的埃菲尔铁塔,多年来一直使用醇酸云铁防锈漆作为维修保养漆。

云母氧化铁,简称云铁,片状颜料,在涂膜中和底材平行重叠排列,可以有效地阻止腐蚀介质渗透。对阳光反射能力强,减缓涂膜老化。不仅防锈性能好,在面漆中使用可以提高耐候性。

云铁可以在很多种树脂中使用,因而开发出了多种防锈漆。

醇酸云铁防锈漆、酚醛云铁防锈漆刚开发出来时,就应用在我国的南京和武汉长江大桥上面。其他如氯化橡胶云铁防锈漆一直是与氯化橡胶铁红防锈漆相配合使用于港口机械上面。

2. 腐蚀案例

一般普通钢材的抗腐蚀性能较差,尤其是处于湿度较大、有侵蚀性介质的环境中,会较快地生锈腐蚀,削弱了构件的承载力。据统计,每年因腐蚀所造成的经济损失约占国民经济生产总值的2%~4%。

在20世纪二三十年代欧洲和北美发达国家建造一些钢桥,因当时防腐技术不能提供长久的防腐保护,使得这些钢桥投入运营后腐蚀严重,即使进行定期的刷油漆维护也不能获得满意的保护,只得将这些钢桥降级使用或续建第二座桥,给国家造成巨大的经济损失;1967年美国东部快乐岬与诺加之间的一座铁桥,在使用40年后塌落于俄亥俄河中,使46人丧生,调查表明,倒塌原因系大气造成的应力腐蚀开裂。

为此钢结构的腐蚀已引起各国的高度重视。据1997年报道,武汉长江大桥每年投入维护费100多万元,但仍远远不够;腐蚀不仅浪费了大量的人力物力,也大大缩短了桥梁的使用年限。桥梁钢结构的腐蚀防护日渐成为人们关注的课题。只有在设计建造的同时,对其进行卓有成效的防腐,才能确保钢桥的长久寿命。

3. 火灾损伤案例

(1)1969年12月19日上海文化广场发生火灾,在15min左右的时间内,8600m^2的钢屋架全部倒塌,造成13死亡,140多人受伤的惨剧;

(2)1993年5月,上海某纺织厂厂房(钢屋架)发生火灾,不到半小时,部分建筑就开始倒塌,给消防队灭火带来了极大的困难,此次火灾造成直接经济损失87万元,而由于厂房被烧毁,因停工停产和善后处理造成的间接经济损失为2283万元;1993年11月的青岛格尔木炼油厂火灾,炉体支柱(钢结构)因高温破坏,使炉体倾倒;

(3)1996年,江苏省昆山市的一轻钢结构厂房发生火灾,4320m^2厂房烧塌;

(4)1998年5月5日,北京玉泉营环岛家具城大火,结构防火未达标,造成1.3万m^2钢结构轻体建筑全部倒塌,造成直接经济损失达到人民币2087万元。国外也有许多这方面的实例;

(5)1967年,美国蒙哥马利市的一个饭店发生火灾,钢结构屋顶被烧塌;

(6)1970年,美国50层的纽约第一贸易办公大楼发生火灾,楼盖钢梁被烧扭曲10cm左右;

(7)1990年,英国一幢多层钢结构建筑在施工阶段发生火灾,造成钢梁、钢柱和楼盖钢桁架的严重破坏。

4. 钢结构防腐及钢结构防腐蚀的设计方法

在进行钢结构防腐蚀涂装设计时,最重要的是一定要根据建筑物给定的条件,在初期设计阶段就将防腐蚀问题考虑进去。对于钢结构受到外界因素的侵蚀要充分加以考虑,还要考虑这些外界因素对建筑物的各种条件的作用有多大,比如:场地情况、房屋结构、部位、构件和空间条件等等。考虑到建筑物涂装设计的给定因素后,将其等级化,然后,在这个等级范围内进行涂装设计的取舍。对于漆膜的综合耐久性能,还必须考虑到施工条件、维护管理和经济等因素。

(1)大气腐蚀环境

中国在1996年实施的《大气环境腐蚀性分类》GB/T15957-1995具体规定4类大气环境,乡村大气、城市大气、工业大气和海洋大气。对于普通碳钢在这4类环境下的腐蚀等级、类型和空气中的腐蚀性物质含量做了规定(此处不详述)。

其他国家,如英国BS5493腐蚀环境分类见表2-30,其中,对于大气腐蚀环境的分类有很好的参考价值,可以看出,对于大气环境、污染和潮湿是决定腐蚀性大小的重要因素。

腐蚀环境分类   表2-30

腐蚀环境	环境状况描述
污染的内陆	城市大气,指某些无工业区域可能受远处污染源的污染,空气中含有二氧化硫等
无污染的海滨	海洋大气,离海岸小于0.25~3km的地区
无污染的海滨	海洋大气和随主风和地形而变,经常有可见盐雾
室内潮湿	游泳池等地区
室内掩蔽	与内陆环境相同,无雨水冲刷,通常有阴暗、潮湿和冷凝现象
淡水	江河湖水等
海水淹没	海水全浸或盐水里
海水飞溅区	码头、海堤或经常有盐雾的地方
土壤	泥土、沙砾、岩石等,主要指埋入地下的结构物

(2)ISO12944涂装设计指导

几十年来,防腐蚀专家在腐蚀领域取得了重大进展,开发出了许多高性能涂料产品。许多组织结构,如NACE和SSPC等的专家也一直在致力于标准、程序和培训方案的改进。一些国家也建立了自己的国家标准,以供本国的涂料供应商制定规格书。但是,却一直没有一个国际化的涂装规格书和工艺标准。直到1988年,国际标准化组织ISO推出了ISO12944,这是一个全球防腐蚀技术人员期待已久的公用标准。

ISO12944是国际标准化组织为那些从事涂料防腐蚀工作的业主、设计人员、咨询顾问、涂装承包商、涂料生产企业等汇编的标准,为这些人员单位和组织机构提供了重要的参考。(具体内容不详述)

保护涂料系统的耐久性取决于很多不同的因素,主要有:
1)涂料系统的类型;
2)结构的设计;
3)表面处理前的底材状况;
4)表面处理的有效性;
5)涂装施工的标准;
6)施工条件;
7)施工后的暴露状况。

涂料系统的耐久性可进行下列划分:
1)低耐久性:设计寿命5年以下;
2)中耐久性:设计寿命5~15年;

3) 高耐久性:设计寿命15年以上。

需要注意的是,预期的耐久性并非担保时间,涂层不可能永远是完好的。耐久性与涂料配套的设计寿命可以看作是一个概念,都是指涂料系统达到使用要求一直到第一次大修前的使用寿命。在此之前,应该定期进行小修小补的保养工作。

对于漆膜厚度的规定,也是根据腐蚀环境及使用寿命来定。以下列出了国家标准和ISO12944中对于钢结构的涂层厚度的规定比较,见表2-31和表2-32。

钢结构防护涂层厚度的要求(μm)　　　　　　　　　　　　　　　　表2-31

构件	强腐蚀	中等腐蚀	弱腐蚀
重要构件	200	150	120
一般构件及建筑配件	150	150	120
室外或维修困难部件	增加20~60		

中腐蚀环境、使用寿命和漆膜厚度关系　　　　　　　　　　　　　　表2-32

腐蚀环境	使用寿命	干膜厚度(μm)	腐蚀环境	使用寿命	干膜厚度(μm)
C2	低	80	C4	低	160
C2	中	150	C4	中	200
C2	高	200	C4	高	240(含锌粉) 280(不含锌粉)
C3	低	120	C5I C5M	低	200
C3	中	160	C5I C5M	中	280
C3	高	200	C5I C5M	高	320

(3) 钢结构防护涂层配套方案的制定

应用ISO12944进行涂装设计指导,基本可以分为以下几个步骤:

1) 确定钢结构的腐蚀环境。

2) 确定保护钢结构的期望年限。

3) 确定涂料品种和漆膜厚度。

不同油漆的公司,针对于ISO12944均有适合于本公司的产品配套来供用户选择。可以根据厂家的资料及设计要求进行合理的选型。

5. 钢结构防火的设计方法

随着人们对钢结构耐火认识的深入和结构计算理论的发展,钢结构的耐火设计方法也得到不断发展,主要有以下几种方法:

1) 基于试验的构件耐火设计方法。按照现行建筑设计防火规范附录中给出的数据进行设计;

2) 基于计算的构件耐火设计方法。在考虑了荷载的分布和大小,构件端部约束条件等因素以后,应用经典解析方法或有限元等数值方法,通过理论计算来确定构件的耐火极限。目前这种方法已被英国、澳大利亚、德国、欧洲共同体等国家的设计规范采用,但这种方法的受火条件仍是以《建筑构件耐火试验方法》GB/T 9978-1999标准规定的时间—温度曲线为基础;

3) 基于计算的结构耐火设计方法。结构作为一个整体承受荷载,法国已采用此方法,英国也正在制定相关的标准,如《消防安全工程原理在建筑设计中的应用》BS 7979:2001和DD ENV1991-2-2:1996欧洲规范3 钢结构设计;

4) 考虑火灾随机性的结构耐火设计方法。这种方法以概率可靠度为指标,考虑了火灾及空气升温的随机性,设计时先确定不同典型场所的火灾荷载及其分布、火灾场景,再采用性能化方法进行计算。

目前我国对于结构构件的耐火极限确定与设计方法以第一种方法为主,其中钢结构构件的耐火极限确定与设计采用第一和第二种方法均有。在一些规范中也会提及一些关于涂料的要求,如:

《钢结构工程质量验收规范》GB 50205-2001 中对钢结构防火涂料有下列设计规定:

采用钢结构防火涂料时,应符合下列规定:

1)室内裸露钢结构、轻型屋盖钢结构及有装饰要求的钢结构,当规定其耐火极限在 1.5h 及以下时,宜选用薄涂型钢结构防火涂料。

2)室内隐蔽钢结构、高层全钢结构及多层厂房钢结构,当规定其耐火极限在 1.5h 以上时,应选用厚涂型钢结构防火涂料。

3)露天钢结构,应选用适合室外用的钢结构防火涂料。

《钢结构防火涂料应用技术规范》CECS24:90 中对防火涂料的相关规定:

1)用于保护钢结构的防火涂料应不含石棉,不用苯类溶剂,在施工干燥后应没有刺激性气味;不腐蚀钢材,在预定的使用期内须保持其性能。

2)钢结构防火涂料的涂层厚度,可按下列原则之一确定:①按照有关规范对钢结构不同构件耐火极限的要求,根据标准耐火试验数据选定相应的涂层厚度。②根据标准耐火试验数据,计算确定涂层的厚度。

3)施加给钢结构的涂层质量,应计算在结构荷载内,不得超过允许范围。

4)保护裸露钢结构以及露天钢结构的防火涂层,应规定出外观平整度和颜色装饰要求。

6. 钢结构防腐蚀措施

(1)钢结构防腐蚀设计构造要求

钢材在干燥的环境中几乎不会腐蚀。

中等侵蚀环境中的承重结构,不宜采用拉杆式悬索结构、格构式结构及薄壁型钢构件,应该尽量采用表面积与重量比较小的管形封闭截面,以及较规则的、简单,便于涂装、维修的实腹式(工字形、H 形和 T 形)截面。

钢结构所在室内环境的湿度不宜过高,一般控制长期环境湿度在 75% 以下。当在高湿度环境下作业时,应采取有效的通风排湿措施。

网架和网壳结构的防腐蚀设计不适宜考虑增加杆件的截面和厚度来增加腐蚀裕量,而只能采用其他防腐蚀手段。

(2)铝合金、不锈钢等建筑材料

除了在小型装饰性结构方面的应用外,在大型建筑结构方面采用铝合金、不锈钢、耐候钢的网架与网壳结构等也逐渐多起来。

相比起钢结构来说,这些合金材料的应用使造价显得很高,但是,使用这些材料的好处至少有以下 3 个:

1)抵御大气腐蚀。铝合金和不锈钢由于不需要进行涂料的防腐蚀,省去了防腐蚀施工费和材料费。

2)减轻结构自重。上海国际体操中心主馆采用铝合金扇形三向型(K6-8 型)-葵花三向型网格单层球面网壳,平面直径 68m,矢高 11.88m(连同柱子形成扁球体外形的最大平面直径 77.3m,总高度 26.5m),球面曲率半径 55.37m,该网壳由 262 节点、1200 根铝合金工字形截面杆件组成,网结构自重仅 12 kg/m²,其中还包括 1.3 mm 厚铝合金屋面板重 3.64kg/m²。由此可见,铝合金网壳的自重要比同等跨度的钢网壳至少要轻 50% 以上。

3)提高建筑美学效果。铝合金和不锈钢有着很美的外观,组合建成的构件,很富有现代气息,是建筑物中局部构件的绝好选材。

(3)热浸镀锌和金属热喷涂

采用热浸镀锌和热喷涂的防腐蚀效果非常好,现在有很多大型钢结构都采用了金属涂层再加涂料进行长效防腐蚀,即使在恶劣的腐蚀环境中,防腐蚀也可以达到20～30年,而且维修时只需要对涂料部分进行维护,而不需要对金属涂层基底进行处理。但该方法代价较高,在资金充裕的大型项目中采用较多。

将钢铁构件全部浸入熔化的锌液中,其钢铁金属表面即会产生两层锌铁合金及盖上一层厚度均匀的纯锌层,足以隔绝钢铁氧化的可能性。此种保护层异常牢固,与钢铁结成一体,故能承受冲击力而且更具耐磨蚀性。经热浸镀锌处理后的钢铁构件,防锈期长达5～20年或以上,同时毋须经常保养和维修,一劳永逸,美观实用,安全可靠,是目前最佳的防锈及保护钢铁方法。而且钢铁构件热浸镀锌法在工程施工上有更大的优点,即镀锌加工与风雨无关,天气不佳也能照常按照施工计划进行,而不受影响。

采用热浸镀锌的构件在钢结构建筑中只是一些小部件,比如:灯杆、楼梯踏板、扶手等。大型的钢结构框架的主要防腐蚀方法还是采用金属热喷涂的方法。金属热喷涂技术一般是在基材表面喷涂一定厚度的锌、铝或其合金形成致密的粒状叠层涂层,然后用有机涂料封闭,再涂装所需的装饰面漆。

金属热喷涂用于严重的腐蚀环境下的钢结构,或者需要特别加强防护防锈的重要承重构件。钢材表面进行热喷涂锌(铝或锌-铝复合层)涂层,外加封闭涂料的方式具有双重保护作用。热喷涂工艺应符合《热喷涂锌及锌合金涂层试验方法》GB/T 9793—1988 和《热喷涂铝及铝合金涂层试验方法》GB/T 9796—1988。热喷涂的总厚度在120～150μm,表面封闭涂层可以选用乙烯、聚氨酯、环氧树脂等。

金属热喷涂涂层主要用于要求20～30年保护寿命的钢结构,典型应用钢结构的有桥梁、广播电视塔和水利设施等,为了使钢结构达到20年以上的寿命,喷锌涂层的最低厚度在150μm左右,喷铝层在内陆无污染大气中可以降低至120μm左右,其他环境中至少要求在150μm以上。锌铝合金(Zn-Al15)可以明显提高防护效果,150μm的厚度可以达到35年以上的使用寿命。

(4)涂料防护

涂料防护是一种价格适中、施工方便、效果显著及适用性强的防腐蚀方法,在钢结构的防腐蚀中应用最为广泛。由于建筑钢结构多为室内结构,除了处在特殊的海滨或工业环境中之外,腐蚀环境一般不太恶劣时,比如,根据ISO112944划分的C1或C2环境,用涂料进行防腐蚀,可以保持20～30年的防护效果。

防腐蚀涂料的成膜物质在腐蚀介质中具有化学稳定性,其标准与成膜物质的组成和化学结构有关。主要是看它在干膜条件下是否易与腐蚀介质发生反应或在介质中分解成小分子。

无论从防电化学腐蚀,还是从单纯的隔离作用考虑,防腐蚀涂料的屏蔽作用都很重要,而漆膜的屏蔽性取决于其成膜物的结构气孔和涂层针孔。

水、氧和离子对漆膜的透过速度是不同的。水的透过速度远远大于离子。氧的透过比较复杂,与温度关系很大。水和氧透过漆膜后可在金属表面形成腐蚀电池。离子透过漆膜较少,可不考虑它们对底材金属的直接作用,但会增加漆膜的导电率。

当成膜物结构中分子有较多的官能团时,漆膜的结构气孔少,并且在成膜过程中能彼此反应,形成交联密度高的网状立体结构,从而增强涂料的防腐蚀性。

漆膜的物理力学性能在很大程度上影响到防腐蚀涂料的防腐蚀效果。它们与成膜物的分子量、链节、侧基团等有关。

颜料和填料在涂料中起到着色作用;体质颜料则用来调节漆膜的力学性能或涂料的流动性。对于防腐蚀涂料,除了上述两种颜料外,还加有以防腐蚀为目的的颜料:一类是利用其化学性能抑制金属腐蚀的防锈颜料;另一类是片状颜料,通过物理作用提高涂层的屏蔽性。

目前对重防腐场所所使用的油漆品种基本为环氧(无机)富锌底漆、环氧云母氧化铁中间漆和环氧聚氨酯或环氧各色面漆或氯化橡胶面漆等组成。

其作用机理为:①屏蔽作用:油漆涂层将钢铁与腐蚀环境机械隔离开。②钝化缓蚀作用:油漆涂装体系中,第一道车间底漆对钢铁有钝化缓蚀作用,增加油漆层附着力,防腐作用很微弱。③阴极保护作用:防腐底漆中如添加锌粉(如富锌底漆),对钢铁提供阴极保护。

7. 钢结构防火措施

目前,国内外通常是采取对钢结构表面喷或涂刷防火材料或包裹耐火材料等办法保护钢结构不被火焰直接烧烤而提高其抗火能力(在一些工业设施中,还有采取向钢结构或金属贮罐等喷水降温等办法保护的)。目前所采用防火方法简介:

(1)外包层。就是在钢结构外表添加外包层,可以现浇成型,也可以采用喷涂法。现浇成型的实体混凝土外包层通常用钢丝网或钢筋来加强,以限制收缩裂缝,并保证外壳的强度。喷涂法可以在施工现场对钢结构表面涂抹砂浆以形成保护层,砂泵可以是石灰水泥或是石膏砂浆,也可以掺入珍珠岩或石棉。同时外包层也可以用珍珠岩、石棉、石膏或石棉水泥、轻混凝土做成预制板,采用胶粘剂、钉子、螺栓固定在钢结构上。

(2)充水(水套)。空心型钢结构内充水是抵御火灾最有效的防护措施。这种方法能使钢结构在火灾中保持较低的温度,水在钢结构内循环,吸收材料本身受热的热量。受热的水经冷却后可以进行再循环,或由管道引入凉水来取代受热的水。

(3)屏蔽。钢结构设置在耐火材料组成的墙体或顶棚内,或将构件包藏在两片墙之间的空隙里,只要增加少许耐火材料或不增加即能达到防火的目的。这是一种最为经济的防火方法。

(4)膨胀材料。采用钢结构防火涂料保护构件,这种方法具有防火隔热性能好、施工不受钢结构几何形体限制等优点,一般不需要添加辅助设施,且涂层质量轻,还有一定的美观装饰作用,属于现代的先进防火技术措施。

目前,高层钢结构建筑日趋增多,尤其是一些超高层建筑,采用钢结构材料更为广泛。高层建筑一旦发生火灾事故,火不是在短时间内就能扑灭的,这就要求我们在建筑设计时,加大对建筑材料的防火保护,以增强其耐火极限,并在建筑内部制定必要的应急方案,以减少人员伤亡和财产损失。

二、防腐及防火涂料

1. 涂料的基本定义及组成

涂料为各种涂装于物体表面起装饰及保护作用的材料的统称,包括各种乳胶漆、水性漆、油漆等。在20世纪80年代,国内曾把涂料用于低档水性内墙产品,作为石灰水的替代品。

(1)涂料一般为黏稠液体或粉末状物质,可以用不同的施工工艺涂覆于物体表面,干燥后能形成黏附牢固、具有一定强度、连续的固态薄膜,赋予被涂物以保护、美化和其他预期的效果。

(2)涂料是由主要成膜物质、次要成膜物质和辅助成膜物质三大组成部分。

1)主要成膜物质,它包含油脂和树脂,是决定涂膜性能的主要因素,可以单独成膜,也可以粘结颜料等成膜物质,又称基料。

2)次要成膜物质,它包含颜料、填料、增韧剂。

3)辅助成膜物质,它包含各种溶剂和助剂。辅助成膜物质不能单独成膜,只是对涂料形成涂膜的过程或涂膜性能起辅助作用。溶剂(或水)可以调节涂料的黏度及固体份含量。

1)防腐涂料

防腐涂料:能起到隔热防腐、防腐防污、防腐防锈、金属防腐、耐温、防腐、防酒精、抗碱、耐酸碱、耐候、耐腐蚀、玻璃鳞片、耐油、耐酸等效果的各种涂料。

2)防火涂料

钢结构防火涂料:施涂于建筑物及构筑物的钢结构表面,能形成耐火隔热保护层以提高钢结构耐火极限的涂料。

2. 防腐及防火涂料的分类

(1)防腐涂料的分类

1)水性涂料:内、外墙乳胶漆及水溶性涂料两大类。

2)油性涂料:硝基树脂漆、醇酸树脂漆、环氧树脂漆、聚氨酯漆等。

(2)防火涂料的分类

1)钢结构防火涂料按使用场所可分为:

①室内钢结构防火涂料:用于建筑物室内或隐蔽工程的钢结构表面;

②室外钢结构防火涂料:用于建筑物室外或露天工程的钢结构表面。

2)钢结构防火涂料按使用厚度可分为:

①超薄型钢结构防火涂料:涂层厚度不大于3mm;

②薄型钢结构防火涂料:涂层厚度大于3mm且小于或等于7mm;

③厚型钢结构防火涂料:涂层厚度大于7mm且小于或等于45mm。

3. 涂料的性能指标

(1)防腐涂料的性能

防腐蚀涂料的技术性能指标主要有3类:

1)液态的技术指标,也就是涂料未涂刷成膜时的指标,如固体含量、细度、黏度、遮盖力、单位面积使用量等。

2)涂膜的物理机械性能指标:涂膜的一般基本性能指标,如附着力、柔韧性、硬度、涂膜厚度、光泽、耐磨性等,还有涂膜的耐光性、耐热性以及电绝缘性等。

3)涂膜的耐腐蚀和耐介质指标:防腐蚀涂料的主要指标,评价涂料的防腐蚀性能,如耐酸碱盐的性能、耐水性、耐石油制品和化学品、耐湿热性、耐盐雾性能等。

(2)防火涂料的性能

1)防火涂料的基本性能有:

①在容器中的状态;②干燥时间(表干);③外观与颜色;④初期干燥抗裂性(不应出现裂纹);⑤粘结强度(MPa);⑥抗压强度(MPa);⑦干密度(kg/m^3);⑧耐水性(h);⑨耐冷热循环性(次);⑩耐火性能。

2)对于室外使用的防火涂料,还需有下列性能要求:

①曝热性(h);②耐湿热性(h);③耐冻融循环性(次);④耐酸性(h);⑤耐碱性(h);⑥耐盐雾腐蚀性(次)。

4. 防腐及防火涂装的施工工艺与质量要求

(1)防腐及防火涂层的要求

防腐及防火涂层应严格按照设计要求进行,当设计无要求时,参见本资料中关于验收规范中的要求进行。

(2)防腐及防火涂装的施工工艺

1)防腐涂装的施工工艺

① 工艺流程

基面清理 → 底漆涂装 → 面漆涂装 → 检查验收

②基面清理

a. 建筑钢结构工程的油漆涂装应在钢结构安装验收合格后进行。油漆涂刷前,应将需涂装部位的铁锈、焊缝药皮、焊接飞溅物、油污、尘土等杂物清理干净。

b. 基面清理除锈质量的好坏,直接关系到涂层质量的好坏。因此涂装工艺的基面除锈质量分为Ⅰ级和Ⅱ级。

为了保证涂装质量,根据不同需要可以分别选用以下除锈工艺:

(a) 喷砂除锈,它是利用压缩空气的压力,连续不断地用石英砂或铁砂冲击钢构件的表面,把钢材表面的铁锈、油污等杂物清理干净,露出金属钢材本色的一种除锈方法。这种方法效率高,除锈彻底,是比较先进的除锈工艺。

(b) 酸洗除锈,它是把需涂装的钢构件浸放在酸池内,用酸除去构件表面的油污和铁锈。采用酸洗工艺效率高,除锈比较彻底,但是酸洗以后必须用热水或清水冲洗构件,如果有残酸存在,构件的锈蚀会更加厉害。

(c) 人工除锈,是由人工用一些比较简单的工具,如刮刀、砂轮、砂布、钢丝刷等工具,清除钢构件上的铁锈。这种方法工作效率低,劳动条件差,除锈也不彻底。

③ 底漆涂装

a. 调合红丹防锈漆,控制油漆的黏度、稠度、稀度,兑制时应充分的搅拌,使油漆色泽、黏度均匀一致。

b. 刷第一层底漆时涂刷方向应该一致,接槎整齐。

c. 刷漆时应采用勤沾、短刷的原则,防止刷子带漆太多而流坠。

d. 待第一遍刷完后,应保持一定的时间间隙,防止第一遍未干就上第二遍,这样会使漆液流坠发皱,质量下降。

e. 待第一遍干燥后,再刷第二遍,第二遍涂刷方向应与第一遍涂刷方向垂直,这样会使漆膜厚度均匀一致。

f. 底漆涂装后起码需 4~8h 后才能达到表干,表干前不应涂装面漆。

④ 面漆涂装

a. 建筑钢结构涂装底漆与面漆一般中间间隙时间较长。钢构件涂装防锈漆后送到工地去组装,组装结束后才统一涂装面漆。这样在涂装面漆前需对钢结构表面进行清理,清除安装焊缝焊药,对烧去或碰去漆的构件,还应事先补漆。

b. 面漆的调制应选择颜色完全一致的面漆,兑制的稀料应合适,面漆使用前应充分搅拌,保持色泽均匀。其工作黏度、稠度应保证涂装时不流坠,不显刷纹。

c. 面漆在使用过程中应不断搅合,涂刷的方法和方向与上述工艺相同。

d. 涂装工艺采用喷涂施工时,应调整好喷嘴口径、喷涂压力,喷枪胶管能自由拉伸到作业区域,空气压缩机气压应在 $0.4~0.7N/mm^2$。

e. 喷涂时应保持好喷嘴与涂层的距离,一般喷枪与作业面距离应在 100mm 左右,喷枪与钢结构基面角度应该保持垂直,或喷嘴略为上倾为宜。

f. 喷涂时喷嘴应该平行移动,移动时应平稳,速度一致,保持涂层均匀。但是采用喷涂时,一般涂层厚度较薄,故应多喷几遍,每层喷涂时应待上层漆膜已经干燥时进行。

⑤ 涂层检查与验收:

a. 表面涂装施工时和施工后,应对涂装过的工件进行保护,防止飞扬尘土和其他杂物。

b. 涂装后的处理检查,应该是涂层颜色一致,色泽鲜明光亮,不起皱皮,不起疙瘩。

c. 涂装漆膜厚度的测定,用触点式漆膜测厚仪测定漆膜厚度,漆膜测厚仪一般测定3点厚度,取其平均值。

2) 防火涂装的施工工艺

钢结构防火涂料一般采用喷涂法施工。喷涂防火涂料与其他构造形式相比,具有施工方便、不过多增加结构自重、技术先进等优点,目前被广泛应用。

涂装施工简介：

膨胀型防火涂料以及其他相应的涂料材料必须储存在远离阳光直射的阴凉干燥条件下，施工前的涂料温度应该保持在 15～25℃ 之间。

防火涂料的施工方法可用手工刷涂或无气喷涂的方法进行。

手工刷涂时，涂料会发生一段时间的湿边现象，并会引起表面不平滑。刷涂时，每道可以达到 300～400μm，需要多道涂刷才能达到规定的干膜厚度。为了确保施工的涂层平滑完整，为面漆的施工创造良好表面，必要时，可以加入约 5% 的稀释剂。施工程序如下：

① 使用刷涂法进行防火涂料的施工；
② 允许涂料干燥 1h（5～25℃ 的条件下），已完工的涂料必须防雨防潮湿；
③ 刷涂多道涂层：直到达到规定的膜厚，每道之间必须至少间隔 1h；
④ 检查干膜厚度，如未达到标准，继续刷涂，最后重新检查干膜厚度；
⑤ 防火涂料涂装后，至少 2～4h 后才能涂刷封闭面漆。

无气喷涂是超薄型防火涂料可以接受的高效施工方法，施工程序如下：

① 如果底漆有损坏之处，可用快干型环氧防锈底漆进行修补，干膜厚度为 100～120μm。修补底漆与防火涂料的复涂间隔参照相应的产品说明书。

a. 加入少量的稀释剂（约 5%），用动力搅拌器充分搅拌涂料。
b. 使用无气喷涂，单道涂层可以达到 1500μm 的干膜厚度。
c. 如果检查出干膜厚度低于规定膜厚，可以手刷或进行无气喷涂，再检查膜厚。
d. 在涂装过程中，以及涂面漆前，必须防雨、防潮湿。

② 如果干膜厚度需要超过 1500μm，可使用多道涂层，采用"湿碰湿"的方法施工，以缩短施工周期。

a. 每次喷涂的干膜厚度为 300～400μm，在 5～25℃ 的情况下，每隔 1～2h 喷涂一次，直到达到规定的膜厚。涂装过程中要防雨、防潮湿。
b. 如果检查出干膜厚度低于规定膜厚，可以手刷或进行无气喷涂，再检查膜厚。
c. 最后涂装封闭面漆前，至少要间隔 2～4h。

③ 对于高膜厚的施工，可以采用高膜厚施工方法。

a. 无气喷涂 1500μm 左右，已施工好的防火涂料要求防雨、防潮湿。
b. 至少干燥 16～24h，继续喷涂干膜 1000μm，复涂间隔 16～24h。
c. 如果检查出干膜厚度低于规定膜厚，可以手刷或进行无气喷涂，再检查膜厚。
d. 最后涂装封闭面漆前，至少要间隔 2～4h。

对于新建钢结构，底漆需要与防火涂料进行相容性测试。如果钢结构已经涂了未经认可的防锈底漆，承包商有责任确保该防锈底漆与防火涂料相配套。

5. 检测依据及应用标准

《涂装前钢材表面锈蚀等级和除锈等级》GB/T 8923-88（eqv ISO 8051-I：1988）

《涂装前钢材表面粗糙度等级的评定（比较样块法）》GB/T 13288-91（neq ISO 8503：1985）

《漆膜、腻子膜干燥时间测定法》GB/T 1728-79(89)

《漆膜厚度测定法》GB/T 1764-79(89)

《磁性金属基体上非磁性覆盖层厚度测量磁性方法》GB/T 4956-85（eqv ISO 2178：1982）

《色漆和清漆 漆膜的划格试验》GB/T 9286-1998（eqv ISO 2409：1992）

《漆膜附着力测定法》GB1720-1979(1989)

《钢结构防火涂料》GB14907-2002

《钢结构工程施工质量验收规范》GB50205-2001

《钢结构防火涂料应用技术规范》CECS24:90
《建筑构件防火喷涂材料性能试验方法》GA 110-1995

6. 检测仪器及测量操作方法

(1)防腐层厚度检测

现在一般采用数字式测厚仪:

1)型号:TT220;

2)工作原理:磁感应;

3)测量范围:0~1250μm;

4)低限分辨率:1μm;

5)示值误差:零点校准±(3%H+1)μm,二点校准±[(1%~3%)H+1]μm。

6)使用环境:温度:0~40℃,湿度:20%~90%,RH 无强磁场环境。

7)测量方法:

①关机状态下 按 MODE 及 ON 键,完成连续(CON)—单次(SIN)测量转换。

②工作方式(直接方式—成组方式)。

③删除。

④统计计算。

⑤米、英制转换。

⑥打印。

(2)防火涂层厚度检测采用数字式测厚仪或测针

测针(厚度测量仪),由针杆和可滑动的圆盘组成,圆盘始终保持与针杆垂直,并在其上装有固定装置,圆盘直径不大于30mm,以保证完全接触被测试件的表面。如果厚度测量仪不易插入被插材料中,也可使用其他适宜的方法测试。

测试时,将测厚探针(图2-29)垂直插入防火涂层直至钢基材表面上,记录标尺读数。

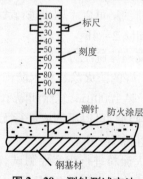

图2-29 测针测试方法

7. 检测方法

(1)涂料的性能检测

《钢结构工程施工质量验收规范》GB 50205-2001 中对使用的钢结构涂装材料有下列规定:

1)主控项目

钢结构防腐涂料稀释剂和固化剂等材料的品种规格性能等应符合现行国家产品标准和设计要求。

检查数量:全数检查。

检验方法:检查产品的质量合格证明文件中文标志及检验报告等。

钢结构防火涂料的品种和技术性能应符合设计要求并应经过具有资质的检测机构检测符合国家现行有关标准的规定。

检查数量:全数检查。

检验方法:检查产品的质量合格证明文件中文标志及检验报告等。

2)一般项目

防腐涂料和防火涂料的型号名称颜色及有效期应与其质量证明文件相符,开启后不应存在结皮、结块、凝胶等现象。

检查数量:按桶数抽查5%,且不应少于3桶。

检验方法:观察检查。

①防腐涂料性能检测的取样要求、检测方法和性能指标评定

有关防腐涂料的性能检测,在一般工程中按通用规定要求即可,在相关的标准中有具体描述,在此不再赘述。

②防火涂料性能检测的取样要求、检测方法和性能指标评定

用于保护钢结构的防火涂料必须有国家检测机构的耐火极限检测报告和理化性能检测报告,必须有防火监督部门核发的生产许可证和生产厂方的产品合格证。

钢结构防火涂料出厂时,产品质量应符合有关标准的规定。并应附有涂料品种名称、技术性能、制造批号、贮存期限和使用说明。

防火涂料中的底层和面层涂料应相互配套,底层涂料不得锈蚀钢材。

《钢结构工程施工质量验收规范》GB 50205-2001中对使用的钢结构防火涂料有下列规定:

钢结构防火涂料的粘结强度、抗压强度应符合国家现行标准钢结构防火涂料应用技术规程《钢结构防火涂料应用技术规范》ECS24:90的规定。检验方法应符合现行国家标准建筑构件防火喷涂材料性能试验方法《建筑构件防火喷涂材料性能试验方法》GA 110-95的规定。

检查数量:每使用100t或不足100t薄涂型防火涂料应抽检一次粘结强度;每使用500t或不足500t厚涂型防火涂料应抽检一次粘结强度和抗压强度。

检验方法:检查复检报告。

《钢结构防火涂料》GB 14907-2002中有关粘结强度和抗压强度试验方法:6.4.5 粘结强度。将按6.3制作的试件的涂层中央约40mm×40mm面积内,均匀涂刷高粘结力的胶粘剂(如溶剂型环氧树脂等),然后将钢制连接件轻轻粘上并压上约1kg重的砝码,小心去除连接件周围溢出的胶粘剂,继续在6.2规定的条件下放置3d后,去掉砝码,沿钢制连接件的周边切割涂层至板底面,然后将粘结好的试件安装在试验机上;在沿试件底板垂直方向施加拉力,以约1500~2000 N/min的速度加载荷,测得最大的拉伸载荷(要求钢制联结件底面平整与试件涂覆面粘结),结果以5个试验值中剔除粗大误差后(去掉最大值和最小值)的平均值表示,精确度为0.01MPa,结论中应注明破坏形式,如内聚破坏或附着破坏。每一试件粘结强度按式(2-8)计算抗压强度。

$$f_b = \frac{F}{A} \tag{2-8}$$

式中 f_b——粘结强度(MPa);

F——最大拉伸载荷(N);

A——粘结面积(mm^2)。

将拌好的防火涂料注入70.7mm×70.7mm×70.7mm试模捣实抹平,待基本干燥固化后脱模,将涂料试块放置在60±5℃的烘箱中干燥至恒重,然后用压力机测试,按下式计算抗压强度:

$$R = \frac{P}{A} \tag{2-9}$$

式中 R——抗压强度(MPa);

P——破坏荷载(N);

A——受压面积(mm^2)。

每次试验的试件5块，剔除最大和最小值，其结果应取其余3块的算术平均值，计算精确度为0.01MPa。

(2)涂装的检测方法及指标评定

《钢结构工程施工质量验收规范》GB 50205-2001中关于钢结构涂装工程要求的一般规定为：

1)本条适用于钢结构的防腐涂料(油漆类)涂装和防火涂料涂装工程的施工质量验收。

2)钢结构涂装工程可按钢结构制作或钢结构安装工程检验批的划分原则划分成一个或若干个检验批。

3)钢结构普通涂料涂装工程应在钢结构构件组装预拼装或钢结构安装工程检验批的施工质量验收合格后进行，钢结构防火涂料涂装工程应在钢结构安装工程检验批和钢结构普通涂料涂装检验批的施工质量验收合格后进行。

4)涂装时的环境温度和相对湿度应符合涂料产品说明书的要求，当产品说明书无要求时，环境温度宜在5~38℃之间，相对湿度不应大于85%，涂装时构件表面不应有结露，涂装后4h内应保护免受雨淋。

防腐涂装性能检测的取样要求、检测方法和性能指标评定：

《钢结构工程施工质量验收规范》GB 50205-2001中关于防腐涂装的要求：

1)涂装前钢材表面除锈应符合设计要求和国家现行有关标准的规定。处理后的钢材表面不应有焊渣、焊疤、灰尘、油污、水和毛刺等。当设计无要求时，钢材表面除锈等级应符合表2-33的规定。检查数量：按构件数抽查10%，且同类构件不应少于3件。

检验方法：用铲刀检查和用现行国家标准涂装前钢材表面锈蚀等级和除锈等级GB8923规定的图片对照观察检查。

钢材表面除锈等级　　　　　　　　　　　表2-33

涂料品种	除锈等级
油性酚醛、醇酸等底漆或防锈漆	St2
高氯化聚乙烯、氯化橡胶、氯磺化聚乙烯、环氧树脂、聚氨酯等底漆或防锈漆性酚醛、醇酸等底漆或防锈漆	Sa2
无机富锌、有机硅、过氯乙烯等底漆	Sa2 1/2

2)涂料、涂装遍数、涂层厚度均应符合设计要求。当设计对涂层厚度无要求时，涂层干漆膜总厚度：室外应为150μm，室内应为125μm，其允许偏差为-25μm。每遍涂层干漆膜厚度的允许偏差为-5μm。

检查数量：按构件数抽查10%，且同类构件不应少于3件。

检验方法：用干漆膜测厚仪检查。每个构件检测5处，每处的数值为3个相距50mm测点涂层干漆膜厚度的平均值。

3)构件表面不应误涂、漏涂，涂层不应脱皮和返锈等。涂层应均匀、无明显皱皮、流坠、针眼和气泡等。

检查数量：全数检查。

检验方法：观察检查。

4)当钢结构处在有腐蚀介质环境或外露且设计有要求时，应进行涂层附着力测试，在检测处范围内，当涂层完整程度达到70%以上时，涂层附着力达到合格质量标准的要求。

检查数量：按构件数抽查1%，且不应少于3件，每件测3处。

检验方法：按照现行国家标准《漆膜附着力测定法》GB 1720-1979(1989)或《色漆和清漆　漆

膜的划格试验》GB 9286-1998 执行。

5) 涂装完成后构件的标志标记和编号应清晰完整。

检查数量:全数检查。

检验方法:观察检查。

《色漆和清漆　漆膜的划格试验》GB 9286—1998 方法简介

注:本试验方法不适用于涂膜厚度大于 250μm 的涂层,也不适用于有纹理的涂层。

1) 仪器

① 切割刀具;② 导向和刀刃间隔装置;③ 软毛刷;④ 透明的压敏胶粘带(宽 25mm);⑤ 目视放大镜(2 倍或 3 倍)。

2) 试板

底材尺寸约 150mm×100mm 的长方形试板是适宜的。

3) 操作步骤

① 切割数

切割图形每个方向的切割数应是 6。

② 切割的间距

每个方向切割的间距应相等,且切割的间距取决于涂层厚度和底材的类型,如下所述:

0~60μm:硬底材,1mm 间距。

0~60μm:软底材,2mm 间距。

61~120μm:硬或软底材,2mm 间距。

121~250μm:硬或软底材,3mm 间距。

③ 用软毛刷沿网格图形每一条对角线,轻轻地向后扫几次,再向前扫几次。

试验结果见表 2-34。

试验结果分级　　　　　　　　　表 2-34

分　级	说　　　明
0	切割边缘完全平滑,无一格脱落
1	在切口交叉处有少许涂层脱落,但交叉切割面积受影响不能明显大于 5%
2	在切口交叉处和/或沿切口边缘有涂层脱落,受影响的交叉切割面积明显大于 5%,但不能明显大于 15%
3	涂层沿切割边缘部分或全部以大碎片脱落,和/或在格子不同部位上部分或全部剥落,受影响的交叉切割面积明显大于 15%,但不能明显大于 35%
4	涂层沿切割边缘大碎片剥落,和/或一些方格部分或全部出现脱落。受影响的交叉切割面积明显大于 35%,但不能明显大于 65%
5	剥落的程度超过 4 级

工字钢和 H 型钢梁的漆膜厚度检测:

一根梁有 8 个面,每一个面都有可能使漆膜厚度会超出规定的要求,所以,对此要都做测量。所使用的漆膜厚度测量仪不能受边缘的影响。测量步骤如下:

1) 长度达 12m 的 H 型钢梁,可以选择离两端 0.6m 之间的范围进行测量 8 个面的干膜厚度(图 2-30)。如果有一面的干膜厚度低于规定膜厚度,那么整根梁的喷涂质量就视为没有达到要求。之后的膜厚测量每 0.6m 作为一个测量点进行下去。超过 25m 长度的 H 型钢梁,可以把它分成 12m 一段再进行膜厚度测量。最后一段如果不是 12m,选择离另一端 0.6m 处开始测量。

2)对于整批的钢梁,第一根梁按以上原则进行测量,随后的钢梁随机选取0.6m进行测量。一个喷涂工人完毕的一批工件堆放在一起,首先,进行目测以判断有问题的部位,比如说,涂覆不良的地方。如果一堆工件通过了目测,选取一根进行干膜厚度测量,再从这一堆的中间位置和末尾位置选取一根,按上述原则进行测量。对于不同形状的工件,可以供一堆中间的头、中和尾选取构件进行测量。

3)建议1d所有的班次中,每2h进行一次上述规则的测量。测量点的平均值,就是所得到的干膜厚度,并且没有一个点可以与规定的漆膜厚度误差超过20%。

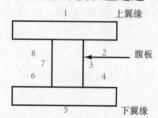

图2-30 H型钢梁的截面编号

防火涂装性能检测的取样要求、检测方法和性能指标评定:

《钢结构工程施工质量验收规范》GB 50205-2001中关于防火涂装的要求:

1)主控项目

防火涂料涂装前钢材表面除锈及防锈底漆涂装应符合设计要求和国家现行有关标准的规定。

检查数量:按构件数抽查10%,且同类构件不应少于3件。

检验方法:表面除锈用铲刀检查和用现行国家标准涂装前钢材表面锈蚀等级和除锈等级《涂装前钢材表面锈触等级和除锈等级》GB/T 8923—88规定的图片对照观察检查。底漆涂装用干漆膜测厚仪检查,每个构件检测5处,每处的数值为3个相距50mm测点涂层干漆膜厚度的平均值。

钢结构防火涂料的粘结强度、抗压强度应符合国家现行标准钢结构防火涂料应用技术规程《钢结构防火涂料应用技术规范》CECS24:90的规定。检验方法应符合现行国家标准建筑构件防火喷涂材料性能试验方法《建筑构件防火喷涂材料性能试验方法》GA 110-95的规定。

检查数量:每使用100t或不足100t薄涂型防火涂料应抽检一次粘结强度;每使用500t或不足500t厚涂型防火涂料应抽检一次粘结强度和抗压强度。

检验方法:检查复检报告。

薄涂型防火涂料的涂层厚度应符合有关耐火极限的设计要求。厚涂型防火涂料涂层的厚度,80%及以上面积应符合有关耐火极限的设计要求,且最薄处厚度不应低于设计要求的85%。

检查数量:按同类构件数抽查10%,且均不应少于3件。

检验方法:用涂层厚度测量仪、测针和钢尺检查。测量方法应符合国家现行标准《钢结构防火涂料应用技术规范》CECS24:90的规定及图2-29。

薄涂型防火涂料涂层表面裂纹宽度不应大于0.5mm;厚涂型防火涂料涂层表面裂纹宽度不应大于1mm。

检查数量:按同类构件数抽查10%,且均不应少于3件。

检验方法:观察和用尺量检查。

注:涂料施工完成后,应无漏涂、脱粉、明显裂缝等。如有个别裂缝,薄涂型其宽度不大于0.5mm。厚涂型涂层不宜出现裂缝。如有个别裂缝,其宽度不应大于1mm。

楼板和防火墙的防火涂层厚度测定,可选两相邻纵、横轴线相交中的面积为一个单元,在其对角线上,按每米长度选一点进行测试。

全钢框架结构的梁和柱的防火涂层厚度测定,在构件长度内每隔3m取一截面,按图2-31所示位置测试。

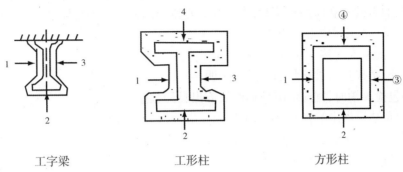

工字梁　　　　　　　工形柱　　　　　　方形柱

图 2-31　钢框架梁、柱防火涂层厚度的测试位置示意

桁架结构,上弦和下弦按第二条的规定每隔 3m 取一截面检测,其他腹杆每根取一截面检测。

对于楼板和墙面,在所选择的面积中,至少测出 5 个点;对于梁和柱在所选择的位置中,分别测出 6 个和 8 个点。分别计算出它们的平均值,精确到 0.5mm。

2) 一般项目

防火涂料涂装基层不应有油污灰尘和泥砂等污垢。

检查数量:全数检查。

检验方法:观察检查。

防火涂料不应有误涂、漏涂,涂层应闭合,无脱层空鼓、明显凹陷、粉化松散和浮浆等外观缺陷,乳突已剔除。

检查数量:全数检查。

检验方法:观察检查。

8. 检测数据处理及检测结果评定

(1) 数据处理

1) 防腐涂层:在进行干膜厚度测量标准时,要遵守其测量原则:80-20、90-10 原则或相似的测量原则。80-20 原则的意思为:80% 的测量值不得低于规定干膜厚度,其余 20% 的测量值不能低于规定膜厚的 80%。例如,规定干膜厚度为 300μm,那么 80% 的测量值要达到 300μm 以上,其余 20% 的测量值不得低于规定膜厚 300μm 的 80%,即 240μm。

2) 防火涂层:对于楼板和墙面,在所选择的面积中,至少测出 5 个点;对于梁和柱在所选择的位置中,分别测出 6 个和 8 个点。分别计算出它们的平均值,精确到 0.5mm。

(2) 检测结果评定

根据所测得的结果及设计要求评判此次防腐涂装是否满足设计要求。

9. 检测报告

检测机构的检测报告应能够准确、清晰、明确和客观地报告每一项或每一系列的检测结果,并符合检测方法中规定的要求。检测报告不论格式如何,其内容应包括以下部分,并应尽量减少产生误解或误用的可能性:

1) 检测报告的标题;

2) 检测机构的名称与地址,进行检测的地点;

3) 检测报告的唯一编号标识和每页字数及总页数,以确保可以识别该页是属于检测报告的一部分,以及表明检测报告结束的清晰标识;

4) 客户的名称和地址;

5) 所用方法的标识;

6) 检测物品的描述、状态和明确的标识;

7) 对结果的有效性和应用至关重要的检测物品的接收日期和进行检测的日期;

8)如与结果的有效性和应用相关时,本实验中心所用的抽样计划和程序的说明;
9)检测的结果(适当时应带有测量单位);
10)检测报告批准人的签字或等同的标识;
11)相关之处,结果仅与被检物品有关的声明;
12)当有外包检测项时,则应清晰地标明供方出具的数据。

当需要对检测结果做出解释时,检测报告中还应包括下列内容:
1)对检测方法的偏离、增添或删节,以及特殊检测条件的信息,如环境条件;
2)符合或不符合要求或规范的声明;
3)适用时,评定测量不确定度的声明(当不确定度与检测结果的有效性或应用有关,或客户提出要求时,或当测量不确定度影响到对规范限度的符合性时,检测报告中还需要包括有关不确定度的信息);
4)适用且需要时,提出意见和解释;
5)特定方法、客户和客户群体要求的附加信息。

思 考 题

1. 钢结构常用防腐蚀措施。
2. 钢结构常用防火措施。
3. 防腐蚀及防火涂料分类。
4. 防腐蚀及防火涂料性能。
5. 防火涂层厚度检测仪(测针)图例及操作步骤。
6. 防火涂料粘结强度的计算。
7. 防腐涂装的取样要求、检测方法和性能指标要求。
8. 防火涂装的取样要求、检测方法和性能指标要求。

第五节 钢结构与钢网架变形检测

一、概述

钢结构变形是影响结构受力性能和结构安全的重要技术指标之一。其变形指标包含:结构节点挠度、桁架主平面弯曲变形,拉压杆件的挠曲变形,构件截面扭曲变形等。这些结构变形过大,将导致钢结构失稳破坏,检测和控制这些变形,是控制钢结构施工质量和安全使用的首要任务。

钢结构是否稳定,是设计人员需要设计验算的重要内容。在钢结构工程事故中,因失稳导致破坏者较为常见。近几十年来,由于结构形式的不断发展和高强度钢材的应用,使构件更趋轻型而薄壁,更容易出现失稳现象,因而对结构稳定性的研究以及对钢结构因失稳破坏的了解和认识是很有必要的。同时重视在施工过程中检测并控制钢结构(钢构件)的各种初始变形,可以有效降低钢结构可能发生失稳的风险。

二、检测依据

1)《钢结构工程施工质量验收规范》GB 50205—2001
2)《网架结构工程质量检验评定标准》JGJ 78—1991
3)《钢结构设计规范》GB 50017—2003

4)《钢桁架检验及验收标准》JG 9-1999

5)《钢网架检验及验收标准》JG12-1999

6)《压型金属板设计施工规程》YBJ 216-88

三、检测仪器

检测仪器主要包括:经纬仪、水准仪、全站仪、水平尺、钢尺、电阻应变仪、振弦式传感器等。

四、钢结构性能检测

1. 杆件应力检测

(1)应力释放原理

应力释放法较多用于钢结构残余应力测试方面,目前正在逐步引入混凝土等材料的应力测试方法上,其基本原理是对有初始约束应力的测试构件,采用机械切割的方法使得约束产生的应力被释放,采用测试仪器对切割前后构件的应变进行测试,根据材料的应力—应变关系即可得到构件的应力状态。

应力释放的测试方法一般包括截条法、切槽法和钻孔法等。截条法是从具有初始应力的构件上切取一细长的矩形试件,切取前在构件上设置应变测试设备,由切取前后试件长度的变形就可以计算初始应力。切槽法是在构件上切槽,由于切槽而形成的残余应力的释放,测定此部位的应变求出残余应力的方法。钻孔法是在具有初应力的钢板上钻孔,根据孔周围的变形求出初始应力的方法。由于钻孔使孔周围应力松弛而非完全释放,因此显示的松弛应变仅为初始应力的一部分,故属于部分释放型测试方法。

(2)电阻应变片测量方法

1)电阻应变片的选用

选用应变片应根据应变片的初始参数及试件的受力状态、应变梯度、应变性质、工作条件、测试精度要求等综合考虑。

对于一般的结构试验,采用 120Ω 纸基金属丝应变片应可满足试验要求。其标距可结合试件的材料来选定,如钢材常用 5~20mm,混凝土则用 40~150mm,石材用 20~40mm。

对于有特殊要求的,可选择特种应变片,如低温应变片、高温应变片、疲劳寿命片、裂纹探测片、应力片以及高压、核辐射、强磁场等条件下使用的应变片。

2)应变片的粘贴技术

应变片的粘贴是应变电测技术中一个很关键的环节,粘贴质量的好坏直接影响测量的结果。有时可能因某些主要测点的应变片失效,导致测量工作失败。因此,必须掌握粘贴技术,保证测量结果的准确性和可靠性。粘贴时应掌握下列技术环节:

①选片:用放大镜对应变片进行检查,保证选用的应变片无缺陷和破损。同批试验选用灵敏系数和阻值相同的变片,采用兆欧表或万用表对其阻值进行测量,保证误差不大于 0.5Ω。

②定位:先初步画出贴片位置,用砂布或砂轮机将贴片位置打磨平整,钢材光洁度达到▽3~▽5;混凝土平面无浮浆,必要时涂底胶处理,待固化后再次打磨。在打磨平整的部位准确画出测点的纵、横中心及贴片方向。

③贴片:用镊子夹脱脂棉球蘸酒精(或丙酮)将贴片位置清洗干净。用手握住应变片引出线,在其背面均匀涂抹一层胶水,然后放在测点上,调整应变片的位置,使其可准确定位。在应变片上覆盖小片玻璃纸,用手指轻轻滚压,挤出多余胶水和气泡。注意不要使应变片位置移动。用手指轻按 1~2min,待胶水初步固化后,即可松手。粘贴质量较好的应变片,应是胶层均匀,位置准确。

④干燥固化:干燥才能固化,当气温较高,相对湿度较低的短期试验,可用自然干燥,时间一般 1~2d。人工干燥:待自然干燥12h后,用红外线灯烘烤,温度不要高于50℃,还要避免预热,烘干到绝缘电阻符合要求时为止。

⑤应变片的防护:在应变片引线端贴上接线端子,把应变片引线和连接导线分别焊在接线端子上,然后立即涂防护层,以防止应变片受潮和机械损伤,受潮后影响应变片的正常工作,故防潮就显得十分重要。应变片受潮的程度不易直接测量,一般用应变片和结构表面的绝缘电阻值来判断。绝缘电阻值高能保证测量精度,但要求过高会增加防潮难度和工作量。一般静态测量绝缘电阻应大于200MΩ,动态测量可以稍小于200MΩ,长期观测和高精度要求的测量应大于500MΩ。

3)电阻应变仪的使用方法

电阻应变仪是采集应变数据的测量仪器,应变片贴好后,直接与应变仪连接,连接方法通常采用半桥接法,并具有良好的接地。然后根据电阻应变仪说明书介绍的数据采集方法操作即可。应变仪采集的是应变值,再通过应变值计算应力。

(3)振弦式应变传感器测量应力方法

这种测量方法现场检测应用很多,主要是使用方便、灵活,可以直接将传感器粘贴在杆件表面。粘贴前必须将杆件表面打磨平整,并清洗干净,并用环氧树脂或502胶粘贴,然后直接将连接导线与采集数据的二次仪表连接,接好后即可直接采集应变数据。

2. 钢结构变形挠度与倾斜度及侧向弯曲检测

钢构件安装偏差的检测项目和检测方法,应按《钢结构工程施工质量验收规范》GB 50205-2001确定,通常检测项目的允许偏差应符合表2-35的规定。

钢结构安装中变形的允许偏差(mm)　　　　　　　　表2-35

项目			允许偏差
跨中垂直度	钢屋(托)架、桁架、梁及受压杆件		$h/250$,且不应大于15.0
	钢吊车梁		$h/500$
弯曲矢高	钢屋(托)架、桁架、梁及受压杆件侧向弯曲矢高	$l \leqslant 30m$	$l/1000$,且不应大于10.0
		$30m < l \leqslant 60m$	$l/1000$,且不应大于30.0
		$l > 60m$	$l/1000$,且不应大于50.0
	钢吊车梁侧向弯曲矢高		$l/1500$,且不应大于10.0
	钢吊车梁垂直上拱矢高		10.0
垂直度	单层钢柱		$H/1200$,且不应大于15.0
	单层柱	$H \leqslant 10m$	$H/1000$
		$H > 10m$	$H/1000$,且不应大于25.0
	多节柱	单节柱	$H/1000$,且不应大于10.0
		柱全高	35.0
主体结构的整体垂直度	单层钢结构		$H/1000$,且不应大于25.0
	多层及高层钢结构		$(H/1000 + 10.0)$,且不应大于50.0
主体结构的整体平面弯曲	单层钢结构		$H/1500$,且不应大于25.0
	多层及高层钢结构		$H/1500$,且不应大于25.0

(1)检测数量

钢结构主体结构的整体垂直度和整体平面弯曲检查数量:对主要立面全部检查。对每个所检查的立面,除两列角柱外,尚应至少选取一列中间柱。

钢屋(托)架、桁架、梁及受压杆件的垂直度和侧向弯曲矢高检测数量:按同类构件数量抽查10%,且不应小于3件。

钢柱、钢吊车梁的垂直度或弯曲矢高抽查数量:按同类构件数抽查10%,且不应少于3件。

(2)检查方法

用经纬仪、全站仪或拉线和钢尺检查。

五、钢网架变形检测

1. 网架结构的优点

网架在建筑工程中以往主要应用于大跨度的一种空间结构形式。近年来不仅广泛应用于跨度较大的体育馆、展览馆、会议中心、候车室和高速公路收费站等公共建筑,在中小跨度建筑中也开始推广应用,包括多层及高层建筑需要大空间的楼面以及单层工业厂房的屋盖等。网架结构是将杆件按一定的规律布置,通过节点连接而成的、外形呈平板状的一种空间杆系结构。典型的网架结构形式如图2-32所示。网架结构是国内外应用最为广泛的空间结构形式,这主要是由于它具有下列一系列的优点。

图2-32 某厂房钢网架屋盖照片

(1)网架结构组成灵活多样,便于采用。网架结构的组成形式有一二十种之多,但每一种都十分规则,其布置极易掌握,这就大大方便了设计工作者。网架高度内的空间可以用来设置管道等设施。网架结构外露或部分外露,因其几何图形的规则,可以丰富建筑效果。网架结构也可适应各种支承条件和各种建筑平面形状,能够满足公共建筑和工业厂房的要求。

(2)节点连接多以球节点为主。近年来网架节点已基本定型化,有利于工厂化生产和商品化供货,现场拼装方便等优点。

(3)分析计算成熟。网架结构的杆件一般均为钢管杆件,主要受轴向力作用,由于计算结构力学的发展,对于这种由杆件组成的空间结构设计理论已十分成熟;目前我国已有多种计算网架结构的通用程序和计算机辅助设计软件,大大缩短了设计周期。

(4)加工制作机械化程度,并已全部实现工厂化生产。网架结构的杆件和节点比较单一而且定型化,因此都可在工厂中成批生产,并采用机械加工。这样既保证了加工质量又缩短了制作时间。

(5)用料经济,能用较少的材料跨越较大的跨度。网架结构是一种三向受力的结构体系,空间交汇的杆件互为支撑,将受力杆件与支撑系统有机地结合起来,杆件又主要承受轴力作用,因而用料经济,刚度较大,适宜于大跨度、大开间结构。

网架结构目前还存在下列问题:节点用钢量较大,质量要求高,技术难度大,因此加工制作费用仍比平面桁架较高。

2. 网架节点尺寸偏差与杆件平直度检测

焊接球、螺栓球、高强度螺栓和杆件偏差,检测方法和偏差允许值应按《网架结构工程质量检验评定标准》JGJ 78-1991 的规定执行。网架结构安装允许偏差及检验方法应符合表 2-36 的规定。

网架结构安装允许偏差及检验方法　　　表 2-36

项次	项目		允许偏差(mm)	检验方法
1	拼装单元节点中心偏移		2.0	用钢尺及辅助量具检查
2	小拼单元为单锥体	弦杆长 L	±2.0	
3		上弦对角线长	±3.0	
4		锥体高	±2.0	
5	拼装单元为整榀平面桁架	跨长 ≤24m	+3.0, -7.0	
		跨长 >24m	+5.0, -10.0	
6		跨中高度	±3.0	
7		跨中拱度 设计要求起拱	+10	
		跨中拱度 不要求起拱	±L/5000	
8	分条分块网架单元长度	≤20m	±10	用钢尺及辅助量具检查
		>20m	±20	
9	多跨连续点支承时分条分块网架单元长度	≤20m	±5	
		>20m	±10	
10	网架结构整体交工验收时	纵横向长度 L	±L/2000,且≯30	用经纬仪等检查
11		支座中心偏移	±L/3000,且≯30	
12		周边	L/3000,且≯15	用水准仪等检查
13		支座最大高差	30.0	
14		多点支承网架相邻支座高差	L_1/3000,且≯30	
15		杆件轴线平直度	L/1000,且≯5	用直线及尺量测检查

注:1. L 为纵向、横向长度;
　　2. L_1 为相邻支座间距。

检查数量:1~4 项抽小单元数的 10%,且不小于 5 件;5~9 项为全部拼装单元;10~14 项对网架结构工程全部检查;第 15 项,每种杆件抽查 5%,不少于 5 件。抽查部位根据外观检查由设计单位与施工单位共同商定。

3. 钢网架挠度变形检测

(1)检测方法和数量

1)《网架结构工程质量检验评定标准》JGJ 78-91

网架结构总拼完成后及屋面施工完成后应分别测量其挠度值;所测的挠度值,不得超过相应设计值的 15%。

挠度观测点:小跨度网架设在下弦中央一点;大中跨度下弦中央一点及各向下弦跨度 1/4 点处各设二点。

检验方法用钢尺、水准仪检测。

2)《钢结构工程施工质量验收规范》GB 50205—2001

钢网架结构总拼完成后及屋面工程完成后应分别测量其挠度值,且所测的挠度值不应超过相应设计值的 1.15 倍。

检查数量:跨度 24m 及以下钢网架结构测量下弦中央一点,跨度 24m 以上钢网架结构测量下弦中央一点及各向下弦跨度的四等分点。

检验方法:用钢尺和水准仪实测。

3)《建筑结构检测技术标准》GB/T 50344—2004

钢网架的挠度,可采用激光测距仪或水准仪检测,每半跨范围内测点数不宜小于 3 个,且跨中应有 1 个测点,端部测点距端支座不应大于 1m。

(2)需要注意的问题

1)测点的位置

①要有足够的稳定度;

②要满足一定的观测精度。

2)允许值为设计值的 1.15 倍,而不是网架的容许挠度。

根据《网架结构施工与设计规程》JGJ 7—91 中第 2.0.17 条,网架结构的容许挠度,用作屋盖为 $L_2/250$,用作楼层为 $L_2/300$,L_2 为网架的短向跨度。该值是网架变形控制的底线,作为设计值的 1.15 倍也不应超过该值。

3)检测结果的整理(挠度基准的选取):

①以点为基准计算挠度

以支座中心标高平均值作为基准值,以网架轴线上各点标高与其差值为其挠度,计算公式如下:

$$f_N = S_0 - S_N \tag{2-10}$$

$$S_0 = (S_{Z1} + S_{Z2} + \ldots + S_{zn})/n \tag{2-11}$$

式中 f_N——网架某点挠度;

S_0——网架支座中心标高平均值;

S_n——网架上某点标高;

S_{zn}——网架某支座中心标高。

②以线为基准计算挠度

按《建筑变形测量规程》JGJ8—2007 中挠度计算公式原理,根据网架两支座端点高差不同,构成一条倾斜的直线,即为基准线,网架上测得点标高与该直线点标高差值为网架轴线上点挠度值,可用下式计算:

$$f_E = \Delta S_{AE} - L_a \Delta S_{AB}/(L_a + L_b) \tag{2-12}$$

$$\Delta S_{AE} = S_E - S_A \tag{2-13}$$

$$\Delta S_{AB} = S_B - S_A \tag{2-14}$$

式中 S_A、S_B、S_E——网架支座 A、B 的标高及网架上某点 E 的标高;

f_E——网架上某点的挠度;

L_a——AE 的距离;

L_b——EB 的距离。

③以面为基准计算挠度

采用空间坐标系有限元法,须结合支座高差情况来确定网架支座基准面。确定基准面的基本原则是支座基准面是不受任何力,只受支座高差影响后质点相关联移点后形成的。在支座基准面确定后,网架各点的标高与基准面相对应标高之差为该点挠度值。

(3) 钢网架变形超标可能的原因及处理方法

钢网架挠度超标,从施工角度来看,对于焊接球网架,多是脚手架刚度问题,脚手架下沉造成网架不在设计位置焊接。对于螺栓球节点网架最大的可能是安装时下弦螺栓没有拧紧。由于网架基本上上弦是受压区,下弦是受拉区,安装时如果下弦的螺栓没有拧紧,拆掉脚手架后上弦杆顶紧,而下弦杆受拉后杆件和套筒或套筒和螺栓球之间出现缝隙(即使是很微小),累积起来相当于下弦伸长,网架的挠度自然会变大。

焊接球节点网架由于节点接近刚接,而计算中假定节点为铰接,因此实测挠度一般小于设计计算值。螺栓球节点网架由于螺栓拧紧程度不同,节点接近理想铰接,所以往往超过设计计算值。

对于超标挠度的处理,首先要区分是焊接球网架还是螺栓球网架,焊接球网架,只要节点正常,超标挠度只是几何尺寸改变,对内力影响较小。螺栓球节点如挠度过大一定要检查节点是否拧到位,对节点检查要重视,因为问题实质往往不在挠度本身。

另外,挠度处理也与屋面荷载有关,对于轻屋面,以后没有什么荷载,挠度偏大些,只要节点正常,危害很小,尤其经过一段时间使用后没有异常就可放心。但如果是重屋盖尤其是楼盖,千万要严格控制,因为挠度大了,如将楼板找平将严重超载,如果不做平,楼板成簸箕状甚至引起积水,造成长远缺陷。

六、压型金属板工程检测

1. 检测的意义

《压型金属板设计施工规程》YBJ216-88 是在学习引进日本压型钢板新产品新技术的基础上,通过大量的试验研究和上海宝钢一期工程等项目的实践编制出来的,20 年来为我国压型钢板新技术的推广应用起了很好的指导作用,随着新材料的出现、技术的进步,该规程已远远满足不了发展的需要;《冷弯薄壁型钢结构技术规范》GB 50018-2002 中第 7 章只规定了压型钢板的计算和构造原则;《门式刚架轻型房屋钢结构技术规程》CECS102:2002 中 6.6.2 条规定:一般建筑屋面或墙面采用的压型钢板,其厚度不宜小于 0.4mm。对于多雪和强风地区用作屋面压型钢板厚度偏小,最好把屋面和墙面用的压型钢板厚度分别规定,屋面应厚一些。

目前工程上屋面板越来越薄,甚至有用 0.3mm 的,屋面坡度越来越平,C 型冷弯薄壁型钢檩条高度越来越高、壁厚越来越薄,檩条间距大小随意,拉条形同虚设,所以屋面压型钢板被风吹跑,屋面漏水的问题不少。在 2008 年的暴风雪灾中压型钢板轻型屋面的破坏(图 2-33 ~ 图 2-35),更显示出严格规范压型钢板的设计、制作、安装施工各过程中质量控制、编制新的压型钢板设计施工规程和手册很有必要。

图 2-33 某仓库 2008 年雪灾中坍塌实况照片

图 2-34　某钢结构厂房 2008 年雪灾中坍塌实况照片　　图 2-35　某钢结构厂房 2008 年雪灾中坍塌实况照片

2. 压型金属板成型后的外观、尺寸检测

(1) 压型金属板成型后,其基板不应有裂纹。

检查数量:按计件数抽查 5%,且不应少于 10 件。

检验方法:观察和用 10 倍放大镜检查。

(2) 涂层、镀层压型金属板成型后,涂、镀层不应有肉眼可见的裂纹、剥落和擦痕等缺陷。

检查数量:按计件数抽查 5%,且不应少于 10 件。

检验方法:观察检查。

(3) 压型金属板的尺寸允许偏差应符合表 2-37 的规定。

检查数量:按计件数抽查 5%,且不应少于 10 件。

检验方法:用拉线和钢尺检查。

压型金属板的尺寸允许偏差(mm)　　　　　　　　　　　表 2-37

项　目		允许偏差
波　距		±2.0
波高	压型钢板	截面高度≤70	±1.5
		截面高度>70	±2.0
侧向弯曲	在测量长度 l_1 的范围内	20.0

注:l_1 为测量长度,指板长扣除两端各 0.5m 后的实际长度(小于 10m)或扣除后任选的 10m 长度。

(4) 压型金属板成型后,表面应干净,不应有明显凹凸和皱褶。

检查数量:按计件数抽查 5%,且不应少于 10 件。

检验方法:观察检查。

(5) 压型金属板施工现场制作的允许偏差应符合表 2-38 的规定。

检查数量:按计件数抽查 5%,且不应少于 10 件。

检验方法:用拉线和钢尺检查。

压型金属板施工现场制作的允许偏差(mm)　　　　　　　　　表 2-38

项　目		允许偏差
压型金属板的覆盖宽度	截面高度≤70	+10.0,-2.0
	截面高度>70	+6.0,-2.0
板　长		±9.0
横向剪切偏差		6.0
泛水板、包角板尺寸	板长	±6.0
	折弯面宽度	±3.0
	折弯面夹角	2°

3. 压型金属板安装后的质量检测

(1)压型金属板、泛水板和包角板等应固定可靠、牢固,防腐涂料涂刷和密封材料敷设应完好,连接件数量、间距应符合设计要求和国家现行有关标准规定。

检查数量:全数检查。

检验方法:观察检查及尺量。

(2)压型金属板应在支承构件上可靠搭接,搭接长度应符合设计要求,且不应小于表2-39所规定的数值。

检查数量:按搭接部位总长度抽查10%,且不应少于10m。

检验方法:观察和用钢尺检查。

压型金属板在支承构件上的搭接长度(mm)　　表2-39

项　目		允许偏差
截面高度>70		375
截面高度≤70	屋面坡度<1/10	250
	屋面坡度≥1/10	200
墙面		120

(3)组合楼板中压型钢板与主体结构(梁)的锚固长度、支承长度应符合设计要求,且不应小于50mm,端部锚固件连接应可靠,设置位置应符合设计要求。

检查数量:沿连接纵向长度抽查10%,且不应小于10m。

检验方法:观察和用钢尺检查。

(4)压型金属板安装应平整、顺直,板面不应有施工残留物和污物。檐口和墙面下端呈直线,不应有未经处理的错钻孔洞。

检查数量:按面积抽查10%,且不应小于10m^2。

检验方法:观察检查。

(5)压型金属板安装的允许偏差应符合表2-40的规定。

检查数量:檐口与屋脊的平行度:按长度抽查10%,且不应少于10m。其他项目:每20m长度应抽查1处,不应小于2处。

检验方法:用拉线、吊线和钢尺检查。

压型金属板安装的允许偏差(mm)　　表2-40

项　目		允许偏差
屋面	檐口与屋脊的平行度	12.0
	压型金属板波纹线对屋脊的垂直度	$L/800$,且不应大于25.0
	檐口相邻两块压型金属板端部错位	6.0
	压型金属板卷边板件最大波浪高	4.0
墙面	墙板波纹线的垂直度	$H/800$,且不应大于25.0
	墙板包角线的垂直度	$H/800$,且不应大于25.0
	相邻两块压型金属板的上端错位	6.0

注:1. L为屋面半坡或单坡长度;

2. H为墙面高度。

七、检测结果判定方法

1. 分项工程检验批合格质量标准应符合下列规定：

(1) 主控项目必须符合规范合格质量标准的要求。

(2) 一般项目其检验结果应有80%及以上的检查点(值)符合《钢结构工程施工质量验收规范》GB 50205-2001中合格质量标准的要求，且最大值不应超过其允许偏差值的1.2倍。

(3) 质量检查记录、质量证明文件等资料应完整。

2. 分项工程合格质量标准应符合下列规定：

(1) 分项工程所含的各检验批均应符合《钢结构工程施工质量验收规范》GB 50205-2001中合格质量标准；

(2) 分项工程所含的各检验批质量验收记录应完整。

思 考 题

1. 简述钢结构安装过程中主要的变形偏差。

2. 如何选用电阻应变片？简述应变片的粘贴步骤。

3. 钢网架结构有何优缺点？

4. 钢网架变形超标的主要原因有哪些？

5. 某体育馆网架，为螺栓球节点网架，如下图。平面尺寸为30.0m×18.0m，网格尺寸为2.0m×2.0m，网架高度为2.0m，网架四边支承于框架柱上，网架自重下跨中的设计挠度为30mm。该网架采用高空散装法施工，现场采用水准仪测量下弦球节点底标高，测量结果为A、B、C、D四点处的相对高度为1.5236m、1.5278m、1.5247m、1.5216m，E、F、G、H、I五点的相对标高为1.4964m、1.5132m、1.5032m、1.5072m、1.5112m。

(1) 该网架的挠度允许值为多少？该网架的容许挠度为多少？

(2) 该网架的跨中挠度值为多少？是否满足规范要求？

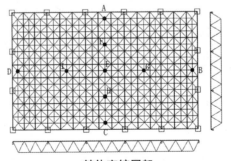

某体育馆网架

6. 压型金属板结构的质量监控中主要检测哪些项目？

第三章 粘钢、钢纤维、碳纤维加固检测

第一节 碳纤维布力学性能检测

一、概念

普通碳纤维是以聚丙烯腈（PAN）或中间相沥青（MPP）纤维为原料经高温碳化制成。国内外统称为碳纤维增强聚合物（Carbon Fiber Reinforeed Polymer 简称 CFRP）又称为碳纤维片。目前，在混凝土结构加固中一般使用高强度型碳纤维片材，碳纤维片材主要有碳纤维布和碳纤维板两种制品形式。碳纤维布是由连续碳纤维单向或多向排列，未经树脂浸渍的布状制品；碳纤维板是由连续碳纤维单向或多向排列，并经树脂浸渍固化的板状制品。

美国、日本等国家在20世纪70年代就开始研究和应用，我国是从20世纪90年代中期开始推广应用。碳纤维片材的最基本的三个力学性能指标为抗拉强度、弹性模量和延伸率。美国ACI440委员会关于碳纤维材料指标的规定见表3-1。

碳纤维材料力学性能指标（ACI committee 440） 表3-1

型号	抗拉强度（MPa）	弹性模量（GPa）	延伸率（%）
普通	2050~3790	220~235	1.2
高强	3790~4825	220~235	1.4
超高强	4825~6200	220~235	1.5
高模	1725~3100	345~515	0.5
超高模	1375~2400	515~690	0.2

国内承重结构加固用的碳纤维一般采用高强度碳纤维材料，系选用聚丙烯腈基（PAN基）12K或12K以下的小丝束纤维，且是连续纤维与改性环氧树脂胶粘剂复合而成，使用前还须进行纤维复合材的安全性及适配性检验。碳纤维复合材安全性及适配性检验合格指标见表3-2。

碳纤维复合材安全性及适配性检验合格指标 表3-2

类别 项目	单向织物（布）		条形板	
	高强度Ⅰ级	高强度Ⅱ级	高强度Ⅰ级	高强度Ⅱ级
抗拉强度标准值 f_{tk}（MPa）	≥3400	≥3000	≥2400	≥2000
受拉弹性模量 E_f（MPa）	≥2.4×10⁵	≥2.1×10⁵	≥1.6×10⁵	≥1.4×10⁵
伸长率（%）	≥1.7	≥1.5	≥1.7	≥1.5
弯曲强度 f_{fb}（MPa）	≥700	≥600	—	—
层间剪切强度（MPa）	≥45	≥35	≥50	≥40
仰贴条件下纤维复合材与混凝土正拉粘结强度（MPa）	≥max[2.5, f_{tk}]，且为混凝土内聚破坏			
纤维体积含量（%）			≥65	≥55
单位面积质量（g/m²）	200、250、300	200、250、300	—	—

注：1. f_{tk}为原构件混凝土的抗拉强度标准值，应按现行国家标准《混凝土结构设计规范》GB 50010的规定采用。
2. L形板的安全性及适配性检验合格指标按高强度Ⅱ级条形预成型板（条形板）采用。

我国建筑工业行业标准JG/T 167-2004标准规定碳纤维布、碳纤维板的力学性能指标见表3-3和表3-4所示。

单向高强度型碳纤维布复合材料物理力学性能 表3-3

项　目	Ⅰ级	Ⅱ级	Ⅲ级
拉伸强度标准值（MPa）	≥2500	≥3000	≥3500
弹性模量（GPa）	≥210	≥210	≥230
伸长率（%）	≥1.2	≥1.4	≥1.4

碳纤维板物理力学性能 表3-4

项　目	拉伸强度标准值（MPa）	弹性模量（GPa）	伸长率（%）
指标	≥2300	≥150	≥1.4

我国桥梁结构维修、加工用碳纤维片材的主要力学性能指标见表3-5。

桥梁结构用碳纤维片材的主要力学性能指标（JT/T 532-2004） 表3-5

性　能	碳纤维布	碳纤维板
抗拉强度标准值（MPa）	≥3100	≥2000
弹性模量（MPa）	≥2.1×10⁵	≥1.4×10⁵
断裂延伸率（%）	≥1.5	≥1.5

注：1. 抗拉强度标准值应具有95%的保有率。
2. 碳纤维布的性能按纤维的净面积计算，碳纤维板的性能指标按板材试件截面面积计算。

二、检测依据

《定向纤维增强塑料拉伸性能试验方法》GB/T 3354-1999
《纤维增强塑料性能试验方法总则》GB/T 1446-2005
《碳纤维片材加固混凝土结构技术规程》CECS 146：2003
《单向纤维增强塑料弯曲性能试验方法》GB/T 3356-19990
《混凝土结构加固设计规范》GB 50367-2006
《碳纤维增强塑料纤维体积含量试验方法》GB/T 3366-1996
《增强制品试验方法　第3部分：单位面积质量的测定》GB/T 9914.3-2001
《结构加固修复用碳纤维片材》JG/T 167-2004
《桥梁结构用碳纤维片材》JT/T 532-2004
《碳纤维复丝拉伸性能试验方法》GB/T 3362-2005
《结构加固修复用碳纤维片材》GB/T 21490-2008

三、碳纤维复合材的安全性及适配性检验

1. 碳纤维布拉伸性能试验
（1）仪器设备及环境
电子拉力试验机、伺服液压式试验机（试验机使用吨位的选择应参照相应说明书，试验机载荷和测量变形的仪器仪表相对误差均不应超过±1%）。

机械式和油压式试验机(使用吨位的选择应使试样施加载荷落在满载的10%～90%范围内,尽量落在满载的一边,且不应小于试验机最大吨位的4%;能获得恒定的试验速度。当试验速度不大于10mm/min时,误差不应超过20%,当试验速度大于10mm/min时,误差不应超过10%)。

试验标准环境条件:温度:23±2℃;相对湿度:50%±10%。试验非标准环境条件:若不具备实验室标准环境条件时,选择接近的实验室环境条件。

试验设备定期经具有相应资格的计量部门进行校准。

(2)取样及制备要求

1)取样

力学性能试样每组不少于5个,并保证同批有5个有效试样。试样几何形状及尺寸如图3-1和表3-6。

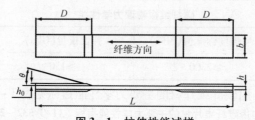

图3-1 拉伸性能试样

L—试样长度;b—试样宽度;h—试样厚度;D—加强片长度;h_0—加强片厚度;θ—加强片斜削角

试样尺寸(mm)   表3-6

试样类别	L	b	h	D	H_0	θ
0°	230	15±0.5	1～3	50	1.5	15°～90°
90°	170	25±0.5	2～4	50	1.5	15°～90°
0°/90°均衡对称	230	25±0.5	2～4			

注:1. 仲裁试样厚度:2.0±0.1mm。
    2. 测定泊松比也可采用无加强片直条形试样。
    3. 测定0°泊松比时试样宽度也可采用25±0.5mm。

2)试样制备

试样可以采用机械加工法和模塑法进行加工。

采用机械加工法时,试样的取位区,一般宜距板材边缘(已切除工艺毛边)30mm以上,最小不得小于20mm。若取位区有气泡、分层、树脂淤积、皱褶、翘曲、错误铺层等缺陷,则应避开。若对取位区有特殊要求或需从产品中取样时,则按有关技术要求确定,并在试验报告中注明。

碳纤维片材一般为各向异性材料,故应按各向异性材料的两个主方向或预先规定的方向(例如板的纵向和横向)切割试样,且应严格地保证纤维方向和铺层方向与试验要求相符。碳纤维片材试样应采用硬质合金刃具或砂轮片等加工。加工时要防止试样产生分层、刻痕和局部挤压等机械损伤。加工试样时,可采用水冷却(禁止用油)。但加工后,应在适宜的条件下对试样及时进行干燥处理。对试样的成型表面尽量不要加工。当需要加工时,一般应单面加工,并在试验报告中注明。

采用模塑法时,模塑成型的试样按产品标准或技术规范的规定进行制备。在试验报告中注明制备试样的工艺条件及成型时受压的方向。

试样的加强片可按试样的失效模式和失效部位,确定是否使用加强片和使用加强片的设计参量。设置加强片时夹持方法的关键是有效的把载荷加到试样上,并防止因明显的不连续性而引起试样的提前失效。加强片的材料可采用铝合金板或纤维增强塑料板。胶结加强片所用胶粘剂应保证在试验过程中加强片不脱落,胶粘剂固化温度不高于试样层板成型温度,对胶接加强片处的试样表面进行处理时,不允许损伤试样纤维。加强片可在试样制备后胶结,也可在试样制备前整片胶结,然后加工成试样。为了试样对中,两侧加强片厚度和胶层厚度应相同,余胶应清除。

3) 试验方法与操作步骤

①试验前,试样需经外观检查,如有缺陷和不符合尺寸及制备要求者,应予作废。

②试验前,试样在试验标准环境条件下至少放置24h;若不具备试验标准环境条件,试验前,试样可在干燥器内至少放置24h;特殊状态调节条件按需要而定。

③将试样编号,并测量任意三点的宽度和厚度,取平均值,测量精度:试样尺寸精确到0.01mm。

④装夹试样,使试样的轴线与上下夹头中心线一致。

⑤在试样中部位置安装应变规。施加初载(约为破坏载荷5%),检查并调整试样及应变规或变测量系统,使其处于正常工作状态。

⑥测定拉伸强度时,连续加载至试样失效,记录最大载荷值及试样失效形式和位置。

⑦测定形变时,连续加载,用自动记录装置记录载荷-形变曲线或载荷-应变曲线。也可采用分级加载,级差为破坏载荷的5%~10%,至少五级并记录各级载荷与相应的形变值。

⑧凡在夹持部位内破坏的试样应判试验无效,同批有效试样不足五个时,应重做试验。

4) 数据处理与结果判定

①碳纤维布拉伸强度按式(3-1)计算:

$$\sigma_i = \frac{P_b}{b \cdot h} \tag{3-1}$$

式中 σ_i——拉伸强度(MPa);

P_b——试样破坏时的最大载荷(N);

b——试样宽度(mm);

h——试样厚度(mm)。

②拉伸弹性模量按式(3-2)计算:

$$E_t = \frac{\Delta P \cdot l}{b \cdot h \cdot \Delta l} \text{或} E_t = \frac{\Delta P}{b \cdot h \cdot \Delta \varepsilon} \tag{3-2}$$

式中 E_t——拉伸弹性模量(MPa);

ΔP——载荷—形变曲线或载荷—应变曲线上初始直线段的载荷增量(N);

Δl——与ΔP对应的标距l内的变形增量(mm);

l——测量标距(mm);

$\Delta \varepsilon$——与ΔP对应的应变增量。

③拉伸断裂伸长率按式(3-3)计算:

$$\varepsilon_t = \frac{\Delta l_b}{l} \times 100 \tag{3-3}$$

式中 ε_t——拉伸断裂伸长率(%);

Δl_b——试样断裂时标距的总伸长量(mm)。

④绘制应力—应变曲线。

⑤对每一组各性能值的试验结果分别计算平均值、标准差和离散系数。

算术平均值$\overline{X}$计算到三位有效数字。

$$\overline{X} = \frac{\sum\limits_{i=1}^{n} X_i}{n} \tag{3-4}$$

式中 X_i——每个试样的性能值；
n——试样数。

标准差 S 计算到二位有效数字。

$$S = \sqrt{\frac{\sum_{i=1}^{n}(X_i - \overline{X})^2}{n-1}} \tag{3-5}$$

式中符号同式(3-4)。

离散系数 C_v 计算到二位有效数字。

$$C_v = \frac{S}{\overline{X}} \tag{3-6}$$

式中符号同式(3-4)、式(3-5)。

⑥试验结果

给出每个试样的性能值、算术平均值、标准差及离散系数。若有要求，可按《试验结果的统计分析——平均值的估算——置信区间》ISO 2602-1980 给出一定置信度的平均值置信区间。

2. 碳纤维增强塑料纤维体积含量试验

碳纤维增强塑料纤维体积含量试验是在碳纤维增强塑料上取一与纤维轴向垂直的截面作为试样，进行磨平抛光，用光学显微镜或图像分析仪测定纤维所占面积与观测面积二者之比的百分数值，即为该试样的纤维体积含量。适用于测定单向、正交及多向铺层的碳纤维增强塑料的纤维体积含量。芳纶和玻璃纤维增强塑料也可参照采用。不适用于织物增强塑料。

(1) 仪器设备

试验用设备：图像分析仪，具有定量测量分析软件（颗粒面积、面积百分比）和数据处理系统，放大倍数和分辨率能满足试验要求；能放大到 1200 倍以上的金相显微镜；计数器；求积仪；金相磨片及抛光设备。

试验用材料：包埋材料，可用室温固化的环氧树脂体系；水磨砂纸，选用 No.320、No.400、No.600、No.800 四种；抛光织物，选用丝绒、呢料等；抛光膏，选用 W1、W0.5 人造金刚石研磨膏。

(2) 取样及制备要求

1) 取样

单向铺层试样（正交及多向铺层试样，每一铺层方向），沿垂直于纤维轴向的横截面取样，长为 20 mm、宽为 10 mm、高为试样厚度；试样在切取过程中应防止分层、开裂等现象。每组试样不少于 3 个。

2) 试样制备

试样用包埋材料镶嵌或用钢片做成的夹具固定，在磨光机上依次用粗到细的水磨砂纸在流动水下湿磨。而后在抛光机上用适当的抛光织物和抛光膏抛光，直至试样截面上纤维形貌在显微镜下清晰可见为止。

(3) 试验步骤

1) 图像分析仪法

①将抛光好的试样置于图像分析仪的载物台上。

②调节视野亮度及聚焦平面以获得清晰的纤维截面形貌。视野内不得有空隙。

③调节图像分析仪的放大倍数到 500 倍以上，并能清晰区分单根纤维。

④测定纤维所占面积与观测面积之比的百分数值并记录试验结果。每个试样不少于 3 个视野。

2) 显微镜法

①将抛光好的试样置于金相显微镜的载物台上。

②在200倍下每个试样摄取3个视野的照片各一张,用来测定各视野中观测面积及其内的纤维根数。视野内不得有空隙。

③在1200倍(或大于1200倍)下摄取显微照片一张,用来测定纤维的平均截面积。

④在按②摄得的照片上用色笔借助电子计数器或手揿计数器,对观测面积内的纤维逐根点数。观测面积边缘纤维,大于半根者以一根计,小于半根者不计。

⑤在按③摄得的照片上用求积仪或其他方法求得25根纤维的平均截面积。如纤维为圆形截面,可测量直径来计算截面积。

(4)试验结果

1)图像分析法

①每组试样的纤维体积含量以各个视野中观测面积内测定结果的平均值及标准差和离散系数为试验结果。

②按式(3-4)~式(3-6)的规定计算算术平均值、标准差和离散系数。

2)显微镜法

①每个视野中观测面积内的纤维体积含量 $V_f(\%)$ 按式(3-7)计算:

$$V_f = \frac{N A_f}{A} \times 100 \tag{3-7}$$

式中 V_f ——每个视野中观测面积内的纤维体积含量(%);

N——观测面积内的纤维根数;

A_f——单根纤维的平均截面积(μm^2);

A——观测面积(μm^2)。

②按式(3-4)~式(3-6)的规定计算算术平均值、标准差和离散系数。

思 考 题

1. 碳纤维复合材的安全性及适配性检验时,指标有哪些?
2. 讨论碳纤维布拉伸性能试验,对仪器设备和试验环境有哪些要求?
3. 碳纤维增强塑料纤维体积含量试验,有几种方法?简述各种方法试验步骤。

第二节 粘钢、碳纤维粘结力现场检测

一、概述

粘钢加固是用胶粘剂(建筑结构胶)将钢板粘贴到构件需要加固的部位上以提高构件承载力的一种加固方法。粘钢法具有施工方便,周期短,占用空间小,重量增加小,坚固耐用,经济合理,而且不影响结构的正常使用,对环境影响小以及加固后不影响结构的外观等优点。目前结构粘钢加固应用非常广泛,如钢筋焊接点断裂加固、施工中漏放钢筋加固、混凝土强度等级达不到、提高结构强度加固、加层抗震加固、旧房改造综合加固、生命线建筑物抗震加固、桥梁裂缝、旧桥维修加固、提高柱子承载力解决柱子轴压比超标加固、提高楼面荷载加固、阳台根部断裂加固、牛腿接点加固、悬挂式吊车梁提高荷载加固、火灾后梁柱混凝土烧坏加固等。

粘结碳纤维布加固是继粘钢加固技术应用后不久,20世纪80年代中期发展起来的一种新型聚合物纤维加固技术,与粘钢技术相比其突出优点是,碳纤维布拉伸强度比普通钢材要高出十多倍,弹性模量也相对比较高,而且重量轻、柔软、很细很薄、耐腐蚀、施工更方便。可根据需要采用

单层或多层缠绕粘贴加固,例如受压柱加固。而且长度不限可以连续粘贴加固,例如大跨度受弯梁加固。但也有缺点,在阳光下易老化,易燃(火灾),必要时可加以防护。近几年比粘钢加固应用更广泛。

不管是粘钢加固或粘贴碳纤维布加固,其施工粘贴质量好坏,必须依据国家相关规范标准,采用专用检测设备现场检测其正拉粘结强度是否满足规范要求,作为交工验收的依据。

二、检测依据

《混凝土结构加固设计规范》GB 50367-2006
《数显式粘结强度检测仪》JG 3056-1999
《碳纤维布片材加固混凝土结构技术规范》CECS 146:2003
《桥梁结构用碳纤维布材》JT/T 532-2004

三、仪器设备

结构加固工程现场使用的粘结强度检测仪,应坚固、耐用且携带和安装方便;其技术性能不应低于现行国家标准《数显式粘结强度检测仪》JG 3056-1999 的要求。检测仪应每年检定一次。

钢标准块的形状可根据实际情况选用方形或圆形。方形钢标准块的尺寸为 40mm×40mm;圆形钢标准块的直径为 50mm;钢标准块的厚度不应小于 20mm,且应采用 45 号钢制作。

钢标准块应带有传力螺杆,其尺寸和夹持构造,应根据所使用的检测仪确定。

当适配性检验需在模拟现场条件下进行时,应配备仰贴纤维复合材用的钢架。该钢架宜采用角钢制作,其顶部构造应能搁置并固定 3 块板面尺寸不小于 600mm×2100mm 的预制混凝土板;其板下的空间应能满足仰贴作业的需要。预制混凝土板的强度等级应按受检产品的适用范围确定,但不得低于 C30。

四、取样及制备要求

1. 取样规则

(1)粘贴、喷抹质量检验的取样

1)梁、柱类构件以同规格、同型号的构件为一检验批。每批构件随机抽取的受检构件应按该批构件总数的 10% 确定,但不得少于 3 根;以每根受检构件为一检验组;每组 3 个检验点。

2)板、墙类构件应以同种类、同规格的构件为一检验批,每批按实际粘贴、喷抹的加固材料表面积(不论粘贴的层数)均匀划分为若干区,每区 100m²(不足 100m²,按 100m² 计),且每一楼层不得少于 1 区;以每区为一检验组,每组 3 个检验点。

3)现场检验的布点应在粘结材料(胶粘剂或聚合物砂浆等)固化以达到可以进入下一工序之日进行。若因故需推迟布点日期,不得超过 3d。

4)布点时,应由独立检验单位的技术人员在每一检验点处,粘贴钢标准块以构成检验用的试件。钢标准块的间距不应小于 500mm,且有一块应粘贴在加固构件的端部。

(2)适配性检验取样

1)应由独立检验机构会同有关单位,在 12℃ 和 35℃ 的气温(自然或人工环境均可)中各制备 3 个试样,并分别进行检验;

2)应以安装在钢架上的 3 块预制混凝土板为基材,在两种气温中,每块板分别仰贴一条尺寸为 0.25m×2.1m、由 4 层纤维织物粘合而成的试样;

3)应以每一试样为一检验组,每组 5 个检验点。每一检验点粘贴钢标准块后即构成一个试件。

2. 试件制备

(1) 基材表面处理:检测点的基材混凝土表面应清除污渍并保持干燥。

(2) 切割预切缝:从清理干净的表面向混凝土基材内部切割预切缝,切入混凝土深度为10~15mm,缝的宽度约2mm。预切缝形状为边长40mm的方形或直径50mm的圆形,视选用的切缝机械而定。切缝完毕后,应再次清理混凝土表面。

(3) 粘贴钢标准块:应选用快固化、高强度胶粘剂进行粘贴。钢标准块粘贴后应立即固定;在胶粘剂7d的固化过程中不得受到任何扰动。

五、试验步骤

(1) 试验应在布点日期算起的第8天进行。试验时应按粘结强度测定仪的使用说明书正确安装仪器,并连接钢标准块(图3-2)。

(2) 以均匀速率连续加荷,控制在1~1.5min内破坏;记录破坏时的荷载值,并观测其破坏形式。

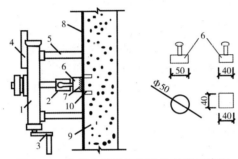

图3-2 仪器安装及钢标准块连接示意图
1—粘结强度测定仪;2—夹具;3—加荷摇柄;4—数字式测力计;
5—反力支承架;6—钢标准块;7—高强度、快固化的胶粘剂;
8—基材表面粘结或喷抹的加固材料层;9—基材混凝土;10—混凝土表面预切缝

六、试验结果

1. 正拉粘结强度计算

$$f_{ti} = P_i / A_{ai} \quad (3-8)$$

式中 f_{ti} ——试件i的正拉粘结强度(MPa);

P_i——试件i破坏时的荷载值(N);

A_{ai}——钢标准块i的粘合面面积(mm^2)。

2. 破坏形式及其正常性判别

(1) 破坏形式

1) 内聚破坏

①基材混凝上内聚破坏:即混凝土内部发生破坏;

②胶粘剂内聚破坏:可见于使用低性能、低质量胶粘剂的胶层中;

③聚合物砂浆内聚破坏:可见于使用低强度水泥,或低性能、低质量聚合物的聚合物砂浆层中。

2) 粘附破坏(层间破坏)

①胶层与基材混凝土之间的界面破坏;

②聚合物砂浆层与基材混凝土之间的界面破坏。

3) 混合破坏

粘合而出现两种或两种以上的破坏形式。如钢标准块与高强度、快硬化胶粘剂之间的界面破坏，则属检验技术问题，与破坏形式判别无关，应重新粘贴，重做试验。

(2) 试验结果正常性判别

若破坏形式为基材混凝土内聚破坏，或虽出现两种或两种以上的破坏形式，但基材混凝土内聚破坏形式的破坏面积占粘合面面积85%以上，均可判为正常破坏。若破坏形式为粘附破坏、胶粘剂或聚合物砂浆内聚破坏，以及基材混凝土内聚破坏的面积少于85%的混合破坏，均应判为不正常破坏。

七、检验结果评定

1. 加固材料粘贴、喷抹质量的合格评定

(1) 组检验结果的合格评定，应符合下列规定：

当组内每一试样的正拉粘结强度均达到本规范相应指标的要求，且其破坏形式正常时，应评定该组为检验合格组；

若组内仅一个试样达不到上述要求，允许以加倍试样重新做一组检验，如检验结果全数达到要求，仍可评定该组为检验合格组；

若重做试验中，仍有一个试样达不到要求，则应评定该组为检验不合格组。

(2) 检验批的粘贴、喷抹质量的合格评定，应符合下列规定：

1) 当批内各组均为检验合格组时，应评定该检验批构件加固材料与基材混凝土的粘合质量合格；

2) 若有一组或一组以上为检验不合格组，则应评定该检验批构件加固材料与基材混凝土的粘合质量不合格；

3) 若检验批由不少于20组试样组成，且检验结果仅有一组因个别试样粘结强度低而被评为检验不合格组，则仍可评定该检验批构件的粘合质量合格。

2. 适配性检验的正拉粘结性能合格评定

(1) 当不同气温条件下检验的各组均为检验合格组时，应评定该型号纤维织物与拟配套使用的胶粘剂，共适配性检验的正拉粘结性能合格；

(2) 若本次检验中，有一组或一组以上检验不合格，应评定该型号纤维织物与拟配套使用的胶粘剂，其适配性检验的正拉粘结性能不合格；

(3) 当仅有一组，且组中仅有一个检测点不合格时，允许以加倍的检测点数重做一次检验。若检验结果全组合格，仍可评定为适配性检验的正拉粘结性能合格。

思 考 题

1. 讨论纤维复合材正拉粘结强度项目的测定时，粘贴、喷抹质量检验的取样的具体要求有哪些？试验检测方法？
2. 纤维复合材正拉粘结强度项目的测定时，对检验结果如何判定？规范标准有何要求？
3. 粘钢加固其正拉粘结强度项目测定时，对检测结果如何判定？规范标准有何要求？
4. 检测正拉粘结强度的计算方法有哪些？

第三节 钢纤维

一、钢纤维加固概念

钢纤维是用钢材料经一定工艺制成的、能随机地分布于混凝土中的短而细的纤维。钢纤维是近20年来研究最多、应用最广的水泥基增强材料,具有很好的增强增韧、限缩阻裂能力。钢纤维混凝土是在混凝土中加入适量的金属纤维,可显著提高混凝土的抗折强度、抗拉强度和弯曲韧性,可明显减小混凝土的干燥收缩、提高混凝土的抗裂性、抗冲击和抗疲劳性能。同时,在地铁和公路、铁路隧道中也推广应用钢纤维混凝土喷射加固。

钢纤维的外观形状、几何参数、抗拉强度和弯曲性能等对钢纤维混凝土的力学性能有很大影响。因此依据混凝土用钢纤维和钢纤维混凝土的相关标准来测试和控制钢纤维的质量是十分必要的。

1. 分类与代号

(1)按原材料分类,其类别和代号为:碳素结构钢(C);合金结构钢(A);不锈钢(S)。

(2)按生产工艺分类,其类别和代号为:钢丝切断纤维(W);薄板剪切纤维(S);熔抽纤维(Me);铣削纤维(Mi)。

(3)按形状及表面分类,其类别和代号见表3-7。

钢纤维分类   表3-7

分类	代号	形状	表面
普通型	01	纵向为平直形	光滑
	02		粗糙或有细密压痕
异型	03	纵向为平直形且两端带钩或锚尾、纵向为扭曲形且两端带钩或锚尾、纵向为波浪形	光滑
	04		粗糙或有细密压痕

(4)按抗拉强度等级分类,其类别和代号为:380级、600级和1000级。

2. 尺寸及允许偏差

(1)普通型钢丝切断纤维由直径(d)或等效直径(d_e)、长度(l)表示,长径比为(l/d)或(l/d_e)。

(2)普通型薄板剪切纤维由厚度(t)、宽度(w)、长度(l)表示,长径比为$[l/(4A/\pi)^{0.5}]$,$A = tw$。

(3)异型钢丝切断纤维和异型薄板剪切纤维由直径(d)或等效直径(d_e)、投影长度(l_n)表示,长径比为(l_n/d)或(l_n/d_e)。

(4)熔抽纤维和铣削纤维由等效直径(d_e)、长度(l)或投影长度(l_n)表示,长径比为(l/d_e)或(l_n/d_e)。

等效直径可以在钢纤维数量确定的条件下,测量其平均长度和重量求得(钢的密度取7.85g/m^3)。

3. 技术要求

(1)原材料

原材料应符合相应钢或钢产品标准的要求。

(2)外观质量

钢纤维表面应清洁干燥,不得粘混有油污和其他妨碍其与水泥砂浆粘结的杂质;钢纤维内含有的因加工不良和严重锈蚀造成的粘连片、铁屑、杂质的纤维重量不超过纤维总重量的1%。

(3)允许偏差

长度允许偏差应不超过公称值的±10%;直径或等效直径允许偏差应不超过公称值的±10%;长径比允许偏差应不超过公称值的±15%。

(4)抗拉强度

钢纤维抗拉强度应符合表3-8规定。

钢纤维抗拉强度等级　　　　　　　　　　　　　　表3-8

等级	1000级	600级	380级
抗拉强度(MPa)	>1000	>600~1000	380~600

(5) 弯曲性能

在不低于16℃时,将单根钢纤维围绕3mm直径的圆棒弯曲90°时,90%的试样不应断裂。

(6) 形状合格率

异型钢纤维的形状符合出厂规定形状的数量占纤维总量的百分数称为形状合格率。除平直型钢纤维外的其他形状钢纤维其形状合格率不宜小于90%。每批产品随机取样100根钢纤维,逐根检查其形状,如有断钩、单边成型和其他形状缺陷者视为不合格。受拉钢纤维的形状合格率不应低于85%。

二、检测依据

《混凝土用钢纤维》YB/T 151-1999

《钢纤维混凝土》JGJ 3064-1999

《钢纤维混凝土试验方法》CCES13:89

三、仪器设备与检测环境

1. 检测环境

抗拉强度试验温度不低于10℃,弯曲性能试验温度不低于16℃。

2. 仪器设备

仪器设备如表3-9所示。

仪器设备表　　　　　　　　　　　　　　　　　　表3-9

序号	名称	量程范围	精确度	最小分度值
1	拉力试验机	0~10kN	I级	10N
2	游标直尺	0~500mm	0.01	0.1mm
3	分析天平	0~200g	0.0001g	0.0001g
4	电子秤	0~30kg	10g	10g

四、取样及制备要求

钢纤维的品种、规格和尺寸应符合试验目的的要求。钢纤维的表面应洁净、无锈、无油、无毒,不得使用因加工不良或生锈而粘连成团的钢纤维。

五、检测方法与试验步骤

1. 外观质量

用目视法进行检验。人工挑捡出表面粘混有油污和其他妨碍其与水泥砂浆粘结的介质的钢纤维,或因加工不良和严重锈蚀造成的粘结片、铁屑的钢纤维及杂质,并称重计算。

2. 尺寸偏差

(1) 长度偏差

每批纤维产品中随机取样100根,用最小分度值为0.01mm的卡尺测量其长度,长度偏差按式(3-9)计算:

$$\delta_1 = \frac{\bar{l}-l}{l} \times 100 \text{ 或 } \delta_1 = \frac{\bar{l}_n - l_n}{l_n} \times 100 \tag{3-9}$$

式中 δ_1——钢纤维长度偏差值(%);
$\bar{l}$——100 根受检钢纤维实测长度的平均值;
l——钢纤维公称长度;
$\bar{l}_n$——100 根受检钢纤维实测投影长度的平均值;
l_n——钢纤维公称投影长度。

(2) 直径或等效直径偏差

每次检测时随机抽取 10 根纤维,直径或等效直径偏差按式(3-10)计算:

$$\delta_r = \frac{\bar{d}-d}{d} \times 100 \text{ 或 } \delta_r = \frac{\bar{d}_e - d_e}{d_e} \times 100 \tag{3-10}$$

式中 δ_r——钢纤维直径偏差值(%);
$\bar{d}$——10 根受检钢纤维实测直径的平均值;
d——钢纤维公称直径;
$\bar{d}_e$——10 根受检钢纤维实测等效直径的平均值;
d_e——钢纤维公称等效直径。

对于截面不规则的纤维,在长度偏差得到控制的前提下,等效直径偏差可按式(3-11)进行计算:

$$\delta_{d'} = \frac{\bar{d}_e - d_e}{d_e} \times 100 \text{ 或 } \bar{d}_e = \sqrt{\frac{4W_0}{\rho \cdot \pi \cdot l}} \tag{3-11}$$

式中 W_0——10 根钢纤维实测重量;
ρ——钢的密度;
l——10 根受检钢纤维的实测长度之和。

(3) 长径比偏差

长径比偏差按式(3-12)计算:

$$\delta_\lambda = \frac{\bar{\lambda} - \lambda}{\lambda} \tag{3-12}$$

式中 $\bar{\lambda}$——实测平均长度与实测平均直径之比;
λ——公称长径比。

3. 抗拉强度

(1) 抗拉强度的测试方法应参照《金属材料室内拉伸试验方法》GB/T 228-2002 的有关规定。拉伸试验时允许采取必要的措施保护纤维不受挤伤。施工现场抽检的是成品钢纤维,很多不能提供母材,即使要求厂家提供母材,与钢纤维材质不一定相同,代表性不强。对于长度为 25～35mm、直径 0.3～0.8mm 的钢纤维,按标准采用直接拉伸有较大困难,一是钢纤维太短,试验机夹具不易夹牢,二是拉伸时,夹具处钢纤维受损,一般都断在夹具处(包括母材试件),强度偏低。经过对比试验,采用两端锡焊加工拉伸试件方法,能准确反映钢纤维抗拉强度。

(2) 用纤维直接拉伸,每次试验取 10 根合格纤维。如出现钢纤维断裂在夹持处的情况,允许补充抽样。10 根钢纤维的平均抗拉强度不得小于相应级别钢纤维抗拉强度的规定值,且任一根钢纤维的抗拉强度不得小于相应级别钢纤维抗拉强度规定值的 90%。

(3) 当母材是钢丝或钢板时,拉伸试样可采用较大的母材试样,抗拉强度不应小于相应级别钢纤维抗拉强度的规定值。

(4) 当钢纤维长度过短而无法夹持时,可采用按规定方法焊接的试件。先制备厚度与钢纤维厚度相近(约 0.5～1mm),宽度为钢纤维宽度 3～4 倍(约 3～4mm),长度 8cm 左右的钢片,数量不少于20根;将各钢片一端焊上8~10mm焊锡备用。

(5)随机取样10根钢纤维,将单根纤维两端焊接固定在钢片上,先熔化钢片上的焊锡,用湿棉花握裹住钢纤维,将8~10mm露出的纤维端部焊于钢片端部的焊锡上(控制时间为4~5s,时间不宜过长,防止钢纤维过热而影响抗拉强度),搭接长度为8~10mm。

(6)试样的截面为圆形或标准矩形时,应采用精度为0.01mm的游标卡尺测量,截面积单位为mm^2,保留4位小数;若试样的截面为不规则形状时,采用质量法测定其平均等效直径。将焊接前的10根钢纤维,用精度为0.0001g的天平称其质量,用精度为0.01mm的游标卡尺测定其长度,根据下式求得等效直径。

$$\bar{d}_e = \sqrt{\frac{4W_0}{\rho \cdot \pi \cdot l}} \quad (3-13)$$

式中 W_0——10根纤维的质量(g);
  l——10根纤维总长度(cm);
  ρ——钢的密度,$7.85g/cm^3$。

(7)计算抗拉强度

$$f = F_{max}/A \quad (3-14)$$

试验结果取10根纤维抗拉强度的平均值,精确到5MPa。

4. 弯曲性能

每次试验取10根合格纤维。将其沿直径不大于3mm的圆周向一个方向弯曲至90°不断裂。该测试可直接用手进行。

5. 重量

随机抽取5箱(袋)产品,用精度不大于50g的衡器逐一进行检测,净重与额定重量误差应不大于±1‰。

六、试验检测结果判定方法

1. 检查及验收

钢纤维的检查和验收由供方监督部门进行。需方有权进行复查。

2. 组批规则

钢纤维应按批检验。每批重量不大于5t。每批应由同一品种、同一尺寸规格,同一强度等级的钢纤维组成。

3. 取样数量及方法

应符合表3-10的规定。

钢纤维各检验项目的取样数量及取样方法　　　　表3-10

序号	检验项目	取样数量	取样方法
1	抗拉强度	10根纤维	每批中任取
2	弯曲		
3	尺寸	100根	
4	重量	5箱(袋)	
5	外观质量	1箱(袋)	

4. 复验与判定规则

检验如有不合格项目,则加倍取样对不合格项目进行复验。如复验合格,则该批产品合格。如复验不合格,该批判废。

[**案例 3-1**] 检测一组钢纤维样品的性能。

钢纤维性能原始记录

	性能指标		1	2	3	4	5	6	7	8	9	10	平均值
1	长度(mm)		32.59	32.71	32.56	32.79	32.75	32.48	32.56	32.49	32.67	32.65	32.62
2	等效直径	重量(g)	1.4314										—
		等效直径(mm)	0.84										—
3	抗拉强度	抗拉荷载(N)	376	338	349	368	384	342	368	371	382	359	
		试件直径(mm)	0.84										—
		试件强度面积(mm²)	0.5602										
		抗拉强度(MPa)	675	605	625	655	685	610	655	665	685	640	650
4	长径比		长度 l(mm)				直径 d(mm)				长径比		
			32.62				0.84				39		
5	弯折性能		绕3mm钢棒90°弯折一次					弯10根,10根不断					
6	杂质含量百分率(%)		总重量(g)			杂质重量(g)			杂质含量百分率(%)			综合评定外观质量		
			50.0			0.21			0.42			合格		
7	表面有害物质		清洁干燥										
8	形状合格率(%)		98%										
	备注		剪切波浪型钢纤维										

审核:　　　　　　试验:　　　　　　试验日期:2008年12月20日

钢纤维检测报告

委托单位	*********	检测类别	委托
工程名称	*********	委托人	*********
材料名称	剪切波浪型钢纤维	生产厂家	*********
规格型号	AMi04-32-600	送样日期	*********
检测地点		检测日期	*********
检测项目	钢纤维性能	委托编号	*********
检测依据	《混凝土用钢纤维》YB/T 151-1999	报告编号	*********
主要检测设备	XLD-500/10KC 微控电子式拉力试验机、分析天平、游标卡尺等		

	检 测 数 据			
序号	检验项目	技术要求	检测结果	评定
1	抗拉强度(MPa)	≥600	650	合格
2	长度(mm)	30±10%	32.6	合格
3	等效直径(mm)	0.80±10%	0.84	合格
4	长径比	30~100	39	合格
5	弯曲性能(弯芯3mm)	冷弯90°,9/10不断	10/10不断	合格
6	杂质含量(%)	<1	0.42	合格
7	形状合格率(%)	≥90	98	合格
检测结论	依据《混凝土用钢纤维》YB/T 151-1999标准,该钢纤维所测项目满足标准指标要求			

技术负责人:　　　　　　审核:　　　　　　检测:

第四章　木结构检测

我国现存有不少近代木结构建筑和古建筑,其中不少木结构建筑具有重要的历史意义和文物价值,但随着时间的推移,古建筑木结构会或多或少地出现质量问题。开展木结构检测,对其进行材料性能、结构性能和使用性能鉴定,对古建筑木结构来说具有重要意义。近年来我国大量引进轻型木结构,同时还出现了一些较大型的工程木结构,通过一系列检测手段,对木结构材料、设计及施工质量进行评价,也是一项必不可少的工作。然而,我国熟悉木结构检测的单位和人员很少,为了在木结构检测过程中,能正确地反映木结构实际受力情况,对不同检测机构的检测数据能进行比较和相互引用,提供检测机构和检测人员共同遵循的统一规范的检测方法。

本章主要内容包括木材的物理、力学性能检测、梁弯曲检测、连接节点检测、屋架检测、木基结构板材弯曲检测。

主要检测依据:《木结构设计规范》GB 50005 – 2003;《木结构试验方法标准》GB/T 20329 – 2002;《建筑结构检测技术标准》GB 50344 – 2004。

第一节　木材物理性能检测

木材物理性能参数主要包括含水率、密度、干缩性、吸水性和湿胀性等。

一、木材含水率测定方法

1. 概念

正常状态下的木材及其制品,都会有一定数量的水分。我国把木材中所含水分的重量与绝干后木材重量的百分比,定义为木材含水率。

2. 检测设备与检测环境

(1) 天平,称量应准确至 0.001g。

(2) 烘箱,应能保持在 103 ± 2℃。

(3) 玻璃干燥器和称量瓶。

(4) 实验室应保持温度 20 ± 2℃、相对湿度 65% ± 5%。如实验室不能保持这种条件时,经调整含水率后的试样,送实验室时应先放入密闭容器中,试验时才取出。

3. 取样与样品制备要求

(1) 试样通常在需要测定含水率的试材、试条上,或在物理力学试验后试样上,按该项试验方法的规定部位截取。试样尺寸约为 20 mm × 20 mm × 20 mm。

(2) 附在式样条上的木屑、碎片等必须清除干净。

4. 检测方法与试验步骤

(1) 取到的试样(20mm × 20mm × 20mm)应立即称量,结果填写入记录表中,准确至 0.001g。

(2) 将同批试验取得的含水率试样,一并放入烘箱内,在 103 ± 2℃的温度下烘 8h 后,从中选定 2~3 个试样进行第一次试称,以后每隔 2h 试称一次,至最后两次称量之差不超过 0.002g 时,即认为试样达到全干。

(3) 将试样从烘箱中取出,放入装有干燥剂的玻璃干燥器内的称量瓶中,盖好称量瓶和干燥器盖。

(4)试样冷却至室温后,自称量瓶中取出称量。

(5)如试样为含有较多挥发物质(树脂、树胶等)的木材,用烘干法测定含水率会产生过大的误差时,宜改用真空干燥法测定木材的含水率。

(6)试样的含水率,按式(4-1)计算,准确至0.1%。

$$w = \frac{m_1 - m_0}{m_0} \times 100\% \quad (4-1)$$

式中　w——试样含水率(%);

　　　m_1——试样试验时的质量(g);

　　　m_0——试样全干时的质量(g)。

5. 试验数据处理与检测结构评定

木材含水率测定记录,见表4-1。

木材含水率测定记录表(补充件)　　　表4-1

树种:　　　　　　　产地:

试样编号	试验时试样质量(g)	全干试样质量(g)	含水率(%)	备　注

年　　月　　日　　测定:　　　计算:　　　审核:

(附)真空干燥法:

(1)取自试材、试条或物理力学试验后试样上的20mm×20mm×20mm含水率木块,应沿纹理劈成约2mm厚的薄片,将劈成薄片的试样,全部放入称量瓶中称量,准确至0.001g。结果填写入记录表中。

(2)称量后,将放试样的称量瓶置于真空干燥箱内,在加温低于50℃和抽真空的条件下,使试样达全干后称量,准确至0.001g,检查试样是否达到全干。

(3)试样含水率,应按式(4-2)计算,准确至0.1%。

$$w = \frac{m_2 - m_3}{m_3 - m} \times 100\% \quad (4-2)$$

式中　w——试样含水率(%);

　　　m_2——试样和称量瓶试验时的质量(g);

　　　m_3——试样全干时和称量瓶的质量(g);

　　　m——称量瓶的质量(g)。

6. 我国部分城市木材平衡含水率估计值

我国部分城市木材平衡含水率估计值(%)如表4-2。

我国部分木材平衡含水率估计值(%)　　　　表 4-2

城市	月份												年平均
	1	2	3	4	5	6	7	8	9	10	11	12	
克山	18.0	16.4	13.5	10.5	9.9	13.3	15.5	15.1	14.9	13.7	14.6	16.1	14.3
齐齐哈尔	16.0	14.6	11.9	9.8	9.4	12.5	13.6	13.1	13.8	12.9	13.5	14.5	12.9
佳木斯	16.0	14.8	13.2	11.0	10.3	13.2	15.1	15.0	14.5	13.0	13.9	14.9	13.7
哈尔滨	17.2	15.1	12.4	10.8	10.1	13.2	15.0	14.5	14.6	14.0	12.3	15.2	13.6
牡丹江	15.8	14.2	12.9	11.1	10.8	13.9	14.5	15.1	14.9	13.7	14.5	16.0	13.9
长春	14.3	13.8	11.7	10.0	10.1	13.8	15.5	15.7	14.0	13.5	13.8	14.6	13.3
四平	15.2	13.7	11.9	10.0	10.4	13.5	15.0	15.3	14.0	13.5	14.2	14.8	13.2
沈阳	14.1	13.1	12.0	10.9	11.4	13.8	15.5	15.6	13.9	14.3	14.2	14.5	13.4
旅大	12.6	12.8	12.3	10.6	12.2	14.3	18.3	16.9	14.6	12.5	12.5	12.3	13.0
乌兰浩特	12.5	11.3	9.9	9.1	8.6	11.0	13.0	12.1	11.9	11.1	12.1	12.8	11.2
包头	12.2	11.3	9.6	8.5	8.1	9.4	10.8	12.8	10.8	10.8	11.9	13.4	10.7
乌鲁木齐	16.0	18.8	15.5	14.6	8.5	8.8	8.4	8.0	8.7	11.2	15.9	18.7	12.1
银川	13.6	11.9	10.6	9.2	8.8	9.6	11.1	13.5	12.5	12.5	13.8	14.1	11.8
兰州	13.5	11.3	10.1	9.4	8.9	9.3	10.0	11.4	12.1	12.9	12.2	14.3	11.3
西宁	12.0	10.3	9.7	9.8	10.2	11.1	12.2	13.0	13.0	12.7	11.8	12.8	11.5
西安	13.7	14.2	13.4	13.1	13.0	9.8	13.7	15.0	16.0	15.5	15.5	15.2	14.3
北京	10.3	10.7	10.6	8.5	9.8	11.1	14.7	15.6	12.8	12.2	12.2	10.8	11.4
天津	11.6	12.1	11.6	9.7	10.5	11.9	14.4	15.2	13.2	12.7	13.3	12.1	12.1
太原	12.3	11.6	10.9	9.1	9.3	10.6	12.6	14.5	13.8	12.7	12.8	12.6	11.7
济南	12.3	12.8	11.1	9.0	9.6	9.8	13.4	15.2	12.2	11.0	12.2	12.8	11.7
青岛	13.2	14.0	13.8	13.0	14.9	17.1	20.0	18.3	14.3	12.8	13.1	13.5	14.4
徐州	15.7	14.7	13.3	11.8	12.4	11.6	16.2	16.7	14.0	13.0	13.4	14.4	13.9
南京	14.9	15.7	14.7	13.9	14.3	15.0	17.1	15.4	15.0	14.8	14.5	14.5	14.9
上海	15.8	16.8	16.5	15.5	16.3	17.9	17.5	16.5	15.8	14.7	15.2	15.9	16.0
芜湖	16.9	17.1	17.0	15.1	15.5	16.0	16.5	15.7	15.3	14.8	15.9	16.3	15.8
杭州	16.3	18.0	16.9	16.0	16.0	16.4	15.4	15.7	16.3	16.3	16.7	17.0	16.5
温州	15.9	18.1	19.0	18.4	19.7	19.9	18.0	17.0	17.1	14.9	14.9	15.1	17.3
崇安	14.7	16.5	17.6	16.0	16.7	15.9	14.8	14.3	14.5	13.2	13.9	14.1	15.0
南平	15.8	17.1	16.6	16.3	17.0	16.7	14.8	14.9	15.6	14.9	15.8	16.4	16.1
福州	15.1	16.8	17.5	16.5	18.0	17.1	15.5	14.8	15.1	13.5	13.4	14.2	15.6
永安	16.5	17.7	17.0	16.9	17.3	15.1	14.5	14.9	15.9	15.2	16.0	17.7	16.3
厦门	14.5	15.5	16.6	16.4	17.9	18.0	16.5	15.0	14.6	12.6	13.1	13.8	15.2
郑州	13.2	14.0	14.1	11.2	10.6	10.2	14.0	14.6	13.2	12.4	13.4	13.0	12.4
洛阳	12.9	13.5	13.0	11.9	10.6	10.2	13.7	15.9	11.1	12.4	13.2	12.8	12.7

续表

城市	月份												年平均
	1	2	3	4	5	6	7	8	9	10	11	12	
武 汉	16.4	16.7	16.0	16.0	15.5	15.2	15.3	15.0	14.5	14.5	14.8	15.3	15.4
宜 昌	15.5	14.7	15.7	15.0	15.8	15.0	11.7	11.1	11.2	14.8	14.4	15.6	15.1
长 沙	18.0	19.5	19.2	18.1	16.6	15.5	14.2	14.3	14.7	15.3	15.5	16.1	16.5
衡 阳	19.0	20.6	19.7	18.9	16.5	15.1	14.1	13.6	15.0	16.7	19.0	17.0	16.9
南 昌	16.4	19.3	18.2	17.4	17.0	16.3	14.7	14.1	15.0	14.4	14.7	15.2	16.0
九 江	16.0	17.1	16.4	15.7	15.8	16.3	15.3	15.0	15.2	14.7	15.0	15.3	15.8
桂 林	13.7	15.4	16.8	15.9	16.0	15.1	14.8	14.8	12.7	12.3	12.6	12.8	14.4
南 宁	14.7	16.1	17.4	16.6	15.9	16.2	16.1	16.5	14.8	13.6	13.5	13.6	15.4
广 州	13.3	16.0	17.3	17.6	17.6	17.5	16.6	16.1	14.7	13.0	12.4	12.9	15.1
海 口	19.2	19.1	17.9	17.6	17.1	16.1	15.7	17.5	18.0	16.9	16.1	17.2	17.3
成 都	15.9	16.1	14.4	15.0	14.2	15.2	16.8	16.8	17.5	18.3	17.6	17.4	16.0
雅 安	15.2	15.8	15.3	14.7	13.8	14.1	15.6	16.0	17.0	18.3	17.6	17.0	15.7
重 庆	17.4	15.4	14.9	14.7	14.8	14.7	15.4	14.8	15.7	18.1	18.0	18.2	15.9
康 定	12.8	11.5	12.2	13.2	14.2	16.2	16.1	15.7	16.8	16.6	13.9	12.6	13.9
宜 宾	17.0	16.4	15.5	14.9	14.2	15.2	16.2	15.9	17.3	18.7	17.9	17.7	16.3
昌 都	9.4	8.8	9.1	9.5	9.9	12.2	12.7	13.3	13.4	11.9	9.8	9.8	10.3
昆 明	12.7	11.0	10.7	9.8	12.4	15.2	16.2	16.3	15.7	16.6	15.3	14.9	13.5
贵 阳	17.7	16.1	15.3	14.6	15.1	15.0	14.7	15.3	14.9	16.0	15.9	16.1	15.4
拉 萨	7.2	7.2	7.6	7.7	7.6	10.2	12.2	12.7	11.9	9.0	7.2	7.8	8.6

二、木材密度测定方法

1. 概念

木材密度是指其质量与体积的比值,主要包括气干密度和全干密度。其中,气干密度为木材在一定的大气状态下达到平衡含水率时的质量与体积比;全干密度或绝干密度是指全干木材的密度。

2. 检测设备与环境

(1)测试量具,测量尺寸应准确至 0.01mm。

(2)天平,称量应准确至 0.001g。

(3)烘箱,应能保持在 103±2℃。

(4)玻璃干燥器和称量瓶。

(5)实验室应保持温度 20±2℃、相对湿度 65%±5%。如实验室不能保持这种条件时,经调整含水率后的试样,送实验室时应先放入密闭容器中,试验时才取出。

3. 取样与样品制备要求

(1)试材锯解及试样截取按《木材物理力学试材锯解及试样截取方法》GB/T 1929—2009 规定。

(2)试样尺寸为 20mm×20mm×20mm。试样制作要求和检查、试样含水率的调整,分别按《木材物理力学试验方法总则》GB/T 1928—2009 规定。

(3)研究强度与密度的关系时,密度试样应在强度试样试验后未破坏部位截取,也可和强度试样在同一试条连续截取。

4. 检测方法与试验步骤

(1)气干密度的测定

1)在试样(20mm×20mm×20mm)各相对面的中心位置,分别测出弦向、径向和顺纹方向尺寸,准确至0.01mm。允许使用其他测量方法测量试样体积,准确至0.01cm³,称出试样质量,准确至0.001g。将测试结果填写入记录表中。

2)将试样放入烘箱内,开始温度60℃,保持4 h,再按《木材含水率测定方法》GB/T 1931—2009规定进行烘干和称量。

3)试样全干质量称出后,立即于试样各相对面的中心位置,分别测出弦向、径向和顺纹方向尺寸,准确至0.01 mm。

4)结果计算:

①试样含水率为 $w(\%)$ 时的气干密度,应按式(4-3)计算,准确至0.001g/cm³。

$$\rho_w = \frac{m_w}{V_w} \quad (4-3)$$

式中 ρ_w——试样含水率为 $w\%$ 时的气干密度(g/cm³);

m_w——试样含水率为 $w\%$ 时的质量(g);

V_w——试样含水率为 $w\%$ 时体积(cm³)。

②试样的体积干缩系数,应按式(4-4)计算,准确至0.001%。

$$K = \frac{V_w - V_0}{V_0 w} \times 100\% \quad (4-4)$$

式中 K——试样的体积干缩系数(%);

V_0——试样全干时的体积(cm³);

w——试样含水率(%)。

③试样含水率为12%时的气干密度,应按式(4-5)计算,准确至0.001g/cm³。

$$\rho_{12} = \rho_w[1 - 0.01(1 - K)(w - 12)] \quad (4-5)$$

式中 ρ_{12}——试样含水率为12%时的气干密度(g/cm³);

K——试样的体积干缩系数(%);

w——试样含水率(%);

ρ_w——试样含水率为 $w(\%)$ 时的气干密度(g/cm³)。

试样含水率在9%~15%范围内按式(4-5)计算有效。

(2)全干密度的测定

1)试验步骤,同气干密度的测定。

2)结果计算:

试样全干时的密度,应按式(4-6)计算,准确至0.001g/cm³。

$$\rho_0 = \frac{m_0}{V_0} \quad (4-6)$$

式中 ρ_0——试样全干时的密度(g/cm³);

m_0——试样全干时的质量(g)。

(3)基本密度的测定

1)在试样各相对面的中心位置,分别测出弦向、径向和顺纹方向尺寸,准确至0.01 mm,并填写入记录表中。

2）试样的烘干和称量，按《木材含水率测定方法》GB/T 1931-2009 规定进行。

3）结果计算：基本密度应按式（4-7）计算，准确至 0.001g/cm^3。

$$\rho_y = \frac{m_0}{V_{\max}} \tag{4-7}$$

式中 ρ_y——试样的基本密度（g/cm^3）；

$V_{\max}$——试样饱和水分时的体积（cm^3）。

5. 试验数据处理与检测结构评定

木材气干密度、木材全干密度测定记录，见表 4-3。

木材气干密度、木材全干密度测定记录表　　　　表 4-3

树种：　　产地：　　实验室温度：　　℃　　实验室相对湿度：　　%

试样编号	试样尺寸（mm）					试样体积（cm³）		试样质量（g）		含水率（%）	体积干缩率（%）	体积干缩系数（%）	气干密度（g/cm³）		全干密度（g/cm³）	备注
	气干时			全干时												
	弦向	径向	顺纹方向	弦向	径向	顺纹方向	含水率$w(\%)$时	全干时	含水率$w(\%)$时	全干时				含水率$w(\%)$时	含水率12%时		

年　　月　　日　　测定：　　计算：　　审核：

木材基本密度测定记录表　　　　表 4-4

树种：　　产地：　　实验室温度：　　℃　　实验室相对湿度：　　%

试样编号	水分饱和时试样尺寸（mm）			水分饱和时试样体积（cm³）	试样全干质量（g）	基本密度（g/cm³）	备注
	弦向	径向	顺纹方向				

三、木材干缩性测定方法

1. 概念

干缩性是木材含水率低于纤维饱和点的湿木材，其尺寸和体积随含水率的降低而缩小。从湿木材到气干或全干时尺寸及体积的变化，与原湿材尺寸及体积之比以表示木材气干或全干时的线干缩性及体积干缩性。

2. 检测设备与环境

（1）测试量具，测量尺寸应准确至 0.01mm。

（2）天平，称量应准确至 0.001g。

(3) 烘箱,应能保持在 103±2℃。

(4) 玻璃干燥器和称量瓶。

(5) 实验室应保持温度 20±2℃ 和相对湿度 65%±5%。如实验室不能保持这种条件时,经调整含水率后的试样,送实验室时应先放入密闭容器中,试验时才取出。

3. 取样与样品制备要求

(1) 试样用饱和水分的湿材制作,试材锯解及试样截取,按《木材物理力学试材锯解及试样截取方法》GB/T 1929—2009 规定。

(2) 试样尺寸为 20mm×20mm×20mm。试样制作要求和检查,按《木材物理力学试验方法总则》GB1928/T—2009 第 3 章规定。

4. 检测方法与试验步骤

(1) 线干缩性的测定

1) 测定时,试样的含水率应高于纤维饱和点,否则应将试样浸泡于温度 20±2℃ 的蒸馏水中至尺寸稳定后再测定。为检查尺寸是否达到稳定,以浸水的 2~3 个试样每隔 3 昼夜,试测一次弦向尺寸,待连续两次试测结果之差不超过 0.02mm,即可认为试样尺寸达到稳定。然后在每试样各相对面的中心位置,分别测量试样的径向和弦向尺寸,填写入记录表中,准确至 0.01mm,在测定过程中应使试样保持湿材状态。

2) 将测量后的各试样,放置在《木材物理力学试验方法总则》GB/T 1928—2009 规定的条件下气干。在气干过程用 2~3 个试样每隔 6h 试测一次弦向尺寸,至连续两次试测结果的差值不超过 0.02mm,即可认为达到气干,然后按 1) 条规定的准确度,分别测出各试样径向和弦向尺寸,并称出试样的质量,准确至 0.001g。

3) 将测定后的试样放在烘箱中,开始温度 60℃,保持 6h,然后按《木材含水率测定方法》GB/T 1931—2009 的规定烘干,并测出各试样全干时的质量和径向、弦向尺寸。

4) 在测定过程中,凡发生开裂或形状畸变的试样应予舍弃。

5) 结果计算:

① 试样从湿材至全干时,径向和弦向的全干缩率,应按式(4-8)分别计算,准确至 0.1%。

$$\beta_{max} = \frac{l_{max} - l_0}{l_{max}} \times 100\% \qquad (4-8)$$

式中 β_{max}——试样径向或弦向的全干缩率(%);

l_{max}——试样含水率高于纤维饱和点(即湿材)时,径向或弦向的尺寸(mm);

l_0—— 试样全干时径向或弦向的尺寸(mm)。

② 试样从湿材至气干,径向或弦向的气干干缩率,应按式(4-9)计算,准确至 0.1%。

$$\beta_{v_{max}} = \frac{V_{max} - V_0}{V_{max}} \times 100\% \qquad (4-9)$$

③ 根据试样气干和全干时的质量,按《木材含水率测定方法》GB 1931 第 6 章规定,计算出试样气干时的含水率。

(2) 体积干缩性的测定

1) 试验步骤,同线干缩性的测定,但应增测试样顺纹方向的尺寸,并计算出湿材、气干材和全干时试样的体积。

2) 结果计算:

① 试样从湿材到全干的体积干缩率,应按式(4-10)计算,准确至 0.1%,结果填写入记录表中。

$$\beta_{V_{max}} = \frac{V_{max} - V_0}{V_{max}} \times 100\% \tag{4-10}$$

式中 $\beta_{V_{max}}$——试样体积的全干干缩率(%);

V_{max}——试样湿材时的体积(mm^3);

V_0——试样全干时的体积(mm^3)。

②试样从湿材到气干时体积的干缩率,应按式(4-11)计算,准确至0.1%。

$$\beta_{V_w} = \frac{V_{max} - V_w}{V_{max}} \times 100\% \tag{4-11}$$

式中 β_{V_w}——试样体积的气干干缩率(%);

V_w——试样气干时的体积(mm^3)。

5. 试验数据处理与检测结构评定

木材干缩性测定记录,见表4-5。

木材干缩性测定记录表(补充件) 表4-5

试样编号	试样尺寸(mm)									试样体积(mm^3)			试样质量(g)			气干含水率(%)	干缩率(%)						备注
	湿材时			气干时			全干时										全干时			气干时			
	径向	弦向	顺纹方向	径向	弦向	顺纹方向	径向	弦向	顺纹方向	湿材	气干	全干	湿材	气干	全干		径向	弦向	体积	径向	弦向	体积	

四、木材吸水性测定方法

1. 概念

木材是多孔性的有机材料,具吸收其周围水分的能力。木材的吸水性,是当木材吸水至饱和或在规定时间内所吸水分,与全干木材质量的比率来表示。

2. 检测设备与环境

(1)浸湿试样的容器。

(2)天平,称量应准确至0.001g。

(3)烘箱,应能保持在103±2℃。

(4)玻璃干燥器和称量瓶。

(5)实验室应保持温度20±2℃、相对湿度65%±5%。如实验室不能保持这种条件时,经调整含水率后的试样,送实验室时应先放入密闭容器中,试验时才取出。

3. 取样与样品制备要求

(1)试材锯解和试样截取按《木材物理力学试材锯解及试样截取方法》GB/T 1929-2009规定。

(2)试样尺寸为20mm×20mm×20mm,试样制作要求和检查,按《木材物理力学试验方法总则》GB/T 1928-2009规定。

(3)允许使用全干密度测定后的试样。

4. 检测方法与试验步骤

(1)取到的试样应立即称量,结果填写入记录表中,准确至0.001g。

(2) 将同批试验取得的含水率试样,一并放入烘箱内,在 103 ±2℃ 的温度下烘 8h 后,从中选定 2～3 个试样进行第一次试称,以后每隔 2h 试称一次,至最后两次称量之差不超过 0.002g 时,即认为试样达到全干。

(3) 将试样从烘箱中取出,放入装有干燥剂的玻璃干燥器内的称量瓶中,盖好称量瓶和干燥器盖。

(4) 试样冷却至室温后,自称量瓶中取出称量。

(5) 如试样为含有较多挥发物质(树脂、树胶等)的木材,用烘干法测定含水率会产生过大的误差时,宜改用真空干燥法测定木材的含水率。

(6) 结果计算:试样的含水率,按下式计算,准确至 0.1%。

$$w = \frac{m_1 - m_0}{m_0} \times 100\% \tag{4-12}$$

式中　w ——试样含水率(%);

　　　m_1 ——试样试验时的质量(g);

　　　m_0 ——试样全干时的质量(g)。

5. 试验数据处理与检测结构评定

木材吸水性测定记录,见表 4-6。

木材吸水性测定记录表(补充件)　　　　　　　　　　　表 4-6

试样编号	试样全干后的质量(g)	试样浸水后的质量(g)						吸水性(%)						备注
		6小时	1昼夜	2昼夜	4昼夜	8昼夜	x昼夜	6小时	1昼夜	2昼夜	4昼夜	8昼夜	x昼夜	

五、木材湿胀性测定方法

1. 概念

干木材吸湿或吸水后,其尺寸和体积随含水率的增高而膨胀木材全干时的尺寸或体积与吸湿至大气相对湿度平衡或吸水至饱和时的尺寸或体积之比,表示木材的湿胀性。

2. 检测设备与环境

(1) 测试量具,测量尺寸应准确至 0.01mm。

(2) 浸湿试样的容器。

(3) 天平,称量应准确至 0.001g。

(4) 烘箱,应能保持在 103 ±2℃。

(5) 玻璃干燥器和称量瓶。

(6) 实验室应保持温度 20 ±2℃、相对湿度 65% ±5%。如实验室不能保持这种条件时,经调整含水率后的试样,送实验室时应先放入密闭容器中,试验时才取出。

3. 取样与样品制备要求

(1) 试材锯解和试样截取按《木材物理力学试材锯解及试样截取方法》GB/T 1929 - 2009 规

定；

(2)试样尺寸为 20mm×20mm×20mm,试样制作要求和检查,按《木材物理力学试验方法总则》GB/T 1928-2009 规定。

4. 检测方法与试验步骤

(1)线湿胀性的测定

1)将试样放入烘箱内,开始温度保持 60℃约 4h,再按《木材含水率测定方法》GB/T 1931-2009 将试样烘至全干,冷却后在试样各相对面的中心位置,分别测出径向和弦向尺寸,准确至 0.01mm,将测量结果填写入记录表中。

2)将试样放置于温度 20±2℃,相对湿度 65%±5% 的条件下吸湿至尺寸稳定。在吸湿过程,用 2~3 个试样,每隔 6h 试测一次弦向尺寸的变化,至两次连续测量之差不超过 0.2 mm 时,即认为尺寸达到稳定,然后测定所有试样的径向和弦向尺寸。

3)测量尺寸后的试样,浸入盛蒸馏水的容器中,待吸收水分尺寸达稳定为止为检验试样的尺寸是否达到稳定,可在浸水 20 昼夜后,选定 2~3 个试样,测量弦向尺寸,以后每隔 3 昼夜测量一次,如两次测量结果相差不大于 0.02mm 时,即认为尺寸达到稳定,然后测量全部试样的径向和弦向尺寸。容器中的蒸馏水必须保持清洁,一般每隔 4~5 昼夜应更换一次。

4)结果计算：

①试样从全干到气干时,径向或弦向的线湿胀率,应按式(4-13)计算,准确至 0.1%。

$$a_w = \frac{l_w - l_0}{l_0} \times 100\% \tag{4-13}$$

式中　a_w——试样从全干到气干时,径向或弦向的线湿胀率(%);

l_w——试样气干时,径向或弦向的尺寸(mm);

l_0——试样全干时,径向或弦向的尺寸(mm)。

②试样从全干到吸水至尺寸稳定时,径向或弦向的线湿胀率应按式(4-14)计算,准确至 0.1%。

$$a_{max} = \frac{l_{max} - l_0}{l_0} \times 100\% \tag{4-14}$$

式中　a_{max}——试样吸水至尺寸稳定时,径向或弦向的线湿胀率(%);

l_{max}——试样吸水至尺寸稳定时的尺寸(mm)。

(2)体积湿胀性的测定

1)试验步骤,同线湿胀性的测定。但应增测试样顺纹方向的尺寸,并计算出湿材,气干材和全干时试样的体积。

2)结构计算：

①试样从全干至气干时的体积湿胀率,应按式(4-15)计算,准确至 0.1%。

$$a_{V_w} = \frac{V_w - V_0}{V_0} \times 100\% \tag{4-15}$$

式中　a_{V_w}——试样从全干到气干时的体积湿胀率(%);

V_w——试样气干时的体积(mm^3);

V_0——试样全干时的体积(mm^3)。

②试样全干到吸水至尺寸稳定时的体积湿胀率,应按式(4-16)计算,准确至 0.1%。

$$a_{V_{max}} = \frac{V_{max} - V_0}{V_0} \times 100\% \tag{4-16}$$

式中　$a_{V_{max}}$——试样从全干到吸水至尺寸稳定时的体积湿胀率(%);

V_{max}——试样吸水至尺寸稳定时的体积(mm^3)。

5. 试验数据处理与检测结构评定

木材湿胀性测定记录,见表4-7。

木材湿胀性测定记录表(补充件) 表4-7

树种:　　产地:　　实验室温度:　　℃　　实验室相对湿度:　　%

试样编号	试样尺寸(mm)									试样体积(mm^3)			湿胀性(%)						备注
	全干时			气干时			吸水后						气干时			吸水后			
	径向	弦向	顺纹方向	径向	弦向	顺纹方向	径向	弦向	顺纹方向	全干	气干	吸水	径向	弦向	体积	径向	弦向	体积	

第二节　木材力学性能检测

木材的力学性能主要指木材顺纹抗拉、抗压、抗剪强度、抗弯强度、横纹抗拉、抗压强度等。

一、木材顺纹抗拉强度检测方法

1. 概念

本方法适用于木材无疵小试样的顺纹抗拉强度测定(顺纹是指木材的纵向木纹)。

2. 检测设备与检测环境

(1)试验机,测定荷载的精度应保证试验机的示值误差不得超过±1.0%,试验机的十字头行程不小于400mm,夹钳的钳口尺寸为10~20mm,并具有球面活动接头,以保证试样沿纵轴受拉,防止纵向扭曲。

(2)测试量具,测量尺寸应准确至0.1mm。

(3)天平,称量应准确至0.001g。

(4)烘箱,应能保持在103±2℃。

(5)玻璃干燥器和称量瓶。

(6)实验室应保持温度20±2℃、相对湿度65%±5%。如实验室不能保持这种条件时,经调整含水率后的试样,送实验室时应先放入密闭容器中,试验时才取出。

3. 取样与样品制备要求

(1)试材锯解及试样截取,按《木材物理力学试材锯解及试样截取方法》(GB/T 1929-2009)规定;

(2)试样的形状和尺寸,如图4-1所示。

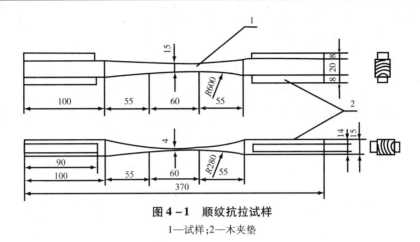

图 4-1 顺纹抗拉试样
1—试样;2—木夹垫

(3) 试样制作要求和检查、试样含水率的调整,分别按《木材物理力学试验方法总则》GB/T 1928-2009 规定。

(4) 试样纹理必须通直,年轮的切线方向应垂直于试样有效部分(指中部 60mm 一段)的宽面。试样有效部分与两端夹持部分之间的过渡弧表面应平滑,并与试样中心线相对称;

(5) 软质木材试样,必须在夹持部分的窄面,附以 90mm×14mm×8mm 的硬木夹垫,用胶粘剂固定在试样上。硬质木材试样,可不用木夹垫。

4. 检测方法与试验步骤

(1) 在试样有效部分中央,测量厚度和宽度,准确至 0.1mm。

(2) 将试样两端夹紧在试验机的钳口中,使试样宽面与钳口相接触,两端靠近弧形部分露出 20~25mm,竖直地安装在试验机上。

(3) 试验以均匀速度加荷,在 1.5~2min 内使试样破坏。将破坏荷载填写入记录表中,准确至 100N。

(4) 如拉断处不在试样有效部分,试验结果应予舍弃。

(5) 试样试验后,立即在有效部分选取一段,按本章第一节中木材含水率测定方法章测定试样含水率。

(6) 结果计算:

1) 试样含水率为 $w(\%)$ 时的顺纹抗拉强度,应按式(4-17)计算,准确至 0.1MPa。

$$\sigma_w = \frac{P_{max}}{tb} \tag{4-17}$$

式中 σ_w——试样含水率为 $w(\%)$ 时的顺纹抗拉强度(MPa);

P_{max}——破坏荷载(N);

b——试样宽度(mm);

t——试样厚度(mm)。

2) 试样含水率为 12% 时,阔叶材的顺纹抗拉强度应按式(4-18)计算,准确至 0.1MPa。

$$\sigma_{12} = \sigma_w [1 + 0.015(w - 12)] \tag{4-18}$$

式中 σ_{12}——试样含水率为 12% 时的顺纹抗拉强度(MPa);

w——试样含水率(%)。

试样含水率在 9%~15% 范围内,按式(4-18)计算有效。

当试样含水率在 9%~15% 写范围内时,对针叶材可取 $\sigma_{12} = \sigma_w$。

5. 试验数据处理与检测结果评定

木材顺纹抗拉强度测试记录,见表 4-8。

木材顺纹抗拉强度试验记录表（补充件）　　　　　　　　　表 4–8

树种：　　　产地：　　　实验室温度：　　℃　　　实验室相对湿度：　　%

试样编号	试样有效部分尺寸(mm)		含水率试样质量(g)		含水率(%)	破坏载荷(N)	抗拉强度(MPa)		备注
	宽度	厚度	试验时	全干时			试验时	含水率12%时	

　　年　月　日　　试验：　　　　计算：　　　　审核：

二、木材顺纹抗压强度检测方法

1. 概念

本方法适用于木材无疵小试样的顺纹抗压强度测定。

2. 试验设备与试验环境

(1) 试验机，测定荷载的精度应保证试验机的示值误差不得超过 ±1.0%，并具有球面滑动支座。

(2) 测试量具，测量尺寸应准确至 0.1mm。

(3) 天平，称量应准确至 0.001g。

(4) 烘箱，应能保持在 103±2℃。

(5) 玻璃干燥器和称量瓶。

(6) 实验室应保持温度 20±2℃、相对湿度 65%±5%。如实验室不能保持这种条件时，经调整含水率后的试样，送实验室时应先放入密闭容器中，试验时才取出。

3. 取样与样品制备要求

(1) 试材锯解及试样截取按《木材物理力学试材锯解及试样截取方法》GB/T 1929–2009 规定。

(2) 试样尺寸为 30mm×20mm×20mm，长度为顺纹方向。

(3) 当一树种试材的年轮平均宽度在 4mm 以上时，试样尺寸应增大至 75mm×50mm×50mm 供制作试样的试条，从试材髓心以外南北方向连续截取，并按试样尺寸留足干缩和加工余量。

4. 检测方法与试验步骤

(1) 在试样长度中央，测量宽度及厚度，准确至 0.1mm。

(2) 将试样放在试验机球面活动支座的中心位置，以均匀速度加荷，在 1.5~2.0min 内使试样破坏，即试验机的指针明显地退回为止。将破坏荷载填写入记录表中，准确至 100N。

(3) 试样破坏后，对长 30mm 的用整个试样，长 75mm 的立即在试样中部截取长约 10mm 的木块一个，进行称量，准确至 0.001g，然后按本章第一节中木材含水率测定方法测定试样含水率。

(4) 结果计算：

1) 试样含水率为 $w(\%)$ 时的顺纹抗压强度，应按式(4–19)计算，准确至 0.1 MPa。

$$\sigma_w = \frac{P_{\max}}{tb} \quad (4-19)$$

式中　σ_w——试样含水率为 $w(\%)$ 时的顺纹抗压强度(MPa)；

P_{max} ——破坏荷载(N);

b ——试样宽度(mm);

t ——试样厚度(mm)。

2)试样含水率为12%时的顺纹抗压强度,应按式(4-20)计算,准确至0.1 MPa。

$$\sigma_{12} = \sigma_w [1 + 0.05(w - 12)] \qquad (4-20)$$

式中 σ_{12}——试样含水率为12%时的顺纹抗压强度(MPa);

w——试样含水率(%)。

试样含水率在9%~15%范围内,按式(4-20)计算有效。

5. 试验数据处理与检测结果评定

木材顺纹抗压强度试验记录,见表4-9。

木材顺纹抗压强度试验记录表(补充件) 表4-9

树种:　　　　产地:　　　　实验室温度:　　　℃　实验室相对湿度:　　　%

试样编号	试样尺寸(mm)		受压面积(mm²)	破坏荷载(N)	试样质量		含水率(%)	顺纹抗压强度(MPa)		备注
	宽度	厚度			试验时	全干时		试验时	含水率12%时	

年　月　日　　试验:　　　计算:　　　审核:

三、木材抗弯强度检测方法

1. 概念

本方法适用于木材无疵小试样的抗弯强度测定。

2. 试验设备与试验环境

(1)试验机,测定荷载的精度应保证试验机的示值误差不得超过±1.0%,试验装置的支座及压头端部的曲率半径为30mm,两支座间距离为240mm。

(2)测试量具,测量尺寸应准确至0.1mm。

(3)天平,称量应准确至0.001g。

(4)烘箱,应能保持在103±2℃。

(5)玻璃干燥器和称量瓶。

(6)实验室应保持温度20±2℃、相对湿度65%±5%。如实验室不能保持这种条件时,经调整含水率后的试样,送实验室时应先放入密闭容器中,试验时才取出。

3. 取样与样品制备要求

(1)试材锯解及试样截取按《木材物理力学试材锯解及试样截取方法》GB/T 1929-2009 规定。

(2)试样尺寸为300mm×20mm×20mm,长度为顺纹方向。

(3)当一树种试材的年轮平均宽度在4mm以上时,试样尺寸应增大至75mm×50mm×50mm供制作试样的试条,从试材髓心以外南北方向连续截取,并按试样尺寸留足干缩和加工余量。

4. 检测方法与试验步骤

(1)抗弯强度只作弦向试验。在试样(300mm×20mm×20mm)长度中央,测量径向尺寸为宽度,弦向为高度,准确至0.1mm。

(2)采用中央加荷,将试样放在试验装置的两支座上,沿年轮切线方向(弦向)以均匀速度加荷,在1~2min内使试样破坏。将破坏荷载填写入记录表中,准确至10N。

(3)试验后,立即在试样靠近破坏处,截取约20 mm长的木块一个,按本章第一节中木材含水率测定方法测定试样含水率。

(4)结果计算:

①试样含水率为w(%)时的抗弯强度,应按式(4-21)计算,准确至0.1 MPa。

$$\sigma_{bw} = \frac{3P_{max}l}{2bh^2} \tag{4-21}$$

式中 σ_{bw}——试样含水率为w(%)时的抗弯强度(MPa);

P_{max}——破坏荷载(N);

l——两支座间跨距(mm);

b——试样宽度(mm);

h——试样高度(mm)。

②试样含水率为12%时的抗弯强度,应按式(4-22)计算,准确至0.1MPa。

$$\sigma_{b12} = \sigma_w[1 + 0.04(w - 12)] \tag{4-22}$$

式中 σ_{b12}——试样含水率为12%时的抗弯强度(MPa);

w——试样含水率(%)。

试样含水率在9%~15%范围内,按式(4-22)计算有效。

5. 试验数据处理与检测结果评定

木材抗弯强度试验记录,见表4-10。

木材抗弯强度试验记录表　　　　表4-10

树种:　　产地:　　实验室温度:　　℃　　实验室相对湿度:　　%

试样编号	试样尺寸(mm)		破坏荷载(N)	试样质量(g)		含水率(%)	抗弯强度(MPa)		备注
	宽度	高度		试验时	全干时		试验时	含水率12%时	

年　　月　　日　　测定:　　计算:　　审核:

四、木材顺纹抗剪强度检测方法

1. 概念

本方法适用于木材无疵小试样的顺纹抗剪强度测定。

2. 试验设备与试验环境

(1)试验机,测定荷载的精度应保证试验机的示值误差不得超过±1.0%,并具有球面滑动压头。

(2)测试量具,测量尺寸应准确至0.1mm。

(3)天平,称量应准确至0.001g。

(4)烘箱,应能保持在 103 ±2℃。
(5)玻璃干燥器和称量瓶。
(6)木材顺纹抗剪试验装置如图 4-2 所示。
(7)实验室应保持温度 20 ±2℃、相对湿度 65% ±5%。如实验室不能保持这种条件时,经调整含水率后的试样,送实验室时应先放入密闭容器中,试验时才取出。

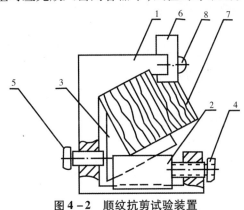

图 4-2 顺纹抗剪试验装置

1—附件主杆;2—楔块;3—L 形垫块;4、5—螺杆;
6—压块;7—试样;8—圆头螺钉

3. 取样与样品制备要求

(1)试材锯解及试样截取按《木材物理力学试材锯解及试样截取方法》GB/T 1929-2009 规定。
(2)试样形状尺寸如图 4-3 所示,试样受剪面应为径面或弦面,长度为顺纹方向。
(3)试样缺角的角度应为 106°40′,应采用角规检查,允许误差为 ±20′。

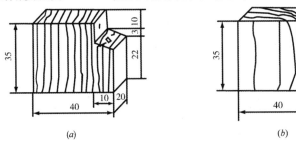

图 4-3 顺纹受剪试件
(a)弦面试样;(b)径面试样

4. 检测方法与试验步骤

(1)测量试样受剪面的宽度和长度,准确至 0.1mm,将测量结果填写入记录表中。
(2)将试样装于试验装置的垫块 3 上(图 4-2),调整螺杆 4 和 5,使试样的顶端和 I 面(图 4-3)上部贴紧试验装置上部凹角的相邻两侧面,至试样不动为止。再将压块 6 置于试样斜面 II 上,并使其侧面紧靠试验装置的主体。
(3)将装好试样的试验装置放在试验机上,使压块 6 的中心对准试验机上压头的中心位置。
(4)试验以均匀速度加荷,在 1.5~2min 内使试样破坏,将荷载读数填写入记录表中,准确至 10N。
(5)将试样破坏后的小块部分,立即按本章第一节中木材含水率测定方法测定含水率。
(6)结果计算:
试样含水率为 $w(\%)$ 时的弦面或径面顺纹抗剪强度,应按式(4-23)计算,准确至 0.1 MPa。

$$\tau_w = \frac{0.96 P_{max}}{bl} \tag{4-23}$$

式中 τ_w——试样含水率为 $w(\%)$ 时的弦面或径面顺纹抗剪强度(MPa);
P_{max}——破坏荷载(N);
b——试样试样受剪面宽度(mm);
l——试样试样受剪面长度(mm)。

试样含水率为 12% 时的弦面或径面顺纹抗剪强度,应按式(4-24)计算,准确至 0.1 MPa。

$$\tau_{12} = \tau_w [1 + 0.03(w - 12)] \tag{4-24}$$

式中 τ_{12}——试样含水率为 12% 时的弦面或径面顺纹抗剪强度(MPa);
w——试样含水率(%)。

试样含水率在 9% ~ 15% 范围内,按式(4-24)计算有效。

5. 试验数据处理与检测结果评定

木材顺纹抗剪强度试验记录,见表 4-11。

木材顺纹抗剪强度试验记录表   表 4-11

树种:　　　产地:　　　实验室温度:　　　℃　实验室相对湿度:　　　%

试验编号	试样受剪面尺寸(mm)		受剪面积(mm^2)	试样质量(g)		含水率(%)	破坏荷载(N)		弦面抗剪强度(MPa)		径面抗剪强度(MPa)		备注
	宽度	长度		试验时	全干时		弦面	径面	试验时	含水率12%时	试验时	含水率12%时	

年　月　日　试验:　　　计算:　　　审核:

五、木材横纹抗拉强度检测方法

1. 概念

本方法适用于木材无疵小试样的横纹抗拉强度测定(横纹是指木材的横向木纹)。

2. 试验设备与试验环境

(1)试验机,测定荷载的精度应保证试验机的示值误差不得超过 ±1.0%。为保证沿试样纵轴受拉,夹持装置应有活动接头。夹持装置的开口尺寸应为 25 ~ 35cm,并能用螺旋夹紧试样,试验时不产生滑移。

(2)测试量具,测量尺寸应准确至 0.1mm。

(3)天平,称量应准确至 0.001g。

(4)烘箱,应能保持在 103 ±2℃。

(5)玻璃干燥器和称量瓶。

(6)实验室应保持温度 20 ±2℃、相对湿度 65% ±5%。如实验室不能保持这种条件时,经调整含水率后的试样,送实验室时应先放入密闭容器中,试验时才取出。

3. 取样与样品制备要求

(1)在每段试材上端,锯下厚为 40mm 的圆盘两个,如图 4-4 和图 4-5 所示截取径向、弦向横纹抗拉试样毛坯,并按试样尺寸留足干缩和加工余量。

(2)试样的形状和尺寸如图4-6所示。

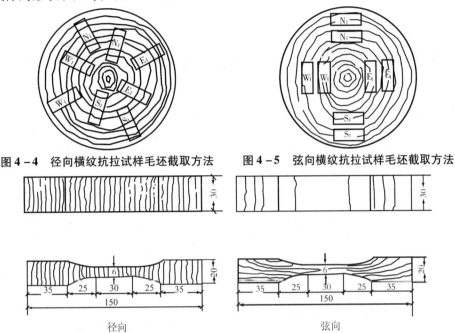

图4-4 径向横纹抗拉试样毛坯截取方法　　图4-5 弦向横纹抗拉试样毛坯截取方法

图4-6 横纹抗拉试样

(3)试样有效部分(指试样中部30mm一段)的纹理应与试样长轴相垂直。试样的过渡弧部分必须光滑,并与试样中心线相对称。弦向试样有效部分的厚度应具有完整年轮。

(4)小径级试材,试样两端30mm的夹持部分,允许用同种木材按相同纹理方向胶结。

4. 检测方法与试验步骤

(1)在试样有效部分中部,测量宽度和厚度,准确至0.1mm。

(2)将试样竖直地放在试验机夹持装置内,用螺旋夹紧夹持部分的窄面。

(3)试验以均匀速度加荷,在1.5~2min内使试样破坏。将破坏荷载填写在记录表中,准确至10N。

(4)如拉断处不在试样有效部分,试验结果应予舍弃。

(5)试样试验后,立即在有效部分截取一段,按本章第一节中木材含水率测定方法测定试样含水率。

(6)结果计算:

1)试样含水率为$w(\%)$时的横纹抗拉强度,应按式(4-25)计算,准确至0.01MPa。

$$\sigma_w = \frac{P_{\max}}{bt} \tag{4-25}$$

式中　σ_w——试样含水率为$w(\%)$时的横纹抗拉强度(MPa);

$P_{\max}$——破坏荷载(N);

b——试样有效部分宽度(mm);

t——试样有效部分厚度(mm)。

2)试样含水率为12%时的横纹抗拉强度,应按式(4-26)、式(4-27)计算,准确至0.01MPa。

①径向式样为:

$$\sigma_{12} = \sigma_w [1 + 0.01(w - 12)] \tag{4-26}$$

②弦向式样为:

$$\sigma_{12} = \sigma_w[1 + 0.025(w - 12)] \qquad (4-27)$$

式中 σ_{12}——试样含水率为12%时的横纹抗拉强度(MPa);

w——试样含水率(%)。

试样含水率在9%~15%范围内,按式(4-26)、式(4-27)计算有效。

5. 试验数据处理与检测结果评定

木材横纹抗拉强度试验记录,见表4-12。

木材横纹抗拉强度试验记录表　　　　表4-12

树种:　　　产地:　　　实验室温度:　　　℃　实验室相对湿度:　　　%

试样编号	试样有效部分尺寸(mm)		受拉面积(mm²)	含水率试样质量(g)		含水率(%)	破坏荷载(N)		弦向横纹抗拉强度(MPa)		径向横纹抗拉强度(MPa)		备注
	宽度	厚度		试验时	全干时		弦向	径向	试验时	含水率12%时	试验时	含水率12%时	

年　月　日　试验:　　　　　计算:　　　　　审核:

六、木材横纹抗压强度检测方法

1. 概念

本方法适用于木材无疵小试样的横纹抗压强度测定。

2. 试验设备与试验环境

(1)试验机,测定荷载的精度应保证试验机的示值误差不得超过±1.0%。并具有球面滑动支座。试验机应有记录装置,记录荷载的刻度间隔,应不大于50N/mm;记录试样变形的刻度间隔,应不大于0.01mm/mm。

(2)试验机的记录装置不能利用时,应用准确至0.01mm的试验装置测量试样变形,如图4-7所示。

(3)测试量具,测量尺寸应准确至0.1mm。

(4)天平,称量应准确至0.001g。

(5)烘箱,应能保持在103±2℃。

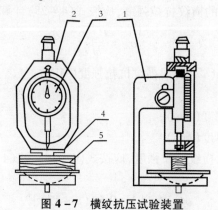

图4-7　横纹抗压试验装置

1—支座;2—框架;3—百分表;4—压头(可拆装);5—试样

(6) 玻璃干燥器和称量瓶。

(7) 实验室应保持温度 20±2℃,和相对湿度 65%±5%。如实验室不能保持这种条件时,经调整含水率后的试样,送实验室时应先放入密闭容器中,试验时才取出。

3. 取样与样品制备要求

(1) 试材锯解及试样截取按《木材物理力学试材锯解及试样截取方法》GB/T 1929—2009 规定。

(2) 试样尺寸为 30mm×20mm×20mm,长度为顺纹方向。

(3) 当一树种试材的年轮平均宽度在 4mm 以上时,试样尺寸应增大至 75mm×50mm×50mm。供制作试样的试条,从试材髓心以外部分均匀截取,并按试样尺寸留足干缩和加工余量。

4. 检测方法与试验步骤

(1) 分别用径向和弦向试样进行试验。测量试样的长度和长度中央的宽度,准确至 0.1mm。弦向试验时,试样的宽度为径向;径向试验时,试样的宽度为弦向。

(2) 将试样放在试验机的球面滑动支座中心处。弦向试验时,在试样径面加荷;径向试验时,在试样弦面加荷。

(3) 试验以均匀速度加荷,在 1~2min 内达到比例极限荷载。

(4) 使用规定的试验装置时,应在正式试验之前,用 3~5 个试样进行观察试验,使在比例极限内能取得不少于 8 个点的荷载间隔。在不停止加荷情况下,每间隔相等的规定荷载,记录一次变形,读至 0.005mm。直至变形明显地超出比例极限荷载时为止。根据试验取得的每组荷载和变形值,以纵坐标表示荷载(坐标比例每毫米应不大于 50N)、以横坐标表示变形(坐标比例每毫米应不大于 0.01mm)绘制荷载—变形曲线。取荷载—变形图上开始偏离直线的一点确定为比例极限荷载。将上述测试结果填写入记录表中。

(5) 试验后,对长 30mm 的用整个试样,长 75mm 的试样立即在中部截取约 10mm 长的木块一个,按本章第一节中含水率测定方法测定试样含水率。

(6) 结果计算:

1) 试样含水率为 $w(\%)$ 时,径向或弦向的横纹全部抗压比例极限应力应按式(4-28)计算,准确至 0.1MPa。

$$\sigma_{yw} = \frac{P}{bl} \qquad (4-28)$$

式中 σ_{yw}——试样含水率为 $w(\%)$ 时的横纹全部抗压比例极限应力(MPa);
P——比例极限荷载(N);
b——试样宽度(mm);
l——试样长度(mm)。

2) 试样含水率为 12% 时的径向或弦向的横纹全部抗压比例极限应力,应按式(4-29)计算,准确至 0.1MPa。

$$\sigma_{y12} = \sigma_{yw}[1 + 0.045(w - 12)] \qquad (4-29)$$

式中 σ_{y12}——试样含水率为 12% 时的横纹全部抗压比例极限应力(MPa);
w——试样含水率(%)。

试样含水率在 9%~15% 范围内,按式(4-29)计算有效。

5. 试验数据处理与检测结果评定

木材横纹抗压强度试验记录,见表 4-13。

木材横纹抗压强度试验记录表　　　　　　　　　表4-13

树种：　　　　产地：　　　　实验室温度：　　　℃　　　　实验室相对湿度：

试样编号	试样尺寸(mm)		受压面积(mm²)	比例极限荷载(N)	试样质量(g)		含水率(%)	比例极限应力(MPa)		荷载下的变形值(mm)							
	宽度	长度			试验时	全干时		试验时	含水率12%时	N	N	N	N	N	N	N	N

年　月　日　　试验：　　　　计算：　　　　审核：

第三节　梁弯曲试验方法

一、一般规定

(1)本方法适用于测定梁受弯时的弹性模量和强度。横梁包括整截面的锯材矩形截面受弯构件、由薄板叠层胶合的工字形、矩形截面受弯构件以及侧立腹板胶合梁。

(2)梁的受弯试验应采用对称的四点受力和匀速加荷的方法,用以观测荷载和挠度之间的关系,获得所需的各种数据和信息。

(3)测定梁的纯弯曲弹性模量,应采用在规定的标距内测定在纯弯矩作用下的挠度的方法,据此测定的最大挠度值来计算纯弯曲弹性模量;测定梁的表观弹性模量应采用全跨度内最大的挠度来计算。

(4)测定梁的抗弯强度,应使梁的测定截面位于规定的标距内承受纯弯矩作用直至破坏时所测得的最终破坏荷载来确定。

二、试件及制作

(1)制作梁的弯曲试验试件时,有关试材的来源、树种、干燥处理、加工制作、尺寸测量以及试件的记载等事项均应遵守《木结构试验方法标准》GB/T 50329-2002第2章基本规定。

(2)试件的最小长度应为试件截面高度的19倍。

(3)梁的截面尺寸应在规定的标距内用游标卡尺测量,应读到1/10mm。

(4)当需确定梁的抗弯强度与标准小试件的抗弯强度(或木材的其他基本材性)之间的比值时,在试验之前,在该根梁的两端试材中各切取受弯标准小试件不应少于5个,顺纹受压标准小试件不应少于3个。

(5)当需确定梁的弯曲弹性模量与标准小试件的弯曲弹性模量(或木材的其他基本材性)之间的比值时,在试验之前,在该根梁的两端试材中切取弯曲弹性模量小试件共不应少于5个,顺纹受压标准小试件共不应少于5个。

三、试验设备与装置

1.试验所用的试验机要求

(1)有足够的净空能容纳试件及有关装置,且梁的挠曲变形不应受到限制。

(2)测力系统应事先校正,荷载读数盘的最小分格不大于200N。

(3)当试验机的支承臂的长度小于梁试件的长度时,应在试验机的支承臂上安设钢梁(工字形或槽形)。对跨度特别大的梁也可在反力架上进行试验。

2. 梁试件在支座处的支承装置条件

(1)梁试件的下表面应采用钢垫板传递支座反力。钢垫板的宽度不得小于梁的宽度,其长度和厚度应根据木材横纹承压强度和钢材抗弯强度来确定。

(2)梁两端的支座反力均应采用滚轴支承,此滚动轴应设置在支承钢垫板的下面并垂直于梁的长度方向,应保证梁端的自由转动或移动,而两端滚轴之间的距离即梁的跨度应保持不变。

(3)当梁的截面高度和宽度的比值不小于3时,在反力支座与荷载点之间应安装侧向支撑,并不应少于一处。此侧向支撑应保证试验的梁仅产生上下移动而不产生侧向移动和摩擦作用。

3. 梁试件的加载装置条件

(1)梁试件上的荷载应通过安设在梁上表面的钢垫板来传递。加荷钢垫板的宽度应不小于梁的宽度,钢垫板的长度和厚度应按木材横纹承压和钢板抗弯条件的计算来确定;若试验仅测量梁在纯弯矩作用区段的挠度,钢垫板的长度尚不得大于截面高度的0.5倍。

(2)在加荷钢垫板的上表面,应与加荷弧形钢垫块的弧面接触。弧形钢垫块的上表平面的刻槽应与荷载分配梁的刀口对正。弧形钢垫块的弧面曲率半径为梁高的2~4倍,弧面的弦长至少等于梁的高度。

(3)在弧形钢垫块之上应设荷载分配梁。荷载分配梁可采用工字钢或槽钢制作,其刚度应按施加的最大荷载进行设计。分配梁的两端应分别带有刀口,刀口与梁上的弧形垫块上的刻槽应接触良好。刀口和刻槽均应垂直于梁的跨度方向。

(4)在荷载分配梁的中央应设置球座,与试验机上的上压头应对正。宜将分配梁连系在试验机的上压头上。

4. 测量挠度的装置条件

(1)测量梁在荷载作用下产生的挠度时,可采用U形挠度测量装置,此U形装置应满足自重轻而又具有足够的刚度的要求,可采用轻金属(例如铝)制作。在U形装置的两端应钉在梁的中性轴上,在此装置的中央安设百分表用来测量梁中央中性轴的挠度。

(2)当梁的跨度很大时,亦可采用挠度计直接测量梁两端及跨度中央的位移值而求得梁的挠度。

四、试验步骤

(1)试件宜采用三分点加荷并且对称装置;最内的两个加荷点之间的距离宜等于梁截面高度的6倍(图4-8及图4-9)。当测定纯弯区挠度时,尚要求最内的两个钢垫板之间的净距不应小于梁截面高度的5倍,且不应小于400mm。如果受试验设备的限制,不能正好满足这些条件时,最内的两个加荷点之间允许增加的距离不应大于截面高度的1.5倍;或试件的两个支座反力之间允许增加的距离不应大于截面高度的3倍。

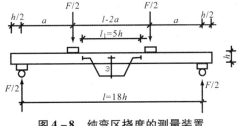

图4-8 纯弯区挠度的测量装置

(2)梁的弯曲弹性模量应按下列试验程序进行测定:

1)加荷装置、支承装置和测量挠度的装置应安装牢固,在梁的跨度方向应保证对称受力,特别应防止出平面的扭曲。

2) 安装在梁的上表面以上的各种装置的重量应计入加荷数值内,为此,应在这些装置未放在梁上时进行试验机读数盘调零。

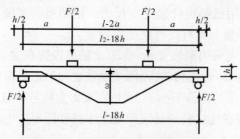

图 4-9　全跨度挠度的测量装置

3) 应预先估计荷载 F_0^- 值(小于比例极限的力)和 F_1^- 值(大于为把试件和装置压密实的力——即不产生松弛变形的力)。荷载从 F_0^- 增加到 F_1^- 时记录相应的挠度值,再卸荷到 F_0^-,反复进行 5 次而无明显差异时,取相近三次的挠度差读数的平均值作为测定值,相应的荷载值为 $\Delta F = F_1^- - F_0^-$。

(3) 梁的弯曲弹性模量试验可以采用连续加荷的方式加荷,也可采用无冲击影响的逐级加荷方式。

当采用连续加荷时,试验机压头的运行速度不得超过按式(4-30)计算的允许值:

$$v = 5 \times 10^{-5} \times \frac{a}{3}(3l - 4a) \tag{4-30}$$

式中　v——试验机压头的运行速度(mm/s);
　　　l——试件的跨度(mm);
　　　a——加荷点至支承点之间的距离(mm)。

(4) 梁的抗弯强度试验可以采用无冲击影响的逐级加荷方式,其加荷速度应使荷载从零开始约经 8min 即可达到最大荷载,但不得少于 6min,也不超过 14min。

(5) 当需测定梁的比例极限及绘制荷载与挠度的关系曲线时(图 4-10);试验机压头所运行的行程从加荷算起应不小于按下式计算的距离:

$$s = 45 \times 10^{-3} h \tag{4-31}$$

式中　s——试验机所运行的行程(mm);
　　　h——试件截面的高度(mm)。

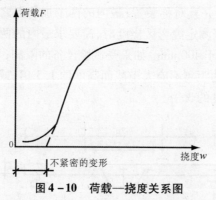

图 4-10　荷载—挠度关系图

当接近比例极限时、开始出现某一局部破坏时(例如裂缝响声、木纤维发生皱褶等)及最终破坏时,应记录相应的荷载及其挠度值。确定上述各种挠度值时,应将由于各种装置不紧密或其他原因所引起的松弛变形予以扣除。

五、试验结果

(1) 梁在纯弯矩区段内的纯弯弹性模量应按下式计算：

$$E_m = \frac{a l_1^2 \Delta F}{16 I \Delta w} \qquad (4-32)$$

式中 a——加荷点至反力支座之间的距离(mm)；

l_1——量挠度的 U 形装置的标距,此处等于 5w(mm)；

ΔF——荷载增量,在比例极限以下,此处等于 F_0 与 F_1 之差(N)；

I——实际截面的惯性矩(mm^4)；

Δw——在荷载增量 ΔF 作用下,在测量挠度的标距为 l_1 的范围内所产生的中点挠度(mm)；

E_m——在纯弯矩区段内的纯弯弹性模量(N/mm^2),应记录和计算到三位有效数。

(2) 梁在全跨度内的表观弯曲弹性模量应按下式计算：

$$E_{m,ppp} = \frac{a \Delta F}{48 I \Delta w}(3l^2 - 4a^2) \qquad (4-33)$$

式中 a——加荷点至反力支座之间的距离(mm)；

l——测量挠度的标距,此处取等于梁的跨度(mm)；

ΔF——荷载增量,在比例极限以下,此处等于 F_0 与 F_1 之差(N)；

I——实际截面的惯性矩(mm^4)；

Δw——在荷载增量 ΔF 作用下,在测量挠度的标距为 l_1 的范围内所产生的中点挠度(mm)；

$E_{m,ppp}$——在全跨度内梁的表现弯曲弹性模量(N/mm^2),应记录和计算到三位有效数。

(3) 当同一根梁试件同时测得全跨度内的及纯弯区段的两种挠度值时,按下式计算出该梁的剪切模量：

$$G = \frac{1.2 h^2}{(1.5 l^2 - 2a^2)[(1/E_{m,app}) - (1/E_m)]} \qquad (4-34)$$

式中 G——梁的剪切模量(N/mm^2),应记录和计算到三位有效数字。

(4) 梁的抗弯强度应按下式计算：

$$f_m = \frac{a F_u}{2 W} \qquad (4-35)$$

式中 a——加荷点至反力支座之间的距离(mm)；

W——实际的截面抵抗矩(mm^3)；

F_u——最后破坏时的载荷(N)；

f_m——梁的抗弯强度(N/mm^2),应记录和计算到三位有效数字。

第四节 木结构连接节点性能检测

木结构连接节点通常有齿连接、圆钢销连接、胶粘连接、胶合指形连接等。

一、齿连接检测

1. 一般规定

(1) 本方法适用于测定木结构单齿连接或双齿连接中被试木材的抗剪强度。

(2) 本方法是利用专门设计的加荷装置,保证压力与被试木材的木纹成交角的条件下,采用匀速加荷、测定试件的破坏荷载的方法,计算出齿连接的抗剪强度。

(3)齿连接试验,除符合齿连接检测的规定外,尚应遵守《木结构试验方法标准》GB/T 50329 -2002 的有关规定。

2. 检测设备与检测环境

(1)齿连接试验可采用万能试验机或其他加压设备,但应符合《木结构试验方法标准》GB/T 50329-2002 的有关要求。

(2)齿连接试验的加荷装置,对试件截面宽度为 40mm、高度为 60mm 的齿连接试件宜采用专门设计的三角形支承架(图 4-11);对试件截面宽度大于 40mm 和高度大于 60mm 的齿连接试件宜采用专门设计的三角形人字架(图 4-12)。

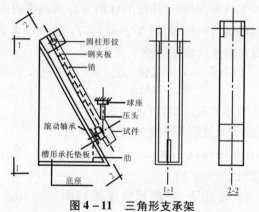

图 4-11 三角形支承架

(3)齿连接试验用的三角形支承架(图 4-11)应满足下列要求:

1)支承架顶端与试件的连接应采用圆柱形铰,利用钢夹板和圆钢销与试件连接。要求圆钢销的孔位正确,保证试件受拉截面上轴心受力;

2)在试件的支座处应设槽形钢垫板和滚动轴承,保证支座反力的位置正确;

3)在试件的承压面上应设竖向压杆,压杆的上端与试验机的上压头连接处应形成活动铰,保证垂直方向传力。

(4)齿连接试验用的三角形人字架(图 4-12)应满足下列要求:

1)三角形人字架中的人字杆应采用钢材制作,两根人字杆的上端应做成活动铰,连系于试验机的上压头;下端端面应与人字杆的轴线垂直,抵承在被试木材的齿槽上;

2)三角形人字架中下弦杆(即被试木材)的两端应放在钢垫板和滚轴上。

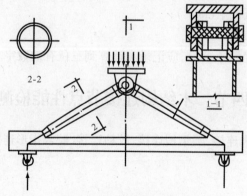

图 4-12 三角形人字架

3. 取样与试样制备要求

(1)齿连接试件的设计应遵守下列规定:

1)试件截面的宽度不应小于 40mm,高度不应小于 60mm,高度与宽度的比值不应大于 1.5;

2)试件的齿槽深度:单齿连接不应小于 20mm;双齿连接第一齿深度不宜小于 10mm,第二齿深度至少应比第一齿深度多 10mm。试件齿槽的最大深度不得大于试件全截面高度的 1/3。

3)试件的剪面长度:单齿连接不宜小于齿槽深度的 4 倍;双齿连接不宜小于齿槽深度的 6 倍;

4)齿连接的承压面必须保证垂直于压力的方向,压力与剪面之间的夹角应为 26°34′。

5)试件在剪面长度以外的长度上的净截面高度,应等于剪面长度内的全截面高度减去齿槽深度。

(2)试件的材质应符合下列要求:

1)试件的剪面附近不得有木节和水平裂缝,在其他部位亦不得有较大的缺陷;

2)试件的年轮弦线宜与剪面垂直,所有试件的年轮弦线与试件截面底边的夹角不宜小于 60°。

(3)试件截面加工的允许偏差为:试件截面的宽度和高度 ±1mm;试件的长度 ±2mm;齿槽深度 ±0.1mm;剪面长度 ±1mm。

(4)在制作齿连接试件的同时,应在试件坯材受剪面一端预留 50mm 用以制作成 2~3 个顺纹受剪标准小试件。顺纹受剪标准小试件受剪面的年轮方向应与齿连接受剪面的年轮方向相同。

(5)若试验目的为专门研究剪面长度 l_v^- 与齿槽深度 h_c^- 的比值对齿连接平均抗剪强度 τ_m 的影响,并建立这两个因素之间的关系曲线,试件和试材宜符合下列要求:

1)试材宜从林区采样,取胸高以上的原木段,长度不少于 4.8m;

2)沿原木段纵向锯成至少 7 根试条,每根试条应按需要锯成不同长度的坯材至少 7 段,每段制成至少 7 个试件;

3)同一组中的 7 个试件应分别从不同的 7 根试条中各切取 1 个试件,并应有规律地相互错开;

4)试件的截面宜取宽度为 40mm、高度为 60mm,试件的长度应能保证安设足够的钢销,并经计算确定。

4. 检测方法与试验步骤

(1)试验室温度及试件的含水率应符合《木结构试验方法标准》GB/T 50329 – 2002 的相关要求。

(2)齿连接试验的加荷速度应匀速进行,并保证在 3~5min 内达到破坏。

(3)齿连接试件破坏后应在剪面下试材切取 2~3 个测定含水率的木块,并立即称其重量。

(4)顺纹受剪标准小试件破坏后应立即测定其含水率。

(5)齿连接试件破坏后应描绘端部横截面年轮方向及试件破坏状况。

(6)齿连接抗剪呈脆性破坏,应注意设备和人的安全。

5. 数据处理与检测结果评定

(1)齿连接试验记录应按表 4 – 14 要求逐项填写。

(2)齿连接沿剪面破坏的平均剪应力应按下式计算:

$$\tau_m = \frac{F_u \cos\alpha}{l_v b_v} \tag{4-36}$$

式中 F_u——齿连接破坏时齿槽承压面上的压力(N);

α——破坏压力 F_u 和剪面之间的夹角;

l_v——试件实际的剪切面长度(mm);

b_v——试件实际的剪切面宽度(mm);

τ_m——沿剪面破坏的平均剪应力(N/mm²),记录和计算到三位有效数字。

(3)齿连接沿剪面破坏时平均剪应力的相对值应按下式计算:

$$\varphi_v = \frac{\tau_m}{f_v} \qquad (4-37)$$

式中 φ_v——齿连接沿剪面破坏平均剪应力的相对值；

f_v——标准小试件顺纹抗剪强度（N/mm²）。

(4)当齿连接试验符合《木结构试验方法标准》GB/T 50329-2002 第8.2.5条规定时，齿连接试验结果的回归分析应符合《木结构试验方法标准》GB/T 50329-2002 第3.4节的规定。

齿连接试验记录　　　　　　表 4-14

试件类别	齿连接		顺纹受剪标准小试件			$\psi_v = \tau_m/f_v$		
试件编号								
破坏压力	F_u		F	F	F	室温		
剪面尺寸	l_v		$l_b=$	$l_b=$	$l_b=$	空气相对湿度		
	b_v		$b_b=$	$b_b=$	$b_b=$		连接	
剪应力	$\tau_m = \dfrac{F_u \cos\alpha}{l_v b_v}$		$f_v = \dfrac{F}{l_b b_b}$			加荷速度	标准小试件	
			平均值					
						试验日期		
含水率						记录者		
年轮方向破坏状况描述								

二、圆钢销连接实验方法

1. 一般规定

(1)本方法适用于测定被试木材圆钢销连接承弯破坏时的承载能力和变形。

(2)本方法是在能保证圆钢销双剪连接顺木纹对称受力的条件下，匀速加荷直至破坏的过程中测得接合缝间的相对滑移变形值和其他有关资料和信息。

2. 检测设备与检测环境

(1)圆钢销连接试验的加荷设备宜采用1000kN万能试验机。

(2)测量圆钢销连接相对滑移宜采用量程不小于20mm的百分表。

(3)设置百分表应采用铁件制作成的专门夹具(图4-13)，此夹具应能保证牢固固定百分表，和可用螺钉与试件的边部构件连接，并应能保证试件接合缝处的相对滑移变形不受阻碍。

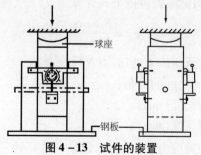

图 4-13 试件的装置

3. 取样与试样制备要求

(1)对称双剪圆钢销连接试件(图4-14)的设计尺寸应遵守下述规定:圆钢销直径 d 宜取12~18mm;中部构件的厚度应大于 $5d$;边部构件的厚度应大于 $2.5d$;中部构件及边部构件的宽度应大于 $6d$;中部构件及边部构件的长度应取等于 $14d$ 减去25mm。

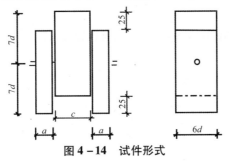

图4-14 试件形式

(2)制作试件的木材应为气干方木,组成每个试件的三个构件均应从同一段试材中相邻的部位下料。并应用此相邻部位的试材制作成3~4个顺纹受压标准小试件。

(3)圆钢销连接试件的制作应满足下列要求:

1)试件中两个边部构件的年轮应对称放置;

2)每个构件应四面刨光平整,端部的承压面应与轴线垂直;

3)每个试件的三个构件应叠置后一次钻通,不得各构件分别钻孔;钻头直径与孔径一致;进钻速度不应大于120mm/min,电钻的转速不宜过慢,可取300r/min;

4)中间构件的两个侧面和边部构件的内侧面应刨光取直。并在连接试件的结合缝处应留有1mm的缝隙。

4. 检测方法与试验步骤

(1)圆钢销连接的试件安装应符合下列要求:

1)量测试件接合缝上相对滑移的铁制夹具应安设在试件的两侧,宜靠近边部构件上端,百分表的触针应位于中部构件两侧的中心线上;

2)圆钢销连接试件应平稳地安放在试验机下压头的平板上,试件的轴心线应对准试验机上。下压头的中心。

(2)圆钢销连接试验的加载程序(图4-15)应遵守下述规定:首先加载到 $0.3F$,荷载持续30s,然后卸载到 $0.1F$,再持续30s,然后每30s增加一级荷载,每级荷载为 $0.1F$;当加载达 $0.7F$ 以上时,逐渐减慢加荷速度,仍逐级加载直至破坏,终止试验。此处,为预先估计的当钢材达到屈服点时圆钢销连接试件所承受的力。

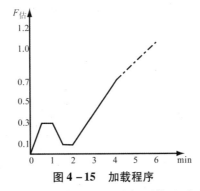

图4-15 加载程序

(3)圆钢销连接试验出现下列的破坏特征之一时方可终止试验:

1)圆钢销在试件的中部构件中发生弯曲且在边部构件表面出孔处销的末端上翘而表现出反向挤压现象,试件的相对变形达到10mm以上;

2)圆钢销在试件的中部及边部构件中均发生弯曲,圆钢销的末端虽无明显上翘现象,但试件的相对变形达到 15mm 以上。

(4)对一根钢销的顺纹对称双剪连接,当钢材达到屈服点时连接试件所承受的力可按下列两式估算,并取两者中的较小者:

$$F = 2 \times [0.3d^2 \sqrt{\eta f_c f_y \times 1.7} + 0.09 a^2 \eta f_c \sqrt{\eta f_c}/(0.7 f_y)] \quad (4-38)$$

$$F = 2 \times [0.443 d^2 \sqrt{\eta f_c f_y \times 1.7}] \quad (4-39)$$

式中 f_y——圆钢销的钢材屈服点(N/mm^2);

η——木材承压折减系数,当 $d \geq 14$mm 时取 0.8;当 $d < 14$mm 时取 0.85;

F——当钢材达到屈服点时估计连接试件所承受的力(N)。

d——圆钢销直径(mm);

a——边部构件厚度(mm);

f_c——标准小试件木材顺纹抗压强度(N/mm^2)。

5. 数据处理与检测结果评定

(1)圆钢销连接试验的记录可按表 4-15 的内容逐一填入,并可绘出荷载-变形曲线(图 4-16)。

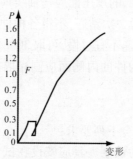

图 4-16 荷载—变形曲线

(2)圆钢销连接试验的数据可整理汇总并用表 4-15 列出。

圆钢销连接试验的记录　　　　　表 4-15

试件编号	连接相对变形(mm)				标准小试件抗压强度(N/mm^2)
荷载值	百分表 a 测读值	百分表 b 测读表	$(a+b)/2$	总变形	$f_c = \Sigma f_c / n$
0 0.1F 0.2F 0.3F 0.4F ⋮ 1.0F					连接含水率
					标准小试件含水率
室内温度		空气相对湿度		试验日期	记录

三、胶粘连接方法检测

1. 一般规定

(1)本方法适用于检验承重木结构所用胶粘剂的胶粘能力。

(2)本方法是根据木材用胶粘结后的胶缝顺木纹方向的抗剪强度进行判别。

(3)当采用本方法检验胶粘剂的胶粘能力时,应遵守下列规定:

1)用于胶合的试条,应采用气干密度不小于 0.47g/cm³ 的红松或云杉或材性相近的其他软木松类木材或栎木、水曲柳制作。若需采用其他树种木材时,应得到技术主管部门的认可。

2)木材胶合时,在温度为 20±2℃、相对湿度为 50%~70% 的条件下,应控制木材的含水率在 8%~10%。

3)胶液的黏度及其工作活性应符合以下检验要求:

①胶液工作活性可根据其黏度的测定结果确定,承重结构用胶的胶液黏度应符合该胶种的产品标准规定的要求。

②胶液黏度可使用经过计量认证的黏度计测定,但应连续测定 3 次,并以其平均值表示测定结果。在测定过程中,胶液的温度应始终保持在 20±2℃。

③胶液黏度测定完毕,应立即用适当的清洗剂清洗黏度计及盛胶容器。

4)检验每一批号的胶粘剂,应采用胶合成的两对试条来制作试件。每对试条应制成 4 个试件:两个试件作干态试验;两个试件作湿态试验。根据每种状态 4 个试件的试验结果,按《木结构试验方法标准》GB/T 50329—2002 第 10.5 条的判定规则进行判别。

2. 试条的胶合及试件制作

(1)试条由两块已刨光的 25mm×60mm×320mm 木条组成(图 4-17),木纹应与木条的长度方向平行,年轮与胶合面成 40°~90°角,不得采用有木节、斜(涡)纹、虫蛀、裂纹或有树脂溢出的木材。

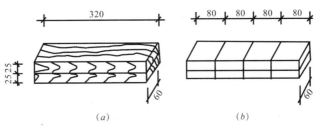

图 4-17 试条的形式与尺寸

(2)试条胶合前,胶合面应重新细刨光而达到保证洁净和密合的要求,边角应完整。胶面应在刨光后 2h 内涂胶,涂胶前应清除胶合面上的木屑和污垢。涂胶后应放置 15min 再叠合加压,压力可取 0.4~0.6N/mm²,在胶合过程中,室温宜为 20~25℃。试条在室温不低于 16℃ 的加压状态下应放置 24h,卸压后养护 24h,方可加工试件。

(3)加工试件时,应将试条截成四块,如图 4-17(b)。按图 4-18 所示的形式和尺寸制成 4 个顺纹剪切的试件。

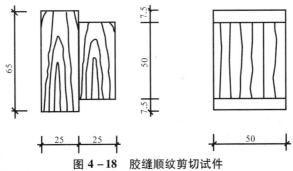

图 4-18 胶缝顺纹剪切试件

制成后的试件应用钢角尺和游标卡尺进行检查,试件端面应平整,并应与侧面相垂直,试件剪面尺寸的允许偏差为 ±0.5mm。

3. 试验要求

(1)试件应置于专门的剪切装置(图4-19)中,并在木材试验机上进行试验,试验机测力盘读数的最小分格不应大于150N。

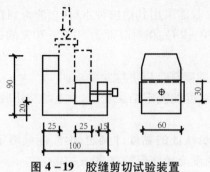

图4-19 胶缝剪切试验装置

(2)干态试验应在胶合后第3天进行,至迟不晚于第5天;湿态试验应在试件浸水24h后立即进行。

(3)试验前,应用游标尺测量试件剪切面尺寸,准确读到1/10mm。试件装入剪切装置时,应调整螺丝,使试件的胶缝处于正确的受剪位置。试验时,应使试验机球座式压头与试件顶端的钢垫块对中,采用匀速连续加荷方式,应控制从开始加荷到试件破坏的时间能在3~5min内。

试件破坏后,应记录荷载最大值,并应测量试件剪切面上沿木材剪坏的面积,精确至3%。

4. 试验结果的整理与计算

(1)试件的剪切强度应按式(4-40)计算:

$$f_v = \frac{Q_u}{A_v} \tag{4-40}$$

式中　　f_v——剪切强度(N/mm^2),计算准确到$0.1N/mm^2$;

Q_u——荷载最大值(N);

A_v——剪切面面积(mm^2)。

(2)试件剪切面沿木材部分破坏的百分率应按式(4-41)计算:

$$p_v = \frac{A_t}{A_v} \times 100\% \tag{4-41}$$

式中　p_v——剪切面沿木材部分破坏的百分率(%),计算准确到1%;

A_t——剪切面沿木材破坏的面积(mm^2)

(3)试验记录应包括下列内容:

1)胶的名称及其批号和生产厂家;

2)试件的树种名称与材质情况;

3)试件尺寸的测量值;

4)加荷速度;

5)破坏荷载和破坏特征;

6)沿木材部分破坏的百分率。

5. 检验结果的判定规则

(1)一批胶抽样检验结果,应按下列规则进行判定:

1)若干态和湿态的试验结果均符合表4-16的要求,则判该批胶为合格品。

2)试验中,如有一个试件不合格,则须以加倍数量的试件进行二次抽样试验,此时仍有一个试件不合格,则应判该批胶不能用于承重结构。

3)若试件强度低于表4-16的规定值,但其沿木材部分破坏率不小于75%,仍可认定该批胶为合格品。

承重胶合木结构用胶胶粘能力的最低要求　　　　表 4-16

试件状态	胶缝顺纹剪切强度值(N/mm^2)	
	红松等软木松类	栎木或水曲柳
干态	5.9	7.8
湿态	3.9	5.4

（2）对常用的耐水性胶种,可仅作干态试验,但仍应按本标准的判定规则进行判别。

四、胶合指形连接试验方法

1. 一般规定

（1）本方法适用于测定承重的整体木构件的胶合指形连接和胶合木构件中单层木板的胶合指形连接（以下简称指接）的抗弯强度。

（2）指接的抗弯强度试验,除遵守胶合指形连接试验方法的规定外,尚应遵守《木结构试验方法标准》GB/T 50329—2002 第 2、3、4 章有关规定。

（3）指接必须是用专门的木工铣床加工成的、在木材端头的指形接头。指形接头应是在一组相同的、对称的尖形指样上涂胶,并彼此相互插入而成。指榫的几何关系应如图 4-20 所示。

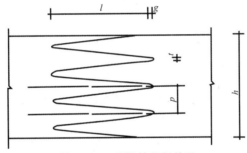

图 4-20　指榫的几何关系

指接的指斜率 s 应按式（4-42）计算：
$$s = (p-2t)/[2(l-g)] \quad (4-42)$$

指榫的宽距比 v 应按式（4-43）计算：
$$v = t/p \quad (4-43)$$

2. 试件设计

（1）制作试件所用的试材和胶合工艺,除应符合本标准外,应符合现行的国家标准《木结构设计规范》GB 50005-2003 的有关规定。

（2）指接的指样长度应大于或等于 20mm。指接应位于试件长度的中央,并在中央 1/2 长度范围内不得有任何木节和其他缺陷,在试件的两端部分不得有较大的缺陷。

（3）对承重的整截面指接胶合木材,试件的高度不应小于 75mm,在截面的最小边内不得少于 3 个指榫。试验应取 30 个完全相同的试件,其中 15 个在截面为立放条件下进行试验（图 4-21）;其余 15 个试件在截面为平放条件下进行试验（图 4-22）。

（4）对叠层胶合木构件中单层木板指接的试件,当采用一般针叶材和软质阔叶材时,试件截面高度（即木板厚度）不得大于 40mm;当采用硬木松或硬质阔叶材时,试件截面高度不宜大于 30mm。试件的宽度（木板的宽度）宜采用 100mm。试验应取 15 个完全相同的试件,均在试件截面为平放的条件下进行试验（图 4-23）。

3. 试验步骤

(1) 木材指接的抗弯强度的测定,应采用三分点加荷并按《木结构试验方法标准》GB/T 50329—2002 第 3.4.1 条及第 3.4.4 条有关规定进行试验。

(2) 对承重的整截面构件的指接试验,试件的跨度应取等于所试验的截面高度的 12 倍,加荷点至支座反力之间的距离应等于所试验的截面高度的 4 倍(图 4 - 21、图 4 - 22)。

(3) 对叠层胶合木可单层木板的指接试验,试件的跨度应取等于所试验的截面高度的 15 倍,加荷点至支座反力之间的距离应取等于所试验的截面高度的 5 倍(图 4 - 23)。

(4) 每个试件的荷载最大值、破坏形式、达到破坏所经历的时间、木材的含水率及气干密度应作记录。测定含水率和气干密度的试件应从接头的两侧各取 3 个,并应能代表整个截面。

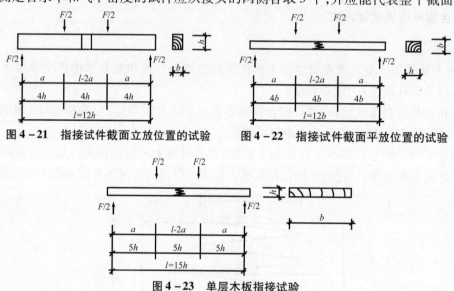

图 4 - 21 指接试件截面立放位置的试验　　图 4 - 22 指接试件截面平放位置的试验

图 4 - 23 单层木板指接试验

4. 试验结果的计算和判定

(1) 对指长不小于 20mm 的木材指接抗弯强度试验,试件的破坏形式为下列情况之一者属于正常破坏:

1) 木材在指样根部破坏;
2) 沿指榫的胶合缝破坏,但沿木材部分破坏的百分率不小于 75%。

(2) 承重的整截面指接木材的指接抗弯强度应按下式计算:

当试件截面为立放位置时(图 4 - 21):

$$f_m = \frac{3aF_u}{bh^2} \tag{4-44}$$

当试件截面为平放位置时(图 4 - 22):

$$f_m = \frac{3aF_u}{hb^2} \tag{4-45}$$

式中　a——加荷点至支座反力之间的距离(mm);
　　　b、h——试件截面的宽度和高度(mm);
　　　F_u——最后破坏时的荷载(N);
　　　f_m——胶和指形连接的抗弯强度(N/mm²),应记录和计算到三位有效数。

叠层胶合木构件中单层木板的指接抗弯强度应按式(4 - 46)计算:

$$f_m = \frac{3aF_u}{bh^2} \tag{4-46}$$

式中 a——加荷点至支座反力之间的距离(mm);
  b——所试验的截面宽度(mm);
  h——所试验的截面高度,等于单层木板的厚度(mm);
  F_u——最后破坏时的荷载(N);
  f_m——胶和指形连接的抗弯强度(N/mm²),应记录和计算到三位有效数字。

指接抗弯强度的标准值应按式(4-47)计算:

$$f_{m,k} = \bar{x} - 1.991s \tag{4-47}$$

式中 $\bar{x}$——15 个胶合指形连接抗弯强度试验值的平均值;
  s——15 个胶合指形连接抗弯强度试验值的标准差。

5. 试件指榫的几何尺寸、胶合条件及抗弯强度等应分别按表 4-17~表 4-19 逐项填写。

指榫的几何尺寸   表 4-17

指长 l (mm)	指距 p (mm)	指端宽 t (mm)	指端隙 g (mm)	指斜率 $s = (p - 2t)/[2(l - g)]$	宽距比 $v = t/p$

指接的胶合条件   表 4-18

胶粘剂品种	纵向压力 (N/mm²)	侧压力 (N/mm²)	车间温度 (℃)	固化和养护制度

指接试件抗弯试验结果   表 4-19

试件类型	试件编号	荷载最大值 F_u (N)	达到破坏时间 (s)	试件高度 h (mm)	试件宽度 b (mm)	试件净跨 l (mm)	加荷点到支座距离 a (mm)	弯曲强度 f_m (N/mm²)	含水率 %	气干密度	破坏形式

第五节 木结构屋架承载力试验

一、一般规定

(1)本方法适用于普通木屋架、胶合木屋架及钢木屋架的短期静力试验。

(2)屋架的静力试验按其试验目的可分为两类:

1)验证性试验:包括新型屋架的试验、采用新的连接方法的屋架试验、新利用树种的屋架试验和为制定通用标准图而进行的试验以及为验证专门问题而进行的试验等。

2)检验性试验:包括成批屋架的抽样检验和旧屋架的检验等。

对验证性试验,应作破坏试验;对检验性试验可根据检验的目的和要求可作破坏试验或非破损试验。

3)试验的屋架应按下列要求进行验算或补充设计,并核定其设计荷载:

①对木构件及其连接,应按现行的国家标准《木结构设计规范》GB 50005-2003 进行验算;

②除木屋架的保险螺栓和系紧螺栓外,屋架中的其他钢材部分(钢拉杆、焊接、拉力螺栓和垫板等)应按现行的国家标准《钢结构设计规范》GB 50017-2003进行验算。

4)当专门检验屋架中木构件及其连接的破坏强度时,屋架中的钢拉杆及其连接应进行补充的加强设计以保证能承受3倍以上设计荷载;补充设计的钢拉杆及其连接,尚应要求其构造便于安装,并对节点部位的木材不应造成损伤。

二、试验屋架的选料及制作

(1)验证性试验的屋架的选料应符合下列要求:

1)屋架中各类木构件的材质等级应符合现行的国家标准《木结构设计规范》GB 50005-2003的规定,不得采用其他等级的木材代替。

木材的强度应按现行的国家标准《木结构设计规范》GB 50005-2003附录七的规定进行强度等级的检验。

2)所用钢材,除应有出厂检验合格证明外,尚应在使用前抽样测定其抗拉强度、屈服点、伸长率,对圆钢尚应进行冷弯试验。

(2)验证性试验的屋架的制作质量应符合现行的国家标准《木结构设计规范》GB 50005-2003和《木结构工程施工质量验收规范》GB 50206-2002的要求。

(3)检验性试验的屋架应从一批被检验的屋架中按检验目的,选取试验屋架;或按送来的原样进行试验。被试验的屋架应按现行的《木结构工程施工质量验收规范》GB 50206-2002评定其质量。

三、试验设备

1. 屋架试验的加荷系统应符合下列要求:

(1)加荷装置应经设计验算,并宜选用Q235F钢制作;

(2)传力装置应能保证力的大小和作用位置的准确;

(3)不应因屋架变形较大而导致加荷系统失效(如吊篮触地、液压千斤顶行程不够等);

(4)应保证加荷系统在屋架破坏时的安全。

2. 试验时支承屋架用的支座应符合下列要求:

(1)在静力台上进行试验时,屋架的支座宜采用可调整高度和对中的工具式活动钢支座。

(2)屋架的两个支座中,一个应为固定铰座;另一个应为活动铰座,支座上的垫板及其他配件应按能承受3.5倍以上的设计荷载进行设计。

(3)若无静力台或在现场进行试验,支墩及其基础应经验算,不得有过大的不均匀沉降或侧倾,砌筑的两个支墩之间的距离应等于屋架的跨度,它的允许偏差为±10mm;两支墩高度的相对偏差不得大于5mm。

3. 试验屋架应设有侧向支撑。选择或设计侧向支撑时,侧向支撑应符合下列要求:

(1)应根据上弦在屋架平面外的计算长度设置侧向支撑;

(2)侧向支撑的构造应牢固,但不得妨碍屋架在竖直方向的自由移动,也不得对屋架工作起卸载作用;

(3)当侧向支撑采用支撑架时,支撑架与屋架构件的接触点应设置可以减少屋架下挠时的摩擦影响的滚轴。

四、试验准备工作

(1)屋架试验宜在实验室内进行;若为现场检验性试验,应搭设能防雨的试验棚,若遇大风天气,试验尚应延期。

(2)试验屋架安装前,应对各构件的木材天然缺陷进行测量,并做出记录或绘制木材缺陷分布图。

(3)被试验的屋架,其安装应符合下列要求:

1)屋架正位后的安装偏差不应超出现行国家标准《木结构设计规范》GB 50005-2003 规定的允许偏差。

2)应对被试验的屋架进行一次全面大检查,安装质量不符合要求的应予返工。若检查中发现构件或连接有破损,应及时予以处理。

(4)试验仪表的安装应符合下列要求:

1)仪表在安装前应检查校正;

2)仪表的安装位置应符合试验设计的要求,并保证测读的方便和安全;

3)试验仪表均应有防止意外触动和损坏的保护措施。

五、屋架试验

(1)试验屋架的加荷点应符合屋架实际工作情况,当无专门要求时,可仅在上弦加荷。对破坏性试验的屋架,其加荷点处的木材局部承压应力应按能承受 3 倍以上设计荷载进行验算。

(2)屋架试验的程序应符合下述规定:

试加荷 → 卸荷 → 全跨标准荷载 → 卸载 → 半跨标准荷载(必要时) → 卸荷 → 全跨加荷直至破坏

(3)验屋架正式加荷前,应进行一次试加荷,每级荷载取 $0.25P_k$(P_k——标准荷载),每级加荷的间隔时间宜为 30min。当加至标准荷载后,荷载保持不变,持续 12~24h。然后分两级卸完,每级卸荷的间隔时间仍为 30min。空载 24h 后测读残余变形。

通过试加荷检查以下各项准备工作的质量是否符合要求:

1)屋架受力是否正常;

2)仪表运行及读数是否符合要求;

3)加荷装置是否灵活、可靠;

4)对仪表、设备和试验人员采取的安全保护措施是否有效。

凡不符合要求者,应经调整校正后方可进行试验。

(4)全跨标准荷载或半跨标准荷载试验,应按每级荷载 $0.25P_k$、每级加荷的间隔时间宜为 2h,加至标准荷载,然后荷载持续不变,并每隔 2h 测读一次仪表,荷载持续时间的长短视变形收敛情况确定。对变形收敛快者,可仅持续 24h;对变形收敛慢者,应适当延长持续时间。标准荷载持续试验结束后,可按每级荷载 $0.25P_k$ 卸荷,每级卸荷的间隔时间仍为 2h。空载 24h 测读残余变形。

(5)全跨破坏荷载试验,应按每级荷载 $0.25P_k$,每级加荷的间隔时间宜为 2h,加至标准荷载。然后再分别按下列两种情况继续加荷:

1)对于屋架中钢拉杆及其连接未按本标准规定进行加强设计的屋架,应按每级荷载 $0.1P_k$、每级加荷的间隔时间 30min,直至屋架破坏;

2)对于屋架中钢拉杆及其连接已按本标准规定进行加强设计的屋架,按每级荷载 $0.2P_k$、每级加荷的间隔时间 30min 加至 2 倍标准荷载,然后,按每级荷载 $0.1P_k$、每级加荷的间隔时间 30min,直至屋架破坏。

(6)当以自动记录仪表为主进行测读时,应按下列要求控制试验过程:

1)试验应在室温为 20±2℃、相对湿度为 65%±3% 的室内进行;

2)供电应有保证,电压应保持稳定,且有断电保护器;

3)应采取措施保证不同测读系统能同步工作;

4)宜与计算机联机,对试验全过程进行实时控制;

5)若试验需在持续荷载条件下进行较长时间观测,应采取措施消除各种干扰因素对液压施荷系统和自动记录仪表工作的影响。

(7)当采用人工操作的仪表进行测读时,测读数据应按下列要求:

1)各种仪表应有专人负责测读和记录;

2)每次测读的顺序应一致,且全部数据应在1.5min内测读完毕;

3)试验数据应记录正确,并不得涂改原始数据;当发现记录错误时,应将更正数字记在原数字上方;

4)在不影响试验的前提下,试验负责人应对某些关键数据做现场估计分析工作。

对下弦最大挠度处的节点位移,尚宜边测读边绘制荷载 - 变形曲线草图,及时观察变形的突变点,从而作出下一步计划的决策。

(8)对破坏性试验的屋架,凡屋架出现下列破坏情况之一时,方可终止试验:

1)屋架中任一杆件或连接失去其承载能力;

2)屋架的挠度突然急剧增大,如图4-24所示其挠度差Δ出现转折点w;

3)屋架中的任一节点连接处的木材发生劈裂或连接的变形超过下列数值:

节点连接的承压变形8mm,螺栓连接的下弦拉力接头的相对滑移20mm。

(9)当屋架濒临破坏时,应不断观察,并以文字描述和绘图或拍照等手段记录其破坏全过程的实况。应从荷载 不小于$2.0P_k$时起,严禁非指定观察人员接近现场。

(10)屋架破坏后,应立即在破坏处附近锯取下列试件:

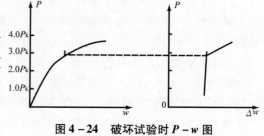

图4-24 破坏试验时$P-w$图

1)木材含水率试件:沿构件截面取厚度为10mm的一个整片,并应立即进行第一次称量;

2)标准小试件:根据屋架破坏情况应按下列要求切取:

①若屋架为上弦压弯破坏,应取顺纹受压及抗弯强度试件各5个;

②若屋架为端部剪切破坏,应取顺纹受压和顺纹受剪试件各5个;

③凡在测定杆件应变的地方,应在其测定杆件应变附近部位取5个抗弯弹试件,并应立即测定该部-位的木材含水率。

六、试验结果的整理和分析

(1)试验结束后,应按下列要求对试验记录进行整理:

1)绘制在各级荷载下,上、下弦节点的位移图;

2)绘制主要节点连接的荷载与变形的关系曲线(结合缝的相对滑移);

3)绘制主要杆件的荷载与应变的关系曲线;

4)绘制屋架在破坏试验过程中的荷载 位移曲线;

5)绘制在标准荷载作用下,屋架上弦节点或下弦节点的挠度曲线;

6)其他需要描叙的项目。

(2)在试验数据整理的基础上,应重点做好下列分析工作:

1)利用在标准荷载作用下所测得杆件应力或其他各种测读值,检验屋架的工作是否与计算相符。

2)通过试加荷后所测得的残余变形对屋架的制作质量作出评估。

3)分析屋架在全跨荷载下的受力性能,并应按下式确定最大破坏荷载与该屋架标准荷载的比值:

$$k = \frac{P_u}{P_k} \tag{4-48}$$

式中 P_u——屋架节点荷载的最大破坏值;

P_k——屋架节点荷载的标准值。

4)在半跨标准活荷载作用下屋架受力性能分析。

5)分析屋架破坏的原因,寻求屋架的最薄弱环节,评价屋架的形式、连接和构造的合理性。

在以上分析工作基础上,应提出试验报告或鉴定书。

(3)屋架可靠性评定的合格指标规定如下:

1)屋架在标准荷载作用下的相对挠度 w/l 不应大于 1/500。此处:w 为在标准荷作用下测得的屋架最大挠度(图4-25);l 为屋架的计算跨度。

2)屋架在标准荷载下主要节点连接的变形(连接缝的相对滑移),不应大于下列数值:

①直接抵承连接:0.5mm;

②齿连接:1mm;

③螺栓连接:2mm。

3)屋架在试加荷时的初始挠度(图4-26)或松弛变形,对屋架的正常工作和外观应无不良影响。

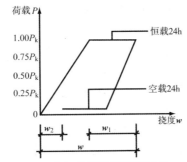

图4-25 全跨荷载试验时屋架 $P-w$ 图

w—全跨标准荷载作用下的最大挠度;w_1—全跨标准荷载作用下荷载持续期间的挠度增量;
w_2—全跨标准荷载试验时的残余挠度(第二次残余挠度)

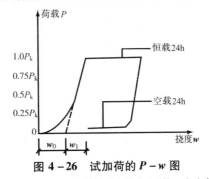

图4-26 试加荷的 $P-w$ 图

w_0—初始挠度;w_1—试加荷的残余挠度(即第一次残余挠度)

4)屋架实际破坏荷载与标准荷载之比值 k:对于一般木屋架,且由于木构件部分破坏时,不应小于2.5;对新结构,不应小于3。

第六节 木基结构板材检测

一、概念

木基结构板材是以木材为原料(旋切材、木片、木屑等),通过胶合压制而成的结构板材,主要包括结构胶合板和定向木片板。木基结构板材主要用于木结构楼板和墙面板等。

二、木基结构板材的弯曲试验——集中荷载

1. 一般规定

试验模拟木基结构板材用作楼面板或屋面板的使用条件:
(1) 屋面板:应进行在干态和湿态两种条件下的试验;
(2) 楼面板:应进行在干态和湿态重新干燥两种条件下的试验。

2. 基本原理

模拟屋面板或楼面板实际受力情况,将板材试件平置在3根等距的支承构件上,形成双跨连续板,根据板材两端边缘的支承情况分为3种受力状态,在最不利位置加载。

3. 仪器设备

(1) 加载装置——可采用不同方式加压至极限荷载,准确度应在±1%以内,应通过球座平稳加载。

(2) 加载盘——需用两个钢盘,厚度至少13mm,直径76mm的钢盘除用于测定刚度外也用于测定集中荷载下的强度,直径25mm的钢盘只用于测定强度(表4-20)。

加载盘与试件接触的边缘应制成半径不超过1.5mm的圆形。

(3) 挠度计安装在固定于支承构件的三脚架上(图4-27),每格读数为0.02mm,准确度为±1%。

测定强度时钢盘直径的选用(mm)　　　　表4-20

使用条件	应用情况		
	屋面板	底层承重楼面板	屋面板
湿态	76	76	76
干态	76	76	25
湿后重新干燥	—	76	25

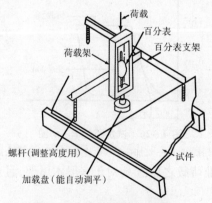

图4-27 集中静载实验装置

4. 试件的准备

(1) 试件数量

每种试验条件至少 10 个试件。

(2) 试件尺寸

1) 试件长度——垂直于支承构件跨越两个跨间的试件长度 $l=2S^-$ (S^-——实际制品的跨度,图 4-28)。

2) 试件宽度——试件宽度至少 595mm。当试件四边支承时,试件宽度即为板材的标准宽度;当试件端部不完全支承或无支承时,试件宽度应不小于 595mm。

3) 试件厚度——板材试件经过湿度调节后量测的厚度。

4) 应在湿度调节之前按所要求的尺寸切割板材试件。

(3) 板材的湿度调节

在试验前应模拟板材可能发生的实际使用条件调节板材的含水率。用于屋盖的板材调节到干态和湿态两种条件(见本条第 1)和第 2)款);用于底层楼面板或单层楼面板应调节到干态和湿后重新干燥两种条件(见本条第 1)和第 3)款)这种板材也可按本条第 2)款试验。

1) 干态试验——在 20±3℃ 和 65%±5% 的相对湿度的条件下将板材调节至少 2 周使其达到恒重和不变的含水率。

2) 湿态试验——将板材用水喷淋其上表面连续 3d 处于湿态,要避免板材表面局部积水或任一部分没入水中。

3) 重新干燥试验——将板材处于湿态 3d 后重新调节到干态。

(4) 试件的安装

将调节好的板材按图 4-27 和图 4-28 所示安置在支承构件上,并用连接件固定达到正常使用状态。

5. 试验步骤

集中静载应施加在板材上表面支承构件间的中线上(图 4-28)。

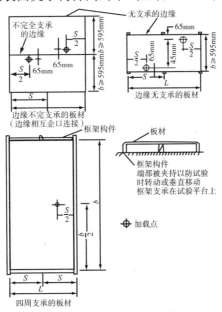

图 4-28 集中静载实验试件

当板材四边支承时,集中荷载施加在宽度每格读数为 0.02mm,准确度为宽度的中点;当板边无支承或不完全支承时(例如用企口连接),施加在距板边 65mm 处。

当加载点相距不小于 455mm,并处于不同的跨度时(图 4-28),且其他试验无导致破坏的迹象,则试件可多次使用。

(1)测定刚度:用直径为76mm的加载盘在加载点下面量测相对于支座的板材挠度。

用2.5mm/min的加荷速度连续加载至890N并记录挠度计的读数,然后卸荷。

(2)测定屋面板和底层楼面板的强度:按表4-20的规定采用直径为76mm的加载盘,测定屋面板干态和湿态的强度,测定底层楼面板干态和重新干燥(如果需要则包括湿态)的强度。用5mm/min的加荷速度从零逐渐加载直至达到最大荷载。

(3)测定单层楼面板的强度:按表4-20的规定采用直径为25mm的加载盘测定单层楼面板干态和重新干燥的强度。

用5mm/min的加荷速度加载至最大荷载。

如果需要测定单层楼面板湿态的强度,则应采用直径为76mm的加载盘,用5mm/min的加荷速度从零加载至最大荷载。

6. 试验结果

(1)试验数据记录

1)集中静载890N作用下的挠度。

2)冲击荷载试验前在集中荷载890N作用下的挠度和每次落袋后的挠度。

3)当发生第一个显著的损坏时的集中荷载和落袋高度,所用的保证荷载,冲击荷载试验终止时的最大降落高度或最大冲击荷载时的降落高度。

(2)试验数据分析

1)在890N集中荷载作用下的最小、最大和平均挠度。

2)底层楼面板和单层楼面板的最小、最大和平均极限集中荷载。

3)每次冲击荷载增量后在890N集中荷载作用下的最小、最大和平均挠度。

4)在冲击荷载作用后,承受规定的保证荷载的试验达到规定的降落高度所占的百分率。

5)在极限冲击荷载下,最小、最大和平均落袋高度。

6)出现第一个显著的损坏时最小、最大和平均集中静载。

7)出现第一个显著的损坏时的最小、最大和平均冲击荷载。

(3)试验报告

1)试验日期。

2)板材的特征:制造商、来源、尺寸、试件厚度以及其他有关的性能。

3)试验装置的详情,包括支承系统和连接措施以及其他有关的构造细部。

4)试验技术:湿度调节、仪器设备的配置,加载盘尺寸,加载点的定位,落袋重量的确定,保证荷载的采用,降落高度上限的规定以及本试验方法尚存在的问题。

三、木基结构板材弯曲试验——均布荷载试验

1. 一般规定

试验模拟木基结构板材作用楼面板或屋面板的使用条件:

(1)屋面板:应进行在干态条件下的试验;

(2)楼面板:应进行在干态和湿态重新干燥两种条件下的试验。

2. 基本原理

模拟屋面板或楼面板实际受力情况,将板材试件平置在3根等距的支承构件上形成双跨连续板,用真空舱内的负压使板材均布荷载,测定板材的挠度。

3. 仪器设备

均布荷载试验装置:

1)支座——支承构件平置在真空舱的底槽上,并与其可靠的固定,防止在试验时转动或下挠(图4-29)。

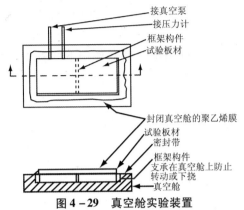

图4-29 真空舱实验装置

2)真空舱——由一个有足够强度和刚度的底槽,以板材试件作盖,用厚度为0.15mm的聚乙烯膜覆盖后,周边用胶带封闭牢固、形成的密封舱。

3)真空泵用来在试件下面形成负压。

4)压力计用来测定试件的荷载。

5)挠度计安装在刚性的三脚架上,三脚架固定在支承构件上。

4. 试件的准备

(1)试件数量:每种试验条件至少10个试件。

(2)试件尺寸:

1)试件长度——垂直支承构件跨越两个试验跨度;

2)试件宽度——试件宽度至少595mm,当跨度大于610mm,试件宽度至少1200mm。

(3)板材试件的湿度调节:按附录规定的方法调节湿度。

1)用于屋面板的板材仅进行干态试验;

2)用于楼面板的板材应进行干态和重新干燥两种条件下的试验。

5. 试验步骤

(1)启动真空泵施加均匀荷载,以2.4kPa/min的加荷速度加载。

(2)将挠度计安置在均布荷载双跨连续板最大挠度的位置,即从侧边支承构件的中心线至跨中$0.4215S$与板材试件宽度中心线的交点处(图4-30)。挠度计的量测精确度应达到0.025mm。按1.2kPa的增量记录挠度值直至极限荷载或所需要的保证荷载。

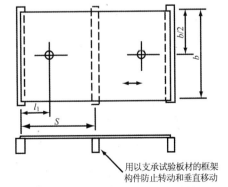

图4-30 均布荷载试验的试件

S—支承构件的中心线距离;l_1—对于双跨连续板为$0.4215S$;

b—板材宽度,$\geqslant 595$mm;⊕—挠度测量点

6. 试验结果

(1) 应有足够数量的挠度测量数据来确定荷载—挠度曲线的直线段,绝不可少于6个数据。

(2) 为确定指定荷载下的挠度,应先将荷载-挠度曲线的斜线平移至通过原点,然后校正各组曲线。

(3) 对用于屋面板的板材试件,在1.68kPa荷载作用下的校正后挠度和用于楼面板的板材试件在4.79kPa荷载作用下的校正后挠度,应计算到接近0.1mm的精确度。每个试件的挠度值和检验批的平均值均应列入。

四、木基结构板材弯曲试验——冲击荷载试验

1. 一般规定

试验模拟木基结构板材用作楼面板或屋面板的使用条件。

(1) 屋面板:应进行在干态和湿态两种条件下的试验。

(2) 楼面板:应进行在干态和湿态重新干燥两种条件下的试验。

2. 基本原理

模拟屋面板或楼面板实际受力情况,将板材试件平置在3根等距的支承构件上,形成双跨连续板,根据板材两端边缘的支承情况分为3种受力状态,在最不利位置加载。

3. 仪器设备

用专门皮袋(底部直径230～265mm,高710mm)装入直径为2.4mm的钢珠,从不同高度降落形成冲击。皮袋及钢珠的总重按板材的试验跨度确定。皮袋及钢珠的降落高度用标杆确定,标杆上的滑动指针每格为152mm(表4-21)。

冲击荷载实验用落体(皮袋及钢珠)重量 表4-21

板材的试验跨度 s(mm)	皮袋和钢珠总重(kg)
$s \leq 610$	13.6
$610 < s \leq 1200$	27.3
$s > 1200$	待定

4. 试件的准备

(1) 试件数量:每种试验条件至少10个试件。

(2) 试件尺寸:

1) 试件长度——垂直于支承构件跨越两个跨间的试件长度(-实际制品的跨度)。

2) 试件宽度——试件宽度至少595mm。当试件四边支承时,试件宽度即为板材的标准宽度;当试件端部不完全支承或无支承时,试件宽度应不小于595mm。

3) 试件厚度——板材试件经过湿度调节后量测的厚度。

4) 应在湿度调节之前按所要求的尺寸切割板材试件。

(3) 板材的湿度调节:在试验前应模拟板材可能发生的实际使用条件调节板材的含水率。用于屋盖的板材调节到干态和湿态两种条件(第1)和第2)款);用于底层楼面板或单层楼面板应调节到干态和湿后重新干燥两种条件(第1)和第3)款)这种板材也可按本条第2)款试验。

1) 干态试验——在20±3℃和65%±5%的相对湿度的条件下将板材调节至少2周使其达到恒重和不变的含水率。

2) 湿态试验——将板材用水喷淋其上表面连续3d处于湿态,要避免板材表面局部积水或任一部分没入水中。

3)重新干燥试验——将板材处于湿态3d后重新调节到干态。

4)试件的安装——将调节好的板材如图4-27和图4-28所示,安置在支承构件上,并用连接件固定达到正常使用状态。

5. 试验步骤

(1)冲击荷载:冲击荷载应施加在板材上表面支承构件间的中线上(图4-31)。当板材四边支承时,冲击荷载施加在宽度的中点;当板边无支承或不完全支承时(例如用企口连接),施加在距板边152mm处。

当加载点相距不小于890mm,并处于不同的跨间时(图4-31),且其他试验无导致破坏的迹象,则试件可多次使用。

(2)在冲击荷载试验前,用直径为76mm的加载盘在冲击荷载加载点(图4-31)施加集中静载890N,并量测相对于支座的板材挠度。

(3)卸去集中静载试验装置,降落皮袋施加冲击荷载。

1)皮袋应落在板材上表面的加载点,起始的降落高度为152mm,每次按152mm递增,应在邻近的支承构件上面的板材上表面到皮袋的底面量测降落高度。

2)在每次落袋之后,应用直径为76mm的加载盘施加890N的集中荷载在冲击荷载试验的加载点上,并量测挠度。

3)在测得板材在890N集中荷载作用下的挠度后,在冲击荷载试验的加载点上按5mm/min的加荷速度增加集中荷载,直至达到规定的保证荷载。作为保证荷载而施加的集中荷载应按板材预期的用途经有关方面同意确定的。当板材确能承受保证荷载,即可卸载。

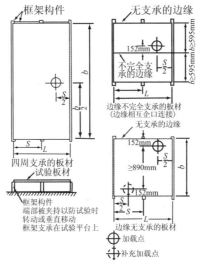

图4-31 冲击荷载实验试件

4)仍按上述程序(第1)~3)款)继续冲击荷载试验直至达到下列任一种情况:

①达到规定的降落高度;

②达到板材已不能再承受规定的保证荷载,即确定极限冲击荷载时的降落高度。

6. 试验结果

(1)试验数据记录

1)冲击荷载试验前在集中荷载890N作用下的挠度和每次落袋后的挠度。

2)当发生第一个显著的损坏时的集中荷载和落袋高度,所用的保证荷载,冲击荷载试验终止时的最大降落高度或最大冲击荷载时的降落高度。

(2)试验数据分析

1)在冲击荷载作用后,承受规定的保证荷载的试验达到规定的降落高度所占的百分率。
2)在极限冲击荷载下,最小、最大和平均落袋高度。
3)出现第一个显著的损坏时的最小、最大和平均冲击荷载。

(3)试验报告

1)试验日期。
2)板材的特征:制造商、来源、尺寸、试件厚度以及其他有关的性能。
3)试验装置的详情,包括支承系统和连接措施以及其他有关的构造细部。
4)试验技术:湿度调节、仪器设备的配置,加载盘尺寸,加载点的定位,落袋重量的确定,保证荷载的采用,降落高度上限的规定以及本试验方法尚存在的问题。

第五章 基坑监测

第一节 概述

20世纪80年代以来我国城市化建设发展很快,地下空间利用逐渐被关注,人防工程、地下车库等大量出现,深基坑工程的重要性逐渐被人们所认识。一般而言,深基坑工程具有如下特点:①基坑支护体系是临时结构,与永久性结构相比,设计考虑的安全储备较小,导致基坑工程具有较大的风险性;②由于土质的千变万化,基坑工程具有很强的区域性;③基坑工程与周边环境条件密切相关,不同的周边环境可能导致基坑支护体系截然不同。基坑周边有重要管线或建筑物时,基坑支护结构以控制变形为主,其自身的安全性往往足以保证;④基坑支护设计涉及土力学中三个基本课题:稳定、变形、渗流,且基坑支护结构受力复杂,利用目前的计算理论、计算方法还得不到一个满意的"解";⑤基坑工程空间形状对支护体系受力具有较强影响,基坑挖土顺序和挖土速度直接影响支护体系的受力,土又具有蠕变性,因此基坑工程时空效应强;⑥基坑支护体系的变形和地下水位的降低会对周边环境产生影响,易导致利益冲突及相关矛盾。

因此,基坑开挖施工过程中,在理论分析的指导下,对基坑支护结构、基坑周边环境(如邻近管线、道路、建筑物等)进行全面、系统的监测十分必要。通过监测才能对基坑工程自身的安全性和基坑工程对周边环境的影响有全面的了解,及早发现工程事故的隐患,为调整设计、施工方案提供依据,为可能因基坑变形导致周边邻近建筑物产生沉降、裂缝引发的矛盾提供相关依据。

事实上,建筑基坑工程监测的重要性早已被人们所关注。山东、武汉、上海、深圳等地相继出台了相关基坑工程监测的地方技术规范,国家标准《建筑基坑工程监测技术规范》GB 50497-2009于2009年9月1日起实施。

目前,开挖深度超过5m或开挖深度未超过5m,但现场地质情况和周边环境较复杂的基坑工程以及其他需要监测的基坑工程应实施基坑工程监测。基坑工程现场监测的内容分为两大部分,即支护结构监测和基坑附近管线、道路、建筑物等周边环境监测,具体监测内容及监测项目视基坑类别而定。无论采用何种具体的监测方法,监测工作应满足下列基本要求:

(1)根据设计要求和基坑的实际情况,应制定详细、合理可行的监测方案;

(2)采用适宜的监测方法及监测设备;从事监测工作的技术人员应具有岩土工程、结构工程、工程测量等方面的综合知识,确保监测数据的精度、可靠性及分析质量;

(3)及时提供监测数据,监测数据一般应在监测结束后及时处理分析、形成报表后上报相关单位;

(4)应明确报警值,当监测值达到报警值时,应分析其产生原因及发展趋势,全面正确地掌握基坑的工作性状,从而确定是否考虑采取补救措施;

(5)基坑监测资料应规范、完整。基坑监测应有规范的、信息量充分的监测原始记录,并有据此形成的图表、曲线和监测报表,基坑监测结束后还应编写监测总结报告。

(6)合理的监测工作一般可如图5-1所示。

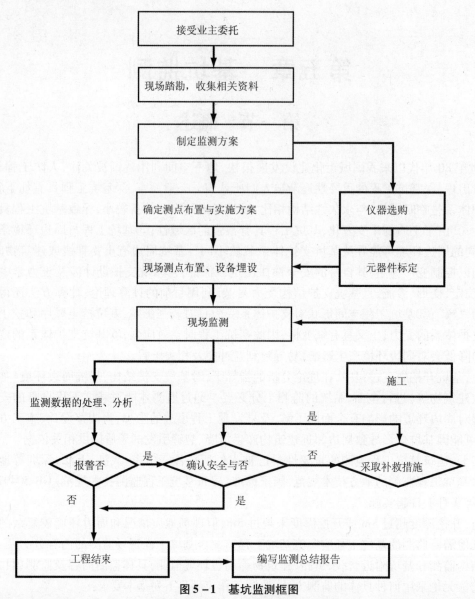

图 5-1 基坑监测框图

随着国家对安全生产的日益重视,建筑基坑工程监测逐渐成为岩土工程行业的重要组成部分,监测队伍已日益壮大,但当前监测工作也存在不少问题:

(1)监测单位重经济效益,轻监测责任。不少监测单位只重视报警,但对于这个报警值的来龙去脉、原因何在很少说明,根本没有意识到监测结果是指导施工和判定事故的重要依据。

(2)施工单位、施工人员对监测工作不重视,不能自觉保护监测点,对"信息化施工"视若罔闻。有的甚至野蛮施工,破坏相关监测标志,致使监测工作无法正常开展。

(3)业主与监理不善于利用监测资料分析问题,解决问题,很多时候监测对于业主和监理来说是走形式,政府有规定,不得不做。有时甚至为了省钱,减少监测项目,酿成惨痛事故。

(4)监测单位的监测项目、测点布置、监测的频率不能全面考虑工程的特点。有时基坑工程局部塌陷了,监测数据却无任何预兆。

(5)监测单位越来越多,建设行政主管部门监管缺失或监管力度不够,导致监测市场无序竞争,影响监测质量。

(6)人员培训不及时。基坑工程监测涉及岩土、结构、测量等方面的专业,监测技术快速发展,不少监测技术人员知识面不够或知识老化，亟需加强对从业人员的培训和考核。

第二节　基坑工程基本知识

一、基坑工程的主要工作内容及程序

房屋建筑、市政工程或地下建筑物在施工时需要开挖的坑，即为基坑。基坑的深度变化很大，目前，国内基坑深度已超过30m。为保证基坑开挖施工、主体地下结构的安全和周围环境（如邻近建筑、管线、道路等）不受损害而采取的支护结构、降水、土方开挖与回填，包括勘察、设计、施工和监测等，统称基坑工程。

基坑工程是土力学与基础工程中的一个传统课题，同时又是一个综合性的岩土工程问题，涉及土力学中的强度、稳定、变形问题以及土与支护结构的共同作用问题，这些将随着土力学理论、测试技术、计算技术以及施工机械、施工技术的发展而进步。

基坑工程的主要工作内容及程序有：

（1）岩土工程勘察及周边环境调查。通过岩土工程勘察，查明基坑所在场地的土质分布情况、土的物理力学参数、地下水的类型及分布，为基坑工程设计与施工提供依据及建议。在一般情况下，基坑工程的勘察应与主体工程的勘察同步进行。周边环境调查，主要是查明基坑影响范围内（约三倍基坑开挖深度）已有建筑、地下结构、管线、道路等的位置、现状，并预测由于基坑开挖和降水对周边环境的影响，提出必要的预防、控制和监测措施。

（2）基坑支护结构方案初步设计。根据主体地下结构形式、场地土质条件、周边环境及施工条件，进行基坑支护结构方案设计。基坑支护结构设计应遵循"安全可靠、经济合理、施工便利并保证工期、保护环境"的原则，采用分项系数表示的极限状态设计方法进行设计。基坑支护结构的极限状态可分为两类：一是承载能力极限状态，即对应于支护结构达到最大承载能力或土体失稳、过大变形导致支护结构或基坑周边环境破坏；二是正常使用极限状态，即对应于支护结构的变形已妨碍地下结构施工或影响基坑周边环境的正常使用功能。

（3）深基坑支护结构设计方案评审。对于深度较深的基坑，不少地方的建设行政主管部门均要求对相应的支护结构设计方案进行评审，一般由工程所在地的岩土工程专家组负责，重大工程还应邀请全国知名专家参与。

（4）基坑支护结构设计方案的确定。根据专家组的评审意见，设计部门对设计方案进行相应复核及调整，并确定正式的设计方案及施工蓝图。

（5）确定施工组织设计方案。施工总承包单位根据基坑支护结构设计方案，编写相应的基坑开挖、支护及降水的施工组织设计，并对可能发生的险情作出相应的应急措施。由于基坑工程安全与合理的土方开挖、支护结构施工质量关系很大，重大基坑工程的施工组织设计方案也应通过相关专家组的评审。

（6）基坑工程的施工。基坑工程的成功与否，不仅与设计计算有关，而且与是否严格按设计计算所采用的施工工况进行施工及施工质量等密不可分。为此，基坑工程施工要严格按照设计要求和有关规范、规程进行施工。

（7）基坑监测。应由具备监测能力、相应资质的监测机构编制基坑工程监测方案，方案中应明确监测内容、监测项目、监测频率、监测报警值等，并严格按方案予以实施。重大基坑工程的监测方案也应通过相关专家的评审。

二、基坑的分类

在工程设计中，常常对设计对象进行分类，以便设计时"区别对待"，在基坑工程中也是如此。

不过,目前基坑分类虽概念明确,但各自为政,有些零乱,并非统一。以下列举不同规范对基坑分类的定义。

(1)《建筑基坑支护技术规程》JGJ 120-99 规定,根据基坑破坏后果的严重性,基坑侧壁的安全等级分为三级,如表 5-1 所示。

基坑侧壁安全等级　　　　　　　　　表 5-1

安全等级	破 坏 后 果
一级	支护结构破坏、土体失稳或过大变形对基坑周边环境及地下结构施工影响很严重
二级	支护结构破坏、土体失稳或过大变形对基坑周边环境及地下结构施工影响一般
三级	支护结构破坏、土体失稳或过大变形对基坑周边环境及地下结构施工影响不严重

(2)上海市标准《基坑工程设计规程》DBJ 08-61-97 规定,根据基坑重要性将基坑分成以下三级:

1)符合下列情况之一时,属一级基坑:
①支护结构作为主体结构的一部分时;
②基坑开挖深度不小于 10m 时;
③距基坑边两倍开挖深度范围内有历史文物、近代优秀建筑、重要管线等需要严加保护时。

2)开挖深度小于 7m,且周围环境无特别要求时,属三级基坑工程。

3)除一级和三级基坑工程以外的,均属二级基坑工程。

三、基坑支护结构形式及使用范围

工程应用的支护结构形式很多,可大致归纳为下列四大类:

(1)放坡开挖及简易支护。包括放坡开挖;放坡开挖为主,辅以坡脚采用短桩、隔板等;放坡开挖为主,辅以喷锚网加固等。

(2)加固边坡土体形成自立式支护。包括水泥土重力式挡墙、加筋水泥土墙、土钉墙、复合式土钉墙、冻结法支护结构等。

(3)挡墙式支护结构。挡墙式支护结构主要分为悬臂式挡墙支护结构、内支撑式挡墙支护结构、拉锚式挡墙支护结构三类。另外还有内支撑与拉锚相结合等形式。

常用挡墙形式有:排桩墙、地下连续墙、桩板墙、加筋水泥土墙等。

(4)其他形式支护结构。常用形式有:门架式支护结构、重力式门架支护结构、拱式组合型支护结构、沉井支护结构等。

常见的支护结构形式如图 5-2～图 5-14 所示。

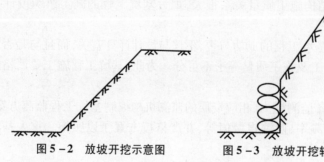

图 5-2 放坡开挖示意图　　图 5-3 放坡开挖辅以坡脚支挡

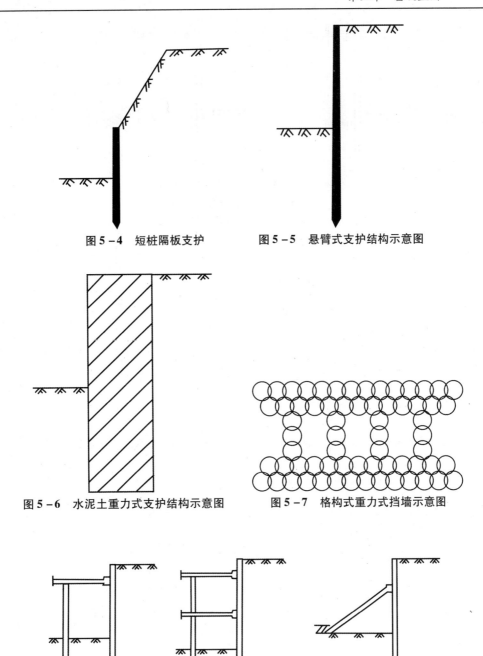

图 5-4　短桩隔板支护　　图 5-5　悬臂式支护结构示意图

图 5-6　水泥土重力式支护结构示意图　　图 5-7　格构式重力式挡墙示意图

图 5-8　内支撑式支护结构示意图

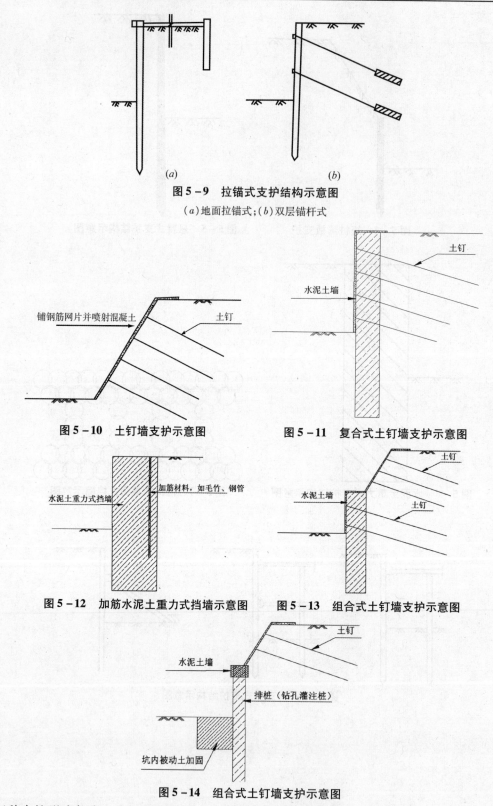

图 5-9 拉锚式支护结构示意图
(a)地面拉锚式;(b)双层锚杆式

图 5-10 土钉墙支护示意图

图 5-11 复合式土钉墙支护示意图

图 5-12 加筋水泥土重力式挡墙示意图

图 5-13 组合式土钉墙支护示意图

图 5-14 组合式土钉墙支护示意图

每种支护形式都有一定的适用范围,而且随着工程地质和水文地质条件,以及周边环境条件的差异,其合理的支护高度可能相差很大。如:当土质较好且地下水位很深时,12m 深的基坑也能采用土钉墙支护结构形式。而对于软黏土地基,地下水位常在地表下 0.5m 左右,此时土钉墙支护极限深度只有 5m 左右。常用基坑支护形式及使用范围如表 5-2 所示。

常用基坑支护形式分类及适用范围　　　　　表 5-2

类别	支护形式	适用范围	备注
放坡开挖及简易支护	放坡开挖	地基土质较好,地下水位低,或采取降水措施,以及施工现场有足够放坡场所的工程。允许开挖深度取决于地基土的抗剪强度和放坡坡度	费用较低,条件许可时尽量采用
	放坡开挖为主,辅以坡脚采用短桩、隔板及其他简易支护	基本同放坡开挖。坡脚采用短桩、隔板及其他简易支护可减小放坡占用场地面积,或提高边坡稳定性	
	放坡开挖为主,辅以喷锚网加固	基本同放坡开挖。喷锚网主要用于提高边坡表层土体稳定性	
加固边坡土体形成自立式支护	水泥土重力式支护结构	可采用深层搅拌法施工,也可采用旋喷法施工。适用土层取决于施工方法。软黏土地基中一般用于支护深度小于6m的基坑	可布置成格栅状,支护结构宽度较大
	加筋水泥土墙支护结构	一般用于软黏土地基中深度小于6m的基坑	常用型钢、预制钢筋混凝土T形桩等加筋材料。采用型钢加筋需考虑回收
	土钉墙支护结构	一般适用于地下水位以上或降水后的基坑边坡加固。土钉墙支护临界高度与地基土抗剪强度有关。软黏土地基中应控制使用,一般可用于深度小于5m、而且可允许产生较大的变形的基坑	可与锚、撑式排桩墙支护联合使用,用于浅层支护
	复合土钉墙支护结构	基本同土钉墙支护结构	复合土钉墙形式很多,应具体情况具体分析
	冻结法支护结构	可用于各类地基	应考虑冻融过程中对周围的影响,电源不能中断,以及工程费用等问题
挡墙式支护结构	悬臂式排桩墙支护结构	基坑深度较小,而且可允许产生较大的变形的基坑。软黏土地基中一般用于深度小于6m的基坑	常辅以水泥土止水帷幕
	排桩墙加内撑式支护结构	适用范围广,可适用各种土层和基坑深度。软黏土地基中一般用于深度大于6m的基坑	常辅以水泥土止水帷幕
	地下连续墙加内撑式支护结构	适用范围广,可适用各种土层和基坑深度。一般用于深度大于10m的基坑	
	加筋水泥土墙加内撑式支护结构	适用土层取决于形成水泥土施工方法,多用于软黏土地基中深度大于6m的基坑	采用型钢加筋需考虑回收
	排桩墙加拉锚式支护结构	砂性土地基和硬黏土地基可提供较大的锚固力。常用于可提供较大的锚固力地基中的基坑。基坑面积大,优越性显著	采用注浆可增加锚杆的锚固力
	地下连续墙加拉锚式支护结构	常用于可提供较大的锚固力地基中的基坑。基坑面积大,优越性显著	
其他形式支护结构	门架式支护结构	常用于开挖深度已超过悬臂式支护结构的合理支护深度,但深度也不是很大的情况。一般用于软黏土地基中深度7~8m,而且可允许产生较大的变形的基坑	
	重力式门架支护结构	基本同门架式支护结构	对门架内土体采用深层搅拌法加固
	拱式组合型支护结构	一般用于软黏土地基中深度小于6m、而且可允许产生较大的变形的基坑	辅以内撑可增加支护高度、减小变形
	沉井支护结构	软土地基中面积较小且呈圆形或矩形等较规则的基坑	

四、基坑地下水的处理

为了保证土方开挖和地下室施工处于干燥状态,常需通过降低地下水位或配以设置止水帷幕使地下水位保持在基坑底面 0.5~1.0mm 以下。降低地下水位也有利于基坑支护结构的稳定性,防止流砂、管涌、坑底隆起等破坏。对于渗透性很小的地基有时也可既不降低地下水位也不设置止水帷幕,而只是采用在坑内将积水用明沟排水处理。

1. 地下水类型

存在于地表下岩、土体中的孔隙、裂缝或溶洞中的水称地下水。地下水按其埋藏条件,可分为上层滞水、潜水和承压水。如图 5-15 所示。

(1)上层滞水:是指埋藏在地表浅处,局部隔水透镜体的上部,且具有自由水面的地下水。其主要来源是大气降水补给,因此,它的动态变化与气候、隔水透镜体厚度及分布范围等因素有关。

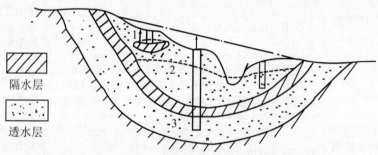

图 5-15 各种类型地下水埋藏示意图
1—上层滞水;2—潜水;3—承压水

(2)潜水:埋藏在地表以下第一个稳定隔水层以上的具有自由水面的地下水称为潜水。潜水直接受雨水渗透或河流渗入土中而得到补给,同时也直接由于蒸发或流入河流而排泄,它的分布区与补给区是一致的。因此,潜水水位的变化,直接受气候条件变化的影响。

(3)承压水:承压水是指充满于两个稳定隔水层之间的含水层中的地下水。它承受一定的静水压力。由于承压水的上面存在隔水顶板的作用,它的埋藏区与地表补给区不一致。因此,承压水的动态变化受局部气候因素影响不明显。

2. 地下水对基坑工程的影响

(1)在粉、细砂及粉土为主的场地,地下潜水上升,在基坑开挖过程中可能产生流砂、管涌、底鼓、侧变形、坍塌等不良现象。这些不仅降低了地基土的力学强度,而且往往给施工带来很大困难。

(2)当基坑坑底土层中含有承压水时,在基坑开挖后坑底局部可能产生突涌破坏。

(3)地下潜水增加了支护结构主动区的侧向压力,使结构受力更加不利。

(4)基坑降水往往会引起地表及周边建筑物的沉降,严重的使建筑物产生开裂,影响正常使用。

3. 止水帷幕及适用条件

由于地下水对基坑工程产生不利影响,基坑在开挖时往往要降低地下水位。为了减少因降水带来的环境影响,需要将基坑四周土体止水。用于阻截或减少基坑侧壁及基坑坑底地下水流入基坑而采用的连续止水体称为止水帷幕,也叫截水帷幕。目前常用的止水帷幕及适用条件见表 5-3。

常用止水帷幕及适用条件　　　　表5-3

止水帷幕形式	适用条件	优、缺点
深层搅拌桩（单轴、双轴、三轴）	适用于强度较低的黏土、淤泥质土和粉土地基	价格较低、适用面小
高压旋喷桩	适用于各类黏土、淤泥质土、粉土、砂土等地基	价格较高、适用面广
土体注浆	适用于各类黏土、淤泥质土、粉土、砂土、碎石土等地基	价格较适中、适用面广，但止水效果差

4. 地下水控制措施及适用条件

基坑中常用的地下水控制措施及适用条件见表5-4。

地下水控制方法及适用条件　　　　表5-4

方法名称		土类	渗透系数(cm/s)	降水深度(m)	水文地质条件
降水	集水明排	填土、粉土、黏性土、砂土	$<10^{-7}$	<5	上层滞水或水量不大的潜水
	真空井点（又叫轻型井点）		$1.0\times10^{-7}\sim5.0\times10^{-7}$	单级：<5 多级：$6\sim12$	
	喷射井点		$1.0\times10^{-4}\sim5.0\times10^{-2}$	$8\sim20$	
	管井	粉土、砂土、碎石土、可溶岩、破碎带	$>3\times10^{-3}$	>5	含水丰富的潜水、承压水、裂隙水

(1) 真空井点（又叫轻型井点）

真空井点（轻型井点）降水受单井点出水量小的限制，适用于以下条件：

1) 弱—中等透水性含水层。如砂质黏土及中细砂等。

2) 要求降低水位一般小于5~6m。当要求水位降低较大时，可采用二级或多级，形成阶梯式接力迭加降深。

3) 基坑降水面积较小。宽度小于两倍设计降深条件下的影响半径。

(2) 喷射井点

利用井管下部的喷射装置，将高压水（喷水井点）或高压气（喷气井点）从喷射器喷嘴喷出。管内形成负压，使周围含水层中的水流向管中排出。

喷射井点类似于轻型井点（滤水管直径小、长度短、非完整井、单井出水量小等），但总降水能力强于轻型井点，故适用范围较广。成井工艺要求高，工作效率低，最高理论效率仅30%，运转过程要求管理严格。

(3) 管井井点

利用钻孔成井，多采用单井单泵抽取地下水的降水方法。一般当管井深度大于15m时，也可称为深井井点降水。

管井井点直径较大，出水量大。适用于中—强透水含水层。如砂砾、碎卵石，基岩裂隙等含水层，可满足大降深、大面积降水要求。

5. 减小降水不良影响的措施

基坑降水期间，在基坑四周一定范围内，由于水位降落而引起地面的沉降，相应形成以水位漏斗中心为中心的地面沉降变形区,导致该范围内建筑物、道路、管网等设施因不均匀沉降发生断裂倾斜,影响正常使用和安全。问题严重时,常引起部门纠纷和主管部门的干涉,导致基坑工程无法继续施工。因此在降水设计中首先要考虑周密,防范于未然。其次是万一出现问题,还应该有补救措施。具体说来,减小降水不良影响的措施有以下方面:

(1) 充分估计降水可能引起的不良影响

降水工程是一项复杂的以岩土及其贮存的地下水为对象的岩土工程。必须按照岩土工程的勘察、设计、施工、监测程序进行。充分估计可能引起的不良影响,切忌盲目冒险,特别是要有周密可靠的监测,制定防范措施,及时发现问题并处理。

(2) 设置有效的止水帷幕,尽量不在坑外降水

在实际工程中,有时会遇到止水帷幕漏水情况,其原因有的是灌浆施工不善,有的因搅拌桩未能搭接,1%的倾斜度(这是施工规程所容许的)使止水帷幕不密闭,这些在设计与施工中都要充分考虑,避免发生。也有个别工程在支护桩之中用素混凝土桩嵌缝代替旋喷桩,结果使止水帷幕失效,这些失败教训均应引以为戒。

止水帷幕的竖向深度应达到规范要求的计算要求。

不设置止水帷幕或在坑外降水,都会增大降水对环境的影响。

(3) 采用地下连续墙

地下连续墙造价虽高,但能有效隔水,适用于重要工程。对于一般工程,也可以采用射水法施工地下连续墙。后者也有同样的隔水效果。与支护桩加止水帷幕比较,有时造价还可节省。

(4) 坑底以下设置水平向止水帷幕

当含水层很厚,竖向止水帷幕难以穿透或造价太高时,也可以考虑在坑底以下设置水平向止水帷幕。当坑底以下无承压水时,可以采用较深的水平向止水帷幕。一般厚1~2m即可。

(5) 设置回灌系统,形成人为常水头边界

在需要采取沉降防止措施的建(构)筑物靠近基坑一侧设置回灌系统,尽量保持原有地下水位。回灌系统适用于粉土、粉砂土层,对于黏性土,一般无需降水,砂、砾等土层因透水性高,回灌量与抽水量均很大,一般不适用。

五、基坑工程事故及原因分析

基坑工程事故类型很多。在水土压力作用下,支护结构可能产生破坏,支护结构形式不同,破坏形式也有差异。渗流可能引起流砂、突涌,造成破坏。支护结构变形过大,引起周边建筑物及管线破坏也属基坑工程事故。粗略地划分,基坑工程事故可分为下述几类:

1. 支护结构变形导致周边建筑物及管线破坏。
2. 支护结构体系破坏,包括:

(1) 墙体折断;(2) 整体失稳;(3) 基坑隆起;(4) 踢脚破坏;(5) 流土破坏;(6) 锚撑失稳。

支护结构变形较大,引起周围地面沉降和水平位移较大。若对周围建筑物及市政设施不造成危害,也不影响地下结构施工,支护结构变形大一点是允许的。形成工程事故是指变形过大造成影响相邻建筑物或市政设施安全使用。除支护结构变形过大外,地下水位下降,以及渗流带走地基土体中细颗粒过多也可能会造成周围地面沉降过大,施工中应予以注意。

支护体系破坏形式很多,破坏原因往往是几方面因素综合造成的。为了便于说明,将其分为六类。当支护墙不足以抵抗水土压力形成的弯矩时,墙体折断造成基坑边坡倒塌,如图5-16(a)所示。对撑锚支护结构,支撑或锚拉系统失稳、锚撑节点断裂,支护墙体承受弯矩变大,也要产生墙体折断破坏。悬臂式排桩墙最容易出现墙体断裂。当支护结构插入深度不够,或撑锚系统失效造成基坑边坡整体滑动破坏,称为整体失稳破坏,如图5-16(b)所示。在软土地基中,

当基坑内土体不断挖去,坑内外土体的高差使支护结构外侧土体向坑内方向挤压,造成基坑土体隆起,导致基坑外地面沉降,坑内侧被动土压力减小,引起支护体系失稳破坏,称为基坑隆起破坏,如图5-16(c)所示。对内撑式和拉锚式支护结构,插入深度不够或坑底土质差,被动土压力很小,造成支护结构踢脚失稳破坏,如图5-16(d)所示。当基坑渗流引起流土,使被动土压力减小或丧失,造成支护体系破坏,称为流土破坏,如图5-16(e)所示。对支撑式支护结构,支撑体系承载力或稳定性不够;对拉锚式支护结构,拉锚力不够,均将造成支护体系破坏,称为锚撑失稳破坏,支撑体系失稳破坏如图5-16(f)所示。地基中存在承压水,当基坑底土层不能承受承压水的顶托力,基坑底产生突涌导致破坏。诱发支护体系破坏的主要原因可能是一种,也可能同时有几种,但破坏形式往往是综合性的。由整体失稳造成破坏也产生基坑隆起,也可能产生墙体折断和撑锚系统失稳;由撑锚系统失稳造成破坏也产生墙体折断,有时也产生基坑隆起、踢脚破坏形式;踢脚破坏也产生基坑隆起、撑锚系统失稳现象。但仔细观测分析,造成破坏的原因不同,其破坏形式还是有差异的。

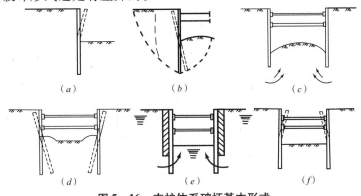

图5-16 支护体系破坏基本形式
(a)墙体折断破坏;(b)整体失稳破坏;(c)基坑隆起破坏;
(d)踢脚失稳破坏;(e)流土破坏;(f)支撑体系失稳破坏

基坑工程事故影响较大,往往造成较大的经济损失,并可能破坏市政设施,造成较大的社会影响。基坑工程事故重在防治,除对支护体系进行精心设计外,实行信息化施工,加强监测和动态管理非常重要。施工中应做到发现隐患,及时处理,把事故消除在萌芽阶段。

六、基坑土方开挖施工要点

1. 基坑土方开挖施工组织设计要点

深基坑工程的土方开挖施工组织是施工承包单位用以直接指导现场施工活动的技术经济文件,它是基坑开挖前必须具备的。在施工组织设计中,应根据工程的具体特点、建设要求、施工条件和施工管理要求,选择合理的施工方案,制定施工进度计划,规划施工现场平面布置,组织施工技术物资供应,以降低工程成本,保证工程质量和施工安全。

在编制基坑开挖施工组织设计前,应该认真研究工程场地的工程地质和水文地质条件、气象资料、场地内和邻近地区地下管线图和有关资料以及邻近建筑物、构筑物的结构、基础情况等。深基坑开挖工程的施工组织设计的内容一般包括如下几方面:

(1)开挖机械的选择

除很小的基坑外,一般基坑开挖均优先采用机械开挖方案。目前基坑工程中常用的挖土机械较多,有推土机、铲运机、正铲挖土机以及反铲、拉铲、抓铲挖土机等,前三种机械适用于土的含水量较小且基坑较浅时,而后三种机械则适用于土质松软、地下水位较高或不进行降水的较深大基坑,或者是在施工方案比较复杂时采用,如逆作法施工等。总之,挖土机械的选择应考虑到地基土的性质、工程量的大小、挖土机和运输设备的行驶条件等。

(2)开挖程序的确定

较浅基坑可以一次开挖到底,较深大的基坑则一般采用分层开挖方案,每次开挖深度可结合支撑位置来确定,挖土进度应根据预估位移速率及气候情况来确定,并在实际开挖后进行调整。为保持基坑底土的原状结构,应根据土体情况和挖土机械类型,在坑底以上保留15~30cm土层由人工挖除。

(3)施工现场平面布置

基坑工程往往面临施工现场狭窄而基坑周边堆载又要严格控制的难题,因此必须根据有限场地对装土运土及材料进场的交通路线、施工机械放置、材料堆场、工地办公及食宿生活场所进行全面规划。

(4)降、排水措施及冬期、雨期、汛期施工措施的拟定

当地下水位较高且土体的渗透系数较大时应进行井点降水。井点降水可采用轻型井点、喷射井点、电渗井点、深井井点等,可根据降水深度要求、土体渗透系数及邻近建(构)筑物和管线情况选用。排水措施在基坑开挖中的作用也比较重要,设置得当可有效地防止雨水浸透土层而降低土体的强度。

(5)合理施工监测计划的拟定

施工监测计划是基坑开挖施工组织计划的重要组成部分,从工程实践来看,凡是在基坑施工过程中进行了详细监测的工程,其失事率远小于未进行监测的基坑工程。

(6)合理应急措施的拟定

为预防在基坑开挖过程中出现意外,应事先对工程进展情况预估,并制定可行的应急措施,做到防患于未然。

2. 基坑土方开挖施工应重视的几个问题

深基坑工程有着与其他工程不同的特点,它是一项系统工程,而基坑土方开挖施工是这一系统中的一个重要环节,它对工程的成败起着相当大的作用,因此,在施工中必须非常重视以下几方面:

(1)做好施工管理工作,在施工前制定好施工组织计划,并在施工期间根据工程进展及时作必要调整;

(2)对基坑开挖的环境效应作出事先评估,开挖前对周围环境作深入的了解,并与相关单位协调好关系,确定施工期间的重点保护对象,制定周密的监测计划,实行信息化施工;

(3)当采用挤土和半挤土桩时应重视其挤土效应对环境的影响;

(4)重视支护结构的施工质量,包括支护桩(墙)、止水帷幕、支撑以及坑底加固处理等;

(5)重视坑内及地面的排水措施,以确保开挖后土体不受雨水冲刷,并减少雨水渗入;在开挖期间若发现基坑外围土体出现裂缝,应及时用水泥砂浆灌堵,以防雨水渗入,导致土体强度降低;

(6)当支护体系采用钢筋混凝土或水泥土时,基坑土方开挖应注意其养护龄期,以保证其达到设计强度;

(7)挖出的土方以及钢筋、水泥等建筑材料和大型施工机械不应堆放在坑边,坑外地面超载不应超过设计要求;

(8)当采用机械开挖时,严禁野蛮施工和超挖,挖土机的挖斗严禁碰撞支撑,注意组织好挖土机械及运输车辆的工作场地和行走路线,尽量减少它们对支护结构的影响;

(9)基坑开挖前应了解工程的薄弱环节,严格按施工组织规定的挖土程序、挖土速度进行挖土,并备好应急措施,做到防患于未然;

(10)注意各部门的密切协作,尤其是要注意保护好监测单位设置的测点,为监测单位提供方便。

七、基坑工程环境效应及对策

1. 基坑工程环境效应

包括支护结构和工程桩施工、降低地下水位、基坑土方开挖各阶段对周围环境的影响,主要表现在下述几方面:

(1)基坑土方开挖引起支护结构变形以及降低地下水位造成基坑四周地面产生沉降、不均匀沉降和水平位移,导致影响相邻建(构)筑物及市政管线的正常使用,甚至破坏;

(2)支护结构和工程桩若采用挤土桩或部分挤土桩,施工过程中挤土效应将对邻近建(构)筑物及市政管线产生不良影响;

(3)基坑开挖土方运输可能对周围交通运输产生不良影响;

(4)视施工机械和工艺情况可能对周围环境产生施工噪声污染和环境卫生污染(如由泥浆处理不当引起等);

(5)因设计、施工不当或其他原因造成支护体系破坏,导致相邻建(构)筑物及市政设施破坏。

基坑支护体系破坏可能引起灾难性事故,这类事故可以通过合理设计、采用正确的施工方法、施工过程中加强监测,实行信息化施工予以避免。这类事故的治理往往需要付出巨大的代价。

选用合适的施工机械和施工工艺可以减小施工噪声污染和环境卫生污染;合理安排开挖土方速度,以及尽量利用晚间施工可减少土方运输对交通运输的影响。

采用合理的施工顺序、施工速度可以减小挤土桩和部分挤土桩的挤土效应,必要时还可通过在周围采取钻孔取土、设置砂井等措施减小挤土效应造成的不良影响。

由基坑土方开挖引起支护结构变形以及降低地下水位造成地面沉降和不均匀沉降,导致对周围建(构)筑物和市政设施的影响是基坑工程环境效应的主要方面,应特别引起工程技术人员重视。基坑工程对周围环境的影响是不可避免的,技术人员的职责是减小影响并能采取合理对策,以保证基坑施工过程中,相邻建(构)筑物和市政设施安全、正常使用。

2. 基坑开挖引起的地面沉降量估计

基坑开挖引起地面沉降可能由下述五部分组成:

(1)支护结构水平位移造成的沉降;

(2)基坑底面隆起造成的沉降;

(3)地基土体固结沉降;

(4)抽水引起土砂损失造成沉降;

(5)砂土通过支护结构挤出造成沉降。

后两种可以通过施工工艺、施工管理上加以控制和消除。前三种视具体工程情况也不尽相同。例如,固结沉降主要由地下水位下降引起。砂土地基固结沉降小,软土地基固结沉降大。软土地基固结沉降发展还与地基土渗透性和开挖历时有关。基坑开挖引起地面沉降估算方法大致有三种:①经验方法;②试验方法;③数值分析方法。

3. 建筑物及地下管线允许变形值的估计

对基坑开挖引起地面沉降量进行估算的目的是要预计基坑周围的建(构)筑物和地下管线是否因基坑开挖而带来危害,是否需要采取加固和补救措施。要分析基坑开挖是否对周围建筑物及地下管线产生危害,还需了解建筑物及地下管线的允许变形值。目前对其允许值往往是根据经验和对大量工程数据进行统计分析得到的。《建筑地基基础设计规范》GB 50007－2002 也规定了建筑物的地基变形允许值。

地层的不均匀沉降使管线发生弯曲变形,产生附加应力和应变,超过容许值时,管线就可能破坏。因此分析地层不均匀沉降对管线的影响时,应根据不同的管道类型,通过分析其抗弯能力来确定允许曲率半径。

4. 基坑工程环境效应对策

为了保证基坑开挖期间邻近建(构)筑物和市政设施的安全,需要做好下述工作:

(1)详细了解邻近建(构)筑物和地下管线的分布情况、基础类型、埋深、管线材料、接头情况等,并分析确定其变形允许值。

(2)根据邻近建(构)筑物和地下管线变形允许值,采用合理的基坑工程支护体系,并对基坑开挖造成周围的地面沉降情况作出估计。判断该支护体系是否满足保证邻近建(构)筑物和点下管线的安全要求,必要时需采取工程措施。

例如,在软土地基中,采用地基处理方法对支护体系被动区进行土质改良可以有效地减少基坑周围的地面沉降。常用地基处理方法有深层搅拌法、高压喷射注浆法。

对因地下水位下降引起的地面沉降,可采用设置竖向止水帷幕、采用回灌法等方法使基坑四周地下水位不会因为基坑内降低地下水位而降低。

有时还需对邻近建(构)筑物和地下管线基础进行托换加固。比较常用的方法有树根桩托换、锚杆静压桩托换等。

(3)在基坑开挖过程进行现场监测。通过监测、反分析,指导工程进展,实行信息化施工。

除上述措施外,采用逆作法和半逆作法施工也有利于减小基坑开挖造成的周围地面沉降,减小环境效应。

第三节 监测方案的编制

一、监测方案编制的基本原则

在基坑工程监测前,必须根据基坑工程支护结构的设计、施工情况及基坑周边环境情况编写相应的监测方案。编制监测方案应遵循下列原则:

1. 与设计、施工相结合的原则

基坑信息化施工是指将所采集的信息,经过处理后与设计预测结果的比较,通过反分析推求合理的参数,并利用所推求的参数再次预测下一施工阶段支护结构及土体的状况,如此反复循环,不断采集信息,不断修改设计并指导施工,将设计置于动态过程中。因此监测方案必须与基坑支护的设计方案相结合,体现设计方案中监测的要求,如报警值的确定、监测项目的确定等。对设计中使用的关键参数进行检验,以便达到在施工中进一步优化设计的目的。

在施工过程中可以根据施工进度和各个不同工况,调整监测频率和监测项目,做到有的放矢。

2. 监测的系统性和可靠性原则

基坑监测是一种开放式的系统,需要采集各个所必须的参数,各参数间有机结合,并与设计、施工相关要素相联系,形成整体系统。

在基坑监测中,各个测试数据相互可以校核和验证,在施工过程中进行全方位、立体的连续监测,充分发挥系统的整体性功效,确保监测数据的连续性、完整性和系统性。

3. 经济合理、保证关键、兼顾整体的原则

监测项目的选择直接与监测方案的经济与否相关联,监测项目设置并非越多效果越好。在安全、可靠的前提下,结合地区经验和工程经验尽可能采用直观、简单、有效的监测方法。

对支护体系的相对敏感的区域和施工过程中出现异常的部位可以加密观测点和频率,对其进行重点监测。对其他非关键部位,则需考虑系统性等因素布置监测点。

二、监测方案编制前的资料收集

在编制监测方案前,为了有针对性地对各种不同情况的基坑工程制定相应的监测方案,需要对相关资料及现场条件做详细的调研、踏勘。一般建筑基坑工程监测的资料收集包括:①拟建地区的工程地质、水文地质资料;②基础及基坑的设计图纸、方案,基坑支护结构的计算书等有关资料;③基坑支护结构的施工方案、施工记录资料;④基坑周边环境资料[包括周边建(构)筑物,地下(上)管线、管道等相关资料]。除了收集上述资料外,还应到现场做详细的踏勘,包括周边建筑物的形式、建筑年代、外观裂缝情况等,周边管线类型(刚性、柔性)、分布情况等。在现场踏勘结束后,提出踏勘报告,以供编制监测方案参考。

三、监测方案的基本内容

一个完整的监测方案,至少应包括下列内容:

1. 工程概况

工程概况中需要明确相关工程建设方面基本信息,如建设方、设计方、施工方、监理方等。还必须明确该基坑工程的支护体系的基本情况,如基坑面积、开挖深度、支护形式、降水形式等对监测方案的编制有参考价值的信息。

此外,对基坑周边的环境也需要做出相关说明,相关内容包括:周边建(构)筑的情况(房龄、基础及结构形式等);周边管线(管线的用途、材质等)。若有需要,可以把相关的地质水文资料做简要说明。

2. 监测目的、依据

(1)监测目的

一般基坑工程施工监测的目的是为了控制支护结构、周边建筑物和预报施工中出现的异常情况。通过对支护体系的位移、沉降和水位变化监测,监控支护结构的安全,验证基坑支护结构设计和基坑开挖施工组织的正确性,通过分析监测数据的变化趋势,对基坑支护体系的稳定性、安全性及时进行预测,并结合现场实际情况,指导施工,适当调整施工步骤,实现信息化施工管理。某些工程还会涉及新技术、新方法的科研工作。

(2)监测依据

基坑监测依据主要为现行的相关规范以及相关的基坑支护结构设计文件、监测方案等。

目前,与基坑监测的相关的主要规范有:

《建筑基坑支护技术规程》JGJ 120 - 99

《建筑地基基础设计规范》GB 50007 - 2002

《建筑地基基础工程施工质量验收规范》GB 50202 - 2002

《建筑边坡工程技术规范》GB 50330 - 2002

《工程测量规范》GB 50026 - 2007

《建筑变形测量规程》JGJ 8 - 2007

《民用建筑可靠性鉴定标准》GB 50292 - 1999

《建筑基坑工程监测技术规范》GB497 - 2009

3. 监测项目的确定

基坑监测可分为仪器监测、巡视检查两种形式。仪器监测项目的确定目前各规范也不尽相同,但确定的基本原则是一致的,即根据建筑基坑的类别来确定相应的监测项目。《建筑基坑工程监测技术规范》GB 50497-2009 确定的仪器监测项目见表 5-5。

建筑基坑工程仪器监测项目表　　　　表 5-5

监测项目 \ 基坑类别		一级	二级	三级
支护墙(坡)顶水平位移		应测	应测	应测
支护墙(坡)顶竖向位移		应测	应测	应测
深层水平位移		应测	应测	宜测
立柱竖向位移		应测	应测	宜测
支护墙体内力		宜测	可测	可测
支撑内力		应测	宜测	可测
立柱内力		可测	可测	可测
坑底隆起(回弹)		宜测	可测	可测
支护墙侧向土压力		宜测	可测	可测
孔隙水压力		宜测	可测	可测
地下水位		应测	应测	应测
土层分层竖向位移		宜测	可测	可测
周边地表竖向位移		应测	应测	宜测
周围建筑物变形	竖向位移	应测	应测	应测
	倾斜	应测	宜测	可测
	水平位移	应测	宜测	可测
周边建筑、地表裂缝		应测	应测	应测
周边管线变形		应测	应测	应测

表中,基坑类别的划分按照国标《建筑地基基础工程施工质量验收规范》GB 50202-2002 执行。

巡视检查可作为仪器监测的补充,即有经验的工程师有选择地对基坑工程有安全隐患的因素进行现场巡视并做好记录。巡视检查主要依靠目测,可辅以锤、钎、量尺、放大镜等工具以及照相机进行。巡视检查记录可作为当日监测数据综合分析的辅助资料。巡视检查应包含以下内容:

(1)支护结构

1)支护结构的成型质量;

2)冠梁、围檩有无裂缝出现;

3)止水帷幕有无裂缝、渗水;

4)内支撑有无破坏;

5)护面有无塌陷、裂缝及滑移;

6)基坑有无涌土、流砂、管涌。

(2)施工工况

1)开挖后暴露的土质情况与岩土勘察报告有无差异;

2)基坑开挖分层高度、开挖分段长度是否与设计工况一致,有无超深、超长开挖;

3)基坑场地地表水、地下水排放状况是否正常,基坑降水设施是否正常运转;
4)基坑周围地面堆载是否有超载情况。

(3)周边环境

1)地下管线有无泄漏,电缆有无破损;
2)临近基坑及建(构)筑物施工工况;
3)基坑周边建(构)筑物、地下设施、道路及地表有无裂缝出现。

(4)监测设施

1)基准点、测点有无破坏现象;
2)有无影响观测工作的障碍物;
3)监测元件的保护情况。

4. 测点布置

基坑监测点的布置应遵从确保监测有效性为基本原则。即:基坑工程监测点的布置应最大程度地反映监测对象的实际状态及其变化趋势,并应满足监控要求;监测点的布置应不妨碍监测对象的正常工作,并尽量减少对施工作业的不利影响;在监测对象内力和变形变化大的代表性部位及周边重点监护部位,监测点应适当加密。

一般而言,变形监测测点的位置既要考虑反映监测对象的变形特征,又要便于应用仪器进行观测,还要有利于测点的保护。埋测点不能影响和妨碍结构的正常受力,不能削弱结构的刚度和强度。测点布设合理方能经济有效。监测项目的选择必须根据工程的需要和基坑的实际情况而定。在确定测点的布设前,必须知道工程的地质情况和基坑的支护设计方案,再根据以往的经验和理论的预测来考虑测点的布设范围和密度。

桩(墙)体内力监测点的布置主要考虑以下几个因素:计算的最大弯矩所在位置和反弯点位置;各土层的分界面;结构变截面或配筋率改变截面位置;结构内支撑或拉锚所在的主要受力位置等。

原则上,能埋的测点应在工程开工前埋设完成,并应保证有一定的稳定期,在工程正式开工前,各项静态初始值应测取完毕。沉降、水平位移的测点应直接安装在被监测的物体上,只有道路地下管线若无条件开挖样洞设点,则可在人行道上埋设水泥桩作为模拟监测点,此时的模拟桩的深度应稍大于管线深度,且地表应设井盖保护,不影响行人安全;如果马路上有管线设备(如管线井、阀门等)的话,则可在设备上直接设点观测。

5. 监测方法及观测精度

一般在监测方案中需要对监测过程中所采用的监测方法做简要叙述,如水平位移和垂直位移的测量方法、深层水平位移的测量方法等主要监测手段。相应的对于各种监测方法所采用的测量、测试仪器做简要说明,明确各个仪器的型号、精度等级,确保满足使用要求。

6. 监测期限与监测频率

在监测方案中,应明确预期的监测期限和监测频率。监测期限从基坑开挖开始至地下结构施工到 ±0.000 标高并且坑壁回填完毕。现场监测工作一般需连续开展 2~8 个月,基坑越大,监测期限则越长。监测期限内的监测频率视基坑施工阶段的不同而变化,一般可按表 5-6 确定各监测项目的监测频率。

现场仪器监测的监测频率　　　　表5-6

基坑类别	施工进程		≤5m	5~10m	10~15m	>15m
			基坑设计开挖深度			
一级	开挖深度（m）	≤5	1次/1d	1次/2d	1次/2d	1次/2d
		5~10		1次/1d	1次/1d	1次/1d
		>10			2次/1d	2次/1d
	底板浇筑后时间（d）	≤7	1次/1d	1次/1d	2次/1d	2次/1d
		7~14	1次/3d	1次/2d	1次/1d	1次/1d
		14~28	1次/5d	1次/3d	1次/2d	1次/1d
		>28	1次/7d	1次/5d	1次/3d	1次/3d
二级	开挖深度（m）	≤5	1次/2d	1次/2d		
		5~10		1次/1d		
	底板浇筑后时间（d）	≤7	1次/2d	1次/2d		
		7~14	1次/3d	1次/3d		
		14~28	1次/7d	1次/5d		
		>28	1次/10d	1次/10d		

注：1. 有支撑的支护结构各道支撑开始拆除到拆除完成后3d内监测频率应为1次/1d；
2. 基坑工程施工至开挖前的监测频率视具体情况确定；
3. 当基坑工程类别为三级时，监测频率可视具体情况要求适当降低；
4. 宜测、可测项目的仪器监测频率可视具体情况要求适当降低。

当出现下列情况之一时，应加强观测，提高监测频率，并及时向委托方及相关部门报告监测成果。

(1)监测数据达到报警值；
(2)监测数据变化较大或者速率加快；
(3)存在勘察未发现的不良地质现象；
(4)超深、超长开挖或未及时加撑等未按设计工况施工；
(5)基坑及周边大量积水、长时间连续降雨、市政管道出现泄漏；
(6)基坑附近地面荷载突然增大或超过设计限值；
(7)支护结构出现开裂；
(8)周边地面突发较大沉降或出现严重开裂；
(9)邻近的建(构)筑物突发较大沉降、不均匀沉降或出现严重开裂；
(10)基坑底部、侧壁出现管涌、渗漏或流砂等现象；
(11)基坑工程发生事故后重新组织施工；
(12)出现其他影响基坑及周边环境安全的异常情况。

7. 监测报警值

监测报警指标一般以累计变化量和变化速率两个量来控制，依据规范有关规定及地下管线主管单位、设计单位提出的要求，以及工程施工可行性要求确定监测报警值。

目前国内部分地区已对深基坑主要预警指标作出详细规定，如上海地区和深圳地区见表5-7，可供参考。

深基坑主要监测指标报警值 表 5-7

项目	基坑类别		一级 很严重		二级 严重		三级 不严重
	基坑深度(m)		>14		9~14		<9
	地下水埋深(m)		<2		2~5		>5
	软土层厚度(m)		>5		2~5		<2
	基坑边缘与邻近已有建筑浅基础或重要管线边缘净距(m)		<0.5h		0.5~1.0h		>1.0h
			监控值	设计值	监控值	设计值	
上海市	墙顶位移(mm)		30	50	60	100	宜按二级基坑的标准控制,当环境条件许可时可适当放宽
	墙体最大位移(mm)		60	80	60	120	
	地面最大沉降(mm)		30	50	60	100	
	最大差异沉降(mm)		6/1000		12/1000		
深圳市	墙体最大水平位移(mm)	排桩、地下连续墙、土钉墙	0.0025h		0.005h		
		钢板桩、深层搅拌桩	—		0.01h		

国家标准《建筑基坑工程监测技术规范》GB 50497-2009 规定的监测报警值见表 5-8。

当出现下列情况之一时,必须立即进行危险报警,并对基坑支护结构和周边环境中的保护对象采取应急措施。

(1)当监测数据达到监测报警值的累计值;

(2)基坑支护结构或周边土体的位移突然明显增长或基坑出现流砂、管涌、隆起、陷落或较严重的渗漏等;

(3)基坑支护结构的支撑或锚杆体系出现过大变形、压屈、断裂、松弛或拔出的迹象;

(4)周边建筑的结构部分、周边地面出现较严重的突发裂缝或危害结构的变形裂缝;

(5)周边管线变形突然明显增长或出现裂缝、泄漏等。

(6)根据当地工程经验判断,出现其他必须进行危险报警的情况。

表 5-8 深基坑建议的监测报警值

序号	监测项目	支护结构类型	基坑类别 一级 累计值 绝对值(mm)	一级 累计值 相对基坑深度(h)控制值	一级 变化速率(mm·d⁻¹)	二级 累计值 绝对值(mm)	二级 累计值 相对基坑深度(h)控制值	二级 变化速率(mm·d⁻¹)	三级 累计值 绝对值(mm)	三级 累计值 相对基坑深度(h)控制值	三级 变化速率(mm·d⁻¹)
1	墙(坡)顶水平位移	放坡、土钉墙、喷锚支护、水泥土墙	30~35	0.3%~0.4%	5~10	50~60	0.6%~0.8%	10~15	70~80	0.8%~1.0%	15~20
		钢板桩、灌注桩、型钢水泥土墙、地下连续墙	25~30	0.2%~0.3%	2~3	40~50	0.5%~0.7%	4~6	60~70	0.6%~0.8%	8~10
2	墙(坡)顶竖向位移	放坡、土钉墙、喷锚支护、水泥土墙	20~40	0.3%~0.4%	3~5	50~60	0.6%~0.8%	5~8	70~80	0.8%~1.0%	8~10
		钢板桩、灌注桩、型钢水泥土墙、地下连续墙	10~20	0.1%~0.2%	2~3	25~30	0.3%~0.5%	3~4	35~40	0.5%~0.6%	4~5
3	支护墙深层水平位移	水泥土墙	30~35	0.3%~0.4%	5~10	50~60	0.6%~0.8%	10~15	70~80	0.8%~1.0%	15~20
		钢板桩	50~60	0.6%~0.7%	2~3	80~85	0.7%~0.8%	4~6	90~100	0.9%~1.0%	8~10
		灌注桩、型钢水泥土墙	45~55	0.5%~0.6%	2~3	75~80	0.7%~0.8%	4~6	80~90	0.9%~1.0%	8~10
		地下连续墙	40~50	0.4%~0.5%	2~3	70~75	0.7%~0.8%	4~6	80~90	0.9%~1.0%	8~10
4	立柱竖向位移		25~35		2~3	35~45		4~6	55~65		8~10
5	基坑周边地表竖向位移		25~35		2~3	50~60		4~6	60~80		8~10
6	坑底回弹		25~35			50~60			60~80		8~10
7	支撑内力		60%~70%f			70%~80%f			80%~90%f		
8	墙体内力										
9	锚杆拉力										
10	土压力										
11	孔隙水压力										

注:1. h—基坑设计开挖深度;f—设计极限值。
2. 累计值取绝对值和相对基坑深度(h)控制值两者的小值。
3. 当监测项目的变化速率连续3d超过报警值的50%,应报警。

8. 监测点布置图及周边环境平面图

监测方案必须包含监测点布置图,若周边环境复杂(如基坑周边有重要建筑物、道路、管线等),还应包含详细的周边环境图。

第四节 位移监测

基坑工程施工现场位移监测包括:支护结构、坑底、邻近建(构)筑物、地下管线、道路地表及深层土体垂直位移监测;支护结构、邻近建(构)筑物、地下管线、道路等水平位移监测及坑外深层土体水平位移监测。

一、位移监测的基本概念

1. 垂直位移监测

垂直位移监测就是根据水准基点定期测出变形体上设置的观测点的高程变化,从而得到其下沉量。常用水准测量的方法:

(1)水准测量原理

测量地面点高程的工作称为高程测量。按使用仪器和施工方法的不同,高程测量分为水准测量、三角高程测量和气压高程测量。水准测量是高程测量中精度最高和最常用的一种方法,在工程建设中被广泛采用。

水准测量利用水准仪建立一条水平视线,借助水准尺来测定地面两点间的高差,从而由已知高程及测得的高差求出待测点的高程,如图5-17所示。

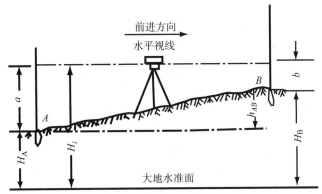

图5-17 水准测量原理

(2)水准测量方法

用水准测量方法测定的高程控制点称为水准点,水准点按其精度分为不同的等级,依次分为二、三、四、五等。实际基坑监测中使用的水准点,可按二、三等水准点标石规格埋设标志,也可在稳固的建筑物上设立墙上水准点,点的个数不少于3个。如图5-18所示,已知水准点A的高程为54.206m,现拟测定B点高程,水准测量步骤如下:

在离A点适当距离处选择点1,安放尺垫,在A、1点上分别竖立水准尺。在距A点和1点大致等距离处安置水准仪,瞄准后视点A,精平后读得后视读数a_1为1.364,记入水准测量手簿。旋转望远镜,瞄准前视点1,精平后读得前视读数b_1为0.979,记入手簿。计算出A、1两点高差为+0.385。此为一个测站的工作。

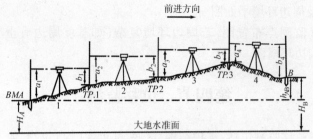

图 5-18 水准测量施测

点 1 的水准尺不动,将 A 点水准尺,立于点 2 处,水准仪安置在 1、2 点之间,与上述相同的方法测出 1、2 点的高差,依次测至终点 B。

每一测站可测得前、后视两点间的高差,即

$$h_1 = a_1 - b_1 \tag{5-1}$$

$$h_2 = a_2 - b_2 \tag{5-2}$$

……

$$h_4 = a_4 - b_4 \tag{5-3}$$

将各式相加,得:

$$h_{AB} = \sum h = \sum a - \sum b \tag{5-4}$$

B 点高程为:

$$H_B = H_A + \sum h \tag{5-5}$$

上述施测过程中,点 1、2、3 是临时的立尺点,作为传递高程的过渡点,称为转点。

为了保证水准测量的精度,常常将水准路线布设成附合水准路线、闭合水准路线、支水准路线等形式,如图 5-19 所示。

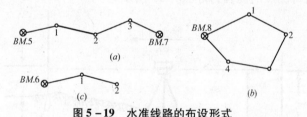

图 5-19 水准线路的布设形式
(a)附合水准路线;(b)闭合水准路线;(c)支水准路线

1)附合水准路线:如图 5-3(a),从一个已知高程的水准点 BM.5 起,沿各待测高程的水准点进行水准测量,最后连测到另一个已知高程的水准点 BM.7 上,这种形式称为附合水准路线。附合水准路线中各测站实测高差的代数和应等于两已知水准点间的高差。由于实测高差存在误差,使两者之间不完全相等,其差值称为高差闭合差 f_h,即

$$f_h = \sum h_{测} - (H_{终} - H_{始}) \tag{5-6}$$

式中 $H_{终}$——附合路线终点高程;

$H_{始}$——起点高程。

2)闭合水准路线:如图 5-3(b),从一已知高程的水准点 BM.8 出发,沿环形路线进行水准测量,最后测回到水准点 BM.8,这种形式称为闭合水准路线。闭合水准路线中各段高差的代数和应为零,但实测高差总和不一定为零,从而产生闭合差 f_h,即

$$f_h = \sum h_{测} \tag{5-7}$$

3)支水准路线:如图 5-3(c),从已知高程的水准点 BM.6 出发,最后没有连测到另一已知水准点上,也未形成闭合,称为支水准路线。支水准路线要进行往返测,往测高差总和与返测高差总和应大小相等符号相反。但实测值两者之间存在差值,即产生高差闭合差 f_h:

$$f_h = \sum h_{往} + \sum h_{返} \tag{5-8}$$

在基坑工程中，一般将垂直位移监测水准点布设成闭合水准路线。

（3）水准测量仪器

水准测量用的仪器主要是水准仪和水准尺。

水准仪按精度分，有DS05、DS1、DS3、DS10等四种型号的仪器。D、S分别为"大地测量"和"水准仪"的汉语拼音第一个字母；精度05、1、3、10表示该仪器的精度。如DS3型水准仪，表示该型号仪器进行水准测量每千米往返测高差精度可大于±3mm。DS05、DS1型水准仪属于精密水准仪，主要用于精密水准测量。

水准仪按构造分，有光学水准仪和电子水准仪。

水准仪一般由望远镜、水准器、基座三部分构成，其操作使用可详见相关教科书。

水准尺常用的有塔尺和双面尺两种，用优质木材或玻璃钢制成，常用于三等、四等、五等精度的水准测量，因瓦水准尺是与精密水准仪配合使用的精密水准尺，这种尺是在木质标尺的中间槽内，装有3m长的因瓦合金带尺，其下端固定在木标尺底部，上端连一弹簧，固定在木标尺顶部，因瓦带上刻有左右两排相互错开的刻划，数字注在木尺上。

（4）水准测量的主要技术要求

为了确保水准测量的精度，根据施测的不同对象，可选择相应的控制要求，高程控制测量时水准测量的主要技术要求见表5-9。

水准测量的主要技术要求　　　　　　表5-9

等级	每千米高差全中误差(mm)	路线长度(km)	水准仪型号	水准尺	观测次数		往返较差、附合或环线闭合差	
					与已知点联测	附合或环线	平地(mm)	山地(mm)
二等	2	—	DS1	因瓦	往返各一次	往返各一次	$4\sqrt{L}$	—
三等	6	≤50	DS1	因瓦	往返各一次	往一次	$12\sqrt{L}$	$4\sqrt{n}$
			DS3	双面		往返各一次		
四等	10	≤16	DS3	双面	往返各一次	往一次	$20\sqrt{L}$	$6\sqrt{n}$
五等	15	—	DS3	单面	往返各一次	往一次	$30\sqrt{L}$	—

注：1. 结点之间或结点与高级点之间，其路线长度，不应大于表中规定的0.7倍。
　　2. L为往返测段、附和或环线的水准路线长度(km)；n为测站数。
　　3. 数字水准仪测量的技术要求和同等级的光学水准仪相同。

上表中每千米高差全中误差可按式(5-9)计算：

$$M_W = \sqrt{\frac{1}{N}\left[\frac{WW}{L}\right]} \tag{5-9}$$

式中　M_W——高差全中误差(mm)；

　　　W——附合或环线闭合差(mm)；

　　　L——计算各W时，相应的路线长度(km)；

　　　N——附合路线和闭合环的总个数。

为了达到表5-9所列的技术要求，水准测量所使用的仪器和水准尺，应符合下列规定：

1）水准仪视准轴与水准管轴的夹角i，DS1型不应超过15″，DS3型不应超过20″。

2）补偿式自动安平水准仪的补偿误差$\Delta\alpha$对于二等水准不应超过0.2″，三等不应超过0.5″。

3）水准尺上的米间隔平均长与名义长之差，对于因瓦水准尺，不应超过0.15mm；对于条形码尺，不应超过0.10mm；对于木质双面水准尺，不应超过0.5mm。

为了达到表5-9所列的技术要求,在实施水准观测时应符合表5-10的要求。

水准观测的主要技术要求 表5-10

等级	水准仪型号	视线长度(m)	前后视的距离较差(m)	前后视的距离较差累计(m)	视线离地面最低高度(m)	基、辅分划或黑、红面读数较差(mm)	基、辅分划或黑、红面所测高差较差(mm)
二等	DS1	50	1	3	0.5	0.5	0.7
三等	DS1	100	3	6	0.3	1.0	1.5
三等	DS3	75	3	6	0.3	2.0	3.0
四等	DS3	100	5	10	0.2	3.0	5.0
五等	DS3	100	近似相等	—	—	—	—

注:1. 二等水准视线长度小于20m时,其视线高度不应低于0.3m。
2. 三等、四等水准采用变动仪器高度观测单面水准尺时,所测两次高差较差,应与黑面、红面所测高差之差的要求相同。
3. 数字水准仪观测,不受基、辅分划或黑、红面读数较差指标的限制,但测站两次观测的高差较差,应满足表中相应等级基、辅分划或黑、红面所测高差较差的限值。

2. 水平位移监测

(1) 水平位移测量原理及方法

水平位移的观测方法很多,可根据现场条件及仪器而定。常用的方法有基准线法、小角法、导线法和前方交汇法等。

1) 基准线法

基准线法的原理:在与水平位移垂直的方向上建立一个固定不变的铅垂面、测定各观测点相对该铅垂面的距离变化,从而求解得水平位移量,如图5-20所示。

图5-20 基准线法测位移

用基准线法观测水平位移时,先根据实际情况(如沿基坑边)设置一条基准线,并在基准线的两端埋设两个稳固的工作基点A和B,将拟监测点埋设在基准线的铅垂面上,偏离的距离不大于2cm。观测点标志可埋设直径16~18mm的钢筋头,顶部锉平后,做成"+"字标志。观测时,将经纬仪安置于一端工作基点A,瞄准另一端工作基点B(称后视点),此视线方向定为基准线方向。通过测量观测点P的偏离视线的距离,即可得到水平位移值。

2) 小角法

用小角法测量水平位移的方法如图5-21所示。将经纬仪安置于工作基点A,在后视点B和观测点P分别安置观测觇牌,用测回法测出∠BAP。设第一次观测角值为β_1,后一次为β_2,根据两次角度的变化量$\triangle\beta = \beta_2 - \beta_1$,即可算出P点的水平位移量$\delta$,即:

$$\delta = \frac{\triangle\beta}{\rho}D \qquad (5-10)$$

式中 ρ——换算常数,即将$\triangle\beta$化成弧度的系数,$\rho = 3600 \times 180/\pi = 206265''$;

D——A至P点距离(mm);

$\triangle\beta$——β角的变化量(″)。

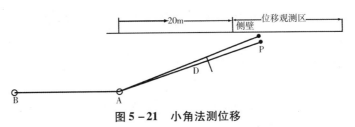

图 5-21 小角法测位移

3) 导线法和前方交汇法

采用导线法或前方交汇法测水平位移时,首先在场地上建立水平位移和监测控制网,然后用精密导线或前方交汇的方法测出各测点的坐标,将每次观测出的坐标值与前次测出的坐标值进行比较,即可得到水平位移在 X 轴和 Y 轴方向上的位移分量 $(\Delta X, \Delta Y)$,则水平位移量为 $\delta = \sqrt{\Delta x^2 - \Delta y^2}$,位移的方向根据 ΔX、ΔY 求出的坐标方位角来确定。

(2) 水平位移测量仪器

水平位移测量中主要测试的变化量是角度,通过测量角度的变化来计算相应的水平位移。角度量测包括水平角测量和竖直角测量,用于完成角度量测的仪器称为经纬仪。经纬仪按不同测角精度又分为多种,如 DJ05、DJ1、DJ、2DJ6、DJ10 等,"D" 和 "J" 为 "大地测量" 和 "经纬仪" 的汉语拼音第一个字母。后面的数字代表该仪器的测量精度。如 DJ6 表示一测回方向观测中误差不超过 6″。在工程中常用的经纬仪有 2″、6″、20″。随着全站仪、电子经纬仪的普及应用,上述划分方法显得不够全面。目前习惯统称 1″级仪器、2″级仪器、6″级仪器等。光学经纬仪一般主要由基座、照准部、度盘三部分组成。

按仪器构造分,经纬仪有光学经纬仪、电子经纬仪、全站仪。这些仪器的性能应符合下列规定:

1) 照准部旋转轴正确性指标:圆水准气泡或电子气泡在各位置的读数较差,1″仪器不应超过 0.5 格,2″仪器不应超过 1 格,6″仪器不应超过 1.5 格。

2) 光学经纬仪的测微器行差及隙动差指标:1″仪器不应大于 1″,2″仪器不应大于 2″。

3) 水平轴不垂直于垂直轴之差指标:1″仪器不应超过 10″,2″仪器不应超过 15″,6″仪器不应超过 20″。

4) 补偿器的补偿要求,在仪器补偿器的补偿区间,对观测超过应进行有效补偿。

5) 垂直微动螺旋使用时,视准轴在水平方向上不产生偏移。

6) 仪器的基座在照准部旋转时的位移指标:1″仪器不应超过 0.3″,2″仪器不应超过 1″,6″仪器不应超过 1.5″。

7) 光学(激光)对中的视准轴(射线)与竖轴的重合度不应大于 1mm。

光学经纬仪、电子经纬仪、全站仪的构造、原理及使用操作此处不再赘述,可参考相关教科书。

(3) 水平位移测量注意事项

1) 水平位移测量方法较多,应根据实际情况选择适宜的方法。基准线法是基坑水平位移监测最常用的方法,其优点是精度高、直观性强、操作简易、速度快,但位移量较大,超出站牌活动范围时,其不再适用。小角法适用于观测点零乱,并且不在同一直线上的情况下。当位移量较大,基准线不合监测时,可使用小角法监测。

2) 基准线法、小角法的缺点是只能测出垂直于基准线方向的位移分量,难以确切地测出位移方向。要较准确地测量位移方向,可采用导线法或前方交汇法。

3) 水平位移监测精度应视具体情况而定,可根据表 5-11 选用。

4) 在用基准线法观测水平位移时,每个测点应照准三次,观测时的顺序由近到远,再由远到近往返进行。测点观测结束后,再应对准另一端点 B,检查在观测过程中仪器是否有移动,若发现照准线移动,则重新观测。在 A 端点上观测结束后,应将仪器移至 B 点,重新进行以上各项观测。

5）工作基点在观测期间可能发生位移，因此工作基点应尽量远离开挖边线。同时两个工作基点延长线上应分别设置后视检核点。

6）为减少对中误差，有必要时工作基点可做成混凝土墩台，在墩台上安置强制对中设备，对中误差不宜大于0.5mm。

二、位移监测的一般要求

1. 基准点、工作基点、观测点的布设

在位移监测时，测量点可分为基准点、工作基点、观测点三类，如图5-22所示，其布设应符合下列要求：

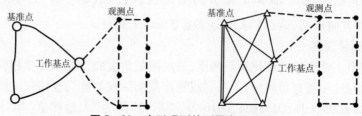

图5-22 变形观测的测量点关系图

（1）基准点为确定测量基准的控制点，是测定和检验工作基点稳定性，或者直接测量位移观测点（监测点）的依据。基准点应设在较远的基岩或深埋于原状土内，不受基坑变形之影响，并便于长期保存。但在实际工作中，若将基准点埋设在离基坑或建筑物很远的地方，引测时会使观测精度降低。一般可根据工程大小，地形地质条件以及观测的精度要求酌情确定，只要变形影响值远小于观测误差，则可认为基准点是稳定的。每个工程至少应有3个稳定可靠的基准点，使用时应定期检查其稳定性。

（2）工作基点是位移监测中起联系作用的点，是直接观测位移观测点的依据，应设在靠近观测目标，便于联测观测点的稳定位置。在通视条件较好，或观测项目较少的工程中，也可不设工作基点，在基准点上直接观测位移观测点。

（3）观测点是直接埋设在变形体上，并能反映变形体的位移特征的测量点，可以从工作基点或邻近的基准点对其进行观测。

2. 位移观测的等级划分及精度要求

位移观测的等级划分、精度要求及适用范围如表5-11所示。

变形监测的等级划分及精度要求　　　　　　　　　表5-11

等级	垂直位移监测		水平位移监测	适用范围
	变形观测点的高程中误差（mm）	相邻变形观测点高差中误差（mm）	变形观测点的点位中误差（mm）	
一等	0.3	0.1	1.5	变形特别敏感的高层建筑、高耸构筑物、工业建筑、重要古建筑、大型坝体、精密工程设施、特大型桥梁、大型直立岩体、大型坝区地壳变形监测等
二等	0.5	0.3	3.0	变形比较敏感的高层建筑、高耸构筑物、工业建筑、古建筑、特大型和大型桥梁、大中型坝体、直立岩体、高边坡、重要工程设施、重大地下工程、危害性较大的滑坡监测等

续表

等级	垂直位移监测		水平位移监测	适 用 范 围
	变形观测点的高程中误差(mm)	相邻变形观测点高差中误差(mm)	变形观测点的点位中误差(mm)	
三等	1.0	0.5	6.0	一般性的高层建筑、多层建筑、工业建筑、高耸构筑物、直立岩体、高边坡、深基坑、一般地下工程、危害性一般的滑坡监测、大型桥梁等
四等	2.0	1.0	12.0	观测精度要求较低的建(构)筑物、普通滑坡监测、中小型桥梁等

注:1. 变形观测点的高程中误差和点位中误差,是指相对于邻近基准点的中误差。

2. 特定方向的位移中误差,可取表中相应等级点位中误差的$\frac{1}{\sqrt{2}}$作为限值。

3. 垂直位移监测,可根据需要按变形观测点的高程中误差或相邻变形观测点的高差中误差,确定监测精度等级。

3. 位移监测中应注意的问题

(1)首次观测成果是各周期观测的起始值,应具有准确、可靠的观测精度,宜采取适当增加测回数的措施。

(2)要做好"五定"工作,即位移监测依据的基准点、工作基点、观测点的点位要稳定;监测所用仪器、设备性能要稳定;监测人员要稳定;监测时的环境条件基本一致(尽可能稳定);观测路线、镜位、程序和方法要固定。以上措施在客观上要尽量减少观测误差的不定性,使所测的结果具有统一的趋向性,保证各次复测结果与首次观测的结果更具可比性。

(3)应定期对使用的基准点或工作基点进行稳定性检测。

(4)观测前,对仪器、设备的操作方法与观测程序要熟悉、正确,对所用的仪器设备必须按有关规定进行检测校正,并做好记录,并在有效期内使用。

(5)原始数据应真实可靠,记录计算要符合相关测量规范的要求,记录中应说明观测时的气象情况、施工进度和荷载变化,并按照依据正确、严谨有序、步步校核、结果有效的原则进行成果整理及计算。

三、垂直位移监测

垂直位移监测常用水准测量的方法。首先根据场地情况进行垂直监测基准网的布设,其次针对不同施测对象进行观测点或工作基点的布置,并通过基准网引测各观测点或工作基点的高程,得到初始值。最后根据施工情况、观测周期、观测频率进行监测。

1. 垂直监测基准网的布设

垂直位移监测基准网,由基准点和部分工作基点构成,一般布设成闭合环,并采用水准测量方法观测。起算点高程宜采用国家或测区原有的高程系统,也可采用假设的相对高程。

2. 高程控制点标石及标志

(1)可以选埋岩层水准基点标石、深埋钢管水准基点标石或混凝土水准基点标石。亦可利用稳固的建筑物、构筑物设立墙上的水准基点。

(2)高程控制点应避开交通干道、地下管线、仓库堆栈、水源地河岸、松软填土、滑坡体、机器振动区以及其他能使标石、标志遭腐蚀和破坏的地点。

(3)高程控制点的标石及标志埋设如图5-23所示。

(4)标石、标志埋设后,应达到稳定后方可开始观测。稳定期根据观测要求与地质条件确定,一般不宜少于15d。

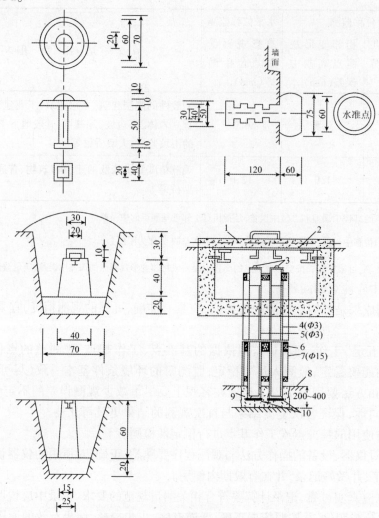

图 5-23　高程控制点的标石及标志
1—钢筋混凝土标盖；2—钢板标盖；3—标心；4—钢心管；5—铅心管；
6—橡胶环；7—钻孔保护管；8—新鲜基岩面；9—M20砂浆；10—心管底板和根络

3. 垂直位移监测网的主要技术指标要求

为了确保垂直位移监测基准网的精度，其主要技术要求应符合表5-12的规定。

垂直位移监测基准网的主要技术要求　　　　　　　　　表5-12

等级	相邻基准点高差中误差(mm)	每站高差中误差(mm)	往返较差或环线闭合差(mm)	检测已测高差较差(mm)
一等	0.3	0.07	$0.15\sqrt{n}$	$0.2\sqrt{n}$
二等	0.5	0.13	$0.30\sqrt{n}$	$0.4\sqrt{n}$
三等	1.0	0.30	$0.60\sqrt{n}$	$0.8\sqrt{n}$
四等	2.0	0.70	$1.40\sqrt{n}$	$2.0\sqrt{n}$

注：表中 n 为测站数。

为了达到上表所列的技术要求，应按下述措施进行：

（1）在实施水准观测时，应符合表5-13的主要技术要求。

水准观测的主要技术要求　　　　表 5-13

等级	水准仪型号	水准尺	视线长度（m）	前后视的距离较差（m）	前后视的距离较差累积（m）	视线离地面的最低高度（m）	基本分划、辅助分划读数较差（mm）	基本分划、辅助分划所测高差较差（mm）
一等	DS05	因瓦	15	0.3	1.0	0.5	0.3	0.4
二等	DS05	因瓦	30	0.5	1.5	0.5	0.3	0.4
三等	DS05	因瓦	50	2.0	3	0.3	0.5	0.7
三等	DS1	因瓦	50	2.0	3	0.3	0.5	0.7
四等	DS1	因瓦	75	5.0	3	0.2	1.0	1.5

注：1. 数字水准仪观测，不受基、辅分划读数较差指标的限制，但测站两次观测的高差较差，应满足表中相应等级基、辅分划所测高差较差的限值。
2. 水准线路跨越江河时，应进行相应等级的跨河水准测量，其指标不受该表的限制。

(2) 观测使用的水准仪和水准尺符合本节前述的相关要求。

(3) DS05 级水准仪视准轴与水准管轴的夹角不大于10″。

4. 坑顶及立柱垂直位移监测

(1) 监测点的布置

1) 坑顶垂直位移监测点应沿基坑周边布置，基坑各边线的中部、阳角处应布置监测点。监测点间距不宜大于20m，每边监测点数量不宜少于3个。

2) 立柱垂直位移监测点宜布置在基坑中部、多根支撑交汇处、地质条件复杂处的立柱上。监测点不应少于立柱总根数的5%，逆作法施工的基坑不应少于10%，并均不应少于3根。

3) 监测点设置采用预埋式，即在浇筑混凝土之前将观测点标志固定在结构钢筋上。也可在硬化的混凝土上用冲击钻成孔，再打入钢钉或膨胀螺栓。

(2) 监测方法和精度要求

坑顶及立柱的垂直位移可采用几何水准测量方法，可按二等变形测量等级施测。监测精度要求按表 5-14 确定。

支护墙（坡）顶、立柱及基坑周边地表的竖向位移监测精度（mm）　　　　表 5-14

竖向位移报警值	≤20(35)	20~40(35~60)	≥40(60)
监测点测站高差中误差	≤0.3	≤0.5	≤1.5

注：1. 监测点测站高差中误差系指相应精度与视距的几何水准测量单程一测站的高差中误差。
2. 括号内数值对应于立柱及基坑周边地表的垂直位移报警值。

(3) 监测注意事项

1) 监测所用的水准测量仪器应根据监测精度要求及有关规范规定而选择，一般可采用(WILD)N3 精密水准仪或 DS1 精密水准仪。

2) 观测视线长度宜为 20~30m，视线高度不宜低于 0.5m，宜采用闭合法消除误差。

3) 观测时，仪器应避免安置在有空压机、搅拌机、卷扬机等振动影响范围内，塔式起重机等施工机械附近也不宜设站。

5. 坑底隆起（回弹）监测

(1) 监测点的布置

基坑底隆起（回弹）监测点布置应符合下列要求：

1) 监测点宜按纵向或横向剖面布置，剖面宜选择在基坑的中央以及其他能反映变形特征的位置,剖面数量不应少于2个。

2)同一剖面上监测点横向间距宜为10~30m,数量不应少于3个。

3)监测点标志(观测标)应埋入基坑底面以下20~30cm,根据开挖深度和地层土质情况,可采用钻孔法埋设。

(2)监测方法和精度要求

坑底隆起(回弹)监测通常在预埋观测标、开挖后采用几何水准测量方法,可按二等变形测量等级施测,监测精度要求按表5-15确定。

坑底隆起(回弹)监测的精度要求(mm)　　　　表5-15

坑底回弹(隆起)报警值	≤40	40~60	60~80
监测点测站高差中误差	≤1.0	≤2.0	≤3.0

注:监测点测站高差中误差系指相应精度与视距的几何水准测量单程一测站的高差中误差。

(3)监测注意事项

1)观测标的做法通常如图5-24所示,头部采用长约10cm圆钢一段(其直径应与钻杆相配合),顶部加工成半球状(ϕ=20mm,高约20mm),其余部分加工成反丝机方式与钻杆相接,尾部为长40~50cm的角钢(50mm×50mm×5mm),头部与尾部与一块ϕ100mm,厚20mm的钢板焊接成整体。

2)观测标的埋设:钻孔至基坑底面标高处,将观测标旋入钻杆下端,经钻孔徐徐放入孔底,并压入空地土中40~50cm,即将观测标尾部压入土中。旋开钻杆,使观测标脱离钻杆,并提起。放入辅助测杆,将观测标压入坑底设计标高以下20cm,在辅助测杆上端的测头进行几何水准测量,确定观测标的顶标高。观测后,将辅助测杆保护管(套管)提出地面,用砂或素土将钻孔回填。为了便于开挖后寻找观测标,可选用白灰回填50cm左右。

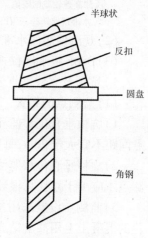

图5-24 观测标结构示意图

3)观测标的观测次数不应少于三次。第一次在基坑开挖前,第二次在基坑开挖后,第三次在浇筑基础底板混凝土前。

4)在基坑开挖过程中,应注意观测标的保护。观测时,应避免施工机具的影响。

6. 邻近建(构)筑物的垂直位移监测

(1)监测点的布置

基坑邻近建(构)筑物垂直位移监测点的布置,应能全面反映建(构)筑物地基变形特征,并结合地质情况、建(构)筑物特点和荷载分布确定。测点布置应符合下列要求:

1)建(构)筑物四角、沿外墙每10~15m处或每隔2~3根柱基上,且每侧不少于3个监测点。

2)不同地基或基础的分界处。

3)建(构)筑物不同结构的分界处。

4)变形缝、防震缝或严重开裂处的两侧。

5)新、旧建筑物或高、低建筑物交接处的两侧。

6)烟囱、水塔和大型储藏罐等高耸构筑物基础轴线的对称部位,每一构筑物不应少于4点。

(2)监测方法和精度要求

邻近建筑物的垂直位移主要采用精密水准测量,可按二等变形测量等级施测。精度要求参照表5-11确定。

(3)监测注意事项

1)建筑物的测点布设高度不宜过高或过低,不得设在砖墙上;标志埋设位置应避开用水管、窗台线、散热器、电器开关等有碍设标与观测点的障碍物。

2)建(构)筑物上的监测标志应稳固,所用铆钉或钢钉应有足够的刚度,各类标志的立尺部位应加工成半球形或有明显的突出点。

3)为了保证主要的建(构)筑物垂直位移的监测精度,应优先采用精密水准仪 DSZ05 或 DS05,具有测微装置的。最低使用 DS1 水准仪。水准观测要用因瓦合金标尺(铟钢尺),按光学测微法观测。对低等级次要建(构)筑物垂直位移的监测,可采用中丝法观测,水准标尺应有毫米刻划。

4)观测时,视线长度宜为 20~30m,视线高度不宜低于 0.5m。

7. 地下管线、道路地表垂直位移监测

(1)监测点布置

1)应根据管线修建年份、类型、材料、尺寸及现状等情况,确定监测点的设置。

2)监测点宜布置在管线的节点、转角点和变形曲率较大的部位,监测点平面间距为 15~25m,并宜延伸至基坑以外 20m。

3)给水、燃气、暖气等压力管线宜设置直接监测点(如用抱箍式),在无法埋设直接监测点的部位,可设置间接监测点(用钢筋直接打入地下,其深度与管线深度一致)。

4)基坑周边道路地表垂直位移监测剖面宜设在坑边中部或其他有代表性的部位,并与坑边垂直,监测剖面数量视具体情况确定。每个监测剖面上的监测点数量不宜少于 5 个。

(2)监测方法和精度要求

地下管线、道路地表的垂直位移监测方法与前述相同,可按二等变形测量等级施测。监测精度要求可参照表 5-14。

(3)监测注意事项

1)地下管线监测前,应获取管线主管部门意见,根据管线的重要性及对变形的敏感性来布设测点。

2)道路地标测点的布设,对于软质地表面,常用 1~1.5m 长的钢筋($\phi 25$)打入土中;对于硬质地表面(如水泥地、沥青路等),常用直接打入 10~15cm 的标钢钉。

3)应重视对测点的保护。

8. 土体分层垂直位移监测

土体分层垂直位移监测是指离地面不同深度处土层的垂直位移监测,通常用磁性分层沉降仪及深层沉降标量测。

(1)监测点布置

土体分层垂直位移监测孔应布置靠近被保护对象且具有代表性的部位,数量视具体情况确定。测点在竖向上宜设置在各层土的界面上,也可等距设置。测点深度、测点数量应根据具体情况而定。

(2)用磁性分层沉降仪监测

磁性分层沉降仪是由沉降管、磁性沉降环、测头、测尺和输出讯号指示器组成(图 5-25)。

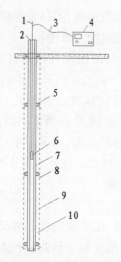

图 5-25 磁性分层沉降仪示意图
1—测尺;2—基点;3—导线;4—指示器;5—磁性沉降环;
6—测头;7—沉降管;8—弹性爪;9—钻孔;10—回填土球

1) 沉降管:用硬质塑料制成,包括主管(引导管)和连接管,引导管一般内径为 $\phi 45mm$,外径为 $\phi 53mm$,每根管长有 2m 或 4m,可根据埋设深度需要截取不同长度,当长度不足而需要接长时,可用硬质塑料管连接,连接管为伸缩型,套于两节管之间,用自攻螺钉固定。为防止泥砂和水进入管内,导管下端管口应封死,接头处需作密封处理。

2) 磁性沉降环:由磁环、保护套和弹性爪组成。磁环为外径 $\phi 91mm$、内径 $\phi 55mm$ 恒磁铁氧体。为防止磁环在埋设时破碎,将磁环装在金属保护套内。保护套上安装了 4 只用钟表条做的弹性爪,用以使沉降环牢固地嵌入土体中,以保证其与土体不产生相对位移。

3) 测头:测头由干簧管和铜质壳体组成。干簧管的两个触点用导线引出,导线与壳体间用橡胶密封止水。

4) 输出讯号指示器:由微安表等组成。当干簧管工作时,调整可变电阻,使微安表指示在 $20\mu A$ 以内,也可根据需要选用灯光或音响指示。

磁性分层沉降仪的测量基本原理如下。

埋设于土中的磁性沉降环回随土层沉降而同步下沉。当探头从引导管中缓慢下放遇到预埋的磁性沉降环时,干簧管的触点便在沉降环的磁场力作用下吸合,接通指示器电路,电感探测装置上的蜂鸣器就会发出叫声,此时根据测量导线上标尺所在孔口的刻度以及孔口标高,就可以计算沉降环所在位置的标高,测量精度可达 1mm。沉降环所在位置的标高可由下式计算:

$$H = H_j - L \qquad (5-11)$$

式中 H——沉降环标高;

H_j——基准点标高,可将沉降管管顶作为测量的基准点;

L——测头距基准点的距离。

在基坑开挖前通过预埋分层沉降管和沉降环,并测读各沉降环的初始标高,与其在基坑开挖施工过程中测得的相应标高的差值,即为各土层在施工过程中的沉降或隆起。

$$\triangle H = H_0 - H_t \qquad (5-12)$$

式中 $\triangle H$——某高程处土的沉降;

H_0——沉降环初始标高;

H_t——基坑开挖过程中沉降环标高。

上式可测量某一高程处土的沉降值,但由于基准点水准测量误差,可导致沉降环的高程误差。

所以实际工作中可只测土层变形量,即假定埋设在较深处的沉降环为不动基准点,用沉降仪测出各沉降环的深度,即可求得各土层的变形量。

沉降管和沉降环的埋设要点:

钻机成孔,孔底标高略低于欲测量土层的标高,取出的土分层堆放。提起套管30~40cm,将引导管插入钻孔内,引导管可逐节连接直至略深于预定的最深监测点深度,然后,在引导管与孔壁间用膨胀黏土球填充并捣实至最低的沉降环位置,另用一只铝质开口送筒装上沉降环,套在导管上,沿导管送至预埋位置,再用 ϕ50mm 的硬质塑料管将沉降环推出并轻轻压入土中,使沉降环的弹性爪牢固地嵌入土中,提起套管至待埋沉降环以上30~40cm,往钻孔内回填该土层的土球(直径不大于3cm),至另一个沉降环埋设标高处,重复上述步骤进行埋设。埋设完后,固定孔口,做好孔口的保护装置,并测量孔口标高和各磁性沉降环的初始标高。

(3)用深层沉降标观测

深层沉降标由一个三爪锚头,一根内管和一根外管组成,内管和外管都是钢管。内管连接在锚头上,可在外管中自由滑动。用水准测量内管顶部的标高,标高的变化就相当于锚头位置土层的沉降。将锚头埋入不同深度的土层中,即可监测不同深度土层的沉降,如图5-26所示。

深层沉降标的安装:

1)用钻机在指定位置打一孔,孔底标定略高于欲测量土层的标高(约一个锚头长度)。

2)将1/4in(0.635cm)钢管旋在锚头顶部外侧的螺纹联接器上,用管钳旋紧。将锚头顶部外侧的左旋螺纹用黄油顺滑后,与1in(2.54cm)钢管底部的左旋螺纹相连。

3)将装配好的深层沉降标慢慢放入钻孔内,并逐步加长,直到放入孔底。用外管将锚头压入预测土层的指定标高位置。

4)在孔口恰好固定外管,将内管压下约15cm,此时锚头上的三个卡爪会向外弹开卡在土层里,卡爪一旦弹开就不会再缩回。

5)顺时针方向旋转外管,使外管与锚头分离。上提外管,使外管底部于锚头之间的距离稍大于预估的土层变形量。

6)固定外管,将外管与钻孔之间的空隙填实,做好测点的保护工作。

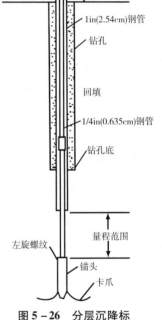

图5-26 分层沉降标

四、水平位移监测

建筑基坑工程水平位移监测一般包括基坑支护结构顶部,邻近建筑物、道路、管线等的水平位移和深层水平位移监测。

1. 坑顶水平位移监测

(1)监测点布置

坑顶水平位移监测点的布设参照垂直位移点的布设,二者可共用监测点。

(2)监测方法和精度要求

坑顶水平位移一般采用基准线法或小角法进行监测,可按二等变形测量等级施测,精度可按表5-16确定。

基坑支护墙(坡)顶水平位移监测精度要求(mm)　　　　表5-16

水平位移报警值(mm)	≤30	30~60	>60
监测点坐标中误差	≤1.5	≤3.0	≤6.0

注:监测点坐标中误差,系指监测点相对测站点(如工作基点等)的坐标中误差,为点位中误差的 $1/\sqrt{2}$。

2. 邻近管线、道路地表水平位移监测

（1）监测点布置

可参照垂直位移点的布设，二者可共用监测点。

（2）监测方法和精度要求

一般采用基准线法或小角法进行监测，可按二等变形测量等级施测，精度可按表5-16确定。

3. 邻近建筑物水平位移监测

（1）监测点布置

建（构）筑物水平位移监测点应布置在建筑物的外墙墙角、外墙中间部位的墙上或柱上，裂缝两侧及其他有代表性的部位，监测点间距视具体情况而定，一侧墙体的监测点不宜少于3个。

（2）监测方法和精度要求

建（构）筑物水平位移的监测方法和坑顶水平位移的监测方法基本相同。一般采用基准线法或小角法，只是受通视条件限制，工作基点，后视点和检核点都设在建筑物的同一侧，如图5-27所示。可按二等变形测量等级施测，精度可按表5-16确定。

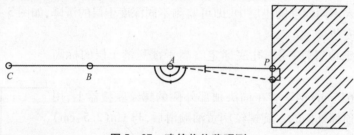

图5-27 建筑物位移观测

4. 深层水平位移监测

为了解支护结构沿深度方向的水平位移变化情况，通常采用在支护结构内或土体中埋设测斜管，用测斜仪量测支护结构或土体内沿深度方向各点的水平位移。

（1）监测点布置

深层水平位移监测点一般布置在基坑周边的中部、阳角处及有代表性的部位，监测点间距一般20~50m，每边监测点不少于1个。

（2）仪器设备

深层水平位移的测量仪器为测斜仪。测斜仪分固定式和活动式两种。目前普遍采用活动式测斜仪，该仪器只使用一个测头，即可连续测量，测点数量可以任选。

测斜仪主要有测头、测读仪、电缆和测斜管四部分组成。

1）测头。目前常用的测头有伺服加速度计式和电阻应变计式。

伺服加速度计式测头是根据检测质量块因输入加速度而产生惯性与地磁感应系统产生的反馈力相平衡，通过感应线圈的电流与反力成正比的关系测定倾角，该类测斜探头的灵敏度和精度都较高。

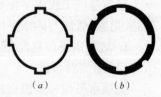

图5-28 测斜管断面
(a)铝管；(b)塑料管

电阻应变式测头的工作原理是用弹性好的铜簧片下悬挂摆锤，并在弹簧片两侧粘贴电阻应变片，构成全桥输出应变式传感器。弹簧片构成的等应变梁，在弹簧弹性变形范围内通过测头的倾角变化与电阻应变读数间的线性关系测定倾角。

2）测读仪。有携带式数字显示应变仪和静态电阻应变仪等。

3）电缆。采用有长度标记的电缆线，且在测头重力作用下不应有伸长现象。通过电缆向测头提供电源、传递量测信号、量测测点到孔口的距离，提升和下放测头。

4）测斜管。测斜管有铝合金管和塑料管两种（图5-28），长度每节2~4m，管径有60mm、

70mm、90mm 等多种不同规格,管段间由外包接头管连接,管内有两组正交的纵向导槽,测量时测头在一对导槽内可上下移动,测斜管接头有固定式和伸缩式两种,测斜管的性能是直接影响测量精度的主要因素。导管的模量既要与土体的模量相接近,又要不因土压力而压扁导管。

活动式测斜仪的倾斜角和区间水平变位如图 5-29 所示。

(3)测斜仪基本原理

将测斜管划分成若干段,由测斜仪测量不同测段上测头轴线与铅垂线之间倾角,进而计算各测段位置的水平位移,如图 5-30 所示。

由测斜仪测得第 i 测段的应变差 $\Delta\varepsilon_i$,换算得该测段的测斜管倾角 θ_i,则该测段的水平位移 δ_i 为:

$$\sin\theta_i = f\Delta\varepsilon_i \quad (5-13)$$

$$\delta_i = l_i\sin\theta_i = l_i f\Delta\varepsilon_i \quad (5-14)$$

式中 δ_i——第 i 测段的水平位移(mm);

l_i——第 i 测段的管长,通常取为 0.5m、1.0m;

θ_i——第 i 测段的倾角值(°);

f——测斜仪率定常数;

$\Delta\varepsilon_i$——测头在第 i 测段正、反两次测得的应变读数差之半,$\Delta\varepsilon_i = (\varepsilon^+ - \varepsilon^-)/2$。

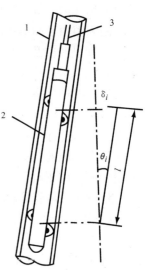

图 5-29 倾斜角与区间水平变位
1—导管;2—测头;3—电缆

当测斜管管底进入基岩或足够深的稳定土层时,则可认为管底不动,作为基准点[图 5-30(a)],从管底向上计算第 n 测段处的总水平位移:

$$\Delta_i = \sum_{i=1}^{n}\delta_i = \sum_{i=1}^{n}l_i \cdot \sin\theta_i = f\sum_{i=1}^{n}l_i \cdot \Delta\varepsilon_i \quad (5-15)$$

当测斜管管底未进入基岩或埋置较浅时,可以管顶作为基准点[图 5-30(b)],实测管顶的水平位移 δ_0,并由管顶向下计算第 n 测段处的水平位移:

$$\Delta_i = \delta_0 - \sum_{i=1}^{n}\delta_i = \delta_0 - \sum_{i=1}^{n}l_i \cdot \sin\theta_i = \delta_0 - f\sum_{i=1}^{n}l_i \cdot \Delta\varepsilon_i \quad (5-16)$$

由于在测斜管埋设时不可能使得其轴线为铅垂线,测斜管埋设好后,总存在一定的倾斜或挠曲,因此,各测段处的实际总水平位移 Δ'_i 应该是各次测得的水平位移与测斜管的初始水平位移之差,即

管底作为基准点:

$$\Delta'_i = \Delta'_i - \Delta'_{0i} = \sum_{i=1}^{n}l_i \cdot (\sin\theta_i - \sin\theta_{0i}) \quad (5-17)$$

管顶作为基准点:

$$\Delta'_i = \Delta'_i - \Delta'_{0i} = \delta_0 - \sum_{i=1}^{n}l_i \cdot (\sin\theta_i - \sin\theta_{0i}) \quad (5-18)$$

式中 θ_{0i}——第 i 测段的初始倾角值(°)。

测斜管可以用于测单向位移,也可以测双向位移,测双向位移时,可由两个方向的位移值求出其矢量和,得位移的最大值和方向。

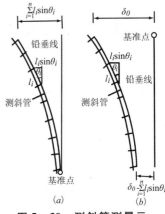

图 5-30 测斜管测量示意图

(4)测斜管埋设

测斜管的埋设有两种方法,一种是绑扎预埋式,即先将测斜管绑扎在桩墙钢筋笼上,随钢筋笼一起下到孔槽内,再浇筑混凝土;另一种是钻孔后埋设。测斜管应在开挖前一周埋设,其埋设要点如下:

1)测斜管现场组装后,安装固定在桩墙的钢筋笼上,随钢筋笼浇筑在混凝土中,浇筑混凝土之前应在测斜管内注满清水,防止在测斜管在浇筑混凝土时浮起,并防止水泥浆渗入管内。

2）采用绑扎预埋时，测斜管长度在底部不能超过钢筋笼长度。在钢筋笼底部焊接一块钢板，防止测斜管随钢筋笼下到孔底时被压断。

3）采用钻孔式时，先在土体或支护结构中钻孔，孔径一般为 $\phi 108mm$，然后将测斜管逐节组装并放入钻孔内。测斜管底部装有底盖，管内注满清水，下入钻孔内预定深度后，即向测斜管与孔壁之间的间隙由下而上逐段灌浆或用砂填实，固定测斜管。

4）埋设时应及时检查测斜管内的一对导槽，其指向应与欲测量的位移方向一致。

5）测斜管连接时为了避免测斜管的纵向旋转，可采用凹凸式插入法。管节连接时，必须将上下管节的滑槽严格对准，并用自攻螺钉固定。

6）测斜管固定完毕或浇筑混凝土后，用清水将测斜管内冲洗干净，用测头模型放入测斜管内，沿导槽上下滑行一遍，以检查导槽是否畅通无阻，滚轮是否有滑出导槽现象。

7）在可能的情况下，采用钻孔式时尽量将测斜管底埋入硬土层或较深的稳定土层中（作为固定端），避免对测斜管端部进行校正。

8）量测测斜管导槽方位、管口坐标及高程，及时做好测斜管的保护工作，如设置金属保护管套、测斜管孔口处砌筑窨井并加盖等。

(5) 监测要点

基准点设定。基准点可设在测斜管的管顶或管底，以管顶作为基准点时，每次测量前须用经纬仪或其他手段确定基准点的坐标。

1）为了保护测斜仪测头的安全，测量前先用测头模型下入测斜管内，沿导槽上下滑行一遍，检查测斜孔及导槽是否畅通无阻。

2）连接测头和测斜仪，检查密封装置、仪器是否工作正常。

3）将测头插入测斜管，使滚轮卡在导槽上，缓慢下至孔底。测量自孔底开始，自下而上沿导槽全长每隔 0.5m 或 1.0m 测读一次，每次测量时，应将测头稳定在某一位置。

4）自下而上测量完毕后，将测头提出管口，旋转 180°，再按上述步骤进行测量，以消除测斜仪本身的固有误差。

5）深层水平位移的初始值可取基坑开挖之前连续三次测量无明显差异读数的平均值。

(6) 监测资料的整理

根据施工进度，将现场监测采集的数据用专用软件进行处理，得到水平位移沿深度的分布曲线。可将不同时间的监测结果绘于同一图中，以便分析水平位移发展的趋势。

五、临近建(构)筑物倾斜及裂缝监测

1. 倾斜监测

(1) 监测点布设

建(构)筑物倾斜监测点布设应符合下列要求：

1）监测点一般布置在建(构)筑物角点、变形缝两侧的承重柱或墙上。

2）监测点应沿主体顶部、底部上下对应布设，上、下监测点应布置在同一竖直线上。

3）当利用基础的差异沉降推算建筑物倾斜时，监测点的布置同建筑物竖向位移监测点的布置。

(2) 监测方法和精度要求

当从建筑物外部观测时，主要选用投点法、测水平角法和前方交会法。当利用建筑物内部竖直通道观测时，可选用正垂线法。对于较低的建筑物，也可采用吊垂线法进行测量。

1）投点法。如图 5-31 所示，在建筑物顶部设置观测点 M，在离建筑物墙面大于其高度的 A 点(设一标志)安置经纬仪（AM 应基本上与被观测的墙面平行），用正、倒镜法将 M 点向下投影，得

N 点，作一标志。当建筑物发生倾斜时，设房顶角 P 点偏到了 P' 点，则 M 点也向同方向偏到了 M' 点得位置，这时，经纬仪安置在 A 点将 M' 点（标志的为 M 点）向下投影得 N' 点。N' 与 N 不重合，两点的水平距离 a 表示建筑物在该垂直方向上产生的倾斜量。用 H 表示墙的高度，则倾斜度为 $i = a/H$。

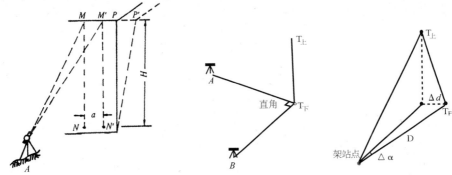

图 5-31 投点法测量倾斜量示意图　　图 5-32 测水平角法测量倾斜示意图

对建筑的倾斜观测应在相互垂直的两立面上进行。

2）测水平角法。如图 5-32 所示，测出架站点到观测点的水平距离 D 和上下两观测点间的水平夹角 $\Delta\alpha$，即可求出倾斜量 $\Delta d = D\sqrt{z(1-\cos\alpha)}$。

3）精度要求。建筑物主体倾斜可按三等水平位移观测等级施测，观测可参照表 5-11。

2. 裂缝监测

建筑物出现裂缝时，除了要加强沉降观测外，还应立即对裂缝进行观测，以掌握裂缝发展情况。裂缝监测一般应监测裂缝的位置、走向、长度、宽度，必要的尚应监测裂缝的深度。

裂缝观测方法如图 5-33(a) 所示。用两块薄钢板，一片约 150mm×150mm，固定在裂缝一侧，另一片 50mm×200mm，固定在裂缝另一侧，并使其中一部分紧贴在相邻的正方形薄钢板之上，然后在两块薄钢板表面涂上红色油漆。当裂缝继续发展时，两块薄钢板将逐渐拉开，正方形薄钢板上便露出原被上面一块薄钢板覆盖着没有涂油漆的部分，其宽度即为裂缝增大的宽度，可用小钢尺或游标卡尺直接量出。

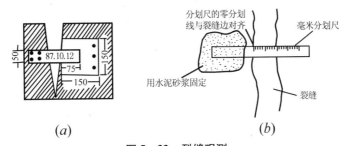

图 5-33 裂缝观测

裂缝观测也可沿裂缝布置成如图 5-33(b) 所示的测标，通过测标随时检查裂缝的宽度。有时也可直接在裂缝两侧墙面上用油漆作平行线标志，然后用游标卡尺或裂缝观测仪量测裂缝宽度。

裂缝宽度量测精度不低于 0.1mm，裂缝长度量测精度不低于 1mm。

六、位移监测常用仪器介绍

为了便于应用，将工程上常用的位移监测仪器作简要介绍。

（1）光学水准仪。光学水准仪是水准测量仪器中的传统产品，国内品种繁多，工程常用的光学水准仪生产厂家及仪器性能见表 5-17。

常见气泡式水准仪及技术指标　　　　　　　　表 5–17

仪器型号		DS1	DS3	DS3–Z	DS3–Z	DZS3–1	DSZ3	DS3–D
制造厂		北测	北测	北测	苏一光	北光	北光	北光
望远镜	放大倍率（倍）	40	30	30	32	30	22	30
	物镜孔径（mm）	50	42	40		45	30	42
	最短焦距（m）	3.0	2.5	2.0	1.6	2.0	0.8	2
水准器	管状（″/2mm）	10	20					20
	圆形（′/2mm）		10	8	8	8	8	8
补偿器	工作范围（′）			±5	±14	±5	±15	
	安平精度（″）			±1	±0.3	±1	±0.5	
重量（kg）		5.8	2.0			3.4	2	3.6
1km 往返测中误差（±mm/km）		1	3	3	2	3	3	3

为了简化操作，提高观测速度，出现了自动安平水准仪，它只需将水准仪上的圆水准器气泡居中，不用调节水准管气泡居中，大大提高了观测效率。国内常用的自动安平水准仪及技术指标见表 5–18。

常见自动安平水准仪及技术指标　　　　　　　　表 5–18

仪器型号		DS32	DSC532	AL332	NA2	DSZ2/DSZ3	FS1	PL1
制造厂		欧波	科力达	北光	徕卡	苏光	苏光	索佳
望远镜	放大倍率（倍）	32	32	32	32	32	40（测微器）	42
	物镜孔径（mm）	40	40	40	40	40	/	50
	最短焦距（m）	0.3	0.3	0.3	0.3	0.3	/	2
水准器	管状（″/2mm）	/	/	/	/	/	/	20
	圆形（′/2mm）	8	8	8	8	8	/	8
补偿器	工作范围（′）	15	14	13	15	14	/	/
	安平精度（″）	0.3	0.4	0.4	0.2	0.3	/	/
重量（kg）		1.8	1.7	1.9	2.6	2.5	/	3.3
1km 往返测中误差（±mm/km）		1.0	1.0	1.0	1.0	1.0	0.5	0.2

（2）电子水准仪。电子科技在测量仪器中的应用，产生了电子水准仪。电子水准仪使水准测量实现了数字化，大大提高了测量速度，不过其价格昂贵。目前工程上常用的电子水准仪及其技术指标见表 5–19。

常见电子水准仪及技术指标　　　　　　　　　表 5-19

仪器型号		ZDL700	DNA03	SDL30M	DINI	DL101C
制造厂		中纬	徕卡	索佳	天宝	拓普康
望远镜	放大倍率(倍)	24	24	32	30	30
	物镜孔径(mm)	40	40	40	40	40
	最短焦距(m)	2	1.8	1.6	1.5	1.8
水准器	管状("/2mm)	20	20	20	20	20
	圆形('/2mm)	8	8	8	8	8
补偿器	工作范围(')	10	10	15	15	15
	安平精度(")	0.35	0.3	0.3	0.3	0.3
重量(kg)		2.5	3.0	3.2	3.4	3.2
1km 往返测中误差(±mm/km)		0.5	0.3	0.4	0.3	0.4

(3)光学经纬仪。目前工程上常用的光学经纬仪及其技术指标见表 5-20。

常见光学经纬仪及技术指标　　　　　　　　　表 5-20

仪器型号		J6/J6E	T6/T6E	DJ6-1/DJ6-2	J2-2	TDJ2E
制造厂		1002 厂	西光	华光	苏光	北光
望远镜	放大倍率(倍)	28	28	28	30	30
	物镜孔径(mm)	40	40	40	40	40
	最短焦距(m)	1.5	1.5	1.5	2	2
水平度盘直径(mm)		93.4	93.4	93.4	93.4	93.4
垂直度盘直径(mm)		73.4	73.4	73.4	73.4	73.4
补偿器	工作范围(')	/	/	/	3	3
	安置精度(")	/	/	/	2	2
最小读数		估读 6"	估读 6"	估读 6"	1	1
照准部水准器("/2mm)		30	30	30	20	20
圆水准器('/2mm)		8	8	8	8	8
重量(kg)		2.5	2.5	2.5	5.6	6
备注						

(4)电子经纬仪及激光经纬仪。

电子科技在经纬仪中的应用,产生了电子经纬仪,实现了测角数字化、自动化。常见电子经纬仪及技术指标见表 5-21。激光经纬仪是在电子经纬仪的基础上,增加激光发射系统改制而成。激光通过望远镜发射出来,与望远镜视准轴保持同轴、同焦。除具有电子经纬仪的所有功能外,还提供一条可见的激光束,十分利于工程应用。常用的激光经纬仪及其技术指标见表 5-22。

常见电子经纬仪及技术指标　　　　　表 5-21

仪器型号		ET-02/ET-02C	DT-02/DT-02C	FDT2GCA/FDT2GCL	DT202C	DT202
制造厂		科力达	南方	欧波	苏一光	拓普康
望远镜	放大倍率(倍)	30	30	30	30	30
	物镜孔径(mm)	45	45	45	45	45
	最短焦距(m)	1.4	1.4	1.3	1.4	1.2
水平度盘直径(mm)		94	94	94	94	94
垂直度盘直径(mm)		75	75	75	75	75
补偿器	工作范围(′)	3	3	3	3	3
	安置精度(″)	1	1	1	1	1
最小读数		1	1	1	1	1
照准部水准器(″/2mm)		30	30	30	30	30
圆水准器(′/2mm)		8	8	8	8	8
重量(kg)		4.3	4.3	4.5	4.8	5.2
备注				激光下对点		

常见激光经纬仪及技术指标　　　　　表 5-22

仪器型号		J2JDE	ET-02L	FDTL2CL	LT202	DT202L
制造厂		苏一光	科力达	欧波	苏一光	拓普康
望远镜	放大倍率(倍)	30	30	30	30	30
	物镜孔径(mm)	45	45	45	45	45
	最短焦距(m)	1.4	1.4	1.3	1.4	1.2
水平度盘直径(mm)		94	94	94	94	94
垂直度盘直径(mm)		75	75	75	75	75
补偿器	工作范围(′)	3	3	3	3	3
	安置精度(″)	1	1	1	1	1
最小读数		1	1	1	1	1
照准部水准器(″/2mm)		30	30	30	30	30
圆水准器(′/2mm)		8	8	8	8	8
重量(kg)		6.2	4.8	4.9	5.1	5.5
备注				激光下对点		

(5)全站仪。随着电子科技的迅猛发展,位移监测仪器日新月异。将电子经纬仪和测距仪一体化,称为全站仪。该仪器可以自动完成水平角、竖直角、斜距、平距、高差、坐标增量等的测量与计算,大大减少人力,提高了工作效率,目前已在工程测量中广泛应用。图 5-34 是 TOPOCON 电子全站仪构造示意图。

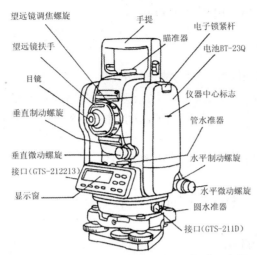

图 5-34　TOPOCON 电子全站仪构造示意图

常用的国内外全站仪有：

(1)中纬测量系统(武汉)有限公司生产的 ZTS602LR 中文全站仪,其主要性能如下：

1)角度测量

测角原理：绝对编码；最小读数：1″；测角标准：2″。

2)望远镜

放大倍数：30×；视场角：1°30′(26m/1km)；最短视距：1.7m；十字丝：照明。

3)补偿器

系统：电子双轴液体补偿器；工作范围：±4′；补偿精度：1″。

4)距离测量

测程：使用单棱镜(大气一般/好),3000m/3500m；

　　　使用反射片(60mm×60mm),250m；

测距精度(短程/跟踪/棱镜)：2mm+2ppm/5mm+2ppm/5mm+2ppm；

测量时间(精测/粗测/跟踪)：2s/1s/0.6s。

5)通信

内存数据容量：10000 数据块；

接口：标准 RS232 串口(波特率达 19200)；

数据格式：ASCII/自定义格式。

6)操作

显示屏：图形：160×280 像数，字符：8 行×17 字；键盘(可用第二键盘：数字字符键,4 个功能键)。

7)激光对中器

类型：激光点,步进亮度调节；精度：1.5mm(仪器高 1.5m)。

8)环境条件

工作温度范围：-20~50℃；储存温度范围：-40~70℃；防尘防水(依据标准：IEC60529)：IP54。

9)重量

含电池和基座：5.5kg。

10)电源供应

电池类型：NiMH 摄像机用类型；电压/容量：ZBA-100:6V 4200mAh/；工作时间：使用 ZBA-

100:约 6h;测距次数 使用 ZBA - 100:约 9000 次。

(2)广东科力达仪器有限公司生产的 KTS - 442 全站仪,其主要性能如下:

1)角度测量

测角原理:绝对编码;最小读数:1″/5″;测角标准:2″。

2)望远镜

放大倍数:30 × ;视场角:1°30′;分辨率:3″;最小对焦距离:1m;成像:正像。

3)自动垂直补偿器

系统:液体电子传感补偿;工作范围: ± 3′;精度:1″。

4)最大测量距离

单棱镜:5km;三棱镜:6km;精度:2 + 2ppm;

测量时间:精测 3s,跟踪 1s;

气象修正:输入参数自动改正;

棱镜常数修正:输入参数自动改正。

5)通讯

采用高速 CPU,能存储坐标数据十万组。

6)水准器

管水准器:30″/2mm;圆水准器:8′/2mm。

7)光学对中器

成像:正像;放大倍率:3 × ;调焦范围:0.5m ~ 无穷大;视场角:5°。

8)其他

显示类型:双面,6 行中文显示;电源:可充电镍 - 氢电池;电压:6V;连续工作时间:8h;重量 5.8kg;工作环境:防水、防尘。

(3)苏州一光仪器有限公司生产的 RTS630H 系列全站仪,其主要性能见表 5 - 23。

RTS630H 全站仪性能表 表 5 - 23

仪器型号		RTS632H	RTS632HL	RTS635H	RTS635HL
望远镜					
镜筒长		156mm			
成像		正像			
物镜有效直径		φ40mm			
放大倍率		30 ×			
视场		1°20′			
最短视距		1.8m			
距离测量(良好天气条件)					
测程	单棱镜	2200m			
	三棱镜	2600m			
精度		$\pm (2 + 2 \times 10^{-6} \cdot D)$mm			
测量时间		标准/跟踪 1.5/0.7,初始:3s			
测距最小读数	精密测量模式	1mm			
	跟踪测量模式	10mm			
温度设定范围		-40 ~ 60℃ 步长 1℃			

续表

仪器型号	RTS632H	RTS632HL	RTS635H	RTS635HL
大气压改正		600~1500hPa 步长 1hPa		
棱镜常数改正		-99.9~99.9mm		
角度测量				
读数系统		光电增量编码系统		
最小读数		（Degree）1″/ 5″ （Gon）0.3mgon/ 1.5 mgon		
精度	2″		5″	
长水准气泡				
管形气泡精度		30″/2mm		
圆形气泡精度		8′/2mm		
补偿器				
范围		±3′		
光学对点器				
精度	1/2000		1/2000	
成像	正像		正像	
放大倍率	3×	/	3×	/
视场	4°		4°	
调焦范围	0.5m~∞		0.5m~∞	
激光对点器（可选）				
调焦范围	/	0.5m~∞	/	0.5m~∞
工作距离	/	0.5~80 m	/	0.5~80 m
精度		1/2000		1/2000
显示				
类型		两侧点阵液晶显示		
照明				
液晶屏		液晶背光		
分划板		有		
电源				
电池				
工作电压		7.2VDC(可充 Ni-MH 电池)		
工作时间		约 8h（连续测距/角度测量） 约 12h（角度测量）		
充电器		FDJ6 110/220V 充电时间约 3.5h		
其他				
内存容量		8000 点		
主机重量（带电池）		4.5kg		
体积		(W×D×H)约 160mm×155mm×360mm		

续表

仪器型号	RTS632H	RTS632HL	RTS635H	RTS635HL
温度范围	\-20 ~ +50℃			
I/O 上传/下载	RS232c			
数据输出	数据下载及格式转换软件 com600			

(4)徕卡测量系统有限公司生产的 TC402 全站仪,其主要性能见表 5-24。

TC402 全站仪性能表　　　　　　　　　　　　　表 5-24

测角	连续、绝对编码读数	★
	测角精度:DIN18723,ISO12857	2″
测距 (1R)	标准测量精度	2mm + 2ppm
	单次测量时间	<1s
	跟踪测量精度	5mm + 2ppm
	测量时间	<0.3s
	测程(GPR1 棱镜/大气一般/好)	1200m/2000m
测距 (RL)	无棱镜测距(短程)	170m
	(GPR1 棱镜/长距/大气一般/好)	5000m/6000m
	测量精度(短程、长距、跟踪)	3mm + 2ppm/5mm + 2ppm/5mm + 2ppm
	激光等级	2/Ⅱ
显示	LCD280×160 像素	中文 8 行,每行 15 个汉字或 30 个字符
系统	数据存储	内存/RS232 输出
	数据格式	GSI、IDEX、自定义
	内存数据量	9000 记录块
补偿器	液体双轴补偿	★
自动改正	视准差	★
	指标差	★
对中器	激光对中精度	仪器高 1.5m 时:1mm
适应温度	工作温度	\-20 ~ 50℃
	保存温度	\-40 ~ 70℃
望远镜	放大倍数	30×
	物镜孔径	40mm

(5)日本株式会社拓普康生产的 GTS-332N 全站仪,其主要性能特点如下:

1)机身小、画面大,全中文显示;

2)带有数字字符键,野外输入更方便;

3)充足的内存空间:可储存 24000 个观测点,24000 个坐标点;

4)特别耐用,防尘等级达 IP66 级;

5)装备长效电池(BT-52QA),作业时间达 10h;

6)测角精度:±2″/5″,绝对法测角,无需过零检验;

7)测距精度:±$(2mm + 2ppm \times D)$;

8)测程:3km/单棱镜;

9)高速测距:精测1.2s,粗测0.7s,跟踪0.4s。

(6)分层沉降仪。常见的各种型号沉降仪见表5-25、表5-26,工程上多用电磁沉降仪。

各种型号电磁沉降仪的性能　　　　　　　　　　　　　　　　　　　　表5-25

型号	CF-1	CF-2	CEI-1	CJY80
测量深度(m)	50	50~100	45~300	50 100 150
精度(mm)	0.1	0.1	0.1	0.1
重量(kg)	1.0	3.5		3,4,6
测头尺寸(mm)	$\phi42\times340$	$\phi35\times250$	$\phi35~42$	$\phi24\times150$ $\phi32\times150$
耐水压(MPa)	0.5	1		1
电源	12VDC	9VDC		9VDC
构造形式	钢尺+电缆	钢尺电缆一体	带标尺电缆	钢尺电缆一体
生产厂家	南京电力自动化设备总厂	昆明捷兴岩土仪器公司	美国辛柯公司	金坛土木工程仪器厂

各种型号钢弦式沉降仪的性能表　　　　　　　　　　　　　　　　　　表5-26

型号	4651型	GCJ型
量程(m)	4.5、9、18	5、10、20
灵敏度	0.25	0.03
精度(%F.S)	0.25	0.25
温度范围(℃)	-30~80	-20~65
尺寸(mm)	44.3×177	
生产单位	美国Geokon公司	南京水利科学研究院

(7)测斜仪及测斜管。常见的各种型号测斜仪见表5-27,各种不同材质的测斜管及型号见表5-28。

各种型号测斜仪的性能　　　　　　　　　　　　　　　　　　　　　　表5-27

型号	测头形式及尺寸(mm)	量程(θ)	位移方向	灵敏度(分辨率)	精度	温度(℃)	生产单位
CX-01型测斜仪	伺服加速度计式,$\phi32\times600$	0°~±53°	水平一向	±0.02mm/500mm	±4mm/15m	-10~50	水利水电科学研究院,航天部33研究所联合研制
CX-03E型测斜仪	伺服加速度计式,$\phi32\times660$	0°~±50°	水平两向	±0.02mm/8″	±4mm/15m	-10~50	北京航天万新科技有限公司
BC-5型测斜仪	电阻片式$\phi32\times650$	±5°	水平一向	—	≤±1%F.S	-10~50	水电部南京自动化设备厂
EHW型测斜仪	—	0°~±11° 0°~±30°	水平一向	0.1mm/1m		—	瑞士胡根伯公司
100型测斜仪	伺服加速度计式,25.4×660	0°~±53°	水平两向	±0.02mm/500mm	±6mm/30m	-18~40	美国辛柯公司

续表

型号	测头形式及尺寸(mm)	量程(θ)	位移方向	灵敏度（分辨率）	精度	温度(℃)	生产单位
6000型测斜仪	伺服加速度计式,$\phi 25\times 700$	0°~±53°	水平两向	±0.05mm/1000mm	±6mm/30m	0~50	美国基康公司
Q-S型测斜仪	伺服加速度计式,$\phi 25.5\times 500$	0°~±15°	—	（<40）	0.5%	—	日本应用地质株式会社
测斜仪	伺服加速度计式	—	—	1×10^{-4}基线长	±0.002%	-25~55	奥地利英特菲斯公司
MPF-1型测斜仪	—	—	水平两向	0.005%（零漂）	0.02%	-5~60	法国塔勒麦克公司
测斜仪	伺服加速度计式,$\phi 28.5\times 750$	0°~±30°	水平两向	±0.01%F.S/℃（零漂）	±0.02%F.S	-5~70	英国岩土仪器公司
测斜仪	伺服加速度计式,$\phi 40\times 808$	0°~±30°	水平两向	2″	10″	-10~40	意大利伊斯麦斯研究所

各种型号测斜管的性能　　表5-28

名称		高精度PVC测斜管					测斜管		测斜管				
材料		聚氯乙烯塑料					铝合金		ABS塑料			铝合金	
测斜管尺寸	外径(mm)	90	70	60	70	65	53	86	71	85	70	48	86	71
	壁厚(mm)	6	5.5	5.5	5			2.5	2	5、3			1	
	导槽宽(mm)	8	5、3	4	5.5	上4.5,下2.5								
	导槽深(mm)	3	2.5	2.3	2.5									
	长度(m)	2、4			2、4			2、3		1.5、3.0				
连接管尺寸	外径(mm)	82	71	80	75	63		92	76	89	75	53	92	75
	壁厚(mm)	5.5	5.3	5				2.5	2	2	2.5	3	2	
	长度(mm)	160、250	300		180~200			15		305				
导槽两端扭角(°/m)		<0.17			≤0.2								<1°/3m	
导槽X、Y轴线垂直度(°)		<0.5			≤0.3									
弯曲度(‰)					≤1.0									
测斜管圆度(mm)					≤0.4									
抗压强度(N/100mm)					≥1200									
荷载试验(kg)										>320			>270	
温度范围(℃)										-29~82			230	
生产单位		宜兴闸口钙塑制品厂			金坛土木工程仪器厂			水利水电研究院		美国辛柯公司、美国基康公司				

第五节 内力监测

一、支护结构内力量测

支护结构内力的量测是指深基坑工程中采用的支护墙(桩)、支锚结构、围檩及防渗帷幕等支护结构的内力(应力、应变、轴力与弯矩等)。在钢筋混凝土制作的支护结构中,通常采用埋设在支护结构内部的、与受力钢筋串联连接的钢筋应力传感器监测。通过测定构件受力钢筋的应力或应变,然后根据钢筋与混凝土共同工作、变形协调条件求得其内力或轴力。支护结构主要包含两个方面,即支护桩(墙)和内支撑系统。支护桩(墙)内力的量测一般采用钢筋应力计进行,钢筋应力计可以是钢弦式的,也有用电阻应变片式的。支撑内力的量测一般采用下列途径进行:①钢筋应力计量测。对于钢筋混凝土支撑,可采用钢筋应力计量测钢筋应力,然后得到支撑内力;②轴力计量测。对于钢支撑,可用轴力计量测内力,轴力计可以用应变片式和钢弦式;③应变片量测。在支撑上直接粘贴电阻应变片,量测支撑应变,即可推算出支撑轴力。

1. 监测点的布置

支护结构内力监测点的布置主要考虑以下几个因素:计算的最大弯矩所在位置和反弯点位置;各土层的分界面;结构变截面或配筋率改变的截面位置;结构内支撑或拉锚所在的主要受力位置等。一般内力监测点的布置需要在监测方案中根据以上监测原则在测点布置示意图中予以明确。

支护结构内力监测点布置应符合下列要求:

(1)支护墙内力监测点应布置在受力、变形较大且有代表性的部位,监测点数量和横向间距视具体情况而定,但每边至少应设 1 处监测点。竖直方向监测点应布置在弯矩较大处,监测点间距宜为 2~4m;

(2)支撑内力监测点宜设置在支撑内力较大或在整个支撑系统中起关键作用的杆件上;

(3)每道支撑的内力监测点不应少于 3 个,各道支撑的监测点位置宜在竖向保持一致;

(4)钢支撑的监测截面根据测试仪器宜布置在支撑长度的 1/3 部位或支撑的端头。钢筋混凝土支撑的监测截面宜布置在支撑长度的 1/3 部位;

(5)每个监测点截面内传感器的设置数量及布置应满足不同传感器测试要求。

2. 仪器和设备

支护结构内力的量测所选用的元件对于不同的测试对象分别为钢筋测力计、反力计(又称轴力计)、表面应变计等,数据采集设备为数字式频率仪或应变仪。支护结构内力量测前,根据不同的测试对象选择相应的应力元件,如钢筋测力计、反力计(又称轴力计)、表面应变计等。应力元件的量程应满足被测压力范围要求,一般应不小于设计力值的 2 倍;分辨率不宜低于 0.2%(F.S),精度不宜低于 ±0.5%(F.S)。

下面介绍几种常用的测试元件。

(1)钢弦式钢筋应力计

常用的钢筋计有差动电阻式、钢弦式和电阻应变片式等。这里主要介绍钢弦式钢筋计,其结构牢固,稳定性较好且埋设与操作简单。

1)基本原理:钢弦的自振频率取决于钢弦长度、材料和钢弦所受的内应力,当其长度与材料确定后,钢弦张紧力与谐振频率便成单值函数。由式(5-19)可以通过测定其频率来确定钢弦所受的内应力。在现场量测中,接收多采用袖珍式数字频率接收仪,其使用携带方便,量测简便快捷。

$$F = K(f_x^2 - f_0^2) + A \qquad (5-19)$$

式中 F——钢弦张力;

K——传感器灵敏系数;
f_x——张力变化后的钢弦自振频率;
f_0——传感器钢弦初始频率;
A——修正常数。

2)构造:钢弦式钢筋应力计的构造如图 5-35 所示。主要由壳体部分(即圆筒形受力应变管)和振动部分(即钢弦)两部分组成。

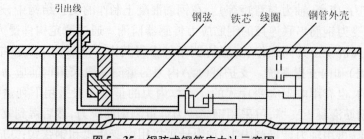

图 5-35 钢弦式钢筋应力计示意图

钢筋应力计应直接固定在钢筋混凝土结构的钢筋上,受力应变管所用的材料强度应与所取代的钢筋材料强度相同。应变管外壳的断面应与所取代的钢筋断面相同,为便于加工和利于传感器定型化和系列化,应变管的内径不变,只相应地改变应变管的外径,把应变管的断面面积调整与钢筋断面相同。

3)标定:钢弦式钢筋应力计使用前应进行标定,以检验出厂时的传感器系数是否变动。标定一般在万能实验机上进行,根据拉、压试验结果绘制成标定曲线,如图 5-36 所示。

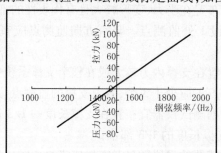

图 5-36 钢弦式钢筋应力计标定曲线

(2)应变式钢筋应力计

为了测定钢筋的应力,可将应变片直接粘贴在钢筋测点上,然后浇筑混凝土,等结构成型后即可得到钢筋的应力。另一种方法是预先制作应变式钢筋应力计,即事先选择一定长度和适当直径的钢筋(约 80cm 长,直径与被测钢筋相同),将电阻应变片粘贴在其中心位置,引出导线,经过防潮处理和绝缘度检查,在万能机上标定,可作为成品钢筋计使用。

应变式钢筋计的基本构造如图 5-37 所示。

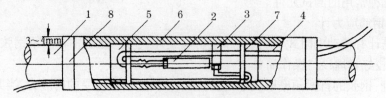

图 5-37 应变式钢筋应力计构造示意图

1—钢筋;2—测量应变片;3—补偿应变片;4—导线;5—半固化环氧树脂隔离层
6—环氧树脂水层;7—胶布;8—封头

(3)钢弦式轴力计

钢弦式轴力计主要用于刚支撑轴力的量测,其基本原理与钢弦式钢筋应力相同,其基本构造如图 5-38 所示。

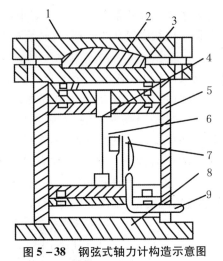

图 5-38　钢弦式轴力计构造示意图
1—球形板;2、3—上下盖板;4—钢弦夹头;5—外壳;6—钢弦;
7—电磁激励线圈;8—底座;9—电缆

3. 埋设、安装

(1)钢弦式钢筋应力计

使用时,应把钢弦式钢筋应力计刚性地连接在钢筋测点位置上,其连接方法有两种:焊接法和螺纹连接。

1)焊接法:把一根钢筋的端头插入传感器一端的预留空中,再把另一根钢筋的端头插入传感器另一端的预留孔中,沿传感器的端头均与焊接。

2)螺纹连接:在被测钢筋中,选若干小段(约 1m 长),每一根的一端加工成与传感器相配的螺纹规格,把钢筋带螺纹的一段拧入传感器中,并拧紧。把与传感器连接好的钢筋带到现场再进行焊接。

钢弦式钢筋计安装时应注意尽可能使钢筋计处于不受力状态,特别不能使其处于受弯状态。由于主钢筋一般沿混凝土结构截面周边布置,所以钢弦式钢筋应力计应上下或左右对称布置,或在矩形断面的 4 个角点处布置 4 个钢筋计,如图 5-39 所示。

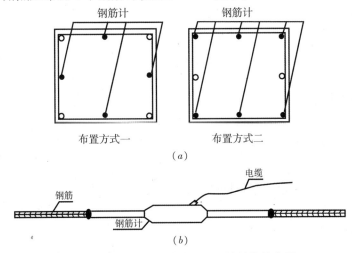

图 5-39　钢筋应力计在混凝土构件中的布置
(a)断面布置示意图;(b)纵向布置示意图

(2)应变式钢筋应力计

将预先制作好的应变式钢筋应力计在现场与主筋对焊,焊接时应采取降温措施,焊接后应测量其全长并复核各测点的间距。

焊有钢筋计的钢筋应按设计要求安装在钢筋骨架中,要求钢筋骨架不得歪扭,将导线理成导线束,沿主筋引至钢筋管架顶部。为防止电线受潮或受到损坏,必须对引出电线及编号标志妥善保护。

(3)钢弦式轴力计

钢弦式轴力计随钢支撑施工安装时安装,利用厂家配套提供的轴力计安装架,安装架圆形钢筒上没有开槽的一端面与支撑的牛腿(活络头)上的钢板电焊焊接牢固。电焊时,必须使钢支撑中心轴线与安装中心点对齐。由于轴力计是串联安装的,安装不好会影响支撑受力,甚至引起支撑失稳或滑脱。把反力计电缆妥善地绑在安装架的两翅膀内侧,使钢支撑在吊装过程中不会损伤电缆。把反力计的电缆引至方便正常测量时为止。钢支撑吊装到位后,即安装架的另一端(空缺的那一端)与支护墙体上的钢板对上,反力计与墙体钢板间最好再增加一块钢板,防止钢支撑受力后反力计陷入墙体内,造成测值不准等情况发生,如图5-40所示。

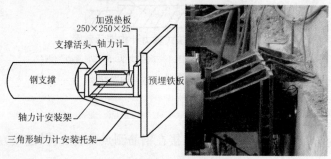

图5-40 轴力计安装及监测过程示意图

4. 监测数据的采集与分析

钢弦式钢筋应力计、钢弦式轴力计均可用数字式频率仪测读,应变式钢筋应力计可用应变仪测读。

以钢筋混凝土构件中埋设钢筋计为例,根据钢筋与混凝土的变形协调原理,由钢筋计的拉力或压力计算构件内力的方法如下:

支撑轴力:$P_c = \frac{E_c}{E_t} \overline{P_g} \left(\frac{A}{A_g} - 1 \right)$ (5-20)

支撑弯矩:$M = \frac{1}{2}(\overline{p_1} - \overline{p_2}) \cdot \left(n + \frac{bhE_c}{6E_g A_g} \right) h$ (5-21)

地下连续墙弯矩:$M = \frac{1000h}{t} \left(1 + \frac{tE_c}{6E_t A_t} h \right) \frac{(\overline{p_1} - \overline{p_2})}{2}$ (5-22)

式中 P_c——支撑轴力(kN);

E_c、E_t——混凝土和钢筋的弹性模量(MPa);

$\overline{P_g}$——所量测钢筋拉压力平均值(kN);

A、A_g——支撑截面面积和钢筋截面面积(m^2);

n——埋设钢筋计的那一层钢筋的受力主筋总根数;

t——受力主筋间距(m);

b——支撑宽度(m);

$\overline{p_1}$、$\overline{p_2}$——分别为支撑或地下连续墙两对边受力主筋实测拉压力平均值(kN);

h——支撑高度或地下连续墙厚度(m)。

按上述公式进行内力换算时,结构浇筑初期应计入混凝土龄期对弹性模量的影响,在室外温度变化幅度较大的季节,还需注意温差对监测结果的影响。

有实验表明,由于温度的变化,支撑往往产生很大的温度应力,对于钢筋混凝土支撑,温度影响约为 15% ~20%。所以最好都在每天的同一时间段或温差不大的情况下进行测量,尽量减少因温度变化产生的影响。

一般情况下,本次支撑内力测量与上次同点号的支撑内力的变化量或与同点号初始支撑内力值之差为本次变化量。在实际测量过程中,影响支持轴力变化的因素有:侧向荷载(包括水土压力、地面超载),竖向荷载的偏心,混凝土的收缩、温度,立柱的竖向位移等。由于温度和混凝土收缩的原因会造成实测值与计算值相差很大,有的实测值与计算值相差 -50% ~100%,甚至更多。故在监测资料整理的过程中内力监测结果应与相应时间段测量的位移变化数值相结合进行分析,必要时,可据此对轴力实测数据进行修正。

二、土压力监测

基坑开挖施工过程中,由于坑内土体卸载,导致支护体系内外土压力失衡。通过对土压力的变化进行监测,并结合其他项目的监测数据综合分析,控制开挖速率,以确保安全施工。土压力量测主要是指量测作用在挡土墙即支护墙体上的侧向土应力。

1. 监测点的布置

土压力监测点的布置原则:以测定有代表性位置处的土压力分布规律为目标,在土压力变化较大的区域布置得密些,变化较小的区域布置得稀些,通常测点布设在有代表性的结构断面上和土层中。

国家标准《建筑基坑工程监测技术规范》GB 50497 - 2009 明确支护墙侧向土压力监测点的布置应符合下列要求:

(1)监测点应布置在受力、土质条件变化较大或有代表性的部位;

(2)平面布置上基坑每边不宜少于 2 个测点。在竖向布置上,测点间距宜为 2 ~5m,测点下部宜密;

(3)当按土层分布情况布设时,每层应至少布设 1 个测点,且布置在各层土的中部;

(4)土压力盒应紧贴支护墙布置,宜预设在支护墙的迎土面一侧。

2. 设备和仪器

量测土压力主要元件为土压力计(工程上常称土压力盒),常用的土压力盒有钢弦式和电阻式。钢弦式土压力盒长期稳定性好,结构牢固,操作方便且容易实现自动化,故现场监测多采用钢弦式土压力盒。目前钢弦式土压力盒可分为竖式和卧式两种。图 5 - 41 所示的为卧式钢弦土压力盒的构造简图,其直径为 100 ~150mm,长度为 20 ~50mm。图 5 - 42 所示的为竖式钢弦土压力盒构造简图,其主要用于量测隧道衬砌上的压力。钢弦式土压力盒的采集数据设备为数字式频率仪。土压力盒实测压力为土压力和孔隙水压力的总和,应当扣除孔隙水压力后,才是实际的土压力值。

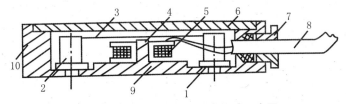

图 5 - 41 卧式钢弦土压力盒构造示意图

1—球形板;2—钢弦柱;3—钢弦;4—铁芯;5—线圈;6—盖板;
7—密封圈;8—电缆;9—底座;10—外壳

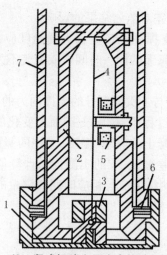

图 5-42 竖式钢弦土压力盒构造示意图
1—变形膜;2—钢弦架;3—钢弦夹头;4—钢弦;
5—电磁线圈;6—防水垫圈;7—外罩

土压力盒的工作原理:以钢弦式土压力盒为例,当土压力作用于压力盒承压膜上,承压膜即产生微小挠性变形,使油腔内液体受压,因液体不可压缩特性而产生液体压力,通过接管传到压力传感器上,使钢弦式传感器的自振频率发生变化,从而由钢弦式传感器的自振频率的变化测算出土压力的变化。

3. 安装、埋设

(1)钢板桩或预制钢筋混凝土作为支挡结构时,土压力盒应施工前先安装在钢板桩或构件上,随构件一起打入土中。此时对土压力盒及引出导线的保护相当重要。

(2)钻孔法。支挡结构已施工完毕,此时土压力盒可用钻孔法埋入土中。即先在预定埋设位置采用钻机钻孔,孔径大于压力盒直径,孔深比土压力盒埋深浅 30~50cm,把钢弦式土压力盒装在特制的铲子内,用钻杆把装有土压力盒的铲子缓慢放至孔底,并将铲子压至所需标高。钻孔法埋设土压力盒比较方便,工程适应性强,但也有缺点,由于钻孔位置与支挡结构之间不能直接紧贴,常常导致测得的土压力偏小,不能完全反应支挡结构的受力情况,具有一定的近似性。

(3)采用现浇钢筋混凝土挡土结构时,如地下连续墙,土压力盒的埋设常采用挂布法。即在布设测点槽段的钢筋笼上随迎土面布设一幅布帘,事先将土压力盒装入布帘的口袋中。浇筑混凝土时,借助于流态混凝土将布帘侧向推入土壁,使土压力盒与土壁紧贴。挂布法埋设过程如图 5-43 所示。

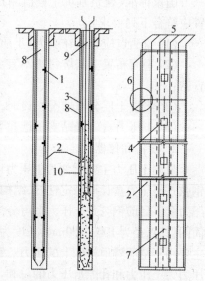

图 5-43 挂布正面图
1—土压力盒;2—布帘;3—钢筋笼;
4—布袋;5—麻绳;6—圆钢;
7—加固细帆布;8—泥浆;9—导管;
10—水下混凝土

4. 监测数据采集与分析

土压力盒埋设后应立即进行检查测试,在基坑开挖前一般 2~3d 观测一次,每次观测应有 3~5 次稳定读数。当一周后压力数值基本稳定时,该数值即可作为初始值。

钢弦式土压力按下式计算:

$$P = k(f_0^2 - f^2) \tag{5-23}$$

式中 P——作用于土压力计上总压力(kPa);
  k——土压力盒率定常数(kPa/Hz);
  f_0——土压力盒的初始频率(Hz);
  f——土压力盒受压后的测试频率(Hz)。

根据监测数据,可整理出以下几种曲线:①不同施工阶段沿深度的土压力分布曲线;②土压力变化时程曲线;③土压力与挡土结构位移关系曲线。

当量测土压力数值异常或变化速率增快时,应分析原因,及时采取措施,加密观测次数,并结合其他监测项目,如沉降、水平位移、支护结构内力等变化情况综合分析。

三、土中孔隙水压力监测

在软土地区,饱和土体受荷后将产生超静孔隙水压力,孔隙水压力的变化和迁移导致土体应力的变化。孔隙水压力的变化是土体运动的前兆。当超静孔隙水压力达到某一临界值时,会使土体失稳破坏。另一方面,基坑开挖工程常常在地下水位以下土体中进行,土体中静水压力不会使土体变形,但当土体渗透性好,地下水渗流时,在流动方向上将产生渗透力。当渗透力达到某一临界值时,将使土颗粒处于"失重"状态,出现常见的"流土"现象,处理不当,可能会造成灾难性的事故。因此,通过监测土体中孔隙水压力在施工过程中的变化情况为基坑支护结构稳定控制提供依据。

1. 监测点的布置

孔隙水压力监测点宜布置在基坑受力、变形较大或有代表性的部位。监测点竖向布置宜在水压力变化影响深度范围内按土层分布情况布设,监测点竖向间距一般为 2~5m,并不宜少于 3 个。

2. 仪器与设备

测量孔隙水压力的方法有电测法、液压法和气压法,相应的孔隙水压力计可分为电测式、钢弦式、电阻应变片式、差动电阻式、水管式和气压式等多种类型。钢弦式孔隙水压力结构牢靠,长期稳定性好,不受埋设深度的影响,埋设简单,目前被广泛应用。这里主要介绍钢弦式孔隙水压力计。

钢弦式孔隙水压力计的构造如图 5-44 所示。其构造主要由透水石、钢弦式压力传感器组成。透水石材料一般用氧化硅或不锈金属粉末组成。钢弦式压力传感器由不锈钢承压膜、钢弦、支架、壳体和信号传输电缆等组成。

钢弦式孔隙水压力计的工作原理是:土体孔隙中的有压水通过透水石汇集到承压腔,作用于承压膜片上。膜片中心产生挠曲引起钢弦的应力发生变化,钢弦的自振频率与钢弦应力有关。据此,从理论上可得到孔隙水压力与钢弦自振频率的关系为:

$$\mu = k(f_0^2 - f^2) \quad (5-24)$$

式中 μ——孔隙水压力(kPa);
  k——传感器标定系数(kPa/Hz);
  f_0——钢弦初始频率(Hz);
  f——钢弦在某孔隙水压力时的振动频率(Hz)。

孔隙水压力计量程及精度应符合以下要求:量程应满足被测孔

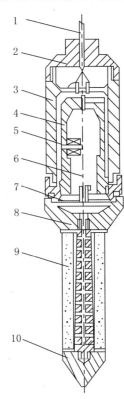

图 5-44 钢弦式孔隙水压力计构造示意图
1—屏蔽电缆;2—盖帽;3—壳体;
4—支架;5—线圈;6—钢弦;
7—承压膜;8—底盖;9—透水体;
10—锥头

隙水压力范围的要求,可取静水压力与超孔隙水压力之和的1.2倍,精度不宜低于0.5%F.S,分辨率不宜低于0.2%F.S。

3. 安装、埋设

孔隙水压力计应在事前2~3周埋设,埋设前应检查率定资料,记录探头编号,测读初始读数。孔隙水压力计埋设后应测量初始值,且宜逐日量测1周以上并取得稳定初始值。应在孔隙水压力监测的同时测量孔隙水压力计埋设位置附近的地下水位。

孔隙水压力计埋设前应首先将透水石放入纯净的清水中煮沸2h,以排除其孔隙内气泡和油污。煮沸后的透水石需要浸泡在冷开水中,测头埋设前,应量测空隙水压力计在大气中测量初始频率,然后将透水石在水中装在测头上,在埋设时应将测头置于有水的塑料袋中链接于钻杆上,避免与大气接触。

孔隙水压力计埋设可采用压入法、钻孔法等。钻孔埋设法:采用钻孔法埋设孔隙水压力计时,钻孔直径宜为110~130mm,不宜使用泥浆护壁成孔,钻孔应圆直、干净;封口材料宜采用直径10~20mm的干燥膨润土球。在埋设位置用钻孔成孔,达到要求深度后,先向孔底填入部分干净砂,将测头放入孔内,再在测头周围填砂,然后用膨胀性黏土将钻孔全部封严即可。原则上一个钻孔只能埋设一个探头,但为了节省钻孔费用,也可在同一钻孔中埋设多个位于不同标高处的孔隙水压力计,在这种情况下,每个孔隙水压力计之间的间距应不小于1m,并且需要采用干土球或膨胀性黏土将各个探头进行严格相互隔离,否则达不到测定各层空隙水压力变化的目的。钻孔埋设法使得土体中原有孔隙水压力降低为零,同时测头周围填砂,不可能达到原有土的密度,势必影响孔隙水压力的量测精度。

压入埋设法:若地基土质较软,可将测头缓缓压入土中的要求深度,或先成孔到预埋深度以上1.0m左右,然后将测头向下压入至埋设深度,钻孔用膨胀性黏土密封。采用压入埋设法,土体局部仍有扰动,并引起超孔隙水压力,影响孔隙水压力的测量精度。

4. 监测数据的采集与分析

孔隙水压力埋设后应立即进行检查测试,若有损坏或异常应补设。待监测一周以上且数值基本稳定后即可取得初始值。在量测孔隙水压力的同时,应量测测点位置附近的地下水位。与土压力量测一样,可将实测孔隙孔隙水压力整理为以下几种曲线:①不同施工阶段沿深度的孔隙水压力分布曲线;②孔隙水压力与挡土结构位移关系曲线;③孔隙水压力变化时程曲线。

四、锚杆、土钉监测

锚杆是一种受拉杆件,它的一端与挡土桩(墙)连接,另一端锚固在地基的土层或岩层中,以承受支挡桩(墙)的土压力、水压力,维持支护结构的稳定。

锚杆常用的材料是:粗钢筋、钢丝束、钢绞线。

土钉是用来加固土体边坡的一种细长杆件,它与土体形成复合体,可有效提高土体的整体刚度,提高土体边坡的稳定性。

最常用的土钉材料是变形钢筋、圆钢、钢管及角钢等,置入土体的方式为钻孔置入、打入或射入。最常用的是钻孔注浆型土钉。

众所周知,基坑施工周期较长,一般要数月以上,为了了解锚杆、土钉在整个施工期间是否按设计预定的方式起作用,有必要对其进行长期监测。一般对其拉力变化进行监测。

从受力监测来看,锚杆、土钉的量测手段基本相似。这里主要介绍锚杆拉力监测,土钉拉力监测可以参考。

1. 监测点的布置

(1)锚杆的拉力监测点应选择在受力较大且有代表性的位置,基坑每边中部、阳角处和地质条件复杂的区段宜布置监测点。每层锚杆的拉力监测点数量应为该层锚杆总数的1%~3%,并不少于3根。各层监测点位置在竖向上宜保持一致。每根杆体上的测试点宜设置在锚头附近位置。

(2)土钉的拉力监测点宜选择在受力较大且有代表性的位置,基坑每边中部、阳角处和地质条件复杂的区段宜布置监测点。监测点数量和间距视具体情况而定,各层监测点位置在竖向上宜保持一致。每根杆体上的测试点宜设置在受力有代表性的位置。

2. 仪器和设备

锚杆拉力监测所选用的测试元件从原理上讲与支护结构内力监测所用测试元件相同,可用钢弦式钢筋应力计、应变式钢筋应力计、专用测力计等。锚杆受力监测的专用测力计即锚杆测力计,目前常用的有钢弦式测力计,其结构如图5-45所示。

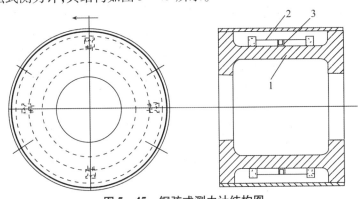

图5-45 钢弦式测力计结构图
1—Ⅰ字形缸体;2—钢弦;3—线圈

3. 安装与埋设

采用钢弦式钢筋计监测锚杆受力时,一般将其串联在需要观测的锚杆上,其埋设方法与钢筋混凝土中埋设方法类似,但当锚杆由几根钢筋组成时,由于每根钢筋的受力状态不一致,则必须在每根钢筋上都安装钢筋计,它们的拉力总和才是锚杆的总拉力。

采用钢弦式锚杆测力计时,一般将测力计安装于锚头部位,如图5-46所示。

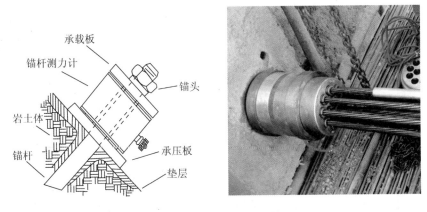

图5-46 锚杆测力计安装图

4. 监测数据与分析

当锚杆进行预应力张拉时,应记录下锚杆钢筋计或锚杆测力计上的初始荷载,并利用张拉千斤顶上的读数对锚杆钢筋计或锚杆测力计的结果进行校核。

根据监测数据可整理绘出锚杆受力的时程曲线。当基坑开挖到设计标高时,锚杆在正常状态下,其拉力应是相对稳定的。若监测数据变化较大,应当及时查明原因,必要时应采取适当措施保

五、内力监测常用测试元件、仪器介绍

为了便于应用,将建筑基坑工程上常用的内力测试元件、仪器作简要介绍。

(1)钢筋计。目前工程中常用的钢筋计生产厂家及技术性能见表5-29。

各种型号钢筋应力计的性能　　　表5-29

名称	钢弦式钢筋应力计						电阻应变片式钢筋计	
型号	4910	4911	LKX	GXR	GJL-2	JXG	BF	KS
配用钢筋直径(mm)		12~40	18~40	10~40	6~36	12~36		
量程(MPa)	0~±310	0~200	拉200 压100	0~200	拉200 压100	±0.1~40t/cm^2	500N/cm^2	500N/cm^2
分辨率			≤0.12% F.S		<0.2% F.S	1.5~500 N/cm^2	1%	1%
零漂(F.S%)			<0.5	<0.15	<±1.0	3~5Hz/3个		
重复性(F.S%)			<0.5		≤±1.0	<±1.0		
精度(F.S%)	±1.0	0.25	0.1	0.15		2.5		
频宽(Hz)			≥1000		300~600			
工作温度(℃)	-30~65	-40~120	-10~50	-25~60	-30~65	-10~50	-20~70	-30~80	-20~30
温度修正系数								
测温方式			加测温装置		线圈内阻			
耐水压			0.5		0.5			
配用电缆			4芯屏蔽乙烯树脂外套	2×0.75 3×0.5				
生产单位	美国基康公司	昆明捷兴仪器公司	金坛土木工程仪器厂	江苏海岩工程材料仪器有限公司	丹东电器仪表厂	南科院土工所	日本共和电业株式会社	日本东京测器株式会社

(2)土压力计。工程上常用的土压力计生产厂家及技术性能见表5-30。

各种型号土压力计的性能　　　　表 5-30

仪器名称及型号	主要技术指标	生产厂家
GJZ,GJM 型钢弦式土压力计	量程:250~2000kPa;分辨率:0.2%F.S;精度:1%~2.5%F.S;温度误差:≤3Hz/10℃;零漂:≤2Hz;接线长度:≥1000m	南京水利科学研究院土工所
JXY、LXY-4 型振弦双膜式压力盒	最大量程:8000kPa;分辨率:1%F.S;零漂:±1.0%F.S;温度误差:-0.42~0.28 Hz/℃	丹东电器仪表厂
TXR 型振弦式土压力计	量程:0~1MPa;分辨率:0.05%F.S;测温精度:±0.5℃;测温分辨率:0.0625℃;综合误差:≤1.0%F.S	江苏海岩工程材料仪器有限公司
YUA、YUB 型差动电阻应变片土压力计	最大量程:1600kPa;分辨率:<0.5kPa;精度:1.2%F.S	南京电力自动化设备厂
TT 型电阻应变片式土压力计	最大量程:2000kPa;分辨率:0.5%F.S;精度:1%F.S;零漂:≤0.5%F.S	南京自动化研究所
TYJ20 系列钢弦式土压力计	量程:0~0.2MPa;分辨率:≤0.2%F.S;不重复度:≤0.5%F.S;综合误差:≤2.5%F.S;工作温度:0~40℃	金坛市土木工程仪器厂
YCX 型振弦式土压力计	最大量程:0~0.2MPa;稳定误差:±1.0%;温度误差:±0.25%;灵敏度:0.1%	三航局科研所
4800 型系列振弦式土压力计	最大量程:0.35~5MPa;精度:±0.1%;分辨率:0.025%F.S,超程能力 150%F.S	美国基康公司

(3)孔隙水压力计。工程上常用的孔隙水压力计生产厂家及技术性能见表 5-31。

各种型号孔隙水压力计的性能　　　　表 5-31

仪器名称及型号	主要技术指标	生产厂家
SZ 型差动电阻式孔隙水压力计	量程:200kPa,400kPa,800kPa,1600kPa;精度:2%F.S 接线任意长工作;温度:-25~60℃	南京电力自动化设备厂
GKD 型钢玄式孔隙水压力计	量程:250kPa,400kPa,600kPa,800kPa,1000kPa,1600kPa;精度:2%F.S;零漂:±2Hz/3 个月;温度误差:±3Hz/10℃	南京水利科学研究院
JXS-1,2 型弦式孔隙水压力计	量程:100~1000kPa;分辨率:0.2%F.S;零漂:≤1%F.S;温度误差:-0.25Hz/℃	丹东电器仪表厂
KXR 型振弦式孔隙水压力计	量程:0.2MPa、0.4MPa、0.6MPa、0.8MPa、1.0MPa、1.6MPa、2.5MPa、4.0MPa、6.0MPa;分辨率:≤0.05%F.S;综合误差:≤1.0%F.S	江苏海岩工程材料仪器有限公司
KXR 型弦式孔隙水压力计	量程:200~1000kPa;零漂:≤±1%F.S;温度误差:0.5Hz/℃	金坛市土木工程仪器厂

续表

仪器名称及型号	主要技术指标	生产厂家
TK型电阻片式系列孔隙水压力计	量程：0~2000kPa；精度：≤1.5%F.S；分辨率：0.1%F.S；适用温度：-5~50℃	水电部南京自动化研究所
水管式渗压计	量程：-100~900kPa；精度200kPa	水利水电科学研究院
4500型系列渗压计	最大量程：0.035~7MPa；精度±0.1%F.S；分辨率：0.025%F.S；超量程能力200%F.S	美国基康公司

(4)钢弦式频率接受仪，工程上钢弦式测试元件较常用，需要用钢弦式频率接受仪量测。常用的钢弦频率接受仪生产厂家及技术性能见表5-32。

河海大学生产的XP系列频率接受仪　　　　表5-32

规格	XP02(XP99)	XP05(测温)
测量范围	频率300~6000Hz	频率300~6000Hz，温度-55~+125℃
测量精度	频率0.01%	频率0.01% 温度±0.5℃(-10~+85℃)
显示单位与分辨率	四位整数，一位小数，±0.1Hz	四位整数，一位小数，±0.1Hz 三位整数，三位小数，±0.062℃
灵敏度	振弦信号幅度≥300mV，持续时间≥500ms	振弦信号幅度≥300mV，持续时间≥500ms
触发电压	150V 单脉冲	150V 单脉冲
触发周期	2s	2s
电源	6V,1.3AH密封铅酸蓄电池 耗电≤45mA	6V,1.3AH密封铅酸蓄电池，耗电≤45mA
工作环境	温度-5~45℃，相对湿度30%~85%	温度-5~45℃，相对湿度30%~85%
体积重量	铝质药箱式155mm×108mm×140mm,1.8kg	铝质药箱式155mm×108mm×140mm,1.8kg

第六节　地下水位监测

地下水位监测主要是用来观测地下水位及其变化，通过测量基坑内、外地下水位在基坑降水和基坑开挖过程中的变化情况，了解其对周边环境的影响。基坑外地下水水位监测包括潜水水位和承压水水位监测。

一、测点的布置

基坑地下水水位监测包括坑外及坑内的地下水位监测。其监测点布置应符合下列要求：

(1)水位监测点应沿基坑、被保护对象(如建筑物、地下管线等)的周边或在两者之间布置，监测点间距宜为20~50m。相邻建(构)筑物、重要的地下管线或管线密集处应布置水位监测点；如有止水帷幕，宜布置在止水帷幕的外侧约2m处。

(2)基坑内地下水位采用深井降水时，水位监测点宜布置在基坑中央和两相邻降水井的中间部位；当采用轻型井点、喷射井点降水时，水位监测点宜布置在基坑中央和周边拐角处，监测点数

量视具体情况确定;

(3)水位监测管的埋置深度(管底标高)应在最低设计水位之下3~5m。对于需要降低承压水水位的基坑工程,水位监测管的滤管应埋设在所测的承压含水层中。

(4)回灌井点观测井应设置在回灌井点与被保护对象之间。

二、仪器与设备

测量地下水位的主要设备包括水位管和电测水位计。

监测用水位管由PVC工程塑料制成,包括主管和连接管,连接管套于两节主管接头处,起着连接固定的作用。在PVC管上打数排小孔做成花管,开孔直径5mm左右,间距50cm,梅花形布置。花管长度根据测试土层厚度确定,一般花管长度不应小于2m。花管外面包裹无纺土工布,起过滤作用。

电测水位计由测头、电缆、滚筒、手摇柄和指示器等组成。典型结构为卷筒式,如图5-47。测头为金属制成的短棒,两芯电缆在测头中与电极相接,形成电路闭合的"开关"。当测头接触水面使电极在水面接通电路。两芯电缆除了传输信号外,还用作测头的吊索。因此兼作为长度标记。以测头下端为起点、自下面上注明米数。滚筒用来盘卷电缆或标尺,并用手摇柄来操作滚筒来放收电缆。指示器最长用的是微安表(或毫伏表),需要时还可以配置蜂鸣器和指示灯,其电源采用干电池。有的电测水位计在测头中还装有测温元件,在测水位的同时还可兼测水温。

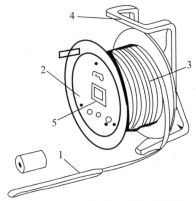

图5-47 电测水位计结构示意图
1—测头;2—绕线盘;3—电缆;4—支架;5—电压表

电测水位计是根据水能导电的原理设计的,当探头接触水面时两极使电路闭合,信号经电缆传到指示器及触发蜂鸣器和指示灯,此时可从电缆或标尺上读出数据。

三、安装、埋设

水位管埋设方法:用钻机成孔至要求深度后清孔,然后在孔内放入管底加盖的水位管,水位管与孔壁间用干净细砂填实至离地表约0.5m处,再用黏土封填,以防地表水流入。水位管应高出地面约200mm,孔口用盖子盖好,并做好观测井的保护装置,防止地表水进入孔内。

承压水水位管埋设尚应注意水位管的滤管段必须设置在承压水土层中,并且被测含水层与其他含水层间应采取有效隔水措施,一般用膨润土球封至孔口。

四、监测数据与分析

水位管埋设后,应逐日连续量测水位并取得稳定初始值,监测值精度为±10mm。特别需要注意的是,初值的测定宜在开工前2~3d进行,遇雨天,应在雨后1~2d测定,以减少外界因素影响。根据监测数据可绘制水位变化时程曲线。

实践表明,水位孔用于渗透系数大于 10^{-4} cm/s 的土层中,效果良好,用于渗透系数在 10^{-4} ~ 10^{-6} cm/s 之间的土层中,要考虑滞后效应的作用。用于渗透系数小于 10^{-6} cm/s 的土层中,其数据仅能作参考。在分析水位监测数据时应充分考虑这点。

第七节 数据处理与信息反馈

基坑工程安全监测的直接目的就是监控和安全预报。由于基坑工程自身的特殊性和复杂性,通常情况下,直接采用监测原始数据对基坑工程的安全稳定状态进行判断和评估的难度很大。因此为了达到安全监测的设计目的,则需要监测分析人员应具有岩土工程与结构工程的综合知识,具有设计、施工、测量等工程实践经验,具有较高的综合分析能力,选用合理的手段和方法,做好监测资料的整理分析,做到正确判断、准确表达,及时提供高质量的综合分析报告。

基坑工程监测资料整理分析和反馈的方法和内容,一般包括监测资料的搜集、整理、分析、反馈及评判五个方面。

一、监测资料的搜集

资料搜集包含两个方面:观测数据的采集和现场的人工巡视的实施记录。外业观测值和记事项目,必须在现场直接记录于观测记录表中。任何原始记录不得涂改、伪造和转抄,并有测试、记录人员签字。现场测试人员应对监测数据的真实性负责,监测分析人员应对监测报告的可靠性负责、监测单位应对整个项目监测质量负责。现场的监测资料应符合下列要求:

(1)使用正式的监测记录表格,并应尽可能全面、完整,包含详细的监测数据记录、观测环境的说明,与观测同步的气象资料等;

(2)监测记录应有相应的工况描述,包含开挖方式、开挖进度、各类支护实施时间等资料;

(3)现场巡视资料应包含自然条件、支护结构状况、施工工况、周边环境状况、监测设施状况等;

(4)观测数据出现异常,应及时分析原因,必要时进行重测。

二、监测资料的整理、分析

现场监测资料搜集完成后,监测数据应及时整理,并对原始观测数据整理分析,对监测数据的变化及发展情况应及时分析和评述。整理分析的主要过程为:数据的检验、各个监测数据的计算、填表制图、异常值的识别剔除、初步分析等。

在监测过程中,来自人员、仪器设备和各种外界条件(大气折射、振动源等)监测数据的整理过程中,首先应对原始观测资料进行检验和误差分析,判断原始观测资料的可靠性,分析误差的大小、类型及原因,以便采取合理的方法对其进行修正和处理。观测的可靠性考量主要针对三个方面:是否按规定的作业方法;使用的观测仪器是否稳定、正常的;相关数据是否符合一致性、相关性、连续性等原则。观测数据的误差的有三种:过失误差,该误差造成错误数据,一般是由观测人员过失导致的;偶然误差,该误差是各种偶然因素引起的,是随机性的,客观上难以避免,可采用常规误差分析理论进行处理;系统误差,该误差产生原因较多,常见的系统误差一般由仪器或观测方法引起,可通过校正仪器消除。一般情况下,需要通过人工判断和统计分析,剔除过失误差和偶然误差,以保证观测数据的可靠性。

原始观测经过计算、整理后,通过制表和绘图将生成的观测数据结果直观、简单地反映出来。通过表格把各类监测数据系统地组织在一起,便于分析和比较,目前对于各个监测报表的格式尚无统一规范,国家标准《建筑基坑工程监测技术规范》GB 50497-2009 提供了各种监测数据的报表样表,见附录一~附录六。

通过绘图则可以直观地把相关数据提供给分析人员和管理人员,一般绘制的常用曲线有过程图、分布图和相关图。过程图即为监测数据与时间的关系,时间为水平坐标,监测的数据(位移、应力等)为纵坐标,有必要时也可给出变化速率-时间关系图。分布图即监测数据与空间的关系,如水平位移沿基坑边线的分布情况、深层水平位移沿钻孔深度方向的分布情况等。相关图反应的是两个相关的监测数据之间的关系,如锚杆的应力变化与其对应点的水平位移关系图等。

进行监测项目数据分析时,应结合其他相关项目的监测数据和自然环境、施工工况等情况以及以往数据,考量其发展趋势,并做出预报。分析通常采用比较法、作图法、统计方法及各种数学、物理模型法。分析所观测的各个参数的变化情况、变化规律、发展趋势、各种原因及其相关关系和程度,以便对基坑的安全状态和应采取的措施进行评估。

三、监测结果的反馈及判断

监测结果的反馈不仅仅包含数据等信息的反馈,还应根据监测信息资料,指导设计和施工方案的进一步修改和优化。因此需要对监测数据进行进一步的分析,预测结构下一个施工阶段的变形与内力变化情况,判断结构是否安全,对改变施工工艺与流程后的结构响应进行反馈。当监测数据超过预警值时,或结构出现不安全的苗头或趋势,为了确保结构的安全,分析造成不安全趋势的原因,制定保证工程安全的施工措施,需要制定监测预警值信息反馈程序,如图5-48所示。

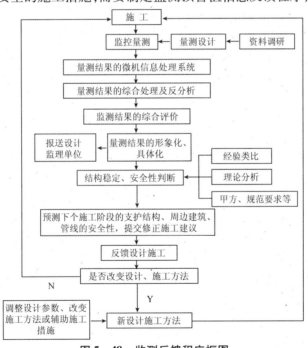

图 5-48 监测反馈程序框图

监测数据的时程分析,即在取得监测数据后,要及时整理,绘制位移或应力的时态变化曲线图,即时态散点图。基于监测数据、理论分析模型、结构响应的联合分析预测。

监测报告提供的内容可分为图表和文字报告。按时间段又可分为监测当日报表、阶段性报告和监测总结报告。

各个报表和报告提供的数据、图表应客观、真实、准确、及时。报表应按时报送。报表中监测成果应用表格和变化曲线或图形反映。国家标准《建筑基坑工程监测技术规范》GB 50497-2009对监测当日报表、阶段性报告和监测总结报告内容作出了相关规定:

1. 监测当日报表

(1)当日的天气情况和施工现场的工况;
(2)仪器监测项目各监测点的本次测试值、单次变化值、变化速率以及累计值等,必要时绘制有关曲线图;
(3)巡视检查的记录;
(4)对监测项目应有正常或异常的判断性结论;
(5)对达到或超过监测报警值的监测点应有报警标示,并有原因分析及建议;
(6)对巡视检查发现的异常情况应有详细描述、危险情况应有报警标示,并有原因分析及建议;
(7)其他相关说明。

当日报表应标明工程名称、监测单位、监测项目、测试日期与时间、报表编号等。并应有监测单位监测专用章及测试人、计算人和项目负责人签字。

2. 阶段性监测报告

(1)该监测期相应的工程、气象及周边环境概况;
(2)该监测期的监测项目及测点的布置图;
(3)各项监测数据的整理、统计及监测成果的过程曲线;
(4)各监测项目监测值的变化分析、评价及发展预测;
(5)相关的设计和施工建议。

阶段性监测报告应标明工程名称、监测单位、该阶段的起止日期、报告编号,并应有监测单位章及项目负责人、审核人、审批人签字。

3. 总结报告

(1)工程概况;
(2)监测依据;
(3)监测项目;
(4)测点布置;
(5)监测设备和监测方法;
(6)监测频率;
(7)监测报警值;
(8)各监测项目全过程的发展变化分析及整体评述;
(9)监测工作结论与建议。

总结报告应标明工程名称、监测单位、整个监测工作的起止日期,并应有监测单位章及项目负责人、单位技术负责人、企业行政负责人签字。

附录一 墙(坡)顶水平位移和竖向位移监测日报表样表

(　　　)监测日报表　　　第　页 共　页
第　　次

工程名称：　　　　　　　　报表编号：　　　　　　　天气：
观测者：　　　　　　　　　　　　　　　　　　　　　　计算者：
测试日期：　　年　　月　　日

点号	水平位移量(mm)				备注	竖向位移量(mm)				备注
	本次测试值	单次变化	累计变化量	变化速率		本次测试值	单次变化	累计变化量	变化速率	

说明	1. 所填写数据正负号的物理意义； 2. 测点损坏的状况(如被压、被毁)； 3. 备注中注明该测点数据正常或超限状况。	测点布置示意图
工况		

项目负责人：　　　　　　　　　　　　　　　　　　监测单位：

注：应视工程及测点变形情况，定期绘制测点的数据变化曲线图。

附录二　支护结构深层水平位移监测日报表样表

　　　　　　　　　　　　　（　　　）监测日报表　　　　第　页共　页
　　　　　　　　　　　　　　　　第　　次

工程名称：　　　　　　　报表编号：　　　　　天气：
观测者：　　　　　　　　计算者：　　　　　　测试日期：　　年　月　日
孔号：

深度 (m)	本次位移 (mm)	单次变化 (mm)	累计位移 (mm)	变化速率 (mm/d)

位移(mm) 60 40 20 0 -20 -40 -60
深度(m) 0 5 10 15 20 25 30 35 40

测点布置示意图

备注　说明：1. 所填写数据正负号的物理意义；
　　　　　　2. 测点损坏的状况（如被压、被毁）；
　　　　　　3. 注明该测点数据正常或超限状况

累计位移最大值：　　　　　mm，深度位于　　　　m
本次位移最大值：　　　　　mm，深度位于　　　　m
施工工况：开挖深度　　　　m

项目负责人：　　　　　　　　　　监测单位：

附录三 桩、墙体内力及土压力、孔隙水压力检测日报表样表

桩、墙体内力及土压力、孔隙水压力（ ）监测日报表

工程名称：　　　　　　　　　　　　　　　　　　　　报表编号：　　　　　　　　　　　　　第　次

观测者：　　　　　　　　　　　　　　　　　　　　　计算者：　　　　　　　　　　　　　　第　页 共　页

　　　测试日期：　年　月　日

　　　天气：

组号	点号	深度(m)	本次应力(kPa)	上次应力(kPa)	本次变化(kPa)	累计变化(kPa)	备注

说明	1. 测点埋设位置、朝向等要素；所填写数据正负号的物理意义； 2. 测点损坏的状况（如被压、被毁）； 3. 备注中注明该测点数据正常或超限状况	测点布置示意图
工况		

项目负责人：　　　　　　　　　　　　　　　　　　　　监测单位：

注：应视工程及测点变形情况，定期绘制测点的数据变化曲线图。

附录四 支撑轴力、拉锚拉力监测日报表样表

( ) 监测日报表

第 次　　　　　　　　　　　　　　　第 页 共 页

工程名称：　　　　　　　　　　　测试日期：　 年 月 日

报表编号：　　　　　　　　　　　天气：

观测者：　　　　　　　　　　　　计算者：

点号	本次内力(kN)	单次变化(kN)	累计变化(kN)	点号	本次内力(kN)	单次变化(kN)	累计变化(kN)	备注

说明	说明： 1. 所填写数据正负号的物理意义； 2. 测点损坏的状况（如被压、被毁）； 3. 备注中注明该测点正常或超限状况	测点布置示意图
工况		

项目负责人：　　　　　　　　　　监测单位：

注：应巡视工程及测点变形情况，定期绘制测点的数据变化曲线图。

附录五 地下水水位、墙后地表沉降、坑底隆起监测日报表样表

（　　　）监测日报表

第　　次　　　　　　　　　　　　第　　页　共　　页

工程名称：　　　　　　　　　　　　　　　　　　　　　　　　　天气：

观测者：　　报表编号：　　　　　　　　　　　　　　　　测试日期：　年　月　日

计算者：

组号	点号	初始高程(m)	本次高程(m)	上次高程(m)	本次变化量(mm)	累计变化量(mm)	变化速率(mm/d)	备注

说明	说明： 1. 所填写数据正负号的物理意义； 2. 测点损坏的状况（如被压、被毁）； 3. 备注中注明该测点正常或超限状况	测点布置示意图

工况	

项目负责人：　　　　　　　　　　　　　　　　　　　监测单位：

注：应视工程及测点变形情况，定期绘制测点的数据变化曲线图。

附录六 巡视监测日报表样表

（　　　）监测日报表　　　　第　页 共　页
　　　　　　　　　　　第　次

工程名称：　　　　　　　　　　报表编号：
观测者：　　　　　　　　　　　观测日期：　年　月　日

分类	巡视检查内容	巡视检查结果	备注
自然条件	气温		
	雨量		
	风级		
	水位		
支护结构	支护结构成型质量		
	冠梁、支撑、围檩裂缝		
	支撑、立柱变形		
	止水帷幕开裂、渗漏		
	墙后土体沉陷、裂缝及滑移		
	基坑涌土、流砂、管涌		
施工工况	土质情况		
	基坑开挖分段长度及分层厚度		
	地表水、地下水状况		
	基坑降水、回灌设施运转情况		
	基坑周边地面堆载情况		
周边环境	地下管道破损、泄漏情况		
	周边建（构）筑物裂缝		
	周边道路（地面）裂缝、沉陷		
	邻近施工情况		
监测设施	基准点、测点完好状况		
	观测工作条件		
	监测元件完好情况		
观测部位示意图			

项目负责人：　　　　监测单位：

第八节 工程实例

一、工程概况及周边环境

昆山市民文化广场拟建地下停车库位于昆山市城区中心,前进路与珠江路交汇处之西南角,地下停车库建筑层数为地下一层,总建筑面积15422m²。

基坑大致呈梯形状,基坑面积约为18500m²,支护结构604延长米。开挖深度为7.10m、8.20m。

地下停车库侧距已有6层住宅楼约9m;北侧距游泳馆最近距离约20m;距单层游泳馆附房3m;南侧距已有建筑约50m,沿基坑边线外侧为临时施工道路;西侧为在建工地,较开阔,基坑周边环境条件如图5-49所示。

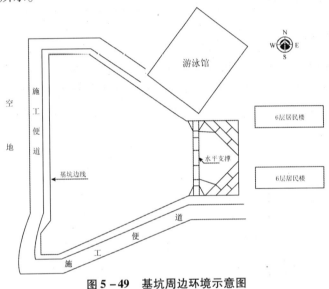

图5-49 基坑周边环境示意图

二、场地工程地质和水文地质情况

1. 工程地质条件

根据该场地的岩土工程勘察报告,场地中除①层素填土外,其余均为第四纪滨海、河湖相沉积物,由黏性土、粉土、粉砂组成,土的物理力学指标见表5-33。场地内有一条暗浜,自地下车库西侧延伸至车库东侧支护侧壁,暗浜的土质主要为淤泥质粉质黏土,暗浜底部埋深自西向东19.4~10m左右。

2. 水文地质条件

本场地主要含水层的分布规律:潜水分布在表层土体中,第⑤层内分布微承压水。地下水补给:主要为地表水、大气降水;地表水对地下潜水有补给关系,且在夏季影响潜水水位明显;地下潜水主要有竖向和侧向排泄。承压水主要有侧向补给和排泄。本地区近3~5年的最高水位埋深0.5m。水位变化趋势:夏季达到最高,冬季达到最低;主要影响因素:下雨和日照。

土的物理力学指标　　　　　　　　　表 5-33

层序	土层名称	层厚(m)	渗透系数 k(cm/s)	固结快剪 c (kPa)	φ(°)	三轴剪切（不固结、不排水） c_{uu} (kPa)	ϕ_{uu}(°)	天然重度 kN/m²
1	素填土	0.90~3.30						18.3
2	黏土	0.00~2.00	7.98×10^{-7}	20	11.5	23	1.7	18.4
3	淤泥质粉质黏土	1.40~18.0	1.04×10^{-5}	12	8.0	15	1.5	17.8
4	粉质黏土	2.00~6.00	2.10×10^{-7}	45	10.5	55	1.2	19.0
5	粉土夹粉砂	2.40~10.30						18.5
6	粉土	0.00~1.50						18.5
7	粉土	未钻穿						

三、支护结构设计方案

根据开挖深度、场地土质条件、周边环境及工程造价，本基坑支护结构采用如下形式：基坑东侧和局部西南角采用 $\phi800@1000$ 钻孔灌注桩结合一道钢筋混凝土支撑，其余区域采用搅拌桩加土钉的复合式土钉墙；坑内采用轻型井点结合深井降水深搅桩止水。支护结构平面图、支护结构示意图分别见图 5-50~图 5-52。

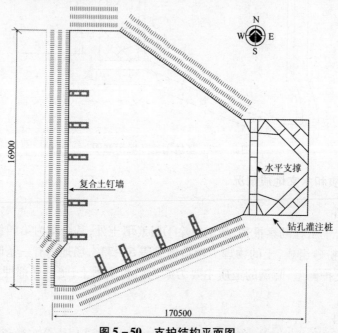

图 5-50 支护结构平面图

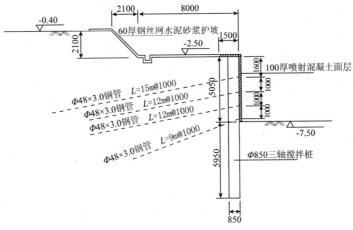

图 5–51　支护结构示意图（复合土钉墙部分）

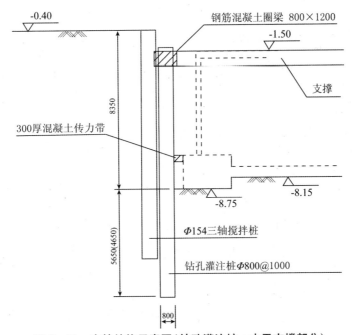

图 5–52　支护结构示意图（钻孔灌注桩＋水平支撑部分）

四、基坑监测目的

本工程施工监测的目的是为了控制支护结构、周边建筑物和预报施工中出现的异常情况。通过量测支护体系的变形情况，监控支护结构的安全，验证基坑支护结构设计和基坑开挖施工组织的正确性，通过分析监测数据的变化趋势，对基坑支护体系的稳定性、安全性及时进行预测，并结合现场实际情况，指导施工，适当调整施工步骤，实现信息化施工管理。

五、基坑监测内容

昆山市民文化广场地下车库地处市中心，基坑开挖面积大，开挖深度较深，监测项目应在充分考虑工程及水文地质条件、基坑类别、支护结构的特点及变形控制要求的基础上来确定。除了常规的通过目视及借助其他工具的巡视检查外，主要仪器监测项目为：

（1）支护结构顶部水平位移和垂直位移；

（2）支护结构外侧土体深层水平位移；

(3)支撑轴力监测;
(4)坑外地下水位;
(5)周边建筑物沉降。

六、监测点的布置

基坑监测点的布置从周边环境监测和基坑支护结构监测两方面考虑。基坑工程监测点的布置应最大程度地反映监测对象的实际状态及其变化趋势,并应满足监控要求;同时考虑周边重点监护部位,监测点应适当加密。

1. 周边环境监测

针对本基坑工程而言,周边环境监测工作主要考虑东侧2栋居民楼和东北侧游泳馆。共埋设17个沉降观测点,编号为CA1~CA4、CB1~CB4、CC1~CC4、CY1~CY5,观测各栋建筑在基坑开挖施工过程中的沉降变化。基坑临近道路、房屋裂缝等观测采用巡视检查方式监测。

2. 支护结构监测

(1)基坑顶部水平位移及沉降监测

为了解基坑开挖、基础施工中支护结构顶部的水平位移及垂直位移,在基坑顶部布设位移监测点。在基坑坑顶共设水平位移测点31个,编号为W1~W31,布置于支护结构顶部。垂直位移11个,编号为C1~C11,借用上述水平位移测点。

(2)深层土体水平位移监测

通过对埋设在支护墙外侧土体中的测斜孔进行监测,主要了解随基坑开挖深度的增加,支护结构不同深度水平位移变化情况。共布置8个测斜管,编号为CX1~CX8,测斜孔高度与地面高度相当,管深20m。

(3)坑外地下水位监测

水位测试是通过测量基坑外地下水位在基坑降水和基坑开挖过程中的变化情况,了解其对周边环境的影响。在基坑外侧2m范围内共布设6个水位观测孔,埋孔深度12m,编号为SW1~SW6。

(4)水平支撑轴力监测

选取本基坑工程设计方案中主要水平内支撑,监测其在基坑开挖过程中轴力的变化。在所要监测的水平支撑中,选取斜对称两根主筋,牢固焊接钢筋应力计,通过上下两根主筋应力变化监测该水平支撑的轴力。共布置轴力计7对,编号分别为ZL1~ZL7。本基坑监测点的布置详图见图5-53。

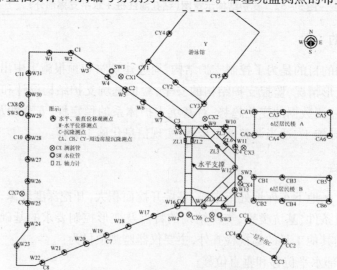

图5-53 监测点布置平面图

七、监测工作的实施

1. 监测前期准备工作和初始数据的采集

监测前期准备工作包括:设备的埋设、安装、测试、仪器的检查率定,并做好相应的标志和保护措施。

在远离基坑的地方埋设3个以上基准点。在基坑开挖施工之前对各个测量、测试项目进行2~3次观测,取得可靠、准确的初始数据,作为基坑监测的初始依据。在基坑监测的过程中,定期对各个基准点和工作基点进行复测,以检验基准点和工作基点的稳定性和可靠性。

2. 监测工作实施

监测工作由项目负责人统一组织实施,根据基坑开挖进程,按预先编制的监测方案实施监测,采集、汇总、整理、分析监测信息,并提交监测日报表、阶段性报告。若出现异常或险情,应跟踪观测。

八、监测结果及分析

现场监测工作于2007年4月11日开始,2007年10月17日完成所有监测工作,工期6个多月,获得了的大量监测数据。

1. 施工工况

4月初,西北角开挖;

4月底,西北角开挖到底,同时基坑南侧中部开挖;

5月中旬,西北角浇好底板垫层;西南角挖到底,南侧出现险情,回填土,做斜撑,坑外卸土;

6月初,基坑开挖至东侧水平支撑处;西北角浇筑好底板;基坑东南角挖到底;

6下旬,基坑开挖完毕;基坑西面底板浇筑完成;

7月初,北侧部分回填;东侧垫层浇好;西南角拆完水平支撑;

7月底,底板浇筑完毕;地下室混凝土浇筑50%;

8月初,基坑东侧拆支撑;

9月初,基坑西面、北面回填;

9月底,基坑回填完毕;监测工作结束。

2. 坑顶水平位移

本基坑支护结构可分为两种形式:复合式土钉墙和钻孔灌注桩+内支撑部分。两种支护形式的基坑顶部水平位移所反映的实际工作状态也有所不同。顶部水平位移可以较好地反映出复合式土钉墙的位移情况,但对有支撑的钻孔灌注桩支护则不同,受水平支撑作用,其最大水平位移一般并不出现在基坑顶部,而往往在支护桩中间部位。由下列各个基坑顶部水平位移时程曲线图可以看出,复合式土钉墙的顶部位移远大于钻孔灌注桩+内支撑的区段。

(1)复合式土钉墙

2007年5月中旬,基坑南侧(复合土钉墙部分)出现险情(最大坑顶水平位移达238.2mm,W21点,见图5-54),但经过多方协作抢险,最后避免了塌方。基坑南侧产生险情主要有以下几个因素:一是在基坑开挖将要到底时,在基坑边连续通行重型车辆(运钢筋的货车、基坑西面运土车辆从坑边通过),大大增加了坑顶附近的动荷载,超出了设计时考虑的超载20kPa;二是土质因素,该开挖段处于暗浜区,坑底位于淤泥质黏土层,该层土土性较差。

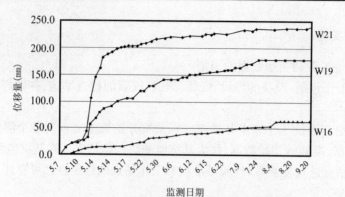

图 5-54　复合土钉墙顶部水平位移时程曲线(南侧)

基坑西侧复合土钉墙水平位移时程曲线见图 5-55,最大位移量为 157.7mm,W23 点。此处也是处在暗河浜区域。施工中,曾把基坑西侧外空地作为卸土点,这也导致基坑西侧位移增大。基坑北侧复合式土钉墙水平位移时程曲线见图 5-56。

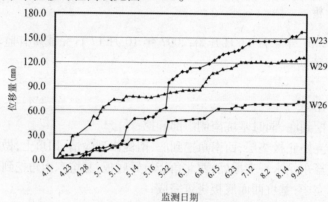

图 5-55　复合土钉墙顶部水平位移时程曲线(西侧)

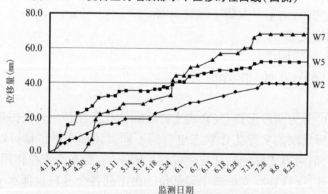

图 5-56　复合土钉墙顶部水平位移时程曲线(北侧)

(2)钻孔灌注桩 + 支撑

基坑东侧(钻孔灌注桩 + 混凝土支撑)在开挖和基础底板施工过程中,坑顶水平位移一直变化不大,最大值不超过 30mm。在 8 月初拆支撑过程中,其顶部各个测点的水平位移速率急剧增大,但在半个月内位移逐渐稳定,如图 5-57 所示。

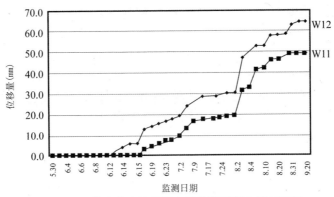

图5-57 钻孔灌注桩顶部水平位移时程曲线(东侧)

3. 深层土体位移

对于有支撑的支护结构,其坑顶水平位移不能完全地反映支护结构的水平向的变形情况。针对带支撑的支护结构,必须采用测斜管监测桩身的水平位移。

本工程中,由于在支护桩中埋设测斜管比较困难,故在钻孔灌注桩和复合式土钉墙外侧的土体中埋设测斜管,通过观测桩后土体的水平位移变化情况来间接反映支护桩的水平位移情况。土体水平位移典型监测结果见图5-58和图5-59。图5-58取用钻孔灌注桩+支撑处CX4的成果,图5-59取用复合土钉墙部位CX7的成果。CX4和CX7所反映的曲线形状有诸多不同之处:CX4处于钻孔灌注桩+混凝土支撑处,其顶部水平位移受支撑影响明显,曲线呈"鼓肚型"特点,随深度增加,水平位移最大值的位置逐步下移,最大位移出现在4m左右。另外由其位移-深度曲线图可以看出,在深度为8m的位置存在突变的现象,分析后可以看出,该处位于基坑开挖底标高附近,受被动区土压力的影响,水平位移相应减小。CX7处于复合式土钉墙部分,受到4层土钉的作用,其最大位移出现在深度为5m左右的范围内。

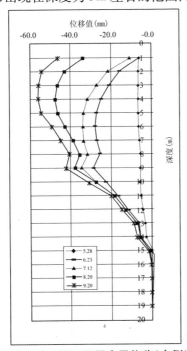

图5-58 CX4深层水平位移(东侧)

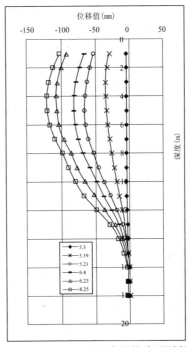

图5-59 CX7深层水平位移(西侧)

4. 坑外地下水位

SW1和SW5水位观测点处于复合式土钉墙部位,该段先于其他区域施工,其地下水位时程曲线见图 5-60(a)所示。由图 5-60(a)可以看出，初期基坑开挖期间，SW5 水位降幅非常明显，说明该段坑外地下水位随基坑开挖施工而水位下降，该处的搅拌桩未起到明显的隔水作用。SW1 水位变化幅度不大，且后期 SW1 和 SW5 水位较为稳定。SW2~SW4 位于钻孔灌注桩+三轴搅拌桩支护区段，其地下水位时程曲线见图 5-60(b)所示。由图 5-60(b)可以看出，SW2 和 SW3 水位变化幅度不大，其所位于区段的止水帷幕效果良好；SW4 位于复合式土钉墙段和钻孔灌注桩结合处，其水位变化起伏较大，可能由于两种支护结构搭接处的止水效果没有达到要求，此种情况，在基坑工程中需要特别注意。

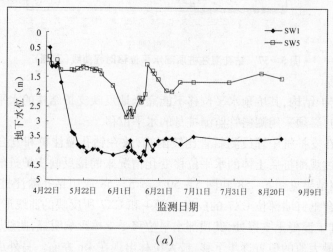

(a)

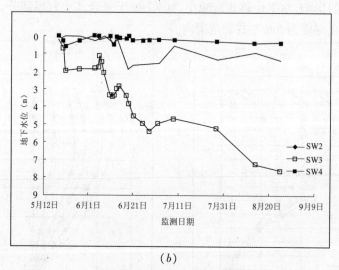

(b)

图 5-60 地下水位时程曲线

5. 支撑轴力

支撑轴力时程曲线如图 5-61 所示，可以看出，各个支撑的轴力监测的变化趋势基本一致，即在基坑刚刚开挖至坑底的过程中，轴力增长速度较快，其中 ZL1 增至 6200kN。在随后的基础施工阶段，轴力逐渐降低并保持在一定范围内。

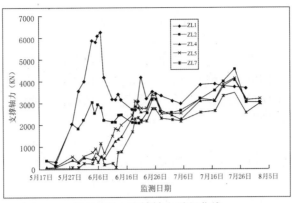

图 5-61　支撑轴力时程曲线

6. 周边房屋监测

图 5-62 给出了基坑东侧两栋居民楼靠近基坑一侧的沉降时程曲线。A 栋居民楼最大沉降为 5.99mm(CA3),其各个测点的沉降量相差不大,最大差异沉降为 1.12mm。B 栋居民楼的最大沉降为 15.51mm(CB2),最大差异沉降为 8.03mm。

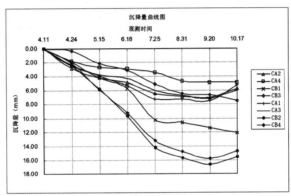

图 5-62　东侧房屋沉降时程曲线

九、结论及建议

本基坑工程监测工作开始于 2007 年 4 月初,于 2007 年 10 月结束,历时 6 个多月,工期较长,基坑开挖处于雨季。

1. 本工程基坑局部变形较大,根据工程实际情况和监测成果分析,其原因主要有:

(1) 支护结构形式。变形较大处均采用复合土钉墙形式,该种支护形式对变形控制不利,易受施工、土质等不确定因素影响。

(2) 工程地质条件差:根据工程勘察报告及开挖取土的实际情况,本工程地质条件差,基坑西南角大范围内是暗河浜。

(3) 基坑施工过程中,坑边通行和停放重型车辆(如运土车、水泥泵车等)。

(4) 基坑边大量堆载,把基坑西侧空地作为堆土点,导致水平位移增大。

2. 根据本工程基坑监测中遇到的实际情况,提出以下几点建议:

(1) 基坑支护设计和支护桩施工是基坑安全施工的前提,建议施工单位在进行支护结构施工时要严格按照设计方案施工,保证施工质量。

(2) 不同支护结构搭接处的止水帷幕施工质量需要特别注意。

(3) 在基坑施工过程中,控制坑边超载不超过设计载荷,严禁在基坑边堆放大量重型物质(如钢筋等),控制基坑边重型车辆的通行。

参 考 文 献

1. 吴新璇. 混凝土无损检测技术手册. 北京:人民交通出版社,2003
2. 周明华. 土木工程结构试验与检测. 南京:东南大学出版社,2002
3. 吴慧敏. 结构混凝土现场检测技术. 长沙:湖南大学出版社,1988
4. 李为杜. 混凝土无损检测技术. 上海:同济大学出版社,1989
5. 沈在康. 混凝土结构试验方法新标准应用讲评. 北京:中国建筑工业出版社,1994
6. 袁海军,姜红. 建筑结构检测鉴定与加固手册. 北京:中国建筑工业出版社,2003
7. 姚振纲. 建筑结构试验. 武汉:武汉大学出版社,2001
8. 候伟生. 建筑工程质量检测技术手册. 北京:中国建筑工业出版社,2003
9. 建设部人事教育司组织. 测量放线工. 北京:中国建筑工业出版社,2005
10. 龚晓南主编. 深基坑工程设计手册. 北京:中国建筑工业出版社,1998
11. 郑必勇. 深基坑工程的实践与认识(三). 南京:江苏工程质量,2008(5)
12. 龚晓南主编. 基坑工程实例2. 北京:中国建筑工业出版社,2008
13. 宰金珉主编. 岩土工程测试与监测技术. 北京:中国建筑工业出版社,2008
14. 过静珺主编. 土木工程测量. 武汉:武汉工业大学出版社,2000